普通高等院校应用型人才培养"十四五"系列教材

数据结构(慕课版)

丁峻岭◎主　编
王宏超　轩春青◎副主编

中国铁道出版社有限公司
CHINA RAILWAY PUBLISHING HOUSE CO., LTD.

内 容 简 介

本书是“普通高等院校应用型人才培养‘十四五’系列教材”之一,根据教育部高等学校计算机类专业教学指导委员会编制的《智能时代计算机专业系统能力培养纲要》编写。全书紧扣当前普通高等院校“数据结构”课程的现状和发展趋势,内容难易适中,突出实用性和应用性,特别注重引导学生把基础知识和理论转化为实际应用能力,配套资源丰富。本书采用易于学习和使用的C语言来描述算法,并加以详细的注释,重点知识配备了二维码视频讲解。全书共9章,主要包括线性表、栈和队列、串、数组和广义表、树和二叉树、图、查找及排序等内容。全书所附源程序全部使用C语言在Microsoft Visual C++6.0环境下调试运行成功。

本书适合作为普通高等院校计算机及相关专业“数据结构”课程的教材,也可作为计算机等级考试培训用书。

图书在版编目(CIP)数据

数据结构:慕课版/丁峻岭主编.—北京:中国铁道出版社有限公司,2023.12

普通高等院校应用型人才培养“十四五”系列教材

ISBN 978-7-113-30566-6

Ⅰ.①数… Ⅱ.①丁… Ⅲ.①数据结构-高等学校-教材 Ⅳ.①TP311.12

中国国家版本馆CIP数据核字(2023)第180971号

书　　名: 数据结构(慕课版)
作　　者: 丁峻岭

策　　划: 贾　星　　　　**编辑部电话:** (010)63549501
责任编辑: 贾　星　李学敏
封面设计: 尚明龙
责任校对: 安海燕
责任印制: 樊启鹏

出版发行: 中国铁道出版社有限公司(100054,北京市西城区右安门西街8号)
网　　址: http://www.tdpress.com/51eds/
印　　刷: 北京联兴盛业印刷股份有限公司
版　　次: 2023年12月第1版　2023年12月第1次印刷
开　　本: 787 mm×1 092 mm 1/16　**印张:** 17.25　**字数:** 474千
书　　号: ISBN 978-7-113-30566-6
定　　价: 48.00元

前　言

党的二十大明确指出:“实施科教兴国战略,强化现代化建设人才支撑。”科学技术、经济、文化和军事的发展都需要各类人才具备良好的信息技术素质,他们不仅需要熟练地使用计算机,而且能用一门或几门计算机语言按照科学方法与思维进行程序设计。

“数据结构”是一门研究非数值计算的程序设计问题中计算机操作对象(数据元素)以及它们之间的关系和基本操作的课程。在高校计算机类学科中,它是一门综合性的专业技术基础课,是一门基于数学、计算机硬件和计算机软件三者的核心课程。它不仅是一般程序设计(特别是非数值性程序设计)的基础,而且是设计和实现编译程序、操作系统、数据库系统及其他系统程序的重要基础。

用计算机解决任何实际问题都离不开数据表示和数据处理,而数据的表示和处理的核心问题之一是数据结构及其实现——这正是“数据结构”课程的基本内容。从这个意义上说,“数据结构”课程在知识学习和技能培养两个方面都处于关键性地位。需要特别注意的是,“数据结构”课程的技能性很强,系统地学习和掌握在不同存储结构上实现的不同算法及其设计思想,从中体会并掌握结构选择和算法设计的思维方式及技巧,提高分析问题和解决问题的能力,是对学习者的基本要求。所以读者在学习过程中,应注意结合学习进度,进行上机实验,通过编写程序,巩固加深对各知识点的学习和理解。

本书共分 9 章:第 1 章重点论述数据结构的定义及相关术语、研究内容、算法评价方法等;第 2 ~5 章重点论述线性表、栈、队列、数组、广义表的逻辑特性、存储方法、基本操作的实现技巧及算法分析;第 6 ~7 章论述树、图的逻辑特性、存储结构、基本算法的实现策略以及算法设计与分析;第8 ~9 章为查找和排序两类经典基本技术论述。

本书特色如下:

(1)所附源程序全部使用 C 语言,在 Microsoft Visual C++ 6.0 环境下调试运行成功,另外,特别注重引导学生把基础知识和理论转化为实际应用能力。

(2)配套资源丰富。随本书配套的网络课程、作业库、PPT 课件已在超星泛雅网络教学平台发布，读者可通过“示范教学包”建立网络课堂或扫描二维码查看课程。

(3)全书各章节内容的编写由简单到复杂，条理清晰、逻辑缜密，具有良好的可读性和实用性。

本书由丁峻岭任主编，王宏超、轩春青任副主编，具体编写分工如下：丁峻岭编写第1~2章和第6~7章；王宏超编写第3~5章；轩春青编写第8~9章。全书由丁峻岭负责统稿。赵龙彬、樊雯雯、李峥、郭冰鑫、魏琳琳同学参与了微课录制和PPT的制作，菅雪雅、李峥、王若飞、王官昊等同学参与了全书的校勘及习题的收集等工作。

本书在编写过程中得到了郑州商学院信息与机电工程学院的大力支持，衷心感谢院领导张晓冬、张伟华及同事们给予的关心和帮助！

由于时间仓促及编者水平所限，书中难免有不妥及疏漏之处，恳请广大读者批评指正。

编　者

2023年6月

目　录

第1章 绪　论

学习目标

- 理解数据、数据元素和数据项的概念及其相互关系；
- 理解逻辑结构、基本运算和数据结构的概念、意义和分类；
- 理解存储结构与逻辑结构的关系；
- 掌握机内表示的级别和四种基本存储方式；
- 理解算法、算法分析、时间复杂性及其量级的概念；
- 能够应用类C语言或C语言描述算法；
- 能够分析在给定输入下的估算方法和最坏情况时间复杂性、平均时间复杂性。

本章集中介绍数据结构的基本概念和主要工具，概括反映了后继各章的基本问题，为进入具体内容的学习提供必要的引导。

1.1　数据结构概述

用计算机解决具体问题一般需要经过的步骤是：

(1)从具体问题抽象出适当的数学模型；

(2)设计解数学模型的算法；

(3)编制、运行并调试程序，直到解决实际问题。

计算机的用途主要体现在两个方面：

(1)科学计算(数值运算)：如解方程、函数求值、概率统计等；

(2)非数值运算(智能处理)：如对字符、表格、图像、声音的处理。

1.1.1　关于非数值计算的程序设计问题

关于非数值计算的程序设计问题通过以下几个例子来说明。

例1-1　对一组数据“83,16,9,96,27,75,42,69,34”，由小到大进行排序。

在开始时，83与16互相比较，因83 > 16，所以两元素互换；然后83 > 9，83与9互换；接着83 < 96，所以不变；然后互换的元素有(96:27)，(96:75)，(96:42)，(96:69)，(96:34)，所以在第一趟排序结束时找到最大的值96，把它放在最下面的位置，过程见表1-1。

表 1-1　第一趟排序（表格中粗体字表示正在比较或比较后移动的结果）

比较次数	移动次数								
	第一次	第二次	第三次	第四次	第五次	第六次	第七次	第八次	第九次
1	**83**	16	16	16	16	16	16	16	16
2	**16**	**83**	9	9	9	9	9	9	9
3	9	**9**	**83**	83	83	83	83	83	83
4	96	96	**96**	**96**	27	27	27	27	27
5	27	27	27	**27**	**96**	75	75	75	75
6	75	75	75	75	**75**	**96**	42	42	42
7	42	42	42	42	42	**42**	**96**	69	69
8	69	69	69	69	69	69	**69**	**96**	34
9	34	34	34	34	34	34	34	**34**	**96**

重复每一趟排序都会将最大的一个元素放在工作区域的最低位置，且每趟排序的工作区域都比前一趟排序少一个元素，如此重复直至没有互换产生停止，见表 1-2。

表 1-2　排序结果

排　　序	第　一　趟	第　二　趟	第　三　趟	第　四　趟	第　五　趟
83	16	9	9	9	9
16	9	16	16	16	16
9	83	27	27	27	27
96	27	75	42	42	34
27	75	42	69	34	42
75	42	69	34	69	69
42	69	34	75	75	75
69	34	83	83	83	83
34	96	96	96	96	96

算法：基本操作是“比较两个数的大小”。

模型：取决于整数值的范围（短整型或长整型）及数组长度。

例 1-2　井字棋对弈问题。

井字棋，是一种在 3×3 格子上进行的连珠游戏，由于棋盘一般不画边框，格线排成井字得名，如图 1-1 所示。游戏由分别代表○和×的两个游戏者轮流在格子里留下标记（先手者为×）。由最先在任意一条直线上成功连接三个标记的一方获胜。

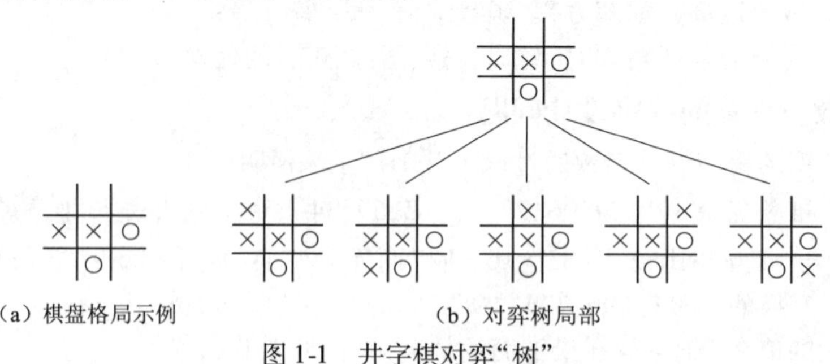

图 1-1　井字棋对弈“树”

算法:对弈的规则和策略。

模型:棋盘及棋盘的格局。

例1-3　书目检索系统。

书目检索是以文献线索为检索对象的信息检索。检索系统存储的是以二次信息(目录、索引、文摘等)为对象的信息,见表1-3,信息用户通过检索获取的是原文的“替代物”,即有关某一问题的一系列相关文献线索,然后再根据检出的文献线索去获取原文,见表1-4和表1-5如各图书馆的OPAC即“联机公共目录查询系统”。

表1-3　建立检索数据库

001	高等数学	刘金明	S01	…
002	线性代数	华罗庚	X01	…
003	高等数学	徐汉洋	S01	…
004	普通物理	罗志高	W01	…
…	…	…	…	…

表1-4　按姓名检索

刘金明	001
华罗庚	002
罗志高	004
…	…

表1-5　按学科检索

X	002
S	001,003
…	…

算法:查找的方法与策略。

模型:数据库的类型与规模。

例1-4　最短路径问题。

例如,某一地区的一个交通网,给定了该网内的 n 个城市以及这些城市之间的相通公路的距离,问题是如何在城市 A 和城市 B 之间找一条最近的通路。如果将城市用顶点表示,城市间的公路用边表示,公路的长度则作为边的权值,那么,这个问题就可归结为在网中,求点 A 到点 B 的所有路径中,边的权值之和最短的那一条路径,就是两点之间的最短路径。

例如在图1-2中,设 A 为源点,则从 A 出发的路径有(括号里为路径长度):

A 到 B 的路径有:$A \to B(20)$;

A 到 C 的路径有:$A \to C(15)$,$A \to B \to C(55)$;

A 到 D 的路径有:$A \to B \to D(30)$,$A \to C \to D(45)$,

$A \to B \to C \to D(85)$;

A 到 E 的路径有:$A \to C \to E(25)$,$A \to B \to C \to E(65)$。

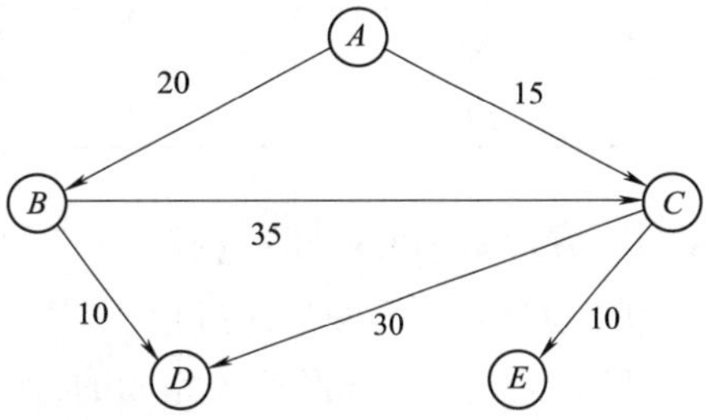

图1-2　从 A 点出发至各点的路径

则 A 到其他各顶点的最短路径,按路径长度递增顺序排列如下:

$A \to C(15)$,$A \to B(20)$,$A \to C \to E(25)$,$A \to B \to D(30)$。

算法:计算的方法与策略。

模型:问题的类型与规模。

1.1.2 程序设计的实质

程序设计的实质是数据表示和数据处理。用数字计算机解决问题的实质是对数据的加工处理。数据在计算机存储器中的存在形式称为机内表示。为了让计算机去加工处理数据,必须首先将数据从机外表示转化为机内表示,这项任务称为数据表示。用适当的可执行语句编制程序,以便让计算机去执行对数据机内表示的各种操作,从而实现处理要求,即得到所需的结果,这项工作称为数据处理。计算机专业人员必须完成的两项基本任务是:数据表示和数据处理。

1.1.3 数据结构课程的内容

数据结构就是一门研究非数值计算的程序设计问题中计算机的操作对象以及它们之间的关系和操作等的课程。

数据结构是介于数学、计算机硬件和计算机软件三者之间的一门核心课程。概括地说,数据结构课程的主要内容包括:数据的逻辑结构、定义在逻辑结构上的基本运算、数据的存储结构和运算的实现。其中:

(1)数据的逻辑结构是数据的组织形式,基本运算规定了数据的基本操作方式。由一种逻辑结构和一组基本运算构成的整体是实际问题的一种数学模型,这种数学模型的建立、选择和实现是数据结构的核心问题。

(2)存储结构是逻辑结构的存储实现,即数据按逻辑结构规定的形式在计算机存储器中的存放方式。运算实现是在某一存放方式下,完成运算功能的算法,或这些算法的设计。

于是数据结构课程的主要内容就可以概括为:

(1)数据结构(包括逻辑结构和基本运算集)的定义;

(2)数据结构的实现(包括存储实现和运算实现);

(3)数据结构的评价和选择(包括逻辑结构的选择、基本运算集的选择和存储方式的选择)。

因此,数据结构课程的内容包括三个层次的五个“要素”,见表 1-6。

表 1-6 数据结构课程的内容体系

层 次	方 面	
	数据表示	数据处理
抽象	逻辑结构	基本运算
实现	存储结构	算法
评价	不同结构的比较及算法分析	

1.1.4 程序设计的一般过程

程序设计是一个渐进的过程:

(1)数据表示任务是逐步完成的,即数据表示形式的变化过程是:机外表示→逻辑结构→存储结构(→实现)。

(2)数据处理任务也是逐步完成的,即有转化过程:处理要求→基本运算→算法。

(3)数据处理方式与数据的某种相应的表示形式相联系。

1.2 基本概念和术语

从数据结构的观点看,通常所说的“数据”应分成三个不同的层次,即数据、数据元素和数据项。

1.2.1　数据、数据元素、数据项和数据对象

凡能被计算机存储、加工的对象通称为**数据**。数据在许多人脑中的第一个反应就是数字，例如，100、99.9等，但数字仅仅是数据中的一种。其实数据的种类很多，如文本、图形、图像、声音、动画等，这些都是数据。

数据元素是数据的基本单位，在程序中通常作为一个整体而加以考虑和处理。换句话说，数据元素被当作运算的基本单位，并且通常具有完整确定的实际意义。根据需要，数据元素又称为元素、结点、顶点或记录。如某一位学生的记录及图中的某一个顶点。

在很多情况下，数据元素由数据项组成，但数据项通常不具有完整确定的实际意义，或不被当作一个整体对待。在有些场合下，**数据项**又称为字段或域。它是数据的不可分割的最小标识单位。如学生基本信息表中的学号、姓名、性别等。

从某种意义上说，数据、数据元素和数据项实际反映了数据组织的三个层次，数据可由若干个数据元素构成，而数据元素又可由若干个数据项构成。如一幅图（数据）有若干顶点（元素）组成，而每一顶点又有具体的x、y坐标位置（数据项）。

数据对象是性质相同的数据元素的集合，是数据的一个子集。如学生基本信息表、同一幅图中的各个顶点等。

数据的逻辑结构、数据的存储结构和数据的运算称为数据结构的三要素。数据的逻辑结构是指数据元素之间的逻辑关系，即从逻辑关系上描述数据。数据的存储结构是指数据结构在计算机中的表示（又称映像），也称物理结构。施加在数据上的运算，包括运算的定义和实现。

1.2.2　数据的逻辑结构

1. 相关概念

在任何问题中，数据元素都不是孤立存在的，它们之间总是存在着某种关系（集合可以看成是没有关系的关系），称其为结构。

逻辑关系指数据元素之间的关联方式或称“邻接关系”。数据元素之间逻辑关系的整体称为逻辑结构。数据的逻辑结构就是数据的组织形式。根据数据元素之间关系的不同特性，通常有集合、线性结构、树形结构、图状结构四类基本逻辑结构（见图1-3），它们反映了四类基本的数据组织形式。

(1)集合。集合中任何两个结点之间都没有逻辑关系，组织形式松散。结构中数据元素之间，除了“同属于一个集合”关系之外，别无其他关系。如若将学校班级看作一个集合结构，其每一元素对应班级中的某一同学。

(2)线性结构。线性结构中结点按逻辑关系依次排列形成一条“锁链”。结构中的数据元素之间存在着“一对一”的关系。如按学号将某班学生进行排列，即组成一个线性结构。

(3)树形结构。树形结构具有分支、层次特性，其形态有点像自然界中的树。结构中的数据元素之间存在着“一对多”的关系。如管理体系中，班长管理多个组长，每个组长又管理多名成员，从而构成树形结构。

(4)图状结构。图状结构最复杂，其中的各个结点按逻辑关系互相缠绕，任何两个结点都可以邻接。结构中的数据元素之间存在着“多对多”的关系。如多位同学之间的朋友关系，任何两位

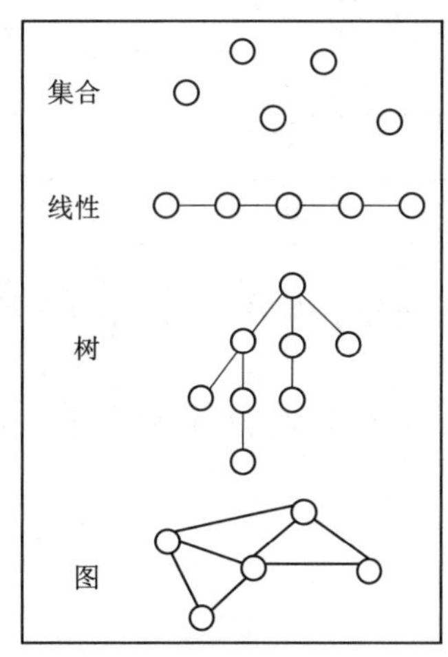

图1-3　四类基本逻辑结构

同学都可以是朋友，从而构成网状结构。

其中集合结构、树形结构和图状结构都属于非线性结构。线性结构包括线性表、栈和队列、字符串、数组、广义表。非线性结构包括树和二叉树、有向图和无向图等。这几种逻辑结构可以用一个层次图描述，如图1-4所示。

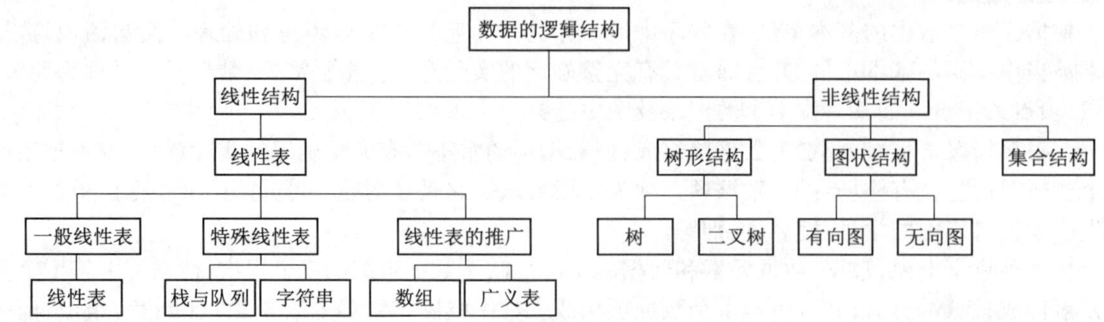

图1-4　逻辑结构层次图

例1-5　计算机系选修的课程有：计算机控制、图形学、软件工程、计算机安全学、汉字处理、工具软件等六门课，用 A、B、C、D、E、F 表示，每个学生可选 1 ~ 3 门课，一个班的学生选课见1-7。

表1-7　学生选课信息表

学　号	选修课程	爱　好	职　务
1	B、F	无	班长
2	A、C	体育	
3	A、D、F	体育	体委
4	D、E	文艺	
5	C、E	文艺	
6	D、F	体育	
7	B、E	体育	
8	A、E	体育	
9	B、F	文艺	文委
10	B、D	文艺	

全班学生按学号顺序建立并表示该集合的逻辑关系为线性结构，如下所示：

$$1\rightarrow2\rightarrow3\rightarrow4\rightarrow5\rightarrow6\rightarrow7\rightarrow8\rightarrow9\rightarrow10$$

全班学生按职务和爱好建立的逻辑关系是非线性结构——树，如图1-5所示。

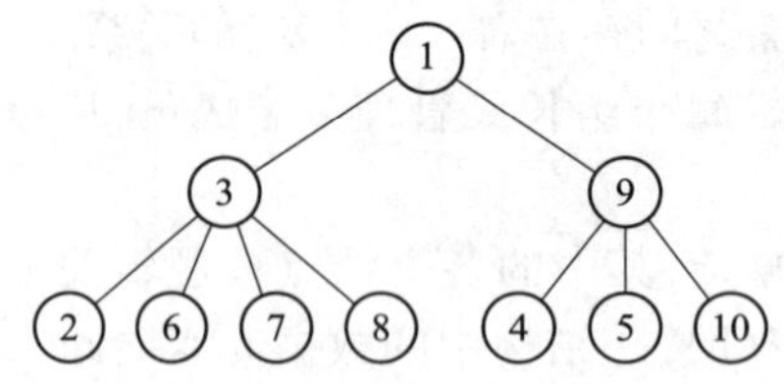

图1-5　按职务和爱好建立的树形逻辑结构

全班学生按血缘状况建立的逻辑关系是非线性结构——集合。

全班学生按同学间相互间的友谊(朋友)程度建立的逻辑关系是非线性结构——图,朋友间关系如图1-6所示。

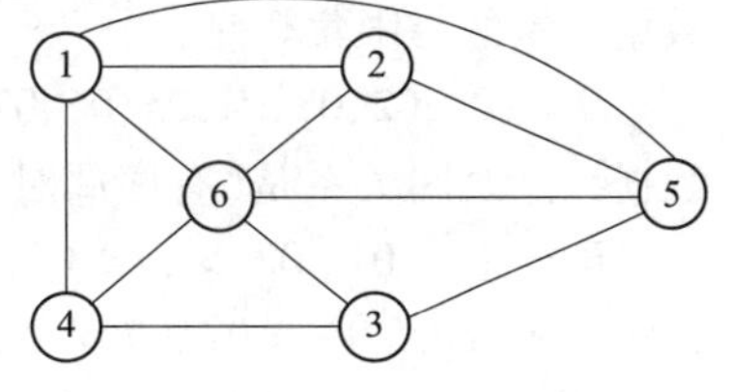

图1-6　按朋友间关系建立的图形逻辑结构

关于逻辑结构,有以下几点需特别注意:

(1)逻辑结构与数据元素本身的形式、内容无关。

(2)逻辑结构与数据元素的相对位置无关。

(3)逻辑结构与所含结点个数无关。

由此可见,一些表面上很不相同的数据可以有相同的逻辑结构,因此,逻辑结构是数据组织的某种“本质性”的东西。

同一逻辑结构中的所有数据元素具有相同的特性,这意味着不仅要求元素所包含的数据项的个数要相同,而且对应数据项的类型也要一致。

2. 运算和基本运算

一般地,运算是指在任何逻辑结构上施加的操作,即对逻辑结构的加工。这种加工以一个或多个逻辑结构及其有关参数为对象,以经过修改的逻辑结构或从原逻辑结构中提取的有关信息为结果。根据操作的效果,可将运算分成以下两种基本类型:

(1)加工型运算,其操作改变了原逻辑结构的“值”,如结点个数、某些结点的内容等;

(2)引用型运算,其操作不改变原逻辑结构,只从中提取某些信息作为运算的结果。

将以某种逻辑结构 S 为操作对象的运算称为“定义在 S 上的运算”,简称“S 上运算”。一般地,可能存在同一逻辑结构 S 上的两个运算 A 和 B,A 的实现需要或可以利用 B,而 B 的实现不需要利用 A。在这种情况下,称 A 可以“归约”为 B,B 不可归约为 A。

假如 X 是逻辑结构 S 上的一些运算的集合,△是 X 的一个子集,使得 X 中每一运算都可以“归约”为△中一个或多个运算,而△中任一运算不可归约为别的运算,则称△中运算为(相对于 X 的)基本运算。如C语言中的加、减、乘、除、求余等基本运算。

相对而言,基本运算比非基本运算简单。一旦基本运算得到实现,非基本运算的实现就十分容易。

3. 逻辑结构的描述

一个数据的逻辑结构可以用二元组来表示:

Data_Structure(数据结构) = (D,R) 或 (D,S)

其中,D 表示数据元素的有限集合;$R(S)$ 表示定义在 D 上所有数据元素之间关系的有限集合。

例1-6　一种数据结构 Line = (D,R),其中:

数据元素的有限集合是:

$D=\{01,02,03,04,05,06,07,08,09,10\}$

数据元素之间关系是(有序偶对):

$R=\{<05,01>,<01,03>,<03,08>,<08,02>,<02,07>,<07,04>,<04,06>,<06,09>,<09,10>\}$

还可用图1-7描述:

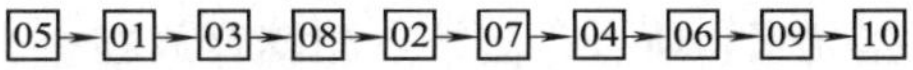

05→01→03→08→02→07→04→06→09→10

图1-7　线性结构示意图

由两个元素 x,y 按照一定的次序组成的二元组称为有序偶对,有序偶对用尖括号表示,表示的关系集合是有方向的。若集合中的元素是没有顺序的称为无序偶对,用圆括号表示,表示的关系集合是无方向的。

例1-7　一种数据结构 Tree = (D,R),其中:

数据元素的有限集合是:

$D = \{01,02,03,04,05,06,07,08,09,10\}$

数据元素之间关系是(有序偶对):

$R = \{ <01,02>, <01,03>, <01,04>, <02,05>, <02,06>, <02,07>, <03,08>, <03,09>, <04,10> \}$

还可用图 1-8 描述。

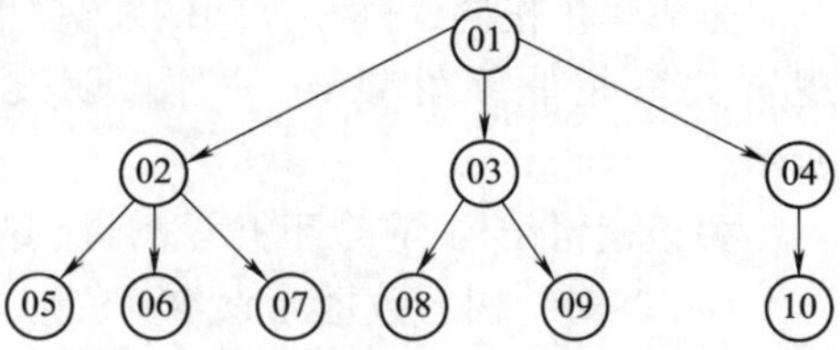

图 1-8　树形结构示意图

例1-8　一种数据结构 graph = (D,R),其中:

数据元素的有限集合是:

$D = \{a,b,c,d,e\}$

数据元素之间的关系是(无序偶对):

$R = \{(a,b),(a,d),(b,d),(b,c),(b,e),(c,d),(d,e)\}$

还可用图 1-9 描述。

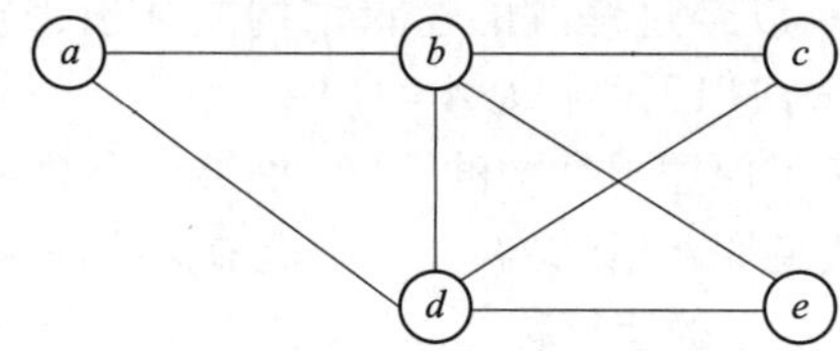

图 1-9　图形结构示意图

1.2.3　数据的存储结构

数据结构在计算机中的表示(又称映像)称为数据的物理结构,又称存储结构。

1. 存储实现

存储实现的基本目标是建立数据的机内表示。由于已经建立的逻辑结构是设计人员根据解题需要选定的数据组织形式,因此存储实现建立的机内表示应遵循选定的逻辑结构。另一方面,由于逻辑结构不包括结点内容即数据元素本身的表示,因此存储实现的另一主要内容是建立数据元素的机内表示。按上述思路所建立的数据的机内表示称为数据的存储结构,即数据的逻辑结构在计算机中的存储实现。

一般地,一个存储结构包括以下三个主要部分:

(1)存储结点(结点或元素),每个存储结点存放一个数据元素。

(2)数据元素之间关联方式的表示,也就是逻辑结构的机内表示。

(3)附加设施,如为便于运算实现而设置的"哑结点"(放在第一个存放数据结点之前、头指针之后的结点,它没有实际意义)等。

存储结构的主要部分是数据元素之间关联方式的表示。通常,存储结点之间可以有四种关联方式,称为四种基本存储方式:

(1)顺序存储方式。

每个存储结点只含一个数据元素。所有存储结点相继存放在一个连续的存储区里。用存储结点间的位置关系表示数据元素之间的逻辑关系。按这种方式表示逻辑关系的存储结构称为顺序存储结构,如图 1-10 所示为顺序存储结构。

例1-9　一个字母占一个字节,输入 A、B、C、D、E,并存储在 2 000 起始的连续的存储单元,其顺序存储方法如图 1-11 所示。

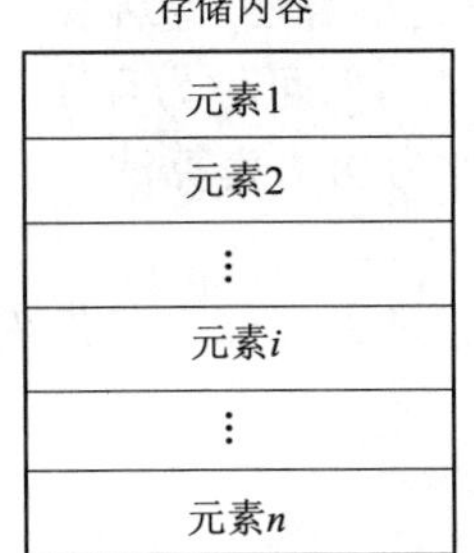

图 1-10 顺序存储结构

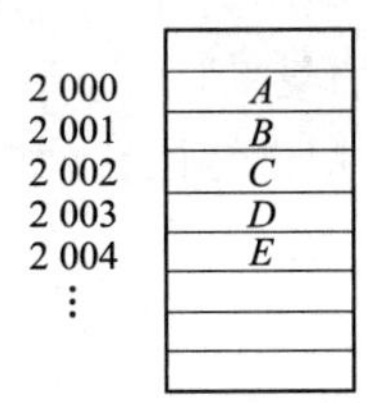

图 1-11 字符 A、B、C、D、E 的顺序存储

(2)链式存储方式。

每个存储结点不仅含有一个数据元素,还包含一组指针。每个指针指向一个与本结点有逻辑关系的结点,即用附加的指针表示逻辑关系。按这种方式组织起来的存储结构称为链式存储结构。

例1-10 图 1-12 为链式存储结构,其中每一元素的指针部分存放下一元素首地址。

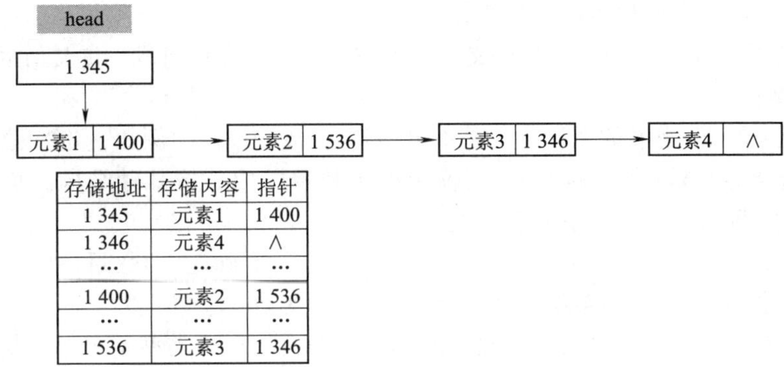

存储地址	存储内容	指针
1 345	元素1	1 400
1 346	元素4	∧
…	…	…
1 400	元素2	1 536
…	…	…
1 536	元素3	1 346

图 1-12 链式存储结构

(3)索引存储方式。

每个存储结点只含有一个数据元素,所有存储结点连续存放。此外增设一个索引表,索引表中的索引指示各存储结点的存储位置或位置区间端点。按这种方式组织起来的存储结构称为索引存储结构。

索引存储是在原有存储数据结构的基础上,附加建立一个索引表,索引表中的每一项都由关键字(能唯一标识一个结点的数据项)和地址组成。主要作用是为了提高数据的检索速度。例如,一本书的各章、节连续存放,索引表就是目录。

(4)散列存储方式。

每个结点含有一个数据元素,各个结点均匀分布在存储区里,用散列函数指示各结点的存储位置或位置区间端点。相应的存储结构称为散列存储结构。

可用任何一种存储方式所规定的存储结点之间的关联方式,来间接表达给定逻辑结构 S 中数据元素之间的逻辑关系。由此得到的存储结构,称为给定逻辑结构 S 的存储实现或存储映象。

2. 运算实现

一个运算的实现是指一个完成该运算功能的程序。运算实现的核心是处理步骤的规定,即算法设计。一般地,一个算法规定了求解给定类型问题所需的所有“处理步骤”及其执行顺序,使得给定类型的任何问题能在有限时间内被机械地求解。

任何算法都必须用某种语言加以描述。根据描述算法的语言的不同,可将算法分为以下三类:

(1)程序(运行终止的程序可执行部分)。用程序设计语言描述的算法,这种算法可直接在计算机上运行,从而使给定问题在有限时间内被机械地求解。这种算法有时可称为程序。

(2)伪语言算法。采用某种"伪程序设计语言"描述的算法称为伪语言算法。它不可直接在机器上运行(可在某种"抽象机"上运行),但容易编写和阅读。

(3)非形式算法。用自然语言(如汉语),同时可能还使用了程序设计语言或伪程序设计语言描述的算法称为非形式算法。

1.2.4 数据类型

数据类型是一类值的集合和定义在这类值集上的一组操作的总称。按"值"的不同特性,高级语言中的数据类型可分为两类:

(1)原子类型:它是非结构的,其值是不可分解的。如C语言中的基本类型。

(2)结构类型:结构类型的值是由若干成分按某种结构组成的,因此是可以分解的,并且它的成分可以是非结构的,也可以是结构的。如C语言中的结构体类型。

抽象数据类型是指一个数学模型以及定义在该模型上的一组操作。一个含抽象数据类型的软件模块通常应包含定义、表示和实现三个部分。

抽象数据类型的定义由一个值域和定义在该值域上的一组操作组成。按其值的不同特性,可细分为下列四种类型:

(1)原子类型:属原子类型的变量的值是不可分解的,成分单一。例如,整型数据。

(2)固定聚合类型:属该类型的变量,其值由确定数目的成分按某种结构组成,成分固定。例如,复数是由两个实数依确定的次序关系构成。

(3)可变聚合类型:属该类型的变量,其值的成分的数目不确定,即数目不定。例如,对于定义的一个"有序整数序列"抽象数据类型,其序列的长度是可变的。

(4)多形数据类型:指其值的成分(类型)不确定的数据类型,即类型不定。例如,定义的某一抽象数据类型Triplet,其所包含的某些元素 $e1$、$e2$、$e3$ 可以是整型、字符型或浮点型。

抽象数据类型可用以下三元组表示:

$$(D,R,P)$$

D 是数据对象,R 是 D 上的关系集,P 是对 D 的基本操作集。本书采用以下格式定义抽象数据类型:

```
ADT 抽象数据类型名{
    数据对象 D:<数据对象的定义>
    数据关系 R:<数据关系的定义>
    基本操作 P:<基本操作的定义>
}ADT 抽象数据类型名
```

其中,数据对象和数据关系的定义用伪码描述,基本操作的定义格式为:

```
基本操作名(参数表)
初始条件:<初始条件描述>
操作结果:<操作结果描述>
```

基本操作的参数表有两种参数:赋值参数和引用参数。赋值参数只为操作提供输入值;引用参数以 & 打头,除可提供输入值外,还将返回操作结果。

例1-11 抽象数据类型三元组的定义示例。

```
ADT Triplet{
    数据对象:D={e1,e2,e3 |e1,e2,e3 属于 ElemType 类型(定义了关系的某个集合)}
    数据关系:R={<e1,e2>,<e2,e3>}                    //线性结构
```

```
    基本操作:
      InitTriplet(&T,v1,v2,v3)                          //构造三元组T
        初始条件:无。
        操作结果:构造三元组T,元素e1、e2、e3分别被赋予参数v1、v2、v3的值。
      DestroyTriplet(&T)                                //销毁三元组T
        初始条件:三元组T已经存在。
        操作结果:销毁三元组T。
      Get(T,i,&e)                                       //获取三元组T的第i个元素的值
        初始条件:三元组T已经存在,1≤i≤3。
        操作结果:用e返回三元组T的第i个元素。
      Put(&T,i,e)                                       //改变三元组T的第i个元素的值
        初始条件:三元组T已经存在,1≤i≤3。
        操作结果:用e值取代三元组T的第i个元素。
      Max(T,&e)                                         //求三元组T的最大值
        初始条件:三元组T已经存在。
        操作结果:用e返回三元组T的最大值。
      Min(T,&e)                                         //求三元组T的最小值
        初始条件:三元组T已经存在。
        操作结果:用e返回三元组T的最小值。
}ADT Triplet
```

1.3 抽象数据类型的表示与实现

抽象数据类型可通过已固有的数据类型来表示和实现,即利用处理器中已存在的数据类型来说明新的结构,用已经实现的操作来组合新的操作。

教材中采用的类C语言(伪语言)基本上是标准C语言的简化。经若干扩充修改,增强了语言的描述功能。以下对其规定作简要说明:

1. 预定义常量和类型(函数结果状态代码)

本书后续程序中使用的符号常量主要有:

【预定义常量1】用#define定义的一些符号常量值。

```
#define    TRUE          1        //真
#define    FALSE         0        //假
#define    OK            1        //对
#define    ERROR         0        //错
#define    INFEASIBLE   -1        //不可行
#define    OVERFLOW     -2        //溢出
```

用Status表示函数的类型,默认定义如下:

```
typedef    int Status;            // 函数类型Status默认的数据类型为int
```

2. 数据结构的表示(存储结构)

数据结构的表示(存储结构)用类型定义(typedef)描述。数据元素类型约定为ElemType,由用户在使用该数据类型时自行定义。

```
typedef int ElemType;             //数据元素类型ElemType默认的数据类型为int
```

3. 基本操作的算法描述

基本操作的算法用以下形式的函数描述:

```
  函数类型    函数名(函数参数表)  //算法说明
```

```
    {
        语句序列
    }   //函数名
```

除了函数的参数需要说明类型外，算法中使用的辅助变量可以不作变量说明，必要时对其作用给予注释。一般而言，a、b、c、d、e 等用作数据元素名，i、j、k、l、m、n 等用作整型变量名，p、q、r 等用作指针变量名。

4. 赋值语句

（1）简单赋值：

```
变量名=表达式;
```

（2）串联赋值：

```
变量名1=变量名2=…= 变量名k=表达式;
```

（3）成组赋值：

```
(变量名1,…, 变量名k)=(表达式1,…, 表达式k);
```

（4）数组赋值：

```
变量名[]=表达式列表;
变量名1[起始下标…终止下标]=变量名2[起始下标…终止下标];
```

（5）结构赋值：

```
结构名1=结构名2;
结构名=(值1,…,值k);
```

（6）交换赋值：

```
变量名1←→变量名2;
```

（7）条件赋值：

```
变量名=条件表达式? 表达式T:表达式F;
```

5. 选择语句

（1）条件语句1：

```
if (表达式) 语句
```

（2）条件语句2：

```
if (表达式) 语句1
else        语句2
```

（3）开关语句1：

```
switch(表达式)
{   case  值1:  语句序列1;[break;]
     …
    case  值n:  语句序列n;[break;]
    [default:   语句序列n+1;]
}
```

（4）开关语句2：

```
switch
{   case  条件1:语句序列1;[break;]
     …
    case  条件n:语句序列n;[break;]
    [default:   语句序列n+1;]
}
```

方括号内的语句非必需，可根据程序设计需要选择使用。

6. 循环语句

(1) for 语句:

```
for(赋初值表达式序列;条件;修改表达式序列)语句
```

(2) while 语句:

```
while(条件)语句
```

(3) do-while 语句:

```
do{
    语句序列
}while(条件);
```

7. 结束语句

(1) 函数结束语句:

```
return    表达式;
return;
```

(2) case 结束语句:

```
break;
```

(3) 异常结束语句:

```
exit(异常代码);
```

8. 输入和输出语句

(1) 输入语句:

```
scanf([格式串,]变量1,…,变量n);
cin>>变量1>>…>>变量n;
```

(2) 输出语句:

```
printf([格式串,]表达式1,…,表达式n);
cout<<表达式1<<…<<表达式n;
```

通常省略格式串。

9. 注释格式

(1) 单行注释:

```
//文字序列
```

(2) 多行注释:

```
/* 文字序列* /
```

10. 基本函数

(1) 求最大值:

```
max(表达式1,…,表达式n)
```

(2) 求最小值:

```
min(表达式1,…,表达式n)
```

(3) 求绝对值:

```
abs(表达式)
```

(4) 判定文件结束:

```
eof(文件变量)或eof
```

(5) 判定行结束:

```
eoln(文件变量)或eoln
```

(6) 求最小整数值:

```
floor(表达式)
```

(7)求进位整数值:

```
ceil(表达式)
```

11. 逻辑运算约定

与运算(&&),或运算(||),非运算(!)。

例1-12 floor()、ceil()函数练习。

```
#include <math.h>
void main()
{    double n=123.45,dn,un;
     dn=floor(n);un=ceil(n);
     printf("n=%5.2f,dn=%5.2f,un=%5.2f\n", n, dn, un);
}
```

运行结果:

```
n=123.45,dn=123.00,un=124.00
```

说明:

(1)局部变量的说明可以省略(但形参表中及函数类型的说明需保留),重要的变量需在注解中用文字说明其类型和作用。

(2)类 C 语言的形参书写比标准 C 语言简单,如:

```
int abc(int a,int b,int,c)
```

可以简写为

```
int abc(int a,b,c)。
```

(3)增加了一个出错处理语句 error(字符串),其功能是终止它所在算法的执行并回送表示出错信息的字符串。

1.4 算法和算法分析

1.4.1 算法

算法是对特定问题求解步骤的一种描述,由有限的指令序列构成,其中每一条指令表示一个或多个操作。

一个算法应具有下列五个特性:

(1)输入:一个算法有零个或多个输入,它们是算法开始前给出的最初量。

(2)输出:一个算法至少有一个输出,它们是同输入有某种关系的量。

(3)有穷性:每一条指令的执行次数必须是有限的。

(4)确定性:每一条指令必须有确切的含义,无二义性。

(5)可行性:一个算法是能行的,每条指令的执行时间都是有限的。

算法与程序的区别有两点:程序不一定满足有穷性;程序中的指令必须是机器可执行的,算法中的指令则无此限制。算法与程序的联系是,算法用机器可执行的语言来书写,就变成一个程序。

一个算法可以用自然语言、数学语言或约定的符号语言进行描述。

1.4.2 算法设计的要求

通常从以下几个方面评价算法(包括程序)的质量。

(1)正确性:算法应能正确地实现预定的功能(即处理要求)。

(2)易读性:算法应易于阅读和理解,以便于调试、修改和扩充。

(3)健壮性:当环境发生变化(如遇到非法输入)时,算法能适当地做出反应或进行处理,不会产生不需要的运行结果。

(4)高效性(效率与低存储量需求):即达到所需要的时空性能。

一个算法的时空性能(又称算法分析)是指该算法的时间性能(或时间效率)和空间性能(或空间效率)。前者是算法包含的计算量,后者是算法需要的存储量。

例1-13 设 a、b、c、d 中各含一个整数,求 a、b、c 中的最大值与 d 的乘积。

微视频

例 1-13 视频讲解

```
void max1(int a,int b,int c,int d)
{  int x;
   a*=d;b*=d;c*=d;
   if(a>b) x=a;
   else    x=b;
   if(c>x) x=c;
   printf("%d\n",x);
}
```

```
void max2(int a,int b,int c,int d)
{  int x;
   if(a>b) x=a;
   else    x=b;
   if(c>x) x=c;
   x*=d;
   printf("%d\n",x);
}
```

算法 max1 的计算量比 max2 大。max1 的时间性能比 max2 低。

对于算法设计的四点要求,前三条取决于运行程序的机器的软、硬件系统,不能作为评价算法时间性能的标准,仅第四条反映了算法的计算量。假设每条指令执行所需时间为单位时间。因此算法的时间耗费可以指令重复执行的次数[也称频度 $T(n)$]进行度量。

1.4.3 算法效率的度量

1. 时间复杂度

度量一个程序的执行时间通常有两种方法:

(1)事后统计的方法。依据计算机内部的计时功能,通过运行某程序来统计其执行时间。统计依赖于计算机软、硬环境,易掩盖算法本身的优劣。因此,常采用的是另一种分析估算方法。

(2)事前分析估算的方法。通常采用下述办法来估算求解某类问题的各个算法在给定输入下的计算量:根据该类问题的特点合理地选择一种或几种操作作为"标准操作";确定每个算法在给定输入下共执行了多少次标准操作,并将此次数规定为该算法在给定输入下的计算量。

不考虑计算机的软硬件等环境因素,影响算法时间代价的最主要因素是问题规模。问题规模是问题大小的本质表示,一般用整数 n 表示。问题规模 n 对不同的问题含义不同,例如,在排序运算中 n 为参加排序的记录数,在矩阵运算中 n 为矩阵的阶数,在多项式运算中 n 为多项式的项数,在集合运算中 n 为集合中元素的个数,在树的有关运算中 n 为树的结点个数,在图的有关运算中 n 为图的顶点数或边数。显然,n 越大算法的执行时间越长。

例1-14 求两个 n 阶方阵(设有 n^2 个数,排列成 n 行 n 列的表)的乘积 $\boldsymbol{C}=\boldsymbol{A}\times\boldsymbol{B}$。

例如:

$$\begin{pmatrix} a_{11} & a_{12} & a_{13} \\ a_{21} & a_{22} & a_{23} \\ a_{31} & a_{32} & a_{33} \end{pmatrix} \times \begin{pmatrix} b_{11} & b_{12} & b_{13}\text{//}\boldsymbol{A}\text{ 矩阵第一行各元素分别与 }\boldsymbol{B}\text{ 矩阵第一、二、三列对应元素相运算} \\ b_{21} & b_{22} & b_{23}\text{//}\boldsymbol{A}\text{ 矩阵第二行各元素分别与 }\boldsymbol{B}\text{ 矩阵第一、二、三列对应元素相运算} \\ b_{31} & b_{32} & b_{33}\text{//}\boldsymbol{A}\text{ 矩阵第三行各元素分别与 }\boldsymbol{B}\text{ 矩阵第一、二、三列对应元素相运算} \end{pmatrix}$$

$$= \begin{pmatrix} a_{11}b_{11}+a_{12}b_{21}+a_{13}b_{31} & a_{11}b_{12}+a_{12}b_{22}+a_{13}b_{32} & a_{11}b_{13}+a_{12}b_{23}+a_{13}b_{33} \\ a_{21}b_{11}+a_{22}b_{21}+a_{23}b_{31} & a_{21}b_{12}+a_{22}b_{22}+a_{23}b_{32} & a_{21}b_{13}+a_{22}b_{23}+a_{23}b_{33} \\ a_{31}b_{11}+a_{32}b_{21}+a_{33}b_{31} & a_{31}b_{12}+a_{32}b_{22}+a_{33}b_{32} & a_{31}b_{13}+a_{32}b_{23}+a_{33}b_{33} \end{pmatrix}$$

其算法描述如下:

```
#define n  3
void MAT(int a[][n],int b[][n],int c[][n])
{    int i,j,k;
     for(i=0;i<n;i++)                          //n+1 变化 0~n 行
         for(j=0;j<n;j++)                      //n(n+1) 变化 0~n 列
         {   c[i][j]=0;                        //n^2  C 矩阵对应 i 行 j 列元素清 0
             for(k=0;k<n;k++)                  //n^2(n+1) 计算 C 的 i 行 j 列元素
             c[i][j]=c[i][j]+a[i][k]*b[k][j];  //n^3
         }
}
void main()
{    int a[n][n]={{1,2,3},{6,7,8},{4,5,6}},b[n][n]=
     {{1,3,5},{2,4,6},{3,6,9}},c[n][n];
     MAT(a,b,c);
}
```

整个算法的执行时间与该基本操作（乘法）重复执行的次数 n^3 成正比，记作：$T(n)=O(n^3)$。

为了客观地反映一个算法的执行时间，可以只用算法中的“基本语句”（基本操作）的执行次数来度量算法的工作量。所谓“基本语句”指的是算法中重复执行次数和算法的执行时间成正比的语句，它对算法运行时间的贡献最大。

一般情况下，算法中基本操作执行的次数是问题规模 n 的某个函数 $f(n)$，算法的时间量度记作：

$$T(n)=O(f(n))$$

它表示随问题规模 n 的增大，算法执行时间的增长率和 $f(n)$ 的增长率相同，称作算法的渐近时间复杂度，简称时间复杂度。

其中，$f(n)$ 是算法中频度最大的那条语句频度的数量级。语句中的频度（简称语句频度）指的是该语句重复执行的次数。

“O”是数学符号，其严格的数学定义是：若 $T(n)$ 和 $f(n)$ 是定义在正整数集合上的两个函数，当存在两个正的常数 c 和 n_0 时，使得对所有的 $n \geqslant n_0$，都有 $T(n) \leqslant cf(n)$ 成立，则 $T(n)=O(f(n))$。

通常情况下，数量级指一系列 10 的幂，即相邻两个数量级之间的比为 10。例如，两数相差三个数量级，其实就是一个数比另一个大 1 000 倍。

表 1-8 描述十进制下的数量级。

表 1-8　十进制的数量级

数　字	科学计数法	数 量 级
0.001	10^{-3}	−3
0.01	10^{-2}	−2
0.1	10^{-1}	−1
1	10^0	0
10	10^1	1
100	10^2	2
1 000	10^3	3
10 000	10^4	4

2. 求解时间复杂度

找出所有语句中执行频度最大的那条语句的频度,然后取其数量级放入 $O()$ 中即可。

例1-15　常数阶示例 1,单个语句。

```
x + =5;
```

单个语句的频度为 1,则程序段的时间复杂度为常数阶:$T(n) = O(1)$。

例1-16　常数阶示例 2,多个语句,没有循环。

例 1-16
视频讲解

交换 x 和 y 的内容:

```
exchange(int  &x,  int  &y)
{  t=x;  x=y;  y=t; }
```

时间复杂度为常数阶:$T(n) = O(1)$。

以上算法的执行时间是一个与问题规模 n 无关的常数,所以算法的时间复杂度为 $T(n) = O(1)$,称为常量阶或常数阶。

实际上,如果算法的执行时间不随问题规模 n 的增加而增长,算法中语句频度就是某个常数。即使这个常数再大,算法的时间复杂度都是 $O(1)$。例如:

```
for(i=0;i<10000;i++) x+=5;
```

算法的时间复杂度仍然为 $O(1)$。因为循环次数跟问题规模 n 无关。

例1-17　常数阶示例 3,与问题规模 n 无关。

```
x=90;y=100;
while(y>0)
if(x>100){x=x-10;y--;}
else    x++;
```

算法的时间复杂度仍然为 $O(1)$。

例1-18　线性阶示例 1,单层循环。

```
x=0;y=0;                              //两条语句执行1次
for(i=0;i<=n;i++){x++;y++;}           //执行n+1次
```

语句频度:$f(n) = n + 1$, 忽略低阶项,高阶项系数取 1。

时间效率:$T(n) = O(f(n)) = O(n)$ 。

频度最大的语句是 x++ 或 y++,所以该程序段的时间复杂度为线性阶。

例1-19　线性阶示例 2,单层循环。

```
int  count=0;
while(count< = n)
    {count=count+2;}
```

count 取值序列:2,4,6,8,10,…,$n-1$ 或 n(n 为奇数或偶数)。

count < = n − 1 或 count < = n,执行循环;count > = n + 1 或 count > = n + 2,结束循环。

循环次数:奇数 $f(n) = (n-1)/2$,偶数 $f(n) = n/2$,高阶项系数取 1。

时间效率:$T(n) = O(f(n)) = O(n)$。

例1-20　平方阶示例 1,变量计数。

```
①x=0;y=0;
②for(k=1;k< =n;k++)
③    x++;
④for(i=1;i< =n;i++)
⑤    for(j=1;j< =n;j++)
⑥      y++;
```

频度最大的语句是⑥，所以该程序段的时间复杂度为平方阶：$T(n)=O(n^2)$。

例1-21 平方阶示例2，两层循环。

```
x=0;y=0;                             //两条语句执行1次
for(i=1;i<=n;i++)                    //执行n+1次
    for(j=1;j<=n;j++)                //执行n(n+1)次
        {x++;y++;}                   //执行n²
```

语句频度：$f(n)=n^2$，忽略低阶项，高阶项系数取2。

时间效率：$T(n)=O(n^2)$，该算法时间复杂度为平方阶。

例1-22 平方阶示例3，两层循环，外层循环体其中含有循环语句。

计算下列程序段的时间复杂度。

```
... for(i=1;i<=n;i++){k++;for(j=1;j<=n;j++) l+=k;} ...
```

对上述程序段，“l+=k”语句执行的总次数为 n^2，时间效率为 $T(n)=O(n^2)$。

例1-23 两层循环，每层循环次数不同。

```
for(i=1;i<=n;i++)                    //n是问题规模，如学生人数
    for(j=1;j<=m;j++)                //m是一个变数，如课程门数
        {x++;}
```

x++语句执行次数为 $n\times m$。算法的时间复杂度为 $T(n)=O(n\times m)$。

例1-24 开方阶示例，单层循环。

```
int i=0,s=0;
while (s<=n)
{ i++; s=s+i; }
```

i 依次数值变化序列：0，1，2，3，4，5…

s 依次数值变化序列：0，1，3，6，10，15…

即 s 取值：$1+2+\cdots+(m-1)+m=(m+1)\times\frac{m}{2}$。

假设循环次数为 m，必有关系：$m(m+1)/2\leqslant n$，则 $m\leqslant 2\sqrt{n}$。

时间复杂度：$T(n)=O(\sqrt{n})$。

例1-25 对数阶示例，单层循环。

对于程序段：

```
... i=1;
while(i<=n) i=i*2; ...
```

此处循环体里面是 $i=i\times 2$，即每循环一次 i 值增加一倍。i 取值序列：$2^1,2^2,2^3,\cdots,2^x$（每次乘2，执行 x 次循环），必有 $2^x\leqslant n$，两边取对数有 $x\leqslant\log_2 n$，因此时间效率：$T(n)=O(\log_2 n)$。所以执行次数与 n 之间是以2为底的对数关系，故时间复杂度为对数阶。

例1-26 对数阶示例，单层循环。

```
int  i=1;
...while(i<=n) i=i*10;...
```

i 取值序列：$10^1,10^2,10^3,\cdots,10^x$（每次乘10，执行 x 次循环），必有 $10^x\leqslant n$，两边取对数有 $x\leqslant\lg n$，因此时间效率：$T(n)=O(\lg n)$。

常见时间复杂性的量级有：常数阶 $O(1)$（即算法的时间复杂性与输入规模 n 无关或 n 为恒常数）、对数阶 $O(\log_2 n)$、线性阶 $O(n)$、线性对数阶 $O(n\log_2 n)$、平方阶 $O(n^2)$、立方阶 $O(n^3)$、k 次方阶 $O(n^k)$ 和指数阶 $O(2^n)$。

常数阶：没有循环，算法与问题规模 n 无关，记作 $O(1)$ 或 $O(n^0)$。

线性阶：单层循环，与问题规模 n 呈现线性增长关系，记作 $O(n)$。

平方阶：两层循环，与问题规模 n 呈现平方增长关系，记作 $O(n^2)$。

立方阶：三层循环，与问题规模 n 呈现立方增长关系，记作 $O(n^3)$。

对数阶：通常为单层循环，记作 $O(\log_2 n)$。

指数阶：$O(2^n)$，执行速度极慢，时间效率极低。

指数阶算法 $O(2^n)$ 的效率极低，当 n 值稍大时，算法就无法应用。通常认为，具有指数阶量级的算法是实际不可计算的，而量级低于平方阶的算法是高效的。应尽量避免使用指数阶算法。

常见的时间复杂度比较如下：

$$O(1) < O(\log_2 n) < O(n) < O(n\log_2 n) < O(n^2) < O(n^3) < O(2^n) < O(n!) < O(n^n)$$

3. 最坏时间复杂度和平均时间复杂度

算法的时间复杂度不仅与问题的规模有关，还与问题的其他因素有关。如某些排序的算法，其执行时间与待排序记录的初始状态有关。

通常，一个算法在不同输入下的计算量是不同的，则可用以下两种方式来确定一个算法的计算量：算法的最坏情况时间复杂性和算法的平均时间复杂性。

以算法在所有输入下的计算量的最大值作为算法的计算量，这种计算量称为算法的最坏情况时间复杂性或最坏情况时间复杂度。

以算法在所有输入下的计算量的加权平均值作为算法的计算量，这种计算量称为算法的平均时间复杂性或平均时间复杂度。

最坏情况时间复杂性和平均时间复杂性统称为时间复杂性（或时间复杂度）。

例1-27　在数组 $A[n]$ 中查找值为 K 的元素，若找到，则返回位置 $i(0\leqslant i\leqslant n-1)$；否则返回 -1，算法如下：

```
i=n-1; while((i>=0)&&(A[i]!=K))i--;return i;
```

当未查找到值为 K 的元素或值为 K 的元素在数组的第一个位置时，最坏事件时间复杂度 $T(n)=O(n)$。

4. 空间复杂度

算法所耗费的存储空间，仍是问题规模 n 的函数，记作：$S(n)=O(f(n))$。渐近空间复杂度也常常简称为空间复杂度。

空间复杂度是对一个算法在运行过程中临时占用存储空间大小的量度。一个算法在计算机存储器上所占用的存储空间，包括存储算法本身所占用的存储空间，算法的输入/输出数据所占用的存储空间和算法在运行过程中临时占用的存储空间这三个方面。算法的输入/输出数据所占用的存储空间是由要解决的问题决定的，是通过参数表由调用函数传递而来的，它不随本算法的不同而改变。存储算法本身所占用的存储空间与算法书写的长短成正比，要压缩这方面的存储空间，就必须编写出较短的算法。算法在运行过程中临时占用的存储空间随算法的不同而异，有的算法只需要占用少量的临时工作单元，而且不随问题规模的大小而改变，是节省存储的算法；有的算法需要占用的临时工作单元数与解决问题的规模 n 有关，它随着 n 的增大而增大，当 n 较大时，将占用较多的存储单元，例如后续在第 9 章介绍的快速排序和归并排序算法就属于这种情况。

分析一个算法所占用的存储空间要从各方面综合考虑。如对于递归算法来说，一般都比较简短，算法本身所占用的存储空间较少，但运行时需要一个附加堆栈，从而占用较多的临时工作单元；若写成非递归算法，一般可能比较长，算法本身占用的存储空间较多，但运行时将可能需要较少的存储单元。

一个算法的空间复杂度只考虑在运行过程中为局部变量分配的存储空间的大小,它包括为参数表中形参变量分配的存储空间和为在函数体中定义的局部变量分配的存储空间两个部分。若一个算法为递归算法,其空间复杂度为递归所使用的堆栈空间的大小,它等于一次调用所分配的临时存储空间的大小乘以被调用的次数(即为递归调用的次数加 1,这个 1 表示开始进行的一次非递归调用)。算法的空间复杂度一般也以数量级的形式给出。如当一个算法的空间复杂度为一个常量,即不随被处理数据量 n 的大小而改变时,可表示为 $O(1)$;当一个算法的空间复杂度与以 2 为底的 n 的对数成正比时,可表示为 $O(\log_2 n)$;当一个算法的空间复杂度与 n 成线性比例关系时,可表示为 $O(n)$。若形参为数组,则只需要为它分配一个存储由实参传送来的一个地址指针的空间,即一个机器字长空间;若形参为引用方式,则也只需要为其分配存储一个地址的空间,用它来存储对应实参变量的地址,以便由系统自动引用实参变量。

对于一个算法,其时间复杂度和空间复杂度往往是相互影响的。当追求一个较好的时间复杂度时,可能会使空间复杂度的性能变差,即可能导致占用较多的存储空间;反之,当追求一个较好的空间复杂度时,可能会使时间复杂度的性能变差,即可能导致占用较长的运行时间。另外,算法的所有性能之间都存在着或多或少的相互影响。因此,当设计一个算法(特别是大型算法)时,要综合考虑算法的各项性能,算法的使用频率,算法处理的数据量的大小,算法描述语言的特性,算法运行的机器系统环境等各方面因素,才能够设计出比较好的算法。算法的时间复杂度和空间复杂度合称为算法的复杂度。

小　结

数据结构是一门研究非数值计算的程序设计问题中计算机的操作对象以及它们之间的关系和操作等的课程。从数据结构的观点将数据分成三个不同的层次,即数据、数据元素和数据项。

数据的逻辑结构就是数据的组织形式。根据数据元素之间关系的不同特性,通常有集合、线性结构、树形结构、图状结构四类。

集合中任何两个结点之间都没有逻辑关系。线性结构中的结点按逻辑关系依次排列成一条"锁链",数据元素之间存在着"一对一"的关系。树形结构具有分支、层次特性,数据元素之间存在着"一对多"的关系。图状结构中任何两个结点都可以邻接,数据元素之间存在着"多对多"的关系。

存储结构是数据按逻辑结构规定的形式在计算机存储器中的存放方式,通常有顺序、链式、索引、散列四种。

顺序存储所有存储结点相继存放在一个连续的存储区里,用存储结点间的位置关系表示数据元素之间的逻辑关系。链式存储每个存储结点不仅含有一个数据元素还包含一组指针,用附加的指针表示数据间的逻辑关系。索引存储所有存储结点连续存放,通过增设的索引表中的索引指示各存储结点的存储位置或位置区间端点。散列存储每个结点含有一个数据元素,用散列函数指示各结点的存储位置或位置区间端点。

抽象数据类型是指一个数学模型以及定义在该模型上的一组操作,通常包含定义、表示和实现三个部分,可用三元组 (D,R,P) 表示。D 是数据对象,R 是 D 上的关系集,P 是对 D 的基本操作集。

一个算法的时空性能又称算法分析,是指该算法的时间性能(或时间效率)和空间性能(或空间效率)。影响算法时间代价的最主要因素是问题规模 n。一般情况下,算法中基本操作执行的次数是问题规模 n 的某个函数 $f(n)$,记作:$T(n)=O(f(n))$。

空间复杂度指算法所耗费的存储空间,仍是问题规模 n 的函数,记作:$S(n)=O(f(n))$。

对于一个算法,其时间复杂度和空间复杂度往往是相互影响的,因此设计一个算法要综合考虑算法的各项性能。算法的时间复杂度和空间复杂度合称为算法的复杂度。

练 习

一、单项选择题

1. 以下数据结构中,(　　)是非线性数据结构。

A. 树　　B. 字符串　　C. 队列　　D. 栈

2. 以下数据结构中,(　　)是线性数据结构。

A. 栈　　B. 树　　C. 图　　D. 集合

3. 以下与数据的存储结构无关的是(　　)。

A. 循环队列　　B. 链表　　C. 哈希表　　D. 栈

4. 与数据元素本身的形式、内容、相对位置及个数无关的是数据的(　　)。

A. 存储结构　　B. 存储实现　　C. 逻辑结构　　D. 运算实现

5. 以下关于数据结构的说法中,正确的是(　　)。

A. 数据的逻辑结构独立于其存储结构

B. 数据的存储结构独立于其逻辑结构

C. 数据的逻辑结构唯一决定其存储结构

D. 数据结构仅由其逻辑结构和存储结构决定

6. 在数据结构中,从逻辑上可以把数据结构分成(　　)。

A. 动态结构和静态结构　　B. 紧凑结构和非紧凑结构

C. 线性结构和非线性结构　　D. 内部结构和外部结构

7. 以下说法正确的是(　　)。

A. 数据元素是数据的最小单位

B. 数据项是数据的基本单位

C. 数据结构是带有结构的各数据项的集合

D. 一些表面上很不相同的数据可以有相同的逻辑结构

8. 算法的时间复杂度取决于(　　)。

A. 问题的规模　　B. 待处理数据的初态

C. 计算机的配置　　D. *A* 和 *B*

9.
```
for(int i =0;i <n -1;i ++)
{for(int j =i +1;j <n;j ++)if(a[i] >a[j]){int t =a[i];a[i] =a[j];a[j] =t;}}
```
这是一个简单的排序,它的时间复杂度是(　　)。

A. $O(n^2)$　　B. $O(n^3)$　　C. $O(n)$　　D. $O(\log_2 n)$

10.
```
void strchr(char* arr, char* arr2)
{int i =0;while(* arr! =* arr2){arr + =1;i ++;}printf("% d", i +1);}
#define N 100
int main()
{   char arr[N] ="0",arr2;
    scanf("% s % c", arr,&arr2);strchr(arr, &arr2);}
```
它的时间复杂度是(　　)。

A. $O(N)$　　B. $O(1)$　　C. $O(N/2)$　　D. $O(N^2)$

11. 如果一个函数的栈空间中只定义了一个二维数组 $a[3][6]$，这个函数的空间复杂度为(　　)。

A. $O(n)$　　B. $O(n^2)$　　C. $O(1)$　　D. $O(3\times6)$

12.
```
long fac(int n)
{   int res=0;
    if(n==1)res=1;
    if(n>1){res=n*fac(n-1);}
    return res;}
```
该程序的时间复杂度和空间复杂度分别是(　　)。

A. $O(1)$,$O(n)$　　B. $O(n)$,$O(n^2)$　　C. $O(n^2)$,O(1)　　D. $O(n)$,$O(n)$

13. 以下算法“m++”语句的执行次数为(　　)。

```
int m=0,i,j;for(i=1;i<=n;i++)for(j=1;j<=2*i;j++)m++;
```

A. $n(n+1)$　　B. n　　C. $n+1$　　D. n^2

14. 下列函数的时间复杂度为(　　)。

```
int func(int n){int i=0,sum=0;while(sum<n)sum+=++i;return i;}
```

A. $O(\log_2 n)$　　B. $O(n^{(1/2)})$　　C. $O(n)$　　D. $O(n\log_2 n)$

二、综合练习题

1. 简述数据、数据元素和数据项之间的关系，阐述数据对象的基本概念。
2. 简述逻辑结构的四种基本关系及特点，关于逻辑结构需要特别注意哪些问题?
3. 数据的线性结构和非线性结构主要包括哪些内容?
4. 什么是运算和基本运算?
5. 试用二元组描述线性、树形、图状的逻辑结构(可举例说明)。
6. 什么是存储结构? 简述四种基本存储方式的特点。
7. 什么是抽象数据类型? 试用三元组表示一个抽象数据类型(可举例说明)。
8. 本书预定义的常量和类型有哪些?
9. 什么是最坏时间复杂度和平均时间复杂度? 求解时间复杂度应注意哪些问题?
10. 什么是空间复杂度? 简述时间复杂度和空间复杂度的关系。
11. 分析以下程序段，求出算法的时间复杂度。

(1)
```
for(i=0;i<=n;i++){y=y+1;for(j=0;j<=2*n;j++)x++;}
```
(2)
```
y=0;while((y+1)*(y+1)<=n)y=y+1;
```
(3)
```
for(i=1;i<n;i++)for(j=1;j<n;j++)j=j*2;
```
(4)
```
int i=2;int x=(int)sqrt(n);
while(i<=x){if(n% i==0)break;i++;}
```
(5)
```
for(i=0;i<n;i++)for(j=0;j<m;j++)a[i][j]=0;
```
(6)
```
x=90;y=100;
while(y>0)if(x>100)y--;else x++;
```
(7)
```
int i,j,k;
    for(i=0;i<m;i++)
        for(j=0;j<1;j++)
            {c[i][j]=0;for(k=0;k<n;k++)j[i][j]+=a[i][k]*b[k][j];}
```
(8)
```
i=1;while(i<=m)i=i*3;
```
(9)
```
x=1;for(i=1;i<=n;i++)for(j=1;j<=i;j++)for(k=1;k<=j;k++)x++;
```

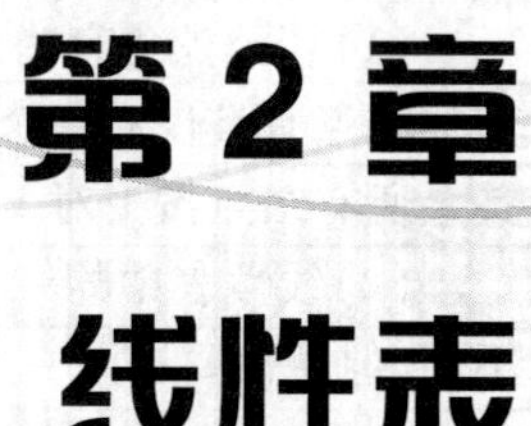

第 2 章 线性表

学习目标

- 理解线性结构的定义和特点；
- 理解线性表的概念和在线性表上的基本操作；
- 熟练掌握顺序表、单链表、循环链表和双链表的组织方法及实现基本运算的算法；
- 掌握在顺序表和单链表上进行算法设计的基本技能；
- 了解顺序表与链表的优缺点。

顺序表和单链表分别是最简单、基本的顺序存储结构和链式存储结构。顺序表和单链表上实现基本运算的算法是数据结构中最简单、基本的算法。这些内容构成以下各章的重要基础，因此本章是本课程的重点之一。

2.1 线性表的基本概念

2.1.1 线性表的定义

线性表的逻辑结构是线性结构，是由 $n(n\geqslant 0)$ 个数据元素（结点）$a_1,a_2,\cdots,a_{i-1},a_i,a_{i+1},\cdots,a_n$ 组成的有限序列。为了便于讨论，通常将含 $n(n>0)$ 个结点的非空线性表记为

$$(a_1,a_2,\cdots,a_i,\cdots,a_n)$$

其中每个 a_i 代表一个结点（$1\leqslant i\leqslant n$）。a_1 称为起始结点，a_n 称为终端结点，i 称为结点 a_i 在线性表中的序号或位置，如图 2-1 所示。

$$a_1 \to a_2 \to \cdots \to a_i \to a_{i+1} \to \cdots \to a_n$$

图 2-1 线性表的逻辑结构示意图

例如，一年 12 个月，可用线性表表示为

$$(1,2,3,4,5,6,7,8,9,10,11,12)$$

又如，26 个英文字母表，可用线性表表示为

$$(a,b,c,\cdots,x,y,z)$$

对任意一对相邻结点 a_i、a_{i+1}（$1\leqslant i\leqslant n$），a_i 称为 a_{i+1} 的直接前驱，a_{i+1} 称为 a_i 的直接后继。

线性表中所含结点的个数 $n(n\geqslant 0)$ 称为线性表的长度（简称表长）。表长为 0 的线性表（$n=0$）称为空表。

为了满足运算的封闭性，通常允许一种逻辑结构出现不含任何结点的情况。不含任何结点的线性表（即空表）可表示为( )或∅。

线性表的基本特征是：

(1)若至少含有一个结点，仅有一个开始结点和一个终端结点，则除起始结点没有直接前驱外，其他结点有且仅有一个直接前驱；除终端结点没有直接后继外，其他结点有且仅有一个直接后继。其余所有结点按1对1的邻接关系构成的整体就是线性表。

(2)线性表中的一个结点代表一个数据元素。在不同的实际问题中，结点代表的数据元素可以不同，但通常要求同一个线性结构中的所有结点所代表的数据元素具有相同的特性。

例如一年中的各个月份，在C语言中可定义为数值型。英文字母在C语言中可定义为字符型。

2.1.2 线性表的抽象数据类型

抽象数据类型线性表的定义如下：

ADT List{

数据对象：$D=\{a_i \mid a_i \in ElemType, i=1,2,\dots,n; n\geqslant 0\}$//即数据元素的有限集合：$D=(a_1,a_2,\dots,a_n)$

数据关系：$R=\{<a_i-1,a_i> \mid a_i-1,a_i\in D, i=1,2,3,\dots,n\}$

//即数据元素之间关系是：各结点按序依次线性排列

基本操作：

(1)InitList(&L)：构造一个空的线性表。

初始条件：无。

操作结果：构造一个空的线性表L=∅(即建立线性表的"表示构架"，但不含任何数据元素)。

(2)DestroyList(&L)：销毁线性表。

初始条件：线性表L已存在。

操作结果：销毁线性表L。

(3)ClearList(&L)：将线性表重置为空表。

初始条件：线性表L已存在。

操作结果：将线性表L重置为空表。

(4)ListEmpty(L)：测试线性表是否空表。

初始条件：线性表L已存在。

操作结果：测试线性表L，若L为空表返回TRUE，否则返回FALSE。

(5)ListLength(L)：求表长。

初始条件：线性表L已存在。

操作结果：求表长，返回线性表L中数据元素的个数。

(6)GetElem(L,i,&e)读表元素。

初始条件：线性表L已存在，1≤i≤ListLength(L)。

操作结果：读表元，用e返回线性表L中第i个结点的元素值。

(7)LocateElem(L,e,compare())：定位(或查找)。

初始条件：线性表L已存在，compare()是数据元素判定函数。

操作结果：定位(顺序表)。若L中存在一个或多个与e满足关系compare()，运算结果为这些结点的序号的最小值；否则，运算结果为0。

(8)PriorElem(L,e,&pre_e)：求前驱位置。

初始条件：线性表L已存在。

操作结果：定位_返前驱(链表)。若e是L的数据元素，且不是第一个，则用pre_e返回它的前驱，否则操作失败，pre_e无定义。

(9)NextElem(L,e,&next_e)：求后继位置。

初始条件：线性表L已存在。

操作结果：定位_返后继(链表)。若e是L的数据元素，且不是最后一个，则用next_e返回它的后继，否则操作失败,next_e 无定义。

(10)ListInsert(&L,i,e):插入一个结点。

初始条件:线性表 L 已存在,1≤i≤ListLength(L)+1。

操作结果:插入。在线性表 L 的第 i 个位置增加一个以 e 为值的新结点,L 的长度加 1。

(11)ListDelete(&L,i,&e):删除一个结点。

初始条件:线性表 L 已存在且非空,1≤i≤ListLength(L)。

操作结果:删除。删除线性表 L 的第 i 个结点,并用 e 返回其值,L 的长度减 1。

(12)ListTraverse(L,visit()):遍历操作。

初始条件:线性表 L 已存在。

操作结果:依次对线性表 L 的每个元素调用函数 visit()。一旦 visit()失败,则操作失败。

}ADT List

2.1.3 利用线性表的基本运算实现线性表的运算

例2-1 假设两个线性表 La 和 Lb 分别表示集合 *A* 和 *B*,利用线性表的基本运算求 *A* 和 *B* 的并(将所有在线性表 Lb 中但不在 La 中的数据元素插入到 La 中)。

解题思想:从 Lb 中依次取出结点,判断是否在 La 中,如果不在 La 中,就插入 La,再取下一个元素。程序流程图如图 2-2 所示。

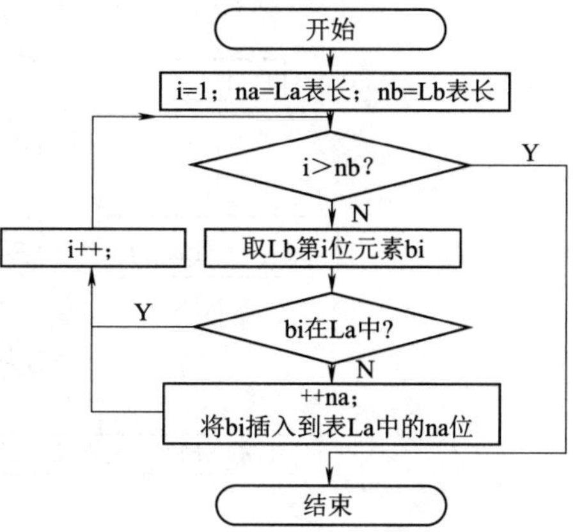

图 2-2 求集合 *A* 和 *B* 的并

代码如下:

```
void union(List * la, List * lb)
//将所有在线性表 lb 中但不在 la 中的数据元素插入到 la 中
{    int i,na,nb;
     ElemType e;
     na = ListLength(la);nb = ListLength(lb);      //1.求线性表的长度
     for(i =1;i < =nb;i ++)
     {  GetElem(lb,i,e);                           //2.取 lb 中第 i 个数据赋给 e
        if(! LocateElem(la,e,EQUAL)) ListInsert(&la, ++na,e);
     }            //3.若 la 中不存在和 e 相同的数据元素,则插入 union
}
```

例2-2 已知线性表 La 和 Lb 中的数据元素按值非递减(递增)排列,归并 La 和 Lb 得到新的线性表 Lc,Lc 的数据元素也按值非递减排列。

解题思想:

(1)当 La、Lb 均非空时,找出两表中元素最小的一个元素,然后将此结点插入到 Lc 表中,重复上述步骤。

(2)当 La、Lb 两表有一个为空表时,将另一表中元素顺序地插入到 Lc 表中。

程序流程图如图 2-3 所示。

代码如下:

```
void MergeList(List La,List Lb,List &Lc)
//已知线性表 La 和 Lb 中的数据元素按值非递减排列,
//归并 La 和 Lb 得到新的线性表 Lc,Lc 的数据元素也按值非递减排列。
{    InitList(Lc);                                   //1.构造 Lc
     ElemType a,b;
     na = ListLength(La);nb = ListLength(Lb);        //2.求长度
     i =1;j =1;k =0;      //i 标识 La 序号,j 标识 Lb 序号,k 标识 Lc 序号
     while((i < =na)&&(j < =nb))                     //3.当 La、Lb 均非空时插入
```

```
    {  GetElem(La,i,&a);GetElem(Lb,j,&b);          //3.1 读取 La,Lb 结点上的元素值
       if(a< =b){ListInsert(&Lc, ++k,a); ++i;} //3.2 将小的值插入 Lc 中
                        //较大的值位置不变,继续与另一个线性表下一个结点的值比较
       else {ListInsert(&Lc, ++k,b); ++j;}
    }//4.循环结束,当 La、Lb 两表,有一个未循环到末结点以后的值插入到 Lc 中
    while(i< =na){GetElem(La,i ++,a);ListInsert(Lc, ++k,a);}
    while(j< =nb){GetElem(Lb,j ++,b);ListInsert(Lc, ++k,b);}
}
```

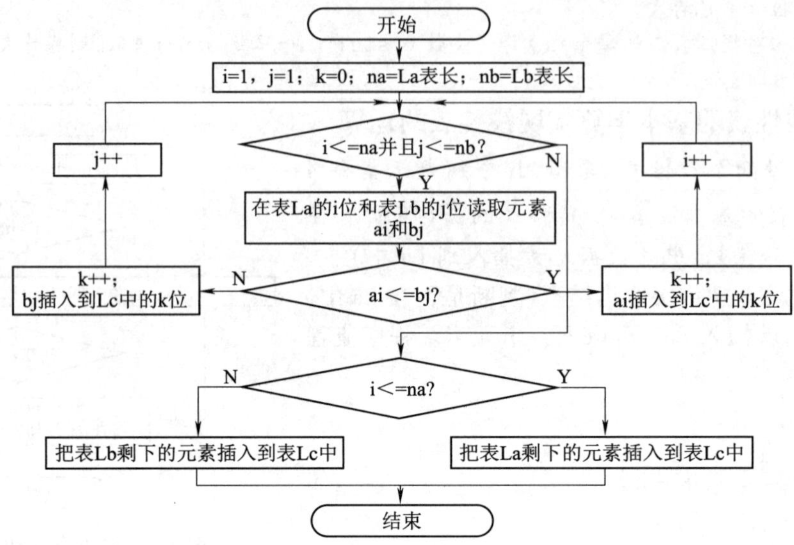

图 2-3　按值非递减排列归并 La 和 Lb

例 2-3　利用线性表的基本运算实现清除表 L 中多余的重复结点。

解题思想：从 L 中第一个结点($i=1$)开始，逐个检查 i 位置以后的任一位置 j，若两结点相同，则将位置 j 上的结点从 L 表中删除，当 j 遍历了后面的所有位置后，i 位置上的结点就成为当前表 L 中没有重复的结点，然后将 i 向后移动一个位置，重复上述过程。程序流程图如图 2-4 所示。

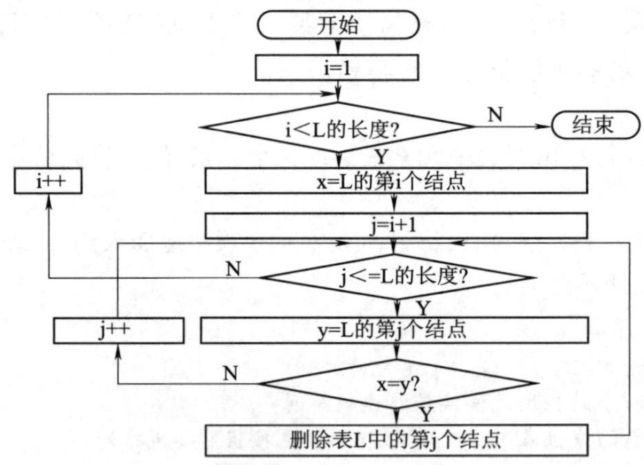

图 2-4　清除表 L 中多余的重复结点

代码如下：

```
void Purge(List * L)//清除表 L 中多余的重复结点
{   int i =1,j;
    while(i <ListLength(L))
```

```
    {  GetElem(L,i,x);j=i+1;              //1.从 i 位置读取一个结点值 x
       while(j<=ListLength(L))
       {   GetElem(L,j,y);                //2.从 j 位置读取一个结点值 y
           if(x==y)ListDelete(L,j,y);     //3.若 x,y 相同则删除 y
           else j++;
       }//while_j
       i++;
    }//while_i
}
```

2.2 线性表的顺序表示和实现

一种数据结构(记为 DS)的顺序实现是指按顺序存储方式建立数据结构的存储结构(由此得到的是数据结构的顺序存储结构),并在这个顺序存储结构上实现数据结构的基本运算,即给出实现这些运算的算法。

2.2.1 顺序表

将线性表的结点按逻辑次序依次存放在一组地址连续的存储单元里称为顺序存储。采用顺序存储方法存储的线性表称为顺序表,它是由 n 个数据元素 $a_1,a_2,\cdots,a_n$ 组成的有限序列。可见:

(1)顺序表是线性表的顺序存储结构,即按顺序存储方式构造的线性表的存储结构。

(2)顺序表的一个存储结点存储线性表的一个结点的内容。

(3)所有存储结点按相应数据元素间的逻辑关系(即 1 对 1 的邻接关系)决定的次序依次排列,如图 2-5 所示。

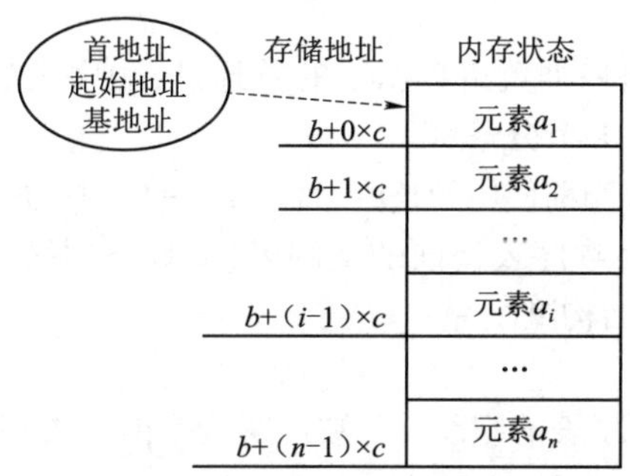

图 2-5 顺序表的顺序存储

由于顺序表采用的是顺序存储方法,因此表中的任一结点的存储地址可按下式计算:

$$\mathrm{LOC}(a_i)=\mathrm{LOC}(a_1)+(i-1)\times c \qquad (1\leqslant i\leqslant n)$$

这里:$\mathrm{LOC}(a_1)$为结点 a_1 的存储起址,c 为每个结点所占存储单元数。

例如,一维数组 $A[100]$,每个元素占用 2 个存储单元,数组首址为 1 000,元素 $A[2]$的存储地址是 $1\,000+(2-1)\times 2=1\,002$。

在顺序表中,只要确定表的起始地址,表中任一元素都可随机存取。因此,顺序存储结构是一种随机存取结构。

顺序表是用一维数组实现的线性表,数组的下标可以看成是元素的相对地址。它的特点是逻辑上相邻的元素,存储在物理位置也相邻的单元中。

如图 2-6 所示,假定线性表的数据元素的类型为 ElemType,在语言级上可用下述类型定义(动态分配)来描述顺序表:

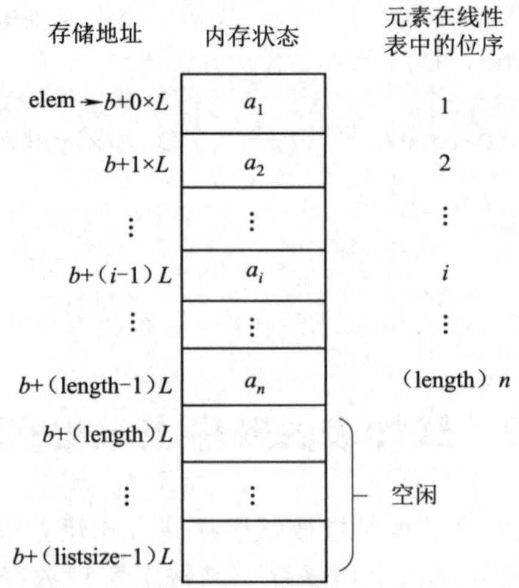

图 2-6　线性表的顺序存储示意

【结构定义 2-1】顺序表定义。

```
#define LIST_INIT_SIZE 100         //顺序表存储空间的初始分配量
#define LIST_INCREMENT 10          //顺序表存储空间的分配增量
typedef struct
{   ElemType * elem;               //数组指针 elem 指示顺序表的基地址
    int  length;                   //length 指示顺序表当前使用的长度
    int  listsize; //listsize 指示顺序表当前分配的存储容量(以 sizeof(ElemType)为单位)
}SqList;
```

说明：

(1)数据域 elem 是一个指向一维数组数据区的首地址,顺序表的第 1,2,…,n 个元素分别存放在此数据区的第 0,1,…,length－1 个分量中。

(2)数据域 length 表示顺序表当前使用的长度,而 length－1 是顺序表的终端结点在顺序表中的位置。

(3)从 length 到 listsize－1 为顺序表当前的空闲区(或称备用区)。

例如,用 SqList 类型名定义结构型变量：

```
SqList L;
```

SqList 类型完整地描述了顺序表的组织。L 被说明为 SqList 类型的变量,即为一顺序表,其表长应写为 L. length,而它的终端结点为 L. elem[L. length－1]。

2.2.2　基本运算在顺序表上的实现

1. 构造一个空的顺序表

顺序表的初始化操作就是为顺序表分配一个预定义大小的数组空间,并将顺序表的当前长度设为“0”。

【程序段 2-1】构造一个空的顺序表。

微视频
程序段 2-1 视频讲解

```
Status InitList_Sq(SqList &L)
{   L.elem = (ElemType * )malloc(LIST_INIT_SIZE * sizeof(ElemType));
    if(! L.elem) exit(OVERFLOW);          //1.存储分配,若失败退出
    L.length = 0;                         //2.空表长度为 0
    L.listsize = LIST_INIT_SIZE;          //3.(初始)存储元素个数
    return OK;
}
```

2. 插入运算

线性表的插入运算是指在表的第 $i(1\leqslant i\leqslant n+1)$ 个位置上，插入一个新结点 X，使长度 n 的线性表 $(a_1,a_2,\cdots,a_{i-1},a_i,\cdots,a_n)$ 变成长度为 $n+1$ 的线性表 $(a_1,a_2,\cdots,a_{i-1},X,a_i,\cdots,a_n)$。

插入算法的基本步骤是：

(1)将结点 $a_i,\cdots,a_n$ 各后移一位以便腾出第 i 个位置；

(2)将 X 置入该空位；

(3)表长加一。此外，必须在上述各步之前判断参数 i，即插入位置是否合法。

算法如下：

【程序段 2-2】顺序表的插入运算。

微视频

程序段 2-2
视频讲解

```
Status ListInsert_Sq(SqList &L,int i,ElemType e)
//将 e 插入到顺序表 L 的 i 位(i 从 1 开始)
{    ElemType * nb;int j;
     if((i<1)||(i>L.length+1)) {cout<<"非法位置";exit(OVERFLOW);} //i 值非法
     if(L.length+1>L.listsize)                    //1.表满，增加分配
     {nb=(ElemType * )realloc(L.elem,
                        (L.listsize+LIST_INCREMENT)* sizeof(ElemType));
        if(! nb) exit(OVERFLOW);                  //1.1 存储分配失败
        L.elem=nb;                                //1.2 新基址
        L.listsize+=LIST_INCREMENT;               //1.3 增加存储容量
     }
     for(j=L.length;j>=i;j--) L.elem[j]=L.elem[j-1];
                                                  //2.1 将结点 ai,…,an 依次后移一位
     L.elem[i-1]=e;                               //2.2 置入 e
     L.length++;                                  //2.3 修改表长
     return  OK;
}
```

3. 删除运算

线性表的删除运算是指将表的第 $i(1\leqslant i\leqslant n)$ 个结点删去，使长度为 n 的线性表 $(a_1,a_2,\cdots,a_{i-1},a_i,a_{i+1},\cdots,a_n)$ 变成长度为 $n-1$ 的线性表 $(a_1,a_2,\cdots,a_{i-1},a_{i+1},\cdots,a_n)$。

删除运算的基本步骤是：①结点 $a_{i+1},\cdots,a_n$ 依次前移一位；②表长减 1。此外无须考虑溢出，只判断参数 i 是否合法即可。

算法如下：

【程序段 2-3】顺序表的删除运算。

微视频

程序段 2-3
视频讲解

```
Status Listdelete_Sq(SqList &L,int i,ElemType &e)//删除顺序表 L 中的第 i 个位置上的结点
{    int  j;
     if((i<1)||(i>L.length)) {cout<<"非法位置";exit(ERROR);}//位置非法
     e=L.elem[i-1];                          //1.保留被删除结点内容到 e
     for(j=i-1;j<L.length;j++) L.elem[j]=L.elem[j+1];
                                             //2.结点 a(i+1),...,an 依次前移一位
     L.length--;                             //3.修改表长
     return OK;
}
```

4. 定位(查找)

若 L 中的值存在一个或多个与 e 满足关系 compare()，运算结果为这些结点的序号的最小值；否则，运算结果为 0。

定位运算的基本步骤是：可从前往后依次比较各结点的值是否与 *e* 满足关系 compare()。

算法如下：

【程序段 2-4】在顺序表中查找满足条件的结点。

微视频

程序段 2-4 视频讲解

```
int LocateElem_Sq(SqList L,ElemType e,Status(* compare)(ElemType, ElemType))
//在顺序表 L 中查找第一个与 e 满足关系 compare()的结点。若找到回传该结点序号；
否则回传 0
{   int i=0;                          //i 指示顺序表 L 中结点序号
    while((i<L.length)&&!(* compare)(L.elem[i],e)) i++; //1.从前往后查找
                        //compare(ElemType,ElemType) 找到返回真,否则返回假
    if(i<L.length) return i+1;  //2.若找到,回传结点序号(从 1 开始)
    else         return 0;      //否则,回传 0
}
```

5. 求表长运算

在顺序表上，求表长运算 ListLength(L)可通过输出 L. length 实现。

6. 读表元运算

读表元运算 GetElem(L,i,&e)可通过输出 L. Elem[i-1]实现。

7. 遍历查看

在顺序表上，依次查看每一个元素。

【程序段 2-5】遍历查看顺序表各元素。

微视频

程序段 2-5 视频讲解

```
void list_Sq(SqList L)              //遍历查看
{   int i;for(i=0;i<L.length;i++)cout<<L.elem[i]<<"  ";
    cout<<endl;
}
```

2.2.3 顺序实现的算法分析

对于顺序表上的插入、删除算法的时间复杂性来说，通常以结点移动为标准操作。

对于插入算法 ListInsert_Sq 来说，结点移动的次数不仅与表长有关，而且与插入位置有关，如在表尾插入，最好情况时间复杂度为 1。而在表头插入时需要所有元素后移，因此插入算法的最坏情况时间复杂度为 n[故其量级是 $O(n)$]。插入算法的平均时间复杂度及其量级分别为 $n/2$ 和 $O(n)$。

删除算法 Listdelete_Sq，最坏情况时间复杂度及其量级分别是 $n-1$ 和 $O(n)$，其平均时间复杂度及其量级分别为$(n-1)/2$ 和 $O(n)$。

对于定位算法，取结点值与参数 *e* 的比较为标准操作。平均时间复杂度量级为 $O(n)$。求表长和读表元算法的时间复杂性为 $O(1)$，从量级上说已达到最低水平即最高效率。

2.2.4 顺序表的优缺点

顺序表的优点：

(1)各结点存储单元物理位置上的邻接关系表示了结点间的逻辑关系，因此，无须增加额外的存储空间表示结点间的逻辑关系。

(2)因其为随机存储结构，故可以随机存储表中任一结点。

(3)顺序表的存储密度高，每个结点只存储数据元素。

顺序表的缺点：

(1)插入和删除运算不方便，通常须移动大量结点，效率较低。

(2)难以进行连续的存储空间的预分配，尤其是当表变化较大时。

2.2.5 顺序表的综合应用

【综合练习 2-1】顺序表基本运算综合练习。

```
#include  <iostream>
using   namespace  std;
#include <stdlib.h>
//预定义常量和类型
#define  TRUE        1
#define  FALSE       0
#define  OK          1
#define  ERROR       0
#define  INFEASIBLE  -1
#define  OVERFLOW    -2
typedef   int  Status;          //状态
typedef   int  ElemType;        //元素类型
此处插入【结构定义 2-1】SqList 结构体定义
此处插入【程序段 2-1】InitList_Sq(SqList &L)函数
此处插入【程序段 2-2】ListInsert_Sq(SqList &L,int i,ElemType e)函数
此处插入【程序段 2-3】Listdelete_Sq(SqList &L,int i,ElemType &e)函数
此处插入【程序段 2-4】LocateElem_Sq(SqList L,ElemType e)函数
此处插入【程序段 2-5】list_Sq(SqList L)函数
void main()
{   int  x,i;
    ElemType e;
    SqList  L;                  //定义结构体变量
    InitList_Sq(L) ;            //构造一个空的顺序表 L
    list_Sq( L );  //遍历查看顺序表各元素
    cout<<"当前顺序表元素数是:"<<L.length<<endl;//显示当前顺序表元素数
    cout<<"要输入的元素数是:"; cin>>x;
    for(i=1;i<=x;i++)
    {   cout<<"输入"<<i<<"第个元素值:"; cin>>e;
        ListInsert_Sq(L,i,e);    //将 e 插入到顺序表 L 的第 i 个位置(i 从 1 开始)
    }
    list_Sq( L );//遍历查看顺序表各元素
    cout<<"当前顺序表元素数是:"<<L.length<<endl; //显示当前顺序表元素数
    cout<<"输入要删除的元素序号:";cin>>x;
    Listdelete_Sq(L,x,e); //删除顺序表 L 中的第 i 个位置上的结点
    list_Sq( L ); //遍历查看顺序表各元素
    cout<<"当前顺序表元素数是:"<<L.length<<endl;//显示当前顺序表元素数
}
```

微视频

综合练习 2-1 视频讲解

2.3 线性表的链式表示和实现

通常我们将以链式存储的线性表称为链表。它不仅可以用来表示线性表,而且还可以用来表示各种非线性的数据结构。一种数据结构的连接实现是指按链式存储方式构建其存储结构,并在此链式存储结构上实现其基本运算。

线性表常见的链式存储结构有单链表、循环链表和双链表,其中最简单的是单链表。

2.3.1 单链表

单链表表示法的基本思想是用指针表示结点间的逻辑关系。因此单链表的一个存储结点包含数据域(用于存储线性表的一个数据元素)和指针域(或链域,用于存放一个指针,其指向本结点的

直接后继所在的结点）两个部分。这样，所有结点通过指针的链接而组织成单链表。

如图 2-7 所示，指向链表的第一个结点位置的指针，称为头指针。head 称为头指针变量，用于存放头指针。单链表的存取必须从头指针开始。终端结点的指针域为 NULL。NULL 称为空指针，它不指向任何结点，只起标志作用。

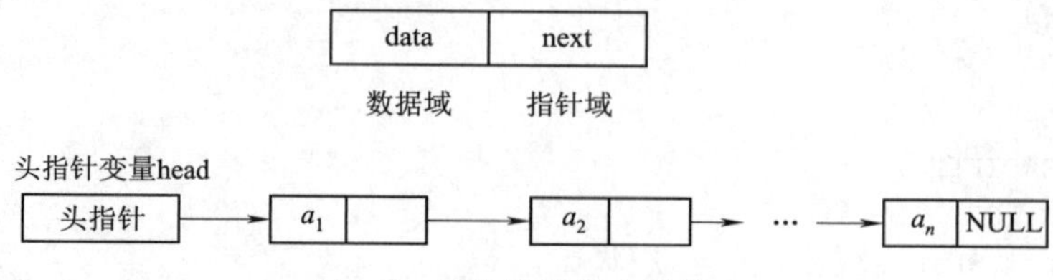

图 2-7　用头指针指向单链表

为什么要用头指针变量来命名单链表呢？单链表的每一个结点都被一个指针所指，并且任何结点也只能通过指向它的指针才能引用。因此，对单链表中任一结点的访问必须首先根据头指针变量中存放的第一个结点的地址值找到第一个结点，再按各结点指针域中存放的指针顺序往下找，直到找到所需的结点。由于头指针变量具有标识单链表的作用，故常用头指针变量来命名单链表。

假设数据元素的类型为 ElemType。单链表的类型定义如下：

【结构定义 2-2】单链表的类型定义。

```
typedef struct LNode
{   ElemType     data;        //数据域
    struct LNode * next;      //指针域
}Lnode,* LinkList;            //定义链表结点类型和指针类型
```

其中，struct LNode 是结构体类型，规定一个结点是由两个域 data 和 next 组成的记录，其中 data 是结点的数据域，next 是结点的指针域。LinkList 是指向 struct LNode 类型变量的指针类型，用来说明头指针变量的类型，因而 LinkList 也就被用来作为单链表的类型。

如何正确区分指针变量、指针、指针所指的结点和结点的内容？假设 p 是一个 LinkList 类型的变量（LinkList p;），则：

（1）p 是指针变量，其内容存放的是一个指针。若从未用赋值语句对 p 赋值，则 p 值不确定。

（2）当指针变量 p 指向某个 Lnode 类型的结点时，此结点也可用 ＊p 来标识；通常 p 所指的结点变量是在程序执行过程中临时产生的，故称为动态变量。可用 ＊p 作为该结点变量的名字来访问。

（3）结点 ＊p 是由两个域组成的记录，p -> data[或(＊p). data]是一个数据元素，p -> next[或(＊p). next]的值是一个指针。

为了便于实现各种运算，通常在单链表的第一个结点之前增设一个类型相同的结点，称之为头结点，头结点的数据域可以不存储任何信息，也可以存放一个特殊标志或表长。其他结点称为表结点。表结点中的第一个和最后一个分别称为首结点和尾结点，如图 2-8 所示。（本章后续大多示例基本都含有头结点，头结点不计入表长）

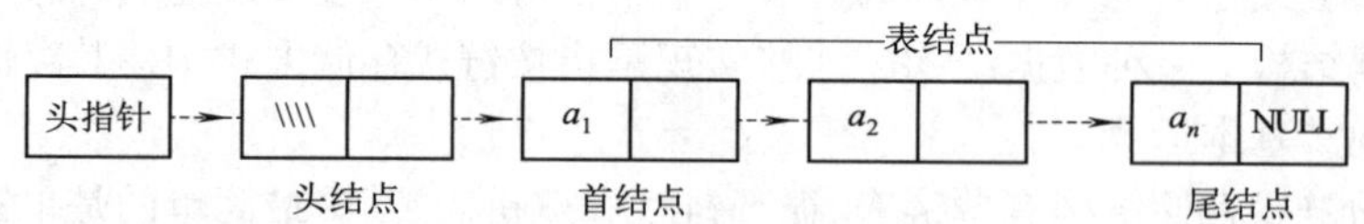

图 2-8　含头结点的单链表

当然，一个单链表也可以不含头结点，如图 2-9 所示。

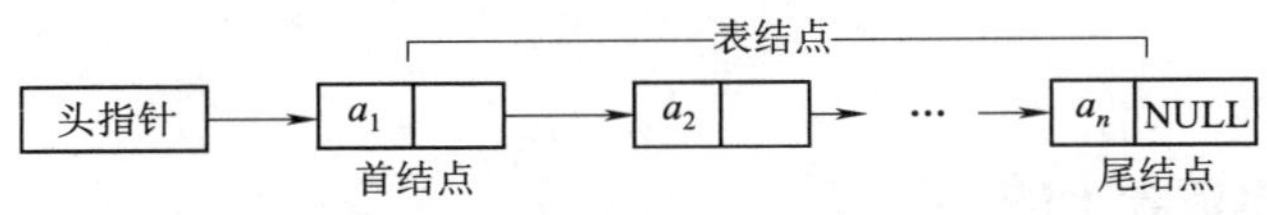

图 2-9　不含头结点的单链表

2.3.2　单链表的简单操作

1. 初始化

初始化,建立一个含头结点的空表。InitList_L()的功能是建立一个空表。空表由一个头指针变量和一个头结点(该结点同时也是尾结点和空结点)组成。算法如下:

【程序段 2-6】建立一个含头结点的空表。

```
LinkList InitList_L()                                  //建立一个带头结点的空表
{  LinkList L = (LinkList)malloc(sizeof(Lnode));  //L 指向新结点
   L -> next = NULL;                                 //将头结点的指针域置为 NULL
   return L;
}
LinkList head = InitList_L();                          //定义一头指针变量,使其指向头结点
```

说明:为了建立一个带头结点的空链表,可定义一个 LinkList 类型的变量 head,并通过调用 head = InitList_L(),使 head 成为指向一个空链表的头指针变量。

2. 求表长

求表长,即求带头结点的单链表所含表结点的个数。线性表的表长等于单链表所含表结点的个数。算法如下:

【程序段 2-7】求带头结点的单链表所含表结点的个数。

```
int Listlength_L(LinkList head)
  //求单链表 head 的长度,head 为带头结点的单链表的头指针变量
{   LinkList p = head;int j = 0;                        //p 指向头结点,计数器 j 置初值
    while(p -> next! = NULL){p = p -> next;j ++ ;}  //未到尾结点则继续统计
    return j;                                          //回传表长
}
```

3. 按序号查找

按序号查找,查找线性链表第 i 个结点的位置。其功能是对给定的参数 i,查找线性链表的第i($i \geqslant 1$)个结点。若找到则回传指向该结点的指针;否则回传 NULL。算法如下:

【程序段 2-8】查找线性链表第 i 个结点的位置。

```
LinkList ListFind_L(LinkList head,int i)//head 为带头结点的单链表的头指针变量,i≥1
{  LinkList p = head;int j = 0;          //p 指向头结点
   while((p -> next! = NULL)&&(j < i)){p = p -> next;j ++ ;}
                                          //当未到表尾且未数到第 i 个结点时继续"点数"
   if(i = = j) return p;                 //找到第 i 个结点回传指向该结点的指针
   else return NULL;                      //查找失败或 i 值不合法,回传 NULL
}
```

4. 遍历查看单链表

遍历查看单链表,在单链表上,依次查看每一个元素。算法如下:

【程序段 2-9】依次显示单链表的每一元素值。

```
void list_L(LinkList head)              //head 为带头结点的单链表的头指针变量
{  LinkList p = head -> next;           //p 指向首结点
   while(p){cout << p -> data << " ";p = p -> next;}
```

```
    cout<<endl;
}
```

2.3.3 基本运算在单链表上的实现

1. 读表元

读表元,读取单链表第 i 个结点的元素值。用 e 返回单链表 L 中第 $i(i\geq1)$ 个结点的元素值。算法如下:

【程序段 2-10】读取单链表第 i 个结点的元素值。

```
Status GetElem_L(LinkList L,int i,ElemType &e)
                                          //读取单链表第 i 个结点的元素值
//L 为带头结点的单链表的头指针变量,i≥1。当第 i 个元素存在,其值赋给 e 并返回
OK,否则返回 ERROR
{   LinkList p=L->next;int j=1;           //p 指向首结点,j 为计数器
    while(p&&(j<i)){p=p->next;j++;}       //1.沿指针向后查找,直到 p 指向第
                                          //i 个元素或 p 为空
    if(! p||j>i) return ERROR;            //第 i 个元素不存在,返回 ERROR 信息
    e=p->data;                            //2.取第 i 个元素
    return OK;
}
```

2. 插入

将结点 * s 插入单链表中,有两种情况:

(1)后插结点:设 p 指向线性链表中某结点,s 指向待插入的值为 x 的新结点,将 * s 插入到 * p 的后面,插入示意图如图 2-10 所示。

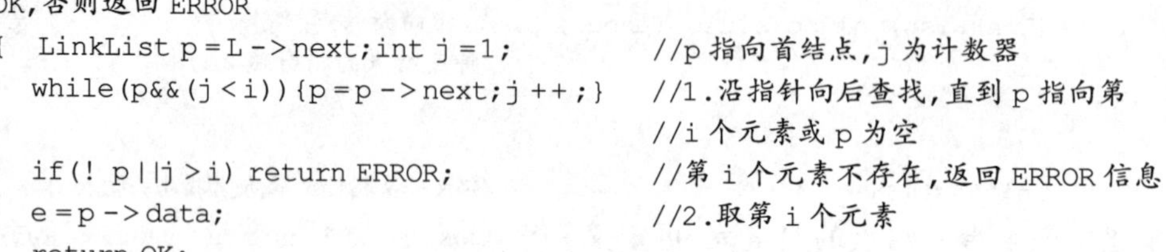

图 2-10 单链表后插结点示意图

插入结点操作:

```
①s->next=p->next;
②p->next=s;     // 注意:两个指针的操作顺序不能交换
```

(2)前插结点:设 p 指向链表中某结点,s 指向待插入的值为 x 的新结点,将 * s 插入到 * p 的前面,插入示意图如图 2-11 所示。

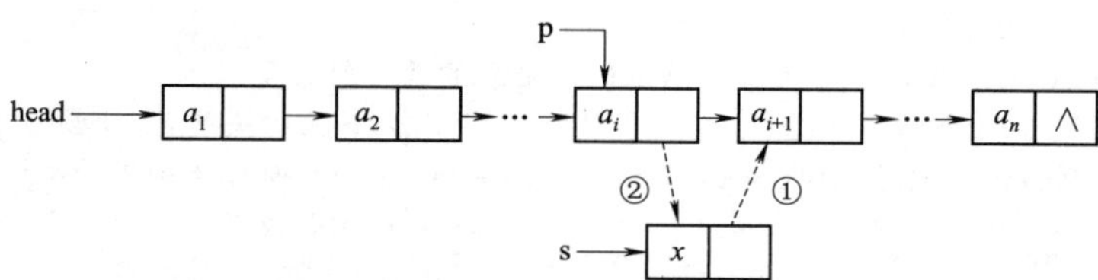

图 2-11 单链表前插结点示意图

与后插结点不同,首先要找到 * p 的前驱指针 q,然后再完成在 * q 结点之后插入结点 * s。设线性链表头指针变量为 head,操作如下:

```
q=head;while(q->next!=p)q=q->next;      // 找* p 的直接前驱* q
s->next=q->next;                         //或 s->next=p
```

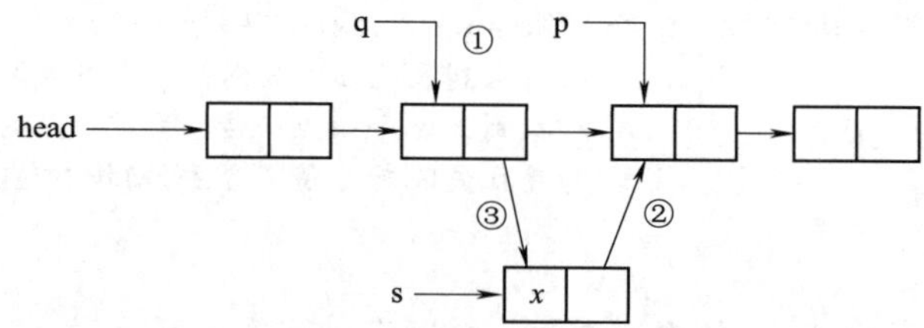

q -> next = s;

即前插结点的实现步骤是：

①在单链表上找到插入位置的前驱指针 q。

②生成一个以 x 为值的新结点。

③将新结点链入。

【程序段 2-11】在单链表 L 的结点位置 i 插入新结点。

程序段 2-11 视频讲解

在 i 结点位置插入新结点方法：假定指针 q 指向单链表中的第 $i-1$ 个结点，s 指向已生成的新结点，将结点 * s 的指针域指向结点 * q 的后继结点；将结点 * q 的链域 q -> next 改为指向新结点。算法如下：

```
Status List_insert_L(LinkList &L,int i,ElemType e)   //在单链表上插入新结点
//在带头结点的单链表 L 中的第 i(i≥1)个位置上插入一个新结点 e
{   LinkList s,q = L;int j = 0;                      //q 指向头结点
    while(q -> next&&j < i - 1){q = q -> next;j ++ ;}   //1.先找 i 的前驱,指向第 i - 1 个结点
                                                     //的指针 q
    if((q -> next = = NULL&&(j!  = i - 1))||j > i - 1)   //  若第 i - 1 个结点不存在
      { cout << "不存在第 i 个位置";exit(ERROR);}     //  退出并显出错信息
    s = (LinkList)malloc(sizeof(Lnode));             //2.生成新结点 s
    s -> data = e;                                   //3.1 对结点 s 的数据域赋值
    s -> next = q -> next;                   //3.2 使结点 s 的指针域指向 q 结点的后继结点
    q -> next = s;                                   //3.3 使结点 q 的指针域指向 s 结点
    return OK;
}
```

3. 删除

删除单链表中第 i 个位置上的结点，过程如图 2-12 所示，根据删除运算的定义，假定指针 q 指向待删结点的前一个结点，p 指向待删结点。将 q 所指结点 * q 的指针域 q -> next 改为指向待删结点 * p 的后继结点：q -> next = p -> next。

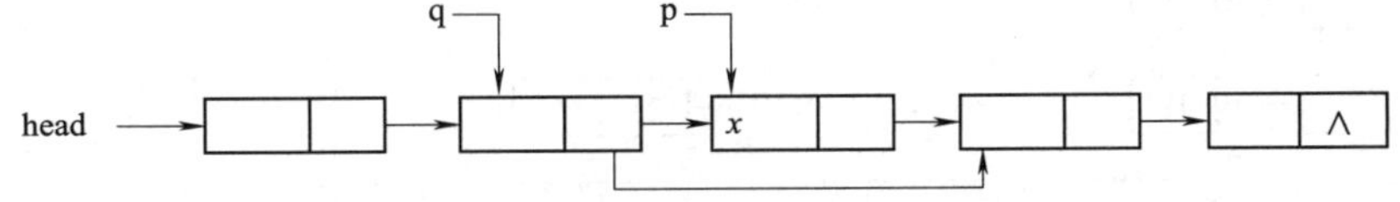

图 2-12　在单链表删除结点示意图

其实现的基本步骤是：

①找到第 $i(i \geq 1)$ 个结点的前驱指针 q；

②用 p 保留待删除结点位置（p = q -> next;）；

③使 * q 结点的指针域指向 * p 结点的后继结点（q -> next = p -> next）；

④释放 * p 结点占用的内存空间（free(p);）。

算法如下：

【程序段 2-12】删除单链表中第 i 个位置上的结点。

程序段 2-12 视频讲解

```
Status Listdelete_L(LinkList &L,int i,ElemType &e)
//在带头结点的单链表 L 中,删除第 i(i≥1)个位置上的结点,并由 e 返回其值
{  LinkList q = L,p;int j = 0;                      //q 指向头结点
   while(q -> next&&j < i - 1){q = q -> next;j ++ ;}   //1.找待删结点的直接前驱
   if(q -> next = = NULL||j > i - 1){cout << "不存在 i 结点";exit(ERROR);}
                                          //若第 i - 1 个结点不存在,退出并给出出错信息
   p = q -> next;e = p -> data;                     //2.保存待删结点的地址和内容
```

```
    q->next=p->next;                              //3.删除待删结点
    free(p);                                      //4.释放已删除结点
    return OK;
}
```

4. 定位

定位又称按值查找。按从前往后的顺序，依次比较单链表各表结点数据域的值与给定值 e，第一个值与 e 相等的表结点的序号就是运算结果。若没有这样的结点，运算结果为0。算法如下：

【程序段 2-13】在带头结点单链表按值查找。

微视频

程序段 2-13 视频讲解

```
int LocateElem_L(LinkList L,ElemType e)      //定位(按值查找)
//在带头结点的单链表 L 中,查找第一个值等于 e 的结点的序号
//不存在这种结点时结果为 0,结点的序号≥1
{   LinkList p=L->next;int j=1;              //1.置初值,p 指向首结点
    while((p! =NULL)&&(p->data! =e)){p=p->next;j++;}
                              //2.未达尾结点又未找到值等于 e 的结点时继续扫描
    if(p->data==e)   return j;               //3.结点的序号 j≥1
    else             return 0;               //未找到返回 0
}
```

5. 建表

1）逆序建立含头结点的单链表——头插法

有时需要将一个线性表中的数据元素依次输入并建立该线性表的单链表，这一运算称为建表。其实现步骤为：建立一个只含头结点的空表 L；依次读入各个数据元素，插入到表头 L 的后面，则先插入的在表尾，算法如图 2-13 所示。

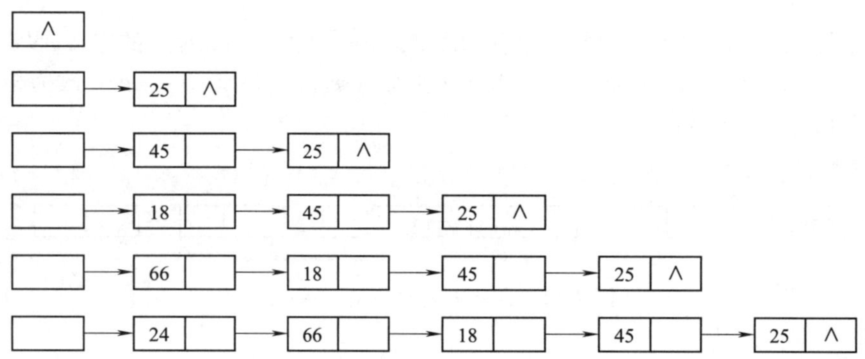

图 2-13　逆序建立单链表示意图

【程序段 2-14】逆序建立含头结点的单链表——头插法。

微视频

程序段 2-14 视频讲解

```
void CreateListT_L(LinkList &L,int n)
//逆位序输入 n 个元素的值,建立带头结点的单链表 L
{   LinkList p;int i;
    L=(LinkList)malloc(sizeof(LNode));
    L->next=NULL;                               //1.先建立一个带头结点的单链表
    for(i=n;i>0;--i)
    {  p=(LinkList)malloc(sizeof(LNode));//2.逆序生成新结点
       cout<<"元素值是:";cin>>p->data; //3.在新结点中输入元素值
       p->next=L->next;L->next=p;      //4.插入到表头的后面
    }
}
```

2)正序建立含头结点的单链表——尾插法

【程序段2-15】正序建立含头结点的单链表——尾插法。

微视频

程序段2-15
视频讲解

```
void CreateListW_L(LinkList &L,int n)
//输入 n 个元素的值,建立带头结点的单链表 L
{    LinkList p;int i;
     L=(LinkList)malloc(sizeof(LNode));
     L->next=NULL;              //1.先建立一个带头结点的单链表
     LNode *q=L;                //2 建立一个指针指向尾结点
     for(i=n;i>0;--i)
     {  p=(LinkList)malloc(sizeof(LNode));     //3.生成新结点
       cout<<"元素值是:";cin>>p->data;         //4.在新结点中输入元素值
       p->next=q->next;q->next=p;              //5.连接结点
       q=p;                                    //q 指向尾结点
     }
}
```

6. 归并两个单链表

已知单链表(带头结点)La 和 Lb 中的数据元素按值非递减排列(递增),归并 La 和 Lb 两个链为一个新链 Lc,Lc 不需要另建新表的结点空间(即可借用 La 或 Lb 中的头结点),其数据元素也按值非递减排列。

解题思想如下:

①当 La、Lb 均非空时,找出两表中元素最小的一个元素,然后将此结点依序插入到 Lc 表中,重复上述步骤。

②当 La、Lb 两表有一个为空表时,将另一表中元素顺序地插入到 Lc 表中。

【程序段2-16】归并两个带头结点的单链表。

```
void MergeList_L(LinkList &La,LinkList &Lb,LinkList &Lc)//归并两个带头结点的单链表
{    LinkList pa=La->next,pb=Lb->next,pc;     //1.pa、pb 指向 La,Lb 的首结点
     Lc=pc=La;        //2.用 La 的头结点作为 Lc 的头结点,pc 指向 Lc 的尾结点
     while(pa&&pb)    //3.当 La、Lb 均非空,找出两表中最小的元素依次插入 Lc 表中
     if(pa->data<=pb->data){pc->next=pa;pc=pa;pa=pa->next;}
     else                  {pc->next=pb;pc=pb;pb=pb->next;}
     pc->next=pa? pa:pb;          //4.插入剩余段
     free(Lb);                    //5.释放 Lb 的头结点
}//MergeList_L
```

微视频

程序段2-16
视频讲解

7. 清除重复结点

重复结点是指数据域的值相同的结点。清除重复结点运算的功能是,删除含重复结点的线性表中的多余结点,只保留其中序号最小的一个。

以含头结点的单链表为存储结构的链表为例,实现步骤如下:

①初始化:置其初值指向首结点 p=L->next;核对当前表非空表。

②依序取任一结点检查该结点是否有后继结点,若无结束。

③若该结点有后继结点,检查是否有与该结点相同的结点,若无转⑤。

④有相同的结点删除当前的重复点,转③继续检查。

⑤移动指针重复②。

实现算法如下:

【程序段2-17】清除带头结点的单链表中多余的重复结点。

```
int purge_LinkList(LinkList &L) //清除表 L 中多余的重复结点
{   LinkList p=L->next,q,r;    //1.p 指示当前检查结点的位置,置初值指向首结点
    if(p==NULL) return FALSE;  //空表返回
    while(p->next!=NULL)       //2.p 不是尾结点,寻找并删除它的重复结点
    { q=p;
     while(q->next!=NULL)      //2.1 当 q 有后继结点,其数据域与 p 数据域比较
       if(q->next->data==p->data) //2.1.1 若 q->next 是 p 的重复结点
          {r=q->next;q->next=q->next->next;free(r);} //删除 q->next
       else  q=q->next;        //2.1.2 否则,让 q 指向下一个结点
     p=p->next;                //2.2 更新检查结点
    }
}
```

微视频 程序段 2-17 视频讲解

2.3.4 单链表的综合应用

微视频 综合练习 2-2 视频讲解

【综合练习 2-2】单链表基本运算综合练习。

```
#include <stdlib.h>
#include <iostream>
using namespace std;
//预定义常量和类型
#define  TRUE        1
#define  FALSE       0
#define  OK          1
#define  ERROR       0
#define  INFEASIBLE  -1
#define  OVERFLOW    -2
typedef   int  Status;         //状态
typedef   int  ElemType;       //元素类型
/*此处插入【结构定义 2-2】Lnode,* LinkList 结构体定义
此处插入【程序段 2-6】LinkList InitList_L()函数
此处插入【程序段 2-7】list_L(LinkList head)函数
此处插入【程序段 2-8】Listlength_L(LinkList head)函数
此处插入【程序段 2-9】ListFind_L(LinkList head,int i)函数
此处插入【程序段 2-10】GetElem_L(LinkList L,int i,ElemType &e)函数
此处插入【程序段 2-11】List_insert_L(LinkList &L,int i,ElemType e)函数
此处插入【程序段 2-12】Listdelete_L(LinkList &L,int i,ElemType &e)函数
此处插入【程序段 2-13】LocateElem_L(LinkList L,ElemType e)函数
此处插入【程序段 2-14】CreateListT_L(LinkList &L,int n)函数
此处插入【程序段 2-15】CreateListW_L(LinkList &L,int n)函数
此处插入【程序段 2-16】MergeList_L(LinkList &La,LinkList &Lb,LinkList &Lc)函数
此处插入【程序段 2-17】purge_LinkList(LinkList &L)函数*/
void main()
{   int x,i;ElemType e;
    LinkList P,Lc,head=InitList_L();          //定义一头指针,使其指向头(空)结点
    x=Listlength_L(head);cout<<"表长="<<x<<endl;list_L(head);//求表长及遍历结点
    cout<<"请输入插入元素数:";cin>>x;
    for(i=1;i<=x;i++)
    { cout<<"请输入第"<<i<<"个元素:";cin>>e;
      List_insert_L(head,i,e);                //在 i 结点位置插入新结点
    }
```

```
    x=Listlength_L(head);cout<<"表长="<<x<<endl;list_L(head); //求表长及遍历结点
    cout<<"请输入删除的元素序号:";cin>>x;
    Listdelete_L(head,x,e);
    x=Listlength_L(head);cout<<"表长="<<x<<endl;list_L(head);//求表长及遍历结点
    cout<<"删除内容为:"<<e<<endl;
    cout<<"使用头插入建表函数建表,请输入元素数:";cin>>x;
    CreateListT_L(P,x);//头插入建表
    x=Listlength_L(P);cout<<"表长="<<x<<endl;list_L(P);   //求表长及遍历结点
    MergeList_L(head,P,Lc);                               //归并两个单链表
    x=Listlength_L(Lc);cout<<"表长="<<x<<endl;list_L(Lc); //求表长及遍历结点
    purge_LinkList(Lc);                                  //清除表L中多余的重复结点
    x=Listlength_L(Lc);cout<<"表长="<<x<<endl;list_L(Lc); //求表长及遍历结点
    cout<<"使用尾插入建表函数建表,请输入元素数:";cin>>x;
    CreateListW_L(P,x);                                   //尾插入建表
    x=Listlength_L(P);cout<<"表长="<<x<<endl;list_L(P);   //求表长及遍历结点
}
```

2.4　静态链表与循环链表

2.4.1　静态链表

事先定义一个规模较大的结构数组作为备用结点空间(即存储池)。当申请结点空间时,从存储池中取出结点。当释放结点空间时,将其归还于存储池内。采用这种方法实现的链表称为静态链表。

线性表的静态单链表存储结构,借用一维数组描述,其类型说明如下:

【结构定义 2-3】线性表的静态单链表存储结构。

```
#define MAXSIZE 1000                //链表的最大长度
typedef struct
{   ElemType  data;                 //结点信息
    int       cur;                  //游标,指示后继结点在数组中的相对位置
}LNode,SlinkList[MAXSIZE];          //SlinkList 数组名
```

其中,数组的一个分量表示一个结点,同时用游标代替指针,指示下一结点在数组中的相对位置。这种存储结构需预先分配一个较大的空间,但在作线性表的插入和删除操作时不需要移动元素,仅需修改指针,故仍具有链式存储结构的主要优点。

在开始结点之前附加的一个结点。一般数组的第 0 分量可看成头结点,其指针域指示链表的第一个结点。

单链表的存取必须从头指针开始,头指针为整型数据,指示第一个可用结点在数组中的位置。

在静态链表中实现线性表的操作和动态链表相似。静态链表和动态链表在逻辑上是一致的,静态链表和动态链表上的运算的实现也是一样的,只要注意游标和指针的对应关系。

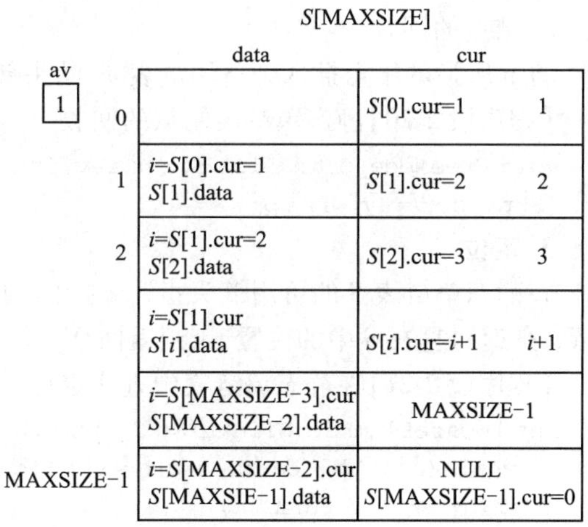

如图 2-14 所示,假设 S 为 SlinkList 型变量(SlinkList S;),则 $S[0]$.cur 指示第一个结点在数

S[MAXSIZE]

av: 1

	data	cur	
0		S[0].cur=1	1
1	i=S[0].cur=1 S[1].data	S[1].cur=2	2
2	i=S[1].cur=2 S[2].data	S[2].cur=3	3
	i=S[1].cur S[i].data	S[i].cur=i+1	i+1
	i=S[MAXSIZE−3].cur S[MAXSIZE−2].data	MAXSIZE−1	
MAXSIZE−1	i=S[MAXSIZE−2].cur S[MAXSIE−1].data	NULL S[MAXSIZE−1].cur=0	

图 2-14　静态单链表示意图

组中的位置。若设 $i=S[0].\mathrm{cur}$，则 $S[i].\mathrm{data}$ 存储线性表的第一个数据元素，且 $S[i].\mathrm{cur}$ 指示第二个结点在数组中的位置。$i=S[i].\mathrm{cur}$ 的操作实为指针后移(类似于 p = p -> next)。$S[n].\mathrm{cur}=0$ 表示链结束。

静态链表使用两个 int 类型的头指针标识。将存储池中所有可用结点链成一个头指针为 h 的单链表，构成一个可用空间表。将存储池中所有未被使用的空余结点链成一个头指针为 av 的单链表，构成一个备用空间表(备用链表)。

2.4.2 基本运算在静态单链表上的实现

1. 初始化

将一维数组 SlinkList 中各分量链成一个备用链表，av 为备用链头指针，h 为可用链头指针，头结点 SlinkList[0].cur = 1，尾结点 SlinkList[MAXSIZE - 1].cur = 0，"0"表示空指针 NULL。实现算法如下：

【程序段 2-18】初始化静态单链表。

微视频

程序段 2-18 视频讲解

```
void InitList_SL(SlinkList S,int &av,int &h)     //初始化静态单链表
{ int i;
  for(i=0;i<MAXSIZE-1;i++)S[i].cur=i+1;   //1.链接备用链表
  S[MAXSIZE-1].cur=0;                    //2.最后一个结点标注备用链结束
  av=1;    //3.av 为备用链头指针，指示第一个备用结点在数组中的位置
  h=0;     //h 为可用链头指针，指示第一个可用结点在数组中的位置。h=0 表示可
                                                        //用链为空
}
```

2. 结点的分配和回收

为了辨明数组中哪些分量未被使用，解决的办法是将所有未被使用的以及被删除的分量用游标链成一个备用链表，每当进行插入时便从备用链表上取得第一个结点作为待插入的结点；反之，在删除时将从链表中删除下来的结点连接到备用链表上。

1)结点的分配

将备用链表 av 上的第一个结点取出，并将其赋给 p。实现算法如下：

【程序段 2-19】静态单链表结点的分配。

微视频

程序段 2-19 视频讲解

```
void  GetNode_SL(SlinkList S,int &av,int &p)        //结点的分配
{ if(av==NULL) p=NULL;
  else{p=av;av=S[av].cur;}
}
```

2)结点的回收

将 p 所指的结点插入到备用链表 av 的头部。实现算法如下：

【程序段 2-20】静态单链表结点的回收。

微视频

程序段 2-20 视频讲解

```
void FreeNode(SlinkList S,int &av,int &p)          //结点的回收
{S[p].cur=av; av=p;}
```

3. 定位

在静态单链表 S 的可用链头指针 h 指向的结点中，查找第 1 个值为 e 的元素，若找到，则返回它在 S 中的位置，否则返回 0。实现算法如下：

【程序段 2-21】在静态单链表中查找定位。

微视频

程序段 2-21 视频讲解

```
int LocateElem_SL(SlinkList S,int h,ElemType e)     //定位
{  while(h&&S[h].data!=e)h=S[h].cur;               //在表中顺链查找
   if(h!=0) return  h;
   else return  0;
}
```

4. 遍历静态单链表可用空间结点

遍历静态单链表 *S* 中可用链头指针 h 指向的各个结点。实现算法如下：

【程序段 2-22】遍历静态单链表可用空间结点。

微视频

程序段 2-22 视频讲解

```
void  list_SL(SlinkList S,int h)                              //遍历静态单链表
{   while(h){cout<<S[h].data<<"  ";h=S[h].cur;}
    cout<<"遍历可用空间结点结束"<<endl;
}
```

5. 插入一个结点

对静态单链表 *S*,在可用空间链头指针 h 位,插入数据为 *d* 的结点(逆序插入)。实现算法如下：

【程序段 2-23】在静态单链表中插入结点。

微视频

程序段 2-23 视频讲解

```
void  insert_SL(SlinkList &S,int &h,int &av,ElemType d)      //插入一个结点
{    int p;
     GetNode_SL(S,av,p);                                      //申请一个结点 p
     S[p].data=d;S[p].cur=h;h=p;                              //插入结点
}
```

6. 删除一个结点

对静态单链表 *S*,在可用空间链头指针 h 所指链中,删除数据为 *d* 的结点。删除成功返回 1,删除失败返回 0。实现算法如下：

【程序段 2-24】在静态单链表中删除结点。

微视频

程序段 2-24 视频讲解

```
int delete_SL(SlinkList &S,int &h,int &av,ElemType d)//删除一个结点
{ int p=h,q=h;
  while(p&&S[p].data! =d){q=p;p=S[p].cur;}  //1.找待删结点及直接前驱 q
  if(p= =0){cout<<"结点不存在";return 0;}     //若结点不存在,显示出错信息,退出
  if(q= =p&&p! =0) h=0;          //2.1 可用链只有一个结点,删除
  else  S[q].cur=S[p].cur;       //2.2 删除结点
  FreeNode(S,av,p);              //3.回收结点 p
  return 1;
}
```

2.4.3 静态链表的综合应用

微视频

综合练习 2-3 视频讲解

【综合练习 2-3】静态链表基本运算综合练习。

```
#include <iostream>
using namespace  std;
#include <stdlib.h>                          //预定义常量和类型
typedef int  Status;                         //状态
typedef int  ElemType;                       //元素类型
#define MAXSIZE  1000                        //链表的最大长度
此处插入【结构定义 2-3】LNode,SlinkList[MAXSIZE]结构体定义
此处插入【程序段 2-18】InitList_SL(SlinkList S,int &av,int &h)函数
此处插入【程序段 2-19】GetNode_SL(SlinkList S,int &av,int &p)函数
此处插入【程序段 2-20】FreeNode(SlinkList S,int &av,int &p)函数
此处插入【程序段 2-21】LocateElem_SL(SlinkList S,int h,ElemType e)函数
此处插入【程序段 2-22】list_SL(SlinkList S,int h)函数
此处插入【程序段 2-23】insert_SL(SlinkList &S,int &h,int &av,ElemType d)函数
此处插入【程序段 2-24】delete_SL(SlinkList &S,int &h,int &av,ElemType d)函数
void main()
```

```
{  SlinkList T;int av,h,p;
   InitList_SL(T,av,h); list_SL(T,h);    //初始化静态链表,遍历 T 可用空间
   insert_SL(T,h,av,111);insert_SL(T,h,av,222);insert_SL(T,h,av,333);    //插入结点
   list_SL(T,h);                         //遍历 T 可用空间
   delete_SL(T,h,av,222); list_SL(T,h); //删除一个结点,遍历 T 可用空间
}
```

2.4.4 循环链表

循环链表与单链表的区别仅仅在于其尾结点的链域值不是 NULL,而是一个指向头结点的指针,故整个链表形成一个环。

如图 2-15 所示,循环表的优点是从表中任一结点出发都能通过后移而扫描整个循环链表。

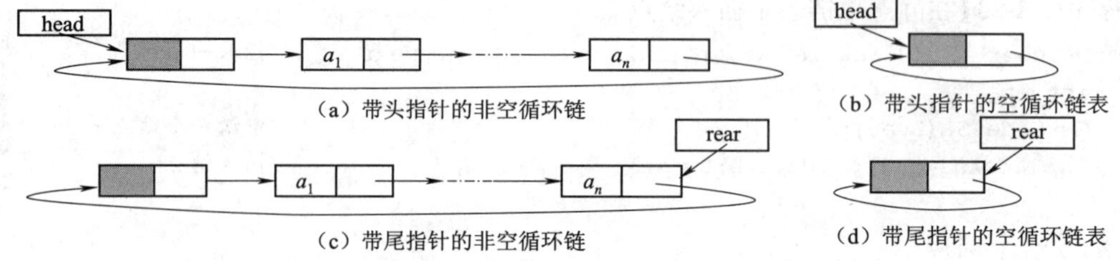

图 2-15　循环链表示意图

循环链表的操作和单链表基本一致,差别仅在于算法中的循环结束条件不是 p 或 p -> next 是否为空,而是它们是否等于头指针。

在循环链表中,将头指针改设为尾指针(rear)后,头结点、首结点和尾结点的存储位置分别是 rear -> next、rear -> next -> next 和 rear。

如图 2-16 所示,采用单循环链表实现两个带头结点线性表 A 和 B 链成一个线性表的运算(ra、rb 为 A、B 的尾指针)方法为:

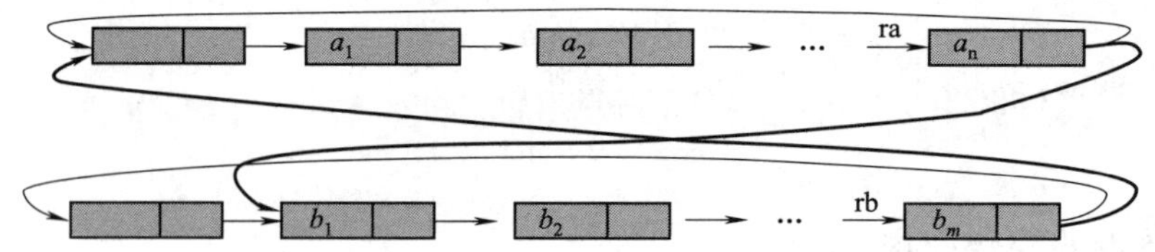

图 2-16　将两个带头结点的线性表链成一个线性表

```
p = ra -> next;                     //保存表 La 的头结点地址
ra -> next = rb -> next -> next;    //链表 rb 的开始结点链到链表 ra 的尾结点之后
free(rb -> next);                   //释放 Lb 的头结点空间
rb -> next = p;                     //链表 La 的头结点链到链表 Lb 的尾结点之后
```

例 2-4　采用单循环链表存储一元 n 次多项式,并实现一元多项式的加法。

用单循环链存储结构表示一元 n 次多项式,一般情况下一元 n 次多项式可写成:

$$P(x) = p_1x^{e_1} + p_2x^{e_2} + \cdots + p_mx^{em}$$

其中,p_i 是指数为 e_i 的项的非零系数,且满足 $0 \leqslant e_1 < e_2 < \cdots < e_m$。

若用一个长度为 m 且每个元素有两个数据项(系数项和指数项)的线性表便可唯一确定多项式 $P(x)$:

$$((p_1, e_1), (p_2, e_2), \cdots, (p_m, e_m))$$

结点格式如图 2-17 所示,利用线性链表,结点类型可说明如下:

结点格式	系数	指数	指针
	coef	exp	next

图 2-17 一元 n 次多项式结点格式

【结构定义 2-4】一元 n 次多项式结点类型。

```
typedef  struct  pnode
{    float   coef;     //系数
     int     exp;       //指数
     struct  pnode   * next;
}polynode;
```

若有多项式：$A_{17}(x)=7+3x+9x^8+5x^{17}$和 $B_8(x)=8x+22x^7+9x^8$

用单链存储结构表示如图 2-18 所示。

-1	→	7 0	→	3 1	→	9 8	→	5 17 ∧
-1	→	8 1	→	22 7	→	9 8 ∧		

图 2-18 用单链存储一元 n 次多项式

采用单循环链表存储一元 n 次多项式，并实现一元多项式的加法的算法要点是：对指数相同的项，将其系数相加，若和不为零，则构成“和多项式”的一项，将所有指数不相同的项复制到“和多项式”中。

算法描述如下：

【综合练习 2-4】采用单循环链表实现一元多项式的加法。

微视频 综合练习 2-4 视频讲解

```
#include <iostream>
using   namespace  std;
#include <stdlib.h>
typedef struct  pnode
{   float  coef;                                 //系数
    int     exp;                                 //指数
    struct  pnode   *next;
}polynode;
polynode *polyadd(polynode *A,polynode *B)       //A,B 是两个多项式
{ polynode *ptr,*q,*q1,*q2;float  x;
  q1 =A;q2 =B;
  q= (polynode*)malloc(sizeof(polynode));        //生成多项式表初始化,申请头结点 q
  q->coef=0;q->exp= -1;q->next=q;ptr=q;          //置循环链和表头,ptr 为头指针
  q1 =q1 ->next;q2 =q2 ->next;                   //q1,q2 指向表 A、B 首结点
  while((q1!=A)&&(q2!=B))
  { if(q1 ->exp= =q2 ->exp)                       //指数相等时的处理过程
     { x=q1 ->coef+q2 ->coef;
      if(x!=0){ q->next=(polynode*)malloc(sizeof(polynode));
                    //若某项系统非 0,在 ptr 链表生成新结点
                    q=q->next;q->coef=x;q->exp=q1 ->exp; //存放对应系数和指数
                  }
      q1 =q1 ->next;q2 =q2 ->next;                //移动 q1、q2,表 A、B 指针
     }
     else{ q->next=(polynode*)malloc(sizeof(polynode));//指数不相等时的处理过程
          q=q->next;   //在 ptr 链表生成新结点,在表 q1,q2 结点中找系数低的结点存进去
```

```
            if(q1 ->exp >q2 ->exp)
                {q ->coef =q2 ->coef;q ->exp =q2 ->exp;q2 =q2 ->next;}
            else {q ->coef =q1 ->coef;q ->exp =q1 ->exp;q1 =q1 ->next;}
        }
    }//while
    //多项式剩余部分的处理
    while(q1! =A)          //A表非空
    {  q ->next = (polynode* )malloc(sizeof(polynode));
       q =q ->next;q ->coef =q1 ->coef;q ->exp =q1 ->exp;q1 =q1 ->next;
    }
    while(q2! =B)          //B表非空
    {  q ->next = (polynode* )malloc(sizeof(polynode));
       q =q ->next;q ->coef =q2 ->coef;q ->exp =q2 ->exp;q2 =q2 ->next;
    }
    q ->next =ptr;         //新生成的q表尾结点指向表首
    return ptr;
}
void main()
{  polynode a[] ={{0,0,&a[1]},{7,0,&a[2]},{3,1,&a[3]},{9,8,&a[4]},{5,17,a}};
   polynode b[] ={{0,0,&b[1]},{8,1,&b[2]},{22,7,&b[3]},{9,8,b}};
   polynode * P,* q;
   P =polyadd(a,b);q =P;q =q ->next;
   while(q! =P){cout <<q ->coef <<',' <<q ->exp <<endl;q =q ->next;}
                                                  //遍历生成多项式
}
```

设 a 多项式有 m 项，b 多项式有 n 项，它们指数相同的项有 r 项，则三个 while 语句共执行 $m+n-r$ 次，当 $r=0$ 时，该算法的最坏时间复杂度为 $O(m+n)$。

假设：A 多项式有 m 项，B 多项式有 n 项，expa、expb 分别是 A、B 多项式的最高指数项的指数值。分析：

①若 expa = = expb，则有：

第一个 while 循环语句运行 $m+n-r$ 次。

第二个 while 循环语句运行 0 次。

第三个 while 循环语句运行 0 次。

②若 expa > expb，并设 A 中小于等于 expb 的项有 p 项，则有：

第一个 while 循环语句运行 $n+p-r$。

第二个 while 循环语句运行 $m-p$。

第三个 while 循环语句运行 0。

同理：若 expa < expb 时，三个 while 循环语句共运行 $m+n-r$ 次。

2.4.5 双链表

如图 2-19 所示，在单链表中，若在每个结点中增加一个指针域，所含指针指向前驱结点，这样构成的链表中有两个方向不同的链，称为双链表。

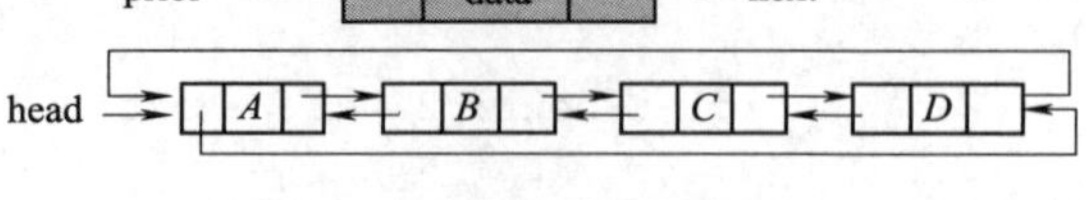

图 2-19 非空双向循环链表

1. 双链表的存储结构

双链表的存储结构描述如下：

【结构定义 2-5】双链表的存储结构。

```
typedef struct duNode
{    ElemType data;
     struct duNode * prior
     struct duNode * next;
}duNode,* DuLinkList;
DuLinkList head;
```

链域 prior 和 next 分别指向本结点(数据域 data 所含数据元素)的直接前驱和直接后继所在的结点。所有结点通过前驱指针和后继指针连接在一起,再加上起标识作用的头指针,就得到双向循环链表。

2. 双链表的特点

双链表结构是一种对称结构,既有前向链,又有后向链,这就使得插入操作及删除操作都非常方便。设指针 p 指向双链表的某一结点,则双链表结构的对称性可用下式来说明:

p -> prior -> next = = p -> next -> prior = = p (皆指向 p 点自身)

3. 双向链表基本运算的实现

在双链表上实现求表长、按序号查找、定位、插入和删除等运算与单链表上的实现算法基本相同,不同的主要是删除和链入操作。

1)删除操作

设 p 指向待删结点,删除 p 所指向结点的算法如图 2-20 所示。

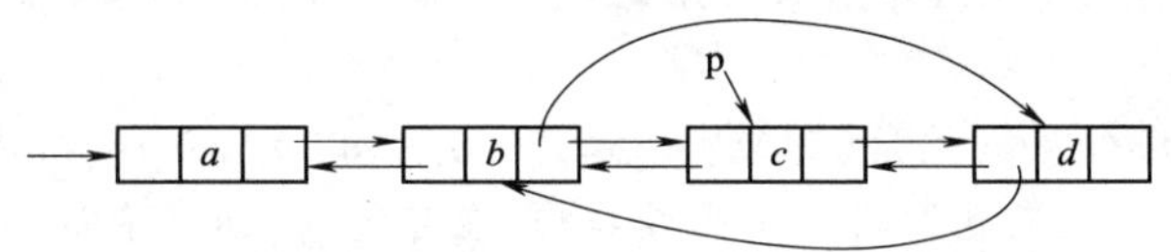

图 2-20 在双链表上删除一个结点示意图

程序实现如下:

【程序段 2-25】删除双链表结点。

```
delete_Du(DuLinkList p)                    //删除双链表结点*p
{  p->prior->next=p->next;                 //①被删结点前驱的后继连接被删结点的后续
   if(p->next! =NULL)p->next->prior=p->prior;
                  //②判断 p 结点是不是最后一个结点,当是 p->next 没 prior;
                  //否则, 被删结点后继的前驱连接被删结点的前驱
   free(p);       //③释放删除结点
}
```

其①②两步不分先后顺序。

2)链入操作

设要在 p 所指结点的后面链入一个新结点 *c*(q 指向新结点 *c*),需修改四个指针,分别是结点 *a* 和 *c* 的后继指针,结点 *b* 和 *c* 的前驱指针。在 p 所指结点的后面插入 q 所指向结点的算法如图2-21所示。

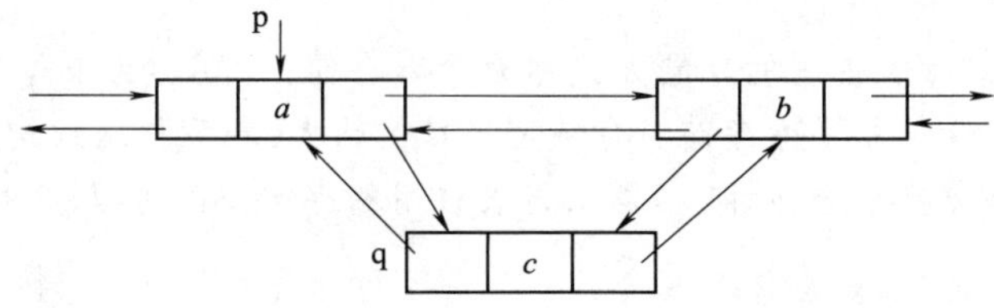

图 2-21 在双链表上插入一个结点示意图

程序实现如下：

【程序段 2-26】在双链表上插入一个结点。

```
Insert_Du(DuLinkList p, ElemType x)        //在双链表 p 上插入一个结点(数据 x)
{ DuLinkList q;
  q=malloc(sizeof(dlinklist));             //申请一个新的插入结点
  q->data=x;
  q->prior=p;                              //①插入结点的前驱连接前驱结点 p
  q->next=p->next;                         //②插入结点的后继连接后继结点
  if(p->next!=NULL){p->next->prior=q;}
      //③判断 p 结点是不是最后一个结点,当是 p->next 时没有 prior
      //否则,插入结点后继的前驱指向插入结点
    p->next=q;                             //④插入结点前驱的后继指向插入结点
}
```

微视频

程序段 2-26 视频讲解

其①②两步可不分先后顺序,③④两步必须注意先后顺序。

小　结

1. 线性表的顺序实现与链式实现

线性表是数据结构课程中最基本且最常用的一种线性结构,同时也是整个数据结构课程的重要基础。

线性表是由 $n(n\geqslant 0)$ 个数据元素(结点)$a_1,a_2,\cdots\ a_{i-1},a_i,a_{i+1},\cdots a_n$ 组成的线性序列。当 $n=0$ 时,该线性表成为空表。线性表在逻辑上是线性结构,在存储时,通常有数组和链式结构两种形式。采用顺序存储方法存储的线性表称顺序表,以链式存储的线性表称为链表。

单链表用指针表示结点间的逻辑关系,对于单链表中的每一存储结点,除了存放数据元素本身的值以外,还存放其数据元素的直接后继结点所在存储单元的内存起始地址,这样,所有结点通过指针的连接而组织成单链表。循环链表将单链表的尾结点的指针域指向头结点,这样从任何一个结点开始,都可以遍历整个链表。在循环链表中,将头指针改为尾指针(rear)后,头结点、首结点和尾结点的存储位置分别是 rear->next、rear->next->next 和 rear。若在单链表的每个结点中增加一个指针域,所含指针指向其前驱结点,这样构成的链表中有两个方向不同的链,称为双链表。

2. 顺序实现与链式实现的比较

1)空间性能的比较

①存储结点中数据域占用的存储量与整个存储结点占用存储量之比称为存储密度,即

$$存储密度\ d=\frac{结点数据占的存储位}{整个结点实际分配的存储位}$$

由此可见,顺序表的存储密度等于 1,而链表的存储密度小于 1。

②采用链式存储比采用顺序存储占用更多的存储空间,是因为链式存储结构增加了存储其后继结点地址的指针域。

③存储空间完全被结点值占用的存储方式称为紧凑存储;否则称为非紧凑存储。显然,顺序存储是紧凑存储,而链式存储是非紧凑存储。存储密度 d 值越大,表示数据结构所占的存储空间越少。

④此外,链式实现不需要事先估计"容量",链表占用的存储空间可以随时改变。

2)时间性能的比较

一种实现的时间性能是指该实现中包含的运算实现(算法)的时间复杂性。对于线性表来说,定位运算在顺序表和单链表上的实现算法的时间复杂性是同量级的,均为 $O(n)$。读表元运算在顺

序表上只需常数时间 $O(1)$ 便可实现，因此顺序表是一种随机存取结构；而在链表上实现读表元运算必须对表结点进行扫描，其平均时间复杂性为 $O(n)$。故当需要随机存取时，不宜采用链式实现。另一方面，链入、删除操作在链表上的实现可在 $O(1)$ 时间内完成，而在顺序表上必须移动其他有关结点，平均时间复杂性为 $O(n)$。故当需要经常进行插入、删除时，不宜采用顺序实现。

单链表、循环链表和双向链表的操作方法及时间效率比较具体见表2-1。

表2-1　单链表、循环链表和双向链表的操作方法及时间效率比较

链表类型	查找表首结点	查找表尾结点	查找结点 *P 的前驱结点
带头结点的单链表 L	L->next 时间复杂度 $O(1)$	从 L->next 依次向后遍历， 时间复杂度 $O(n)$	通过 P->next 无法找到其前驱
带头结点仅设头指针 L 的循环单链表	L->next 时间复杂度 $O(1)$	从 L->next 依次向后遍历， 时间复杂度 $O(n)$	通过 P->next 可以找到其前驱， 时间复杂度 $O(n)$
带头结点仅设尾指针 R 的循环单链表	R->next->next 时间复杂度 $O(1)$	R 时间复杂度 $O(1)$	通过 R->next 可以找到其前驱， 时间复杂度 $O(n)$
带头结点的双向循环链表 L	L->next 时间复杂度 $O(1)$	L->prior 时间复杂度 $O(1)$	R->prior 时间复杂度 $O(1)$

3）顺序表与链表综合比较

时空性能及适用情况综合比较见表2-2。

表2-2　顺序表与链表的比较

项　目		顺 序 表	链　表
空　间	存储空间	预先分配，导致空间限制或溢出现象	动态分配，不会出现闲置或溢出现象
	存储密度	不用为表示结点间的逻辑关系而增加额外的存储开销，存储密度等于1	需要借助指针来体现元素间的逻辑关系，存储密度小于1
时　间	存取元素	随机存取，时间复杂度为 $O(1)$	顺序存取，时间复杂度为 $O(n)$
	插入、删除	平均移动约表中一半元素，时间复杂度为 $O(n)$	不需要移动元素，确定插入、删除位置后，时间复杂度为 $O(1)$
适用情况		①表长变化不大，且能事先确定变化的范围 ②很少进行插入或删除操作，经常按元素序号访问数据元素	①长度变化较大 ②频繁进行插入或删除操作

练　习

一、填空题

1. 线性表 $L=(a_1,a_2,\cdots,a_n)$ 用数组表示，假定删除表中任一元素的概率相同，则删除一个元素平均需要移动元素的个数是（　　）。

2. 已知结点编号，在各结点查找概率相等的情况下，从 n 个结点的单链表中查找一个结点，平均要访问（　　）个结点，从 n 个结点的双链表中查找一个结点，平均要访问（　　）个结点。

3. 当对一个线性表经常进行的是存取操作，而很少进行插入和删除操作时，则采用（　　）存储结构最节省时间，相反当经常进行插入和删除操作时，则采用（　　）存储结构最节省时间。

4. 对于一个具有 n 个结点的单链表，在已知结点 * p 后插入一个新结点的时间复杂度为 O(　　)，在给定值为 x 的结点后插入一个新结点的时间复杂度为 O(　　)。

5. 对于双向链表，在两个结点之间插入一个新结点需修改的指针共(　　)个，单链表为(　　)个。

6. 若要在一个不带头结点的单链表的首结点 * p 之后插入一个 * s 结点时，可执行下列操作：s -> next = (　　)；p -> next = (　　)。

7. 带头结点的双循环链表 L 中，判断只有一个表元素结点的条件是(　　)。

8. 在非空双向循环链表中，在指针变量 q 所指结点的前面插入 p 所指结点的过程如下：

p -> prior = q -> prior；q -> prior -> next = p；p -> next = q；(　　)；

9. 已知 L 是无表头结点的单链表，p 为指向某一结点的指针变量。试从下列提供的答案中选择合适的语句序列，分别实现：

(1)表首插入 S 所指结点的语句序列是(　　)。

(2)表尾插入 S 所指结点的语句序列是(　　)。

A. p -> next = S；　　B. p = L；　　C. L = S；　　D. p -> next = S -> next；

E. S -> next = p -> next；　　F. S -> next = L；　　G. S -> next = NULL；

H. while(p -> next! = Q) p = p -> next；　　I. while(p -> next! = NULL) p = p -> next；

二、单项选择题

1. 线性表采用链式存储结构时，要求内存中可用存储单元的地址(　　)。

A. 必须是连续的　　B. 部分地址必须是连续的

C. 一定是不连续的　　D. 连续或不连续都可以

2. 不带头结点的单链表 head 为空的判定条件是(　　)。

A. head = = NULL　　B. head -> next = = NULL

C. head -> next = = head　　D. head! = NULL

3. 在实现链表的过程中，插入操作的时间复杂度是(　　)。

A. $O(1)$　　B. $O(n)$　　C. $O(n^2)$　　D. $O(\log_2 n)$

4. 表长为 N 的顺序表，当在任何位置上插入或删除一个元素的概率相等时，删除一个元素需要移动的元素个数为(　　)。

A. $(N-1)/2$　　B. $N+1$　　C. $N-1$　　D. $N/2$

5. 给定一个顺序表，长度为 1 ~ 10，要在下标为 4 的地方插入一个元素，元素移动的次数为(　　)。

A. 6　　B. 5　　C. 4　　D. 7

6. 已知单链表 A 的长度为 m，单链表 B 的长度为 n，若将 B 连接在 A 的末尾，在没有链尾指针的情况下，算法的时间复杂度应为(　　)。

A. $O(1)$　　B. $O(m)$　　C. $O(n)$　　D. $O(m+n)$

7. 设线性表有 n 个元素，严格说来，以下操作中，(　　)在顺序表上实现要比在链表上实现的效率高。

Ⅰ. 输出第 $i(1\leq i\leq n)$ 个元素值　　Ⅱ. 交换第 3 个元素与第 4 个元素的值

Ⅲ. 顺序输出这 n 个元素的值

A. Ⅰ　　B. Ⅰ、Ⅲ　　C. Ⅰ、Ⅱ　　D. Ⅱ、Ⅲ

8. 在 n 个元素的线性表的数组表示中，时间复杂度为 $O(1)$ 的操作是(　　)。

Ⅰ. 访问第 $i(1\leq i\leq n)$ 个结点和求第 $i(2\leq i\leq n)$ 个结点的直接前驱

Ⅱ. 在最后一个结点后插入一个新的结点

Ⅲ. 删除第 1 个结点

Ⅳ. 在第 $i(1\leqslant i\leqslant n)$ 个结点后插入一个结点

A. Ⅰ　　B. Ⅱ、Ⅲ　　C. Ⅰ、Ⅱ　　D. Ⅰ、Ⅱ、Ⅲ

9. 若长度为 n 的非空线性表采用顺序存储结构，在表的第 i 个位置插入一个数据元素，一般规定 i 的合法值应该是(　　)。

A. $1\leqslant i\leqslant n$　　B. $1\leqslant i\leqslant n+1$

C. $0\leqslant i\leqslant n-1$　　D. $0\leqslant i\leqslant n$

10. 关于线性表的顺序存储结构和链式存储结构的描述中，正确的是(　　)。

Ⅰ. 线性表的顺序存储结构优于其链式存储结构

Ⅱ. 链式存储结构比顺序存储结构能更方便地表示各种逻辑结构

Ⅲ. 若频繁使用插入和删除结点操作，则顺序存储结构更优于链式存储结构

Ⅳ. 顺序存储结构和链式存储结构都可以进行顺序存取

A. Ⅰ、Ⅱ　　B. Ⅱ、Ⅳ　　C. Ⅱ、Ⅲ　　D. Ⅲ、Ⅳ

11. 对于顺序存储的线性表，其算法时间复杂度为 $O(1)$ 的运算应该是(　　)。

A. 将 n 个元素从小到大排序　　B. 交换第 $i,j(1\leqslant i,j\leqslant n)$ 元素的值

C. 删除第 $i(1\leqslant i\leqslant n)$ 个元素　　D. 在第 $i(1\leqslant i\leqslant n)$ 个元素后插入一个新元素

12. 下列关于线性表说法中，正确的是(　　)。

Ⅰ. 顺序存储方式只能用于存储线性结构

Ⅱ. 取线性表的第 i 个元素的时间与 i 的大小有关

Ⅲ. 静态链表需要分配较大的连续空间，插入和删除不需要移动元素

Ⅳ. 在一个长度为 n 的有序单链表中，插入一个新结点并仍保持有序的时间复杂度为 $O(n)$

A. Ⅰ、Ⅱ　　B. Ⅰ、Ⅱ、Ⅳ　　C. Ⅳ　　D. Ⅲ、Ⅳ

13. 在一个单链表中，若在 p 所指结点之后插入 s 所指结点，则执行(　　)。

A. s -> next = p; p -> next = s;　　B. s -> next = p -> next; p -> next = s;

C. s -> next = p -> next; p = s;　　D. p -> next = s; s -> next = p;

14. 在一个单链表中，已知指针变量 q 所指结点是 p 所指结点的前驱结点，若在 q 和 p 之间插入指针变量 s 所指结点，则执行(　　)。

A. s -> next = p -> next; p -> next = s;　　B. p -> next = s -> next; s -> next = p;

C. q -> next = s; s -> next = p;　　D. p -> next = s; s -> next = q;

15. 在双向链表中，向 p 所指的结点之前插入 q 所指向的结点的操作为(　　)。

A. p -> prior = q; q -> next = p; p -> prior -> next = q; q -> prior = p -> prior;

B. q -> prior = p -> prior; p -> prior -> next = q; q - next = p; p -> prior = q -> next;

C. q -> next = p; p -> next = q; q -> prior -> next = q; q -> next = p;

D. p -> prior -> next = q; q -> next = p; q -> prior = p -> prior; p -> prior = q;

16. 设对 $n(n>1)$ 个元素的线性表的运算只有四种：删除第一个元素；删除最后一个元素；在第一个元素之前插入新元素；在最后一个元素之后插入新元素，则最好使用(　　)。

A. 只有尾结点指针没有头结点指针的循环单链表

B. 只有尾结点指针没有头结点指针的非循环双链表

C. 只有头结点指针没有尾结点指针的循环双链表

D. 既有头结点指针又有尾结点指针的循环单链表

17. 已知一个带有表头结点的双向循环链表 L，其中 prev 和 next 分别是指向其直接前驱和直接后继结点的指针。现要删除指针 p 所指的结点，正确的语句序列是（　　）。

A. p -> next -> prev = p -> prev; p -> prev -> next = p -> prev; free(p);

B. p -> next -> prev = p -> next; p -> prev -> next = p -> next; free(p);

C. p -> next -> prev = p -> next; p -> prev -> next = p -> prev; free(p);

D. p -> next -> prev = p -> prev; p -> prev -> next = p -> next; free(p);

18. 设双向循环链表中结点的结构有数据域 data，指针域 pre 和 next，链表不带头结点。若在指针 p 所指结点之后插入 s 所指结点，则应执行（　　）操作。

A. p -> next = s; s -> pre = p; p -> next -> pre = s; s -> next = p -> next;

B. p -> next = s; p -> next -> pre = s; s -> pre = p; s -> next = p -> next;

C. s -> pre = p; s -> next = p -> next; p -> next = s; p -> next -> pre = s;

D. s -> pre = p; s -> next = p -> next; p -> next -> pre = s; p -> next = s;

三、综合练习题

1. 设 A 是一个线性表 $(a_1a_2\cdots a_n)$，采用顺序存储结构，则在等概率的前提下，平均每插入一个元素需要移动的元素个数为多少？若元素插在 a_i 与 a_{i+1} 之间 $(0\leqslant i\leqslant n-1)$ 的概率为 $2(n-i)/[n(n+1)]$，则平均每插入一个元素所要移动的元素个数又是多少？

2. 编写一个函数实现带头结点的单链表反转。例如，输入一个区间（区间一定是有效区间），使得链表在该区间的值进行反转。

例如：1,2,3,4,5,6　　　区间：2,4　　　　输出：1 4 3 2 5 6

3. 编写一个函数将一个顺序表 A（有多个元素且任何元素不为 0）分拆成两个顺序表，使 A 中大于 0 的元素存放在 B 中，小于 0 的元素存放在 C 中。

4. 表 L 中有 n 个字符元素，设计一个算法，判断是否为回文。所谓回文，是指正读或反读得到同样的字符序列。要求：时间复杂度为 $O(n)$，空间复杂度为 $O(1)$。

5. 设有一个由正整数组成的无序单链表，编写一个函数算法实现下列功能：

（1）找出最小值结点，且显示该数值。

（2）若该数值为奇数，则将其与直接后继结点的数值交换。

（3）若为偶数，则将其直接后继结点删除。

6. 已知 A、B 和 C 为三个递增有序的线性表，现要求对 A 表作如下运算：

（1）删除那些既在 B 表中出现又在 C 表中出现的结点。

（2）试以顺序存储和链式存储两种存储结构编写实现上述运算的算法，并分析算法的时间复杂度。（注意：题中没有特别指明同一表中结点值各不相同）

7. 设计一个算法解决约瑟夫问题。约瑟夫问题为：n 个人围成一圈，从某人开始报数 1,2,…,m，数到 m 的人出圈，然后从出圈的下一个人（$m+1$）开始重复此过程，直到全部人出圈，于是得到一个新的序列，如当 $n=8$，$m=4$ 时，若从第一个位置数起，则所得到的新的序列为 4,8,5,2,1,3,7,6。

第3章 栈和队列

学习目标

- 理解栈和队列的定义、特点及与线性表的异同；
- 熟悉顺序栈和链栈的组织方法，队满、队空的判断条件及其描述；
- 掌握链队的组织方法、算法并能自行设计其他简单算法。

栈和队列的逻辑结构与线性表的逻辑结构相同，它们的运算都可以看成是线性表运算的限制。

3.1 栈

3.1.1 栈的基本概念

如图3-1所示，栈可以看成是一种“特殊的”线性表，这种线性表上的插入和删除运算限定在表的某一端进行。允许进行插入和删除的一端称为栈顶，另一端（固定不变的）称为栈底。处于栈顶位置的数据元素称为栈顶元素。不含任何数据元素的栈称为空栈。空栈时，栈顶等于栈底。

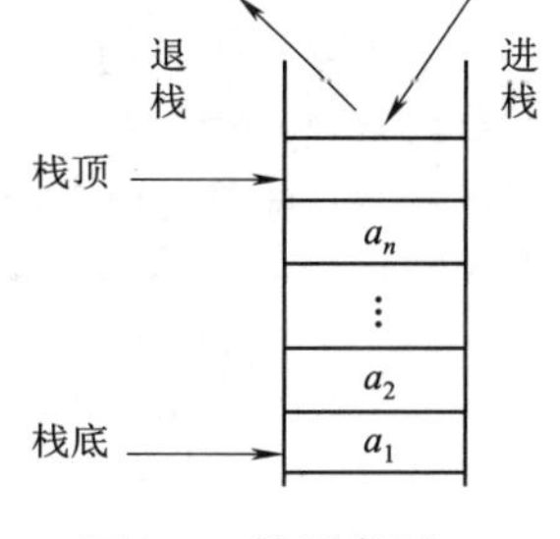

图3-1 栈示意图

栈修改的原则是先进后出（或称后进先出）。因此，栈又称为后进先出线性表。在栈顶进行插入运算，称为进栈（或入栈），在栈顶进行删除运算，被称为退栈（或出栈）。

栈的抽象数据类型定义如下：

```
ADT Stack{
数据对象:D={a_i |a_i ∈ElemType,i=1,2,…,n,n≥0}//D=(a_1,a_2,…,a_n)
数据关系:R={ <a_{i-1},a_i > |a_{i-1},a_i ∈D,i=1,2,3,…,n}   //各结点按序依次线性排列
                (约定 a_n 端在栈顶,a_1 端在栈底。)
  基本操作:
    ①InitStack(&S):构造一个空栈。
    初始条件:无
    操作结果:构造一个空栈 S。
    ②DestroyStack(&S):销毁栈。
    初始条件:栈 S 已存在。
    操作结果:销毁栈 S。
```

③ClearStack(&S):置为空栈。

初始条件:栈 S 已存在。

操作结果:将 S 重置为空栈。

④StackEmpty(S):判栈空。

初始条件:栈 S 已存在。

操作结果:判栈空,若 S 为空栈返回 TRUE,否则返回 FALSE。

⑤StackLength(S):求栈长。

初始条件:栈 S 已存在。

操作结果:求栈的长度,返回栈 S 中数据元素的个数。

⑥Push(&S,e):进栈。

初始条件:栈 S 已存在。

操作结果:进栈。插入元素 e 为新的栈顶元素。

⑦Pop(&S,&e):出栈。

初始条件:栈 S 已存在且非空。

操作结果:出栈。删除 S 的栈顶元素,并用 e 返回其值。

⑧GetTop(S,&e):读栈顶。

初始条件:栈 S 已存在且非空。

操作结果:读栈顶,用 e 返回栈 S 的栈顶元素。

⑨StackTraverse(S,visit()):遍历。

初始条件:栈 S 已存在且非空。

操作结果:从栈的一端(栈底或栈顶)开始依次对栈 S 的每个元素调用函数 visit()。一旦 visit()失败,则操作失败。visit()为对各元素遍历方法。

}ADT Stack

3.1.2 栈的顺序实现

栈和线性表类似,有两种实现方法:顺序实现和链式实现。

栈的顺序存储结构称为顺序栈。顺序栈通常由一个一维数组和一个记录栈顶位置的变量 top 组成。习惯上将栈底放在数组下标小的那端。顺序栈类型定义如下:

【结构定义 3-1】顺序栈类型定义。

```
#define STACK_INIT_SIZE   100        //存储空间初始分配量
#define STACKINCREMENT    10         //存储空间分配增量
typedef struct
{    SElemType * base;               //栈底指针,始终指向栈底位置
     SElemType * top;                //栈顶指针,其初值指向栈底
     int   stacksize;                //该栈可使用的最大容量
}SqStack;
```

有关顺序栈的几点约定:stacksize 指示该栈可使用的最大容量。base 称为栈底指针,在顺序栈中始终指向栈底位置。

①若 base 的值为 NULL,则表明栈结构不存在。

②top 为栈顶指针,其初值指向栈底,即 top = base。

③每插入新的栈顶元素,先将数据存放到 top 指向的位置,然后指针 top 增 1。

④删除栈顶元素,先将指针 top 减 1,然后在 top 指向的位置取出数据。因此,非空栈中的栈顶指针始终指向栈顶元素的下一个位置(栈顶元素后的第一个备用位置)。

如图 3-2 所示,设数组 s 为顺序栈,其最大容量为 stacksize = 4,初始状态 top = 0。

①栈空时,栈顶、栈底指针相同(top = base = 0),都指向栈底 $s[0]$ 位置。

②数据 10 初次入栈时,首先将数据 10 压入当前栈顶指针 top 所指位置(即 $s[0]$ = 10);然后栈

顶指针 top = top + 1。

③数据 25、30 依次入栈后（$s[1]=25$、$s[2]=30$），栈顶指针 top = 3，指向数组元素 $s[3]$的位置，栈底指针 base 始终指向栈底 $s[0]$位置不变。

④数据 40 进栈后，栈已满，栈顶指针 top = 4，指向数组外元素 $s[4]$位置，栈满。

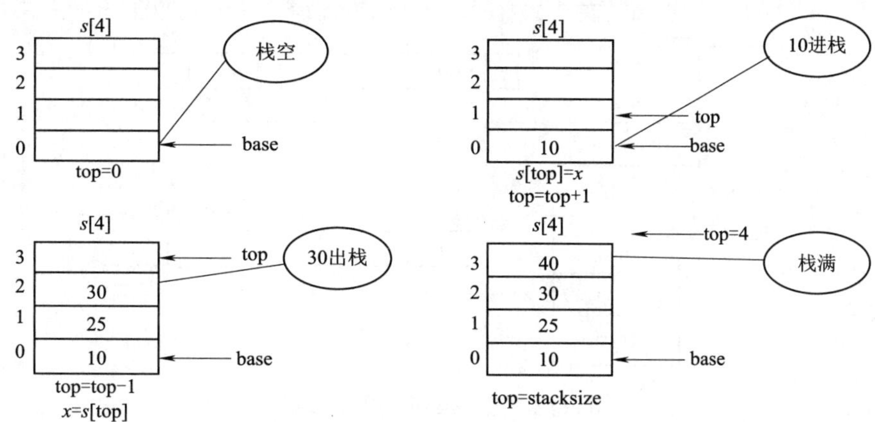

图 3-2　在数组 s 中，进栈示意图

top = = base 表示栈空，此时作退栈运算，则产生“下溢”，如图 3-3 所示。

top − base > = stacksize 表示栈满，此时作进栈运算，则产生“上溢”，如图 3-4 所示。

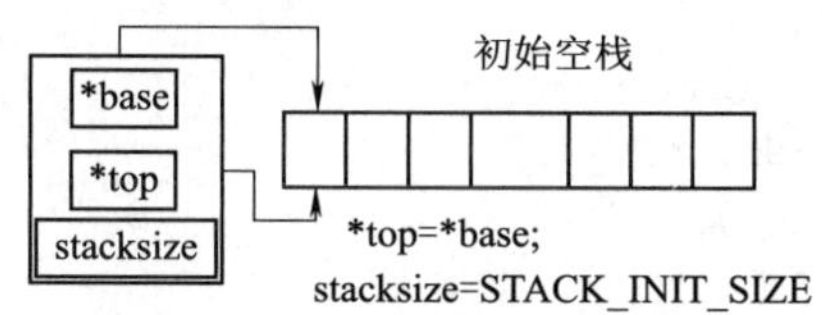

图 3-3　顺序栈栈空示意图

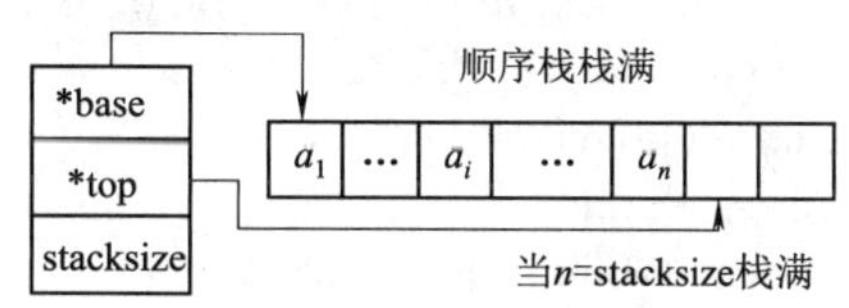

图 3-4　顺序栈栈满示意图

3.1.3　顺序栈的基本运算

栈的基本运算在顺序栈上的实现方法主要有六个。

1. 初始化

构造一个空栈，按设定的初始分配量进行第一次存储分配。

【程序段 3-1】初始化顺序栈，构造一个空栈。

微视频　程序段 3-1 视频讲解

```
Status InitStack(SqStack &S)          //构造一个空栈
{    S.base = (SElemType * )malloc(STACK_INIT_SIZE* sizeof(SElemType));
     if(! S.base)exit(OVERFLOW);      //存储分配失败
     S.top = S.base;
     S.stacksize = STACK_INIT_SIZE;
     return OK;
}
```

2. 判栈空

若栈为空则返 TRUE，否则返 FALSE。

【程序段 3-2】判断栈是否为空。

微视频　程序段 3-2 视频讲解

```
Status StackEmpty(SqStack S)          //若栈为空则返 TRUE,否则返 FALSE
{    if(S.top = = S.base)return TRUE;
     else return FALSE;
}
```

3. 进栈

如图 3-5 所示，进栈操作首先判断栈满，当 top－base＞＝stacksize 时表示栈满，此时需要追加存储空间后再完成进栈操作。进栈操作时，先将入栈元素放到当前栈顶所指的位置上，然后将栈顶指针加 1 移到后一位置。

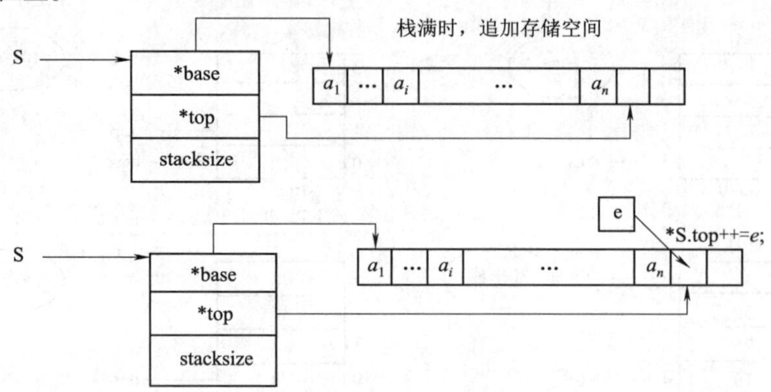

图 3-5　顺序栈进栈操作示意图

【程序段 3-3】顺序栈进栈。

```
Status Push(SqStack &S,SElemType e)     //顺序栈进栈,插入元素 e 为新的栈顶元素
{  SElemType * base;
   if(S.top - S.base > = S.stacksize)   //栈满,追加存储空间
   {  base = (SElemType * )realloc(S.base,
        (S.stacksize + STACKINCREMENT) * sizeof(SElemType));
        if(! base)exit(OVERFLOW);       //存储分配失败
        S.base = base;                  //置栈底位置
        S.top = S.base + S.stacksize;   //设置栈顶位置
        S.stacksize + = STACKINCREMENT; //设置栈长容量
   }else {   * S.top = e;S.top ++ ;     //* S.top ++ = e
             return OK;
         }
}
```

4. 退栈

如图 3-6 所示，退栈操作首先判断栈空，当 top＝＝base 栈空，不能退栈，返回错误信息。若栈非空，先将栈顶指针减 1 移到前一位置，将栈顶元素取出，由参数 *e* 返回。

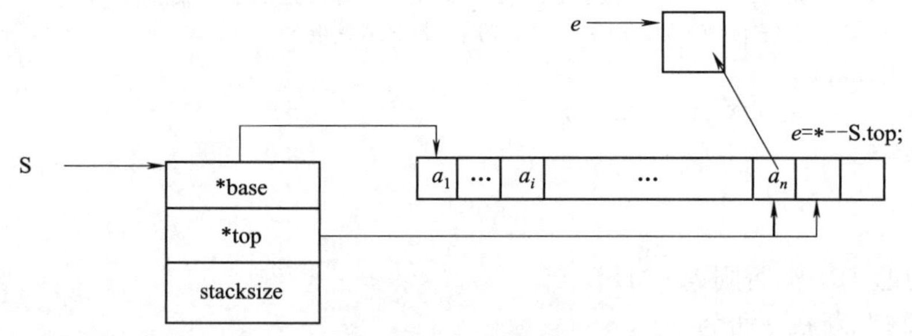

图 3-6　顺序栈退栈操作示意图

【程序段 3-4】顺序栈退栈。

```
Status Pop(SqStack &S,SElemType &e)        //顺序栈退栈
//若栈不空,删除 S 的栈顶元素,用 e 返回其值,并返回 OK;否则返回 ERROR
```

```
{    if(S.top= =S.base)return ERROR;
     S.top--;e=* S.top;                    //e=* (--S.top);
     return OK;
}
```

微视频

程序段 3-4 视频讲解

5. 取栈顶元素

如图 3-7 所示,取栈顶元素前首先判断栈空,当 top == base 栈空,返回 ERROR 错误信息。若栈非空,用 e 返回栈顶元素的值,并返回 OK。

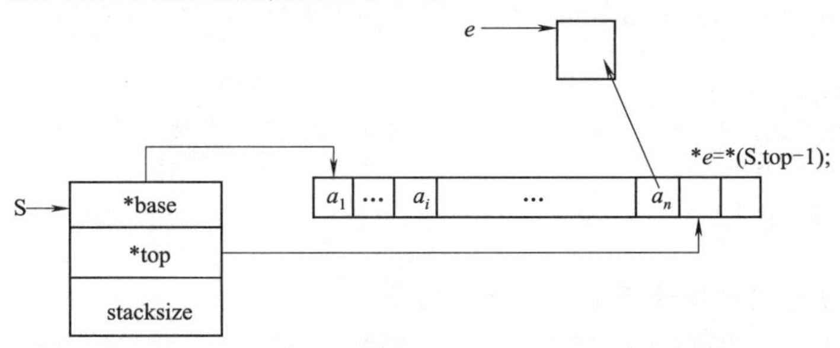

图 3-7　在顺序栈上取栈顶元素示意图

【程序段 3-5】在顺序栈取栈顶元素。

微视频

程序段 3-5 视频讲解

```
Status GetTop(SqStack S,SElemType &e)    //在顺序栈取栈顶元素
//若栈不空,用 e 返回 S 的栈顶元素,并返回 OK;否则返回 ERROR
{    if(S.top= =S.base)return ERROR;
     e=* (S.top-1);
     return OK;
}
```

6. 遍历栈

遍历栈前首先判断栈空,当 top == base,栈空,终止遍历。若栈非空,从栈底或栈顶依次输出各元素信息。下面算法从栈底遍历栈元素。

【程序段 3-6】从栈底开始遍历顺序栈元素。

微视频

程序段 3-6 视频讲解

```
void ListTop(SqStack S)                  //从栈底开始遍历顺序栈元素
{    if(S.top= =S.base)cout<<"空栈";
     else do{cout<<* (S.base++)<<" ";}while(S.top!=S.base);
     cout<<endl;
}
```

例3-1　利用顺序栈实现数值转换。

数值进位制的换算是计算机实现计算和处理的基本问题。比如将十进制数 N 转换为 d 进制的数,解决的方法很多,其中一个常用的算法是除 d 取余法。将十进制数每次除以 d,所得的余数依次入栈,然后按“后进先出”的次序出栈便得到转换的结果。

例如:$(1\ 348)_{10}=(2\ 504)_8$,其运算过程见表 3-1。

表 3-1　$(1\ 348)_{10}$转$(2\ 504)_8$ 运算过程

N	$N=N$ div 8(整除)	N mod 8(取余)
1 348	168	4
168	21	0
21	2	5
2	0	2

当 N 等于 0 时结束，其余数序列从后往前即是得到的新的进制的结果。其具体实现步骤是：

(1)若 $N\neq0$，则将 $N\%$ d 取得的余数压入栈 s 中，执行(2)；

若 $N=0$，将栈 s 的内容依次出栈，算法结束。

(2)用 N/d 代替 N；

(3)当 $N>0$，则重复步骤(1)、(2)。

对于输入的任意一个非负十进制整数，打印输出与其等值的 Z 进制的程序如下：

```
void SHI_ER(SqStack S,int N,int Z)//十进制转任意进制。N 为十进制数,Z 为转换后的进制
{  InitStack(S);                              //构造空栈
   SElemType e;                               //e 临时变量空间
   while(N){Push(S,N% Z);N=N/Z;}              //转换,先压入转换后的最低位
   while(! StackEmpty(S))                     //从高到低打印输出转换后的结果
     {Pop(S,e);printf("% d",e);}
}
```

例3-2 用顺序栈实现括号匹配的检验。

假设一个算术表达式中可包含三种括号：圆括号“(”和“)”，方括号“[”和“]”以及花括号“{”和“}”，且这三种括号可按任意的次序嵌套使用，如(…[…{…}…[…]…]…(…[…]…))。试利用顺序栈的运算编写判断给定表达式中所含括号是否正确配对出现的算法(可设表达式已存入字符型数组中 $A[n]$)。

例如：考虑下列括号序列：

{	(	[	]	[	]	)	}
1	2	3	4	5	6	7	8

算法的设计思想：

(1)凡出现左括弧，则进栈；

(2)凡出现右括弧，首先检查栈是否空，若空，则表明该“右括弧”多余，结束程序运行。否则和栈顶元素比较：若相匹配，则“左括弧出栈”，否则表明不匹配，结束程序运行。

(3)表达式检验结束，若栈空，则表明表达式中匹配正确，否则表明“左括弧”有余。

程序实现如下：

```
int KHPP(SqStack S,SElemType A[])              //表达式已存入字符数组 A[n]中
//判断字串 A 中括号匹配状况,匹配正确返回 TURE,否则返回 FALSE
{   int i=0,flag=TRUE,n;char x,e;n=strlen(A);
    InitStack(S);                              //构造空栈
    while((i<n)&&(flag))
    { if(A[i]=='('||A[i]=='['||A[i]=='{') Push(S,A[i]);//左括号入栈
      else if(A[i]==')'||A[i]==']'||A[i]=='}')
         if(StackEmpty(S)) flag=FALSE;         //若栈为空 flag=FALSE
         else{  GetTop(S,x);                   //判断栈顶内容是否与当前元素匹配
                switch(A[i])
                { case ')':if(x=='(') Pop(S,e);
                       else  flag=FALSE;
                       break;
                  case ']':if(x=='[') Pop(S,e);
                       else  flag=FALSE;
                        break;
                  case '}':if(x=='{')  Pop(S,e);
                        else  flag=FALSE;
```

```
                }//switch
            }//else-if
        i++;
    }//while
    if(!StackEmpty(S)) flag=FALSE;//循环结束,若栈非空则 flag=FALSE(当左括号多于右括号时)
    return flag;
}
```

3.1.4　顺序栈综合应用

微视频 综合练习3-1 视频讲解

【综合练习 3-1】顺序栈的基本运算及数值转换。

```
#include <iostream>
using namespace std;
typedef  int  Status;                    //状态
typedef  int  SElemType;                 //元素类型
#define  TRUE          1
#define  FALSE         0
#define  OK            1
#define  ERROR         0
#define  INFEASIBLE   -1
#define  OVERFLOW     -2
#define  STACK_INIT_SIZE   100           //存储空间初始分配量
#define  STACKINCREMENT  10              //存储空间分配增量
插入【结构定义 3-1】结构体定义
插入【程序段 3-1】InitStack(SqStack &S)函数
插入【程序段 3-2】StackEmpty(SqStack S)函数
插入【程序段 3-3】Push(SqStack &S,SElemType e)函数
插入【程序段 3-4】Pop(SqStack &S,SElemType &e)函数
插入【程序段 3-5】GetTop(SqStack S,SElemType &e)函数
插入【程序段 3-6】ListTop(SqStack S) 函数
插入【例 3-1】SHI_ER(SqStack S,int N,int Z)函数
void main()
{   SqStack S;SElemType e;int n,z;
    InitStack(S);
    ListTop(S);                          //从栈底遍历栈元素
    e=111;Push(S,e);e=222;Push(S,e);e=333;Push(S,e);e=444;Push(S,e);
    ListTop(S);                          //从栈底遍历栈元素
    Pop(S,e);
    ListTop(S);                          //从栈底遍历栈元素
    GetTop(S,e);
    cout<<e;
    cout<<endl<<"请输入一个十进制数";cin>>n;
    cout<<"请输入需转换的进制";cin>>z;
    SHI_ER(S,n,z);
}
```

【综合练习 3-2】用顺序栈实现括号匹配。

```
#include <iostream>
using namespace std;
typedef  int   Status;                   //状态
typedef  char  SElemType;                //元素类型
```

```
#define   TRUE         1
#define   FALSE        0
#define   OK           1
#define   ERROR        0
#define   OVERFLOW    -2
#define   STACK_INIT_SIZE    100       //存储空间初始分配量
#define   STACKINCREMENT     10        //存储空间分配增量
插入【结构定义 3-1】SqStack 结构体定义
插入【程序段 3-1】InitStack(SqStack &S)函数
插入【程序段 3-2】StackEmpty(SqStack S)函数
插入【程序段 3-3】Push(SqStack &S,SElemType e)函数
插入【程序段 3-4】Pop(SqStack &S,SElemType &e)函数
插入【程序段 3-5】GetTop(SqStack S,SElemType &e)函数
插入【程序段 3-6】ListTop(SqStack S) 函数
插入【例 3－2】KHPP(SqStack S,SElemType A[ ])函数
void main()
{   SqStack S;SElemType a[81];
    cout<<endl<<"请输入一个字符串";cin>>a;
    if(KHPP(S,a))cout<<"匹配正确";
    else cout<<"匹配错误";
}
```

微视频

综合练习 3-2
视频讲解

3.1.5 栈的链式实现

栈的链式实现称为链栈,其组织形式与单链表类似。它是以某种形式的链表作为栈的存储结构,并在这种存储结构上实现栈的基本运算。

链栈实际上是操作受限的单链表,其插入和删除操作均在表头进行。故常采用不带头结点的单链表,其头指针直接指向表结点(就是栈顶指针)。

链栈的类型定义如下:

【结构定义 3-2】链栈的类型定义。

```
typedef struct node
{   ElemType     data;     //数据域
    struct node * next;    //指针域
}LinkStack;
```

链栈的特点如下(见图 3-8):

①不带头结点的单链表的第一个结点就是链栈栈顶结点,链栈由栈顶指针唯一确定。栈中的其他结点通过它们的 next 域连接起来。

②栈底结点的 next 域为 NULL。

③因链栈本身没有容量限制,故在用户内存空间的范围内不会出现栈满情况。

④链栈栈空的判断条件为:头指针 = = NULL。

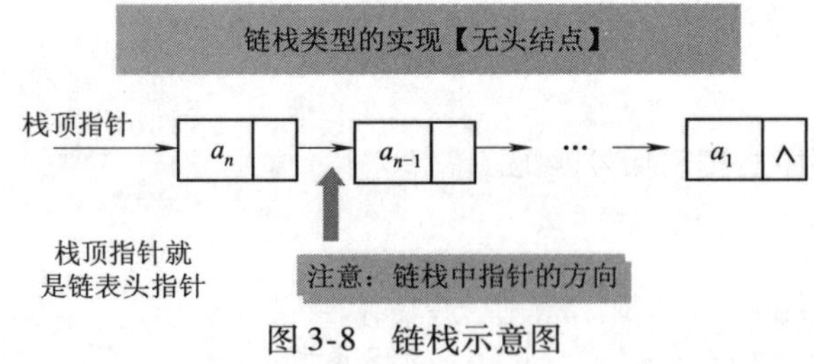

图 3-8　链栈示意图

3.1.6 栈的基本运算在链栈上的实现

微视频

程序段 3-7 视频讲解

1. 初始化

链栈的初始化就是设置一个空栈。一个空的链栈可以用栈顶指针为 NULL 来表示。

【程序段 3-7】链栈的初始化。

```
void InitStack_L(LinkStack*  &ls)          //链栈的初始化
{ ls=NULL; }                               //头指针指向 NULL
```

2. 判断链栈是否为空

若链栈为空则返回值 TRUE,否则返回值 FALSE。

微视频

程序段 3-8 视频讲解

【程序段 3-8】判断链栈是否为空。

```
Status StackEmpty_L(LinkStack * ls)    //若栈为空则返回值 TRUE,否则返回值 FALSE
{   if(ls==NULL) return TRUE;
    else return FALSE;
}
```

3. 进栈

基本步骤包括:

(1)申请一个新结点,并将 *e* 的值送入该结点的 data 域。

(2)将该结点链入栈中使之成为新的栈顶结点。

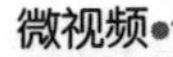

程序段 3-9 视频讲解

【程序段 3-9】链栈进栈。

```
void Push_L(LinkStack*  &ls,ElemType e)  //链栈进栈
{   LinkStack  * p;
    p=(LinkStack * )malloc(sizeof(LinkStack));
    p->data=e;                             //元素 e 的值填入新结点的 data 域
    p->next=ls;                            //链入:新结点的 next 域指向栈顶指针
    ls=p;                                  //栈顶指针指向新结点,成为新的栈顶
}
```

4. 退栈

链栈退栈前先判栈空,若栈顶指针变量为 NULL,表示栈空,给出错误信息。若非栈空,退栈操作基本步骤包括:

(1)栈顶结点的 data 域的值由参数 *e* 返回,并取下栈顶结点,让它的下一个结点成为新的栈顶。

(2)将取出的栈顶结点空间释放。

微视频

程序段 3-10 视频讲解

【程序段 3-10】链栈退栈。

```
Status Pop_L(LinkStack*  &ls,ElemType &e)//链栈退栈
{   LinkStack * p;
    if(ls!=NULL)                        //若 ls 非空栈
    {  p=ls;
       e=p->data;                       //栈顶元素通过参数返回
       ls=ls->next;                     //原栈顶的下一个结点成为新的栈顶
       free(p);                         //释放原栈顶结点空间
       return OK;
    } else return ERROR;
}
```

5. 读栈顶元素

链栈读栈顶元素先判栈空,若栈顶指针变量为 NULL(栈空)则给出错误信息。若非栈空,取栈顶元素。

【程序段 3-11】取链栈栈顶元素。

```
Status GetTop_L(LinkStack * ls,ElemType &e)     //取栈顶元素
{   if(ls! =NULL){e=ls->data;return OK;}
    else return ERROR;
}
```

程序段 3-11
视频讲解

6. 遍历栈

链栈只能从栈顶遍历栈的各元素,直到最后一个结点。

【程序段 3-12】从栈顶遍历链栈元素。

```
void ListTop_L(LinkStack * ls)                 //从栈顶遍历链栈元素
{   if(ls= =NULL)cout<<"空链栈";
    else do{cout<<ls->data<<" ";ls=ls->next;}while(ls! =NULL);
    cout<<endl;
}
```

程序段 3-12
视频讲解

3.1.7 链栈综合应用

【综合练习 3-3】链栈基本运算。

综合练习 3-3
视频讲解

```
#include <iostream>
using namespace std;
typedef  int  Status;                      //函数结果状态代码
typedef  int  ElemType;                    //元素类型
#define  TRUE        1
#define  FALSE       0
#define  OK          1
#define  ERROR       0
#define  INFEASIBLE  -1
#define  OVERFLOW    -2
插入【结构定义 3-2】LinkStack 链栈的类型定义
void InitStack_L(LinkStack* &ls){ls=NULL;}      //初始化为空表
插入【程序段 3-8】StackEmpty_L(LinkStack * ls)函数
插入【程序段 3-9】Push_L(LinkStack* &ls,ElemType e)函数
插入【程序段 3-10】Pop_L(LinkStack* &ls,ElemType &e)函数
插入【程序段 3-11】GetTop_L(LinkStack * ls,ElemType &e)函数
插入【程序段 3-12】ListTop_L(LinkStack * ls)函数
void main()
{   LinkStack * ls;ElemType e;
    InitStack_L(ls); ListTop_L(ls);
    e=111;Push_L(ls,e);e=222;Push_L(ls,e);e=333;Push_L(ls,e);e=444;Push_L(ls,e);
    ListTop_L(ls);
    Pop_L(ls,e); ListTop_L(ls);
    GetTop_L(ls,e); cout<<e;
}
```

3.2 使用栈对表达式求值

3.2.1 表达式求值

表达式是由运算对象、运算符、括号等组成的有意义的式子。

1. 中缀表达式

一般地,表达式是将运算符号放在两运算对象的中间,比如:$a+b$、c/d 等,这样的式子称为中缀表达式。

2. 后缀表达式

后缀表达式规定把运算符放在两个运算对象(操作数)的后面。在后缀表达式中,不存在运算符的优先级问题,也不存在任何括号,计算的顺序完全按照运算符出现的先后次序进行。例如:(3+4)*5的后缀表达式为:3,4,+,5,*。

3. 中缀表达式转换为后缀表达式

其转换方法采用运算符优先算法。转换过程需要两个栈:一个运算符号栈和一个后缀表达式输出符号栈。

(1)读入操作数,直接送输出符号栈。

(2)读入运算符,压入运算符号栈。规定:

①若后进的运算符优先级高于先进的,则继续进栈;

②若后进的运算符优先级不高于先进的,则将运算符号栈内高于或等于后进运算符级别的运算符,依次弹出并依次送到输出符号栈后,自己进运算符号栈。

(3)括号处理:

①遇到左括号"(",进运算符号栈;后续运算符从当前左括号处开始比较。

②遇到右括号")",则把运算符号栈中最靠近的右括号"(",以及其后进栈的运算符依次弹出,并依次送到输出符号栈(注意,括号均不压入输出符号栈)。

(4)遇到结束符"#",则把运算符号栈内的所有运算符号依次弹出,并压入输出符号栈。

(5)若输入为+、-单目运算符,改为0与运算对象在前,运算符在后。例如:-A,转换为0A-。

例3-3 将中缀表达式"A / B ^ C + D * E - A * C"转换为后缀表达式,其转换过程见表3-2。

表3-2 中缀表达式 A/B^C+D*E-A*C 转后缀表达式

输入符号	运算符栈	输出结果	操作说明
A		A	输出 A
/	/	A	/ 进栈
B	/	A,B	输出 B
^	/,^	A,B	^ 优先级高于 /,继续进栈
C	/,^	A,B,C	输出 C
+	+	A,B,C,^,/	^、/ 依次弹出
D	+	A,B,C,^,/,D	输出 D
*	+,*	A,B,C,^,/,D	* 优先级高于 +,继续进栈
E	+,*	A,B,C,^,/,D,E	输出 E
-	-	A,B,C,^,/,D,E,*,+	*、+ 依次弹出,- 进栈
A	-	A,B,C,^,/,D,E,*,+,A	输出 A

<续上表>

输入符号	运算符栈	输出结果	操作说明
*	-，*	A,B,C,^,/,D,E，*，+，A	* 优先级高于 -，继续进栈
C	-，*	A,B,C,^,/,D,E，*，+，A,C	输出 C
#		A,B,C,^,/,D,E，*，+，A,C，*，-	遇到结束符#，依次弹出 *、-

得到后缀表达式为：A B C ^ / D E * + A C * -。

例3-4 将中缀表达式"3 + 4 /(25 -(6 + 15)) * 8"转换为后缀表达式，其转换过程见表3-3。

表3-3 中缀表达式3+4/25-(6+15))*8转后缀表达式

输入符号	运算符栈	输出结果	操作说明
3		3	输出3
+	+	3	+ 进栈
4	+	3,4	输出4
/	+,/	3,4	/ 继续进栈
(	+,/,(	3,4	(进栈
25	+,/,(	3,4,25	输出25
-	+,/,(,-	3,4,25	- 进栈
(	+,/,(,-,(	3,4,25	(再进栈
6	+,/,(,-,(	3,4,25,6	输出6
+	+,/,(,-,(,+	3,4,25,6	+ 进栈
15	+,/,(,-,(,+	3,4,25,6,15	输出15
)	+,/,(,-	3,4,25,6,15,+	遇)，依次弹出第2个(后的符号
)	+,/	3,4,25,6,15,+,-	遇)，依次弹出第1个(后的符号
*	+,*	3,4,25,6,15,+,-,/	弹出/，但*高于+，继续进栈
8	+,*	3,4,25,6,15,+,-,/,8	输出8
#		3,4,25,6,15,+,-,/,8,*,+	遇到结束符#，依次弹出 *、+

得到后缀表达式为：3 4 25 6 15 + - / 8 * +。

4. 后缀表达式求值

后缀表达式求值的运算要用到一个数栈 stack 和一个存放后缀表达式的字符型数组 exp。其实现过程就是从头至尾扫描数组中的后缀表达式：

(1)当遇到运算对象时，就把它插入数栈 stack 中。

(2)当遇到运算符时，就执行两次出栈的操作，对出栈的数进行该运算符指定的运算（先出栈的在运算符的右边），并把计算的结果再压入数栈 stack。

(3)重复(1)、(2)，直至扫描到表达式的终止符"#"，在数栈的栈顶得到表达式的值。

如图3-9所示，下面以【例3-4】的结果看后缀表达式的计算过程。

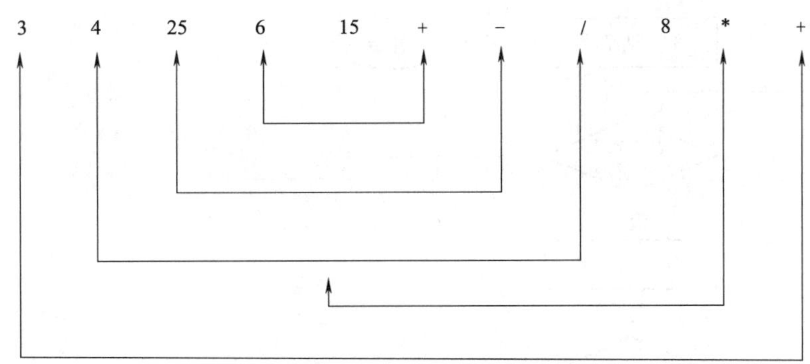

图 3-9　后缀表达式计算顺序示意图

后缀表达式"3　4　25　6　15　+　-　/　8　*　+"计算过程如下：

(1)依次将 3,4,25,6,15 入数栈 stack,即:3,4,25,6,15。

(2)遇" + "号运算符,15、6 依次出栈,第 1 次计算结果为:6 + 15 = 21。并把计算的结果 21 压入数栈 stack,即:3,4,25,21。

(3)遇" - "号运算符,21、25 依次出栈,第 2 次计算结果为:25 - 21 = 4。并把计算的结果 4 压入数栈 stack,即:3,4,4。

(4)遇"/"号运算符,4、4 依次出栈,第 3 次计算结果为:4/4 = 1。并把计算的结果 1 压入数栈 stack,即:3,1。

(5)将 8 入数栈 stack,即:3,1,8。

(6)遇" * "号运算符,8、1 依次出栈,第 4 次计算结果为:1 * 8 = 8。并把计算的结果 8 压入数栈 stack,即:3,8。

(7)遇" + "号运算符,8、3 依次出栈,第 5 次计算结果为:3 + 8 = 11。并把计算的结果 11 压入数栈 stack,即:11。

3.2.2　表达式求值算法

表达式求值算法中使用两个栈,一个为操作符栈 F,一个是操作数栈 S。算法简述如下：

当输入表达式 3 + 4/[25 - (6 + 15)] * 8#时,按字符串在键盘缓冲区的顺序,使用 c = getchar () 语句,从键盘缓冲区读取一个字符或一个数据(设计读取函数 c = Q_next_C(float * n),从键盘缓冲区获取一个字符或一个完整数据值),然后根据 c 的值和操作符栈 F 栈顶运算符进行比较。

设计比较运算符优先级 char BJ_ysf_YXJ(char a, char b)函数,对于连续出现的运算符进行比较优先级,结果有 >、<、=,可以得到 +、-、*、/之间的优先级。加减乘除的优先级都低于'(',但是都高于')',并且根据从左到右运算顺序可知,当运算符相同时,第一个大于第二个,0 表示不存在。

(1)当比较结果为'<'时,若栈顶操作符运算优先级低,把 c 读取的运算符压入运算符栈,c 读取缓冲区下一字符。

(2)当比较结果为'>'时,若栈顶运算符优先级高,退出操作符和两个数据进行运算,然后将运算结果再存入数据栈。由于压栈顺序,先出的操作数在后。

(3)当比较结果为'='时,操作符'('、')'紧挨,则直接去除括号,c 读取缓冲区下一字符。

(4)当比较结果为'0'时,则表达式错误,输出错误信息,程序结束。

(5)若表达式的起始位置都是'#',如果读取的新的字符和运算符都是'#',说明运算已经结束,最后表达式的结果即操作数栈 S 的栈底元素。

程序流程图如图 3-10 所示。

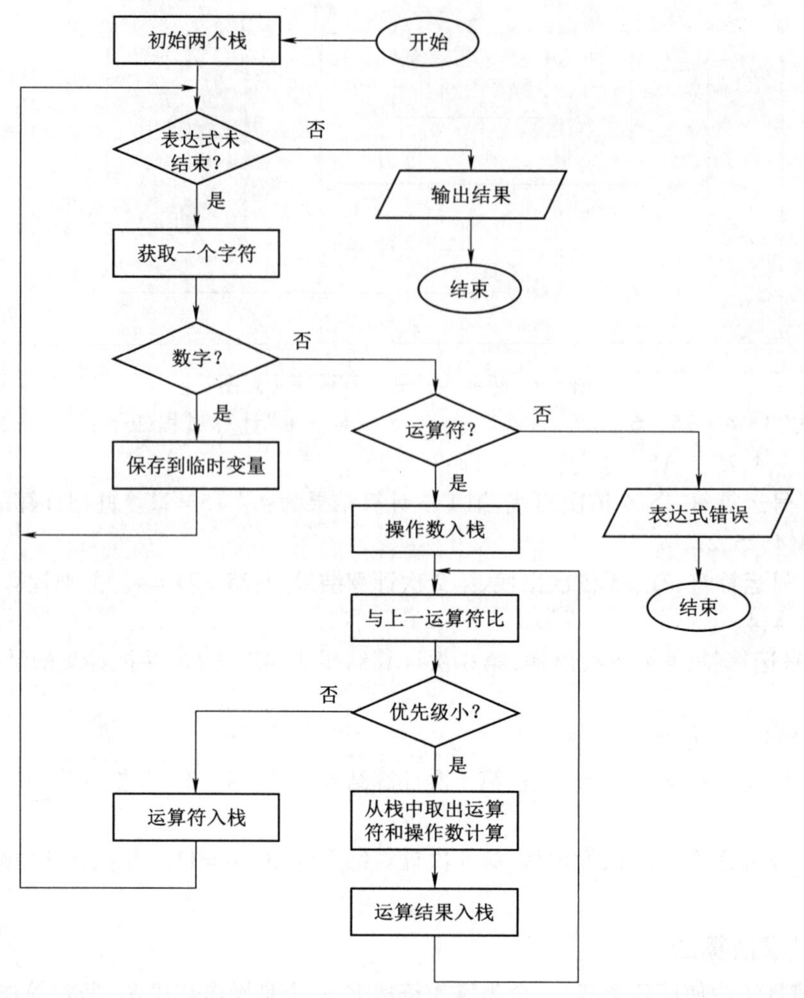

图 3-10　表达式求值运算流程图

【综合练习 3-4】表达式求值源程序，可使用运算符 + - / * ( ) { } [ ]。

微视频 综合练习 3-4 视频讲解

```
#include <ctype.h>
#include <stack>
#include <iostream>
using namespace std;
char BJ_ysf_YXJ(char, char);                    //比较运算符优先级
float SS_jisuan(float, char, float );           //实现两个操作数 a,b 的运算符运算
int Q_next_C(float *n);                         //该函数返回 0 为数字,返回 1 为运算符
float BDS_qiuzhi();                             //表达式求值返回结果
int Q_next_C(float *n)                              //从键盘缓冲区获取一个字符或机内存储数值给 n
//返回 0 为数据,1 为括号运算符
{   char c;*n=0;
    while((c=getchar())==' ');                  //跳过空格
    if(! isdigit(c))                            //判断是否是数字,若不是数字
    { if(c=='{'||c=='[') *n='(';
      else if(c=='}'||c==']')*n = ')';
          else *n = c;
      return 1;
```

```
    }
    do{ *n=*n*10+(c-'0');c=getchar();}  //使用循环获得连续的数字,乘10进位
    while(isdigit(c));                  //过滤数字,读取运算符到c
    ungetc(c,stdin);                    //读到一个运算符,将运算符写回输入缓存
    return 0;
}
//对于连续出现的运算符进行比较优先级,结果有>、<、=,可以得到+、-、*、/之间的优先级,
//加减乘除的优先级都低于'(',但是都高于')',并且根据从左到右运算可知,当运算符相同时,
//第一个大于第二个,0表示不存在。
char BJ_ysf_YXJ(char a, char b) //比较运算符优先级
{   int i, j;
    char pre[7][7] =                    //定义运算符之间的优先级,列出所有情况
    {   {'>','>','<','<','<','>','>'},
        {'>','>','<','<','<','>','>'},
        {'>','>','>','>','<','>','>'},
        {'>','>','>','>','<','>','>'},
        {'<','<','<','<','<','=','0'},
        {'>','>','>','>','0','>','>'},
        {'<','<','<','<','<','0','='},
    };
    switch(a)
    {  case '+': i=0;break; case '-': i=1;break;
       case '*':i=2; break;case '/': i=3; break;
       case '(': i=4;break; case ')': i=5;break; case '#':i=6;break;
    }
    switch(b)
    {  case '+': j=0;break; case '-': j=1;break;
       case '*':j=2; break;case '/': j=3;break;
       case '(': j=4;break; case ')': j=5;break; case '#':j=6;break;
       default: printf("表达式要以#结尾!!! \n"); exit(1);
    }
    return pre[i][j];
}
float SS_jisuan(float a, char ysf, float b)  //实现两个操作数a,b的ysf运算
{   float  res;
    switch(ysf)
    {  case '+': res=a+b;break;
       case '-': res=a-b;break;
       case '*': res=a* b;break;
       case '/': res=a/b;break;
    }
    return  res;
}
float BDS_qiuzhi()                      //表达式求值返回结果
{   float  c;                           //存储输入缓存中的字符或数字
    float  flag;  //从输入缓存区取操作符返回值,0表示取出数字,1表示取出运算符或括号
    float  x;                           //取栈顶操作符
    char   ysf;                         //存储要计算的操作符
    float  a, b;                        //存取要计算的操作数
```

```
    std::stack<float>S;                         //1.初始两个栈
    std::stack<char>F;                          //S为操作数栈,F为运算符栈
    F.push('#');                             //初始,运算符栈底压入一个'#'用于判断栈是否为空
    flag=Q_next_C(&c); //2.从缓冲区取一个字符或数据给c。flag=0为数据,1为括号或运算符
    x=F.top();                                  //从运算符栈弹出一个运算符'#'给x
    while(c!='#'||x!='#')                       //3.表达式结束?
       //表达式的起始位置都是'#',如果读取的新的字符和运算符都是'#',说明运算已经结束
    { if(flag==0)                               //返回数字吗?
       { S.push(c);flag=Q_next_C(&c);}//3.1 返回数字压入操作数栈,c读取缓冲区下一字符
      else                                      //3.2 返回运算符,进行下列判断并完成相应运算
       {  x=F.top();                     //取栈顶运算符
         switch(BJ_ysf_YXJ(x,c))         //比较运算符优先级
         { case '<':     //3.2.1 栈顶操作符运算优先级低,把c压入运算符栈
                        F.push(c);flag=Q_next_C(&c);break;// c读取缓冲区下一字符
           case '>':     //3.2.2 栈顶运算符优先级高,退出操作符和两个数据进行运算
                           //                    然后将运算结果再存入数据栈
                        ysf=F.top(); F.pop();a=S.top();S.pop();b=S.top();S.pop();
                        S.push(SS_jisuan(b,ysf,a)); break;//由于压栈顺序,先出的操作数在后
           case '=':     //3.2.3 操作符'('')'紧挨,则直接去除括号,c读取缓冲区下一字符
                           ysf=F.top(); F.pop();flag=Q_next_C(&c);break;
           case '0':    //3.2.4 比较结果得出表达式错误,输出错误信息,程序结束
                 printf("输入错误!");exit(1);
         }//switch(BJ_ysf_YXJ(x,c)
       }//if-else 返回运算符
      x=F.top();
    }//while(c!='#'||x!='#')
    c=S.top();
    return  c;            //4.输出表达式运算结果
}
void main(void)
{   float c;
    printf("请输入运算式 (加#结束):");
    c=BDS_qiuzhi();
    printf("运算结果是: % f\n", c);
}
```

以下表达式为程序运行测试结果。

键盘输入:7 * [(3 +5)/2]#

运算结果是:28.000 000

键盘输入:(2 +3) * [3 +6]/{4 + [8 * 7]}

运算结果是:0.750 000

3.3 栈与递归的实现

3.3.1 子程序调用

在计算机程序设计中,子程序的调用及返回地址就是利用栈来完成的。

在C(或C ++)语言的主函数对无参子函数的嵌套调用过程中,在调用子程序前,先将返回地址

保存到栈中，然后才转去执行子程序。当子函数执行到 return 语句（或函数结束）时，便从栈中弹出返回地址，从该地址处继续执行程序。

例如：主函数调用子函数 $a()$ 时，则在调用之前先将 $a()$ 函数返回地址压入栈中；在子函数 $a()$ 中调用子函数 $b()$ 时，又将 $b()$ 函数返回地址压入栈中；同样，在子函数 $b()$ 中调用子函数 $c()$ 时，又将 $c()$ 函数返回地址压入栈中。其调用返回地址进栈示意图如图 3-11 和图 3-12 所示。

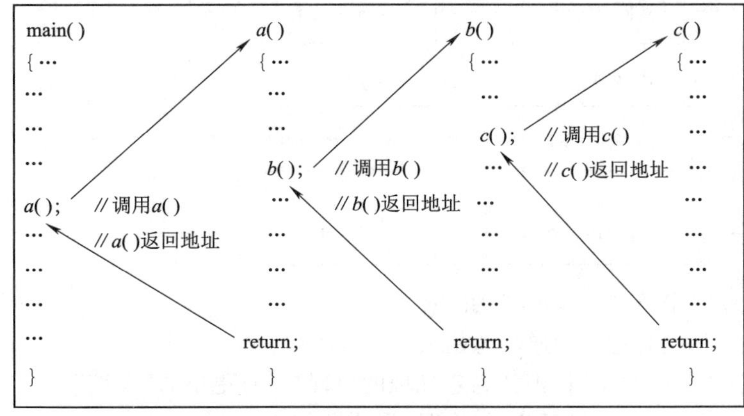

图 3-11 无参函数嵌套调用示意图

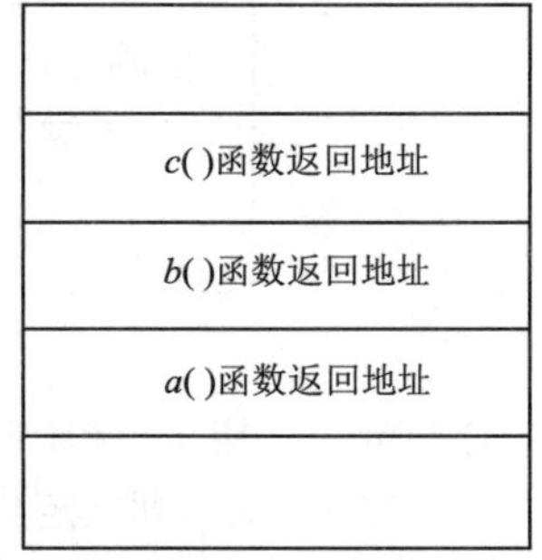

图 3-12 无参函数嵌套调用返回地址进栈示意图

当执行完子函数 $c()$ 以后，就从栈顶弹出 $c()$ 函数返回地址，回到子函数 $b()$；子函数 $b()$ 执行完毕返回时，又从栈顶弹出 $b()$ 函数返回地址，回到子函数 $a()$；子函数 $a()$ 返回时，再在栈顶弹出 $a()$ 函数返回地址，回到主函数，继续执行主函数程序。

3.3.2 递归

在程序设计中，有许多实际问题是递归定义的，使用递归的方法编写程序将使许多复杂的问题大大简化。所以，递归是程序设计中的一个强有力的工具。例如，阶乘函数 $n!$ 的定义为

$$\text{rfact}(n)=\begin{cases}1 & (n\leqslant 1)\\ n\times \text{rfact}(n-1) & (n>1)\end{cases}$$

根据定义不难写出其相应的递归函数：

【程序段 3-13】阶乘函数 $n!$。

```
int  rfact(int n)
{    if(n = =1)  return    1;
     else        return  (n*rfact(n-1));
}
```

当 $n>1$ 时，函数 rfact() 的返回值是 $n\times \text{rfact}(n-1)$，而 $\text{rfact}(n-1)$ 的值当前还不知道，要调用完才能知道。例如当 $n=5$ 时，返回值是 $5\times \text{rfact}(4)$；而 rfact(4) 的返回值是 $4\times \text{rfact}(3)$；仍然未知，还要先求出 rfact(3)；而 rfact(3) 也未知，其返回值为 $3\times \text{rfact}(2)$；而 rfact(2) 的值为 $2\times \text{rfact}(1)$；rfact(1) 的返回值为 1，是一个已知数。然后回过头根据 rfact(1) 求出 rfact(2)，将 rfact(2) 的值乘以 3 得到 rfact(3) 的值，再将 rfact(3) 乘以 4 得到 rfact(4)，最后 rfact(4) 乘以 5 得到 rfact(5)。

虽然用很大的篇幅来叙述这个函数递归调用的过程，但实际上其中的道理并不复杂。函数在执行时，只是引发了一系列调用和回代的过程，这个过程可以用图 3-13 来表示。

可以看出，如果在一个函数或数据结构的定义中又应用了它自身（作为定义项之一），那么这个函数或数据结构称为是递归定义的，简称递归的。

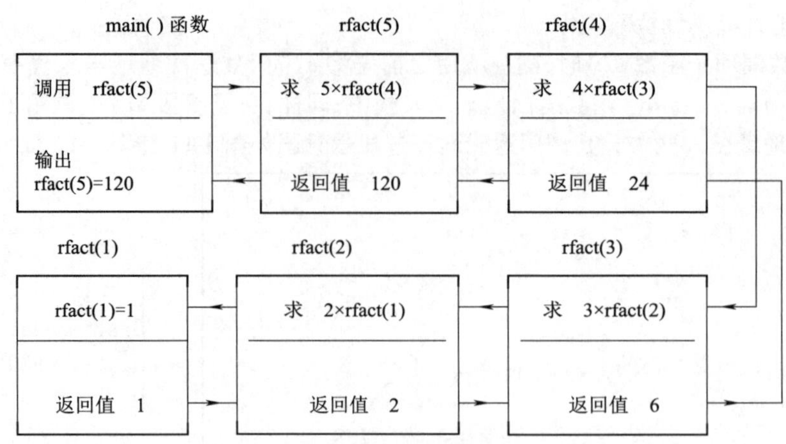

图 3-13 求 $n=5$ 的阶乘

递归定义不能是“循环定义”。任何有意义的递归总是由两部分组成：

(1)递归方式。即被定义项在定义中的应用(即作为定义项的出现)具有更小的“尺度”。

(2)递归终止条件。即被定义项在最小“尺度”上的定义不是递归的。

递归调用必须确定递归终止条件。从图 3-13 中可以看出，递归过程不应无限制地进行下去，当调用若干次以后，就应当到达递归调用的终点，并得到一个确定值(例如本例中的 rfact(1) = 1)，然后进行回代。

例3-5 *求 a、b 两整数的最大公约数。*

欧几里德算法又称辗转相除法，用于计算两个整数 a、b 的最大公约数。求最大公约数的算法思想如下：

(1) m 除以 $n(m/n)$ 得余数 r；

(2)若 $r=0$，则 n 为求得的最大公约数，算法结束；否则执行(3)；

(3) $m \leftarrow n, n \leftarrow r$，再重复执行(1)。

求 9、24 两整数的最大公约数过程见表 3-4。

表 3-4 求 9、24 两整数的最大公约数(最大公约数 $n=3$)

序号	m	n	r
1	9	24	9
2	24	9	6
3	9	6	3
4	6	3	0

用非递归方式设计的函数如下：

```
int gcd(int m, int n)
{   int  r;
    while((r=m% n)! =0){m=n;n=r;}
    return  n;
}
void main(){printf("% d",gcd(9,24));}
```

该算法还可递归地描述为：

$$\gcd(m,n)=\begin{cases} n & (\text{若 } m\%\,n==0) \\ \gcd(n,m\%\,n) & (\text{若 } m\%\,n!=0) \end{cases}$$

用递归方式设计的函数如下：

```
int gcd(int m, int n)
{   if(m%n==0)  return  n;
    else        return(gcd(n, m% n));
}
void main(){printf("% d",gcd(9,24));}
```

求9、24两整数的最大公约数的递归过程见图3-14。

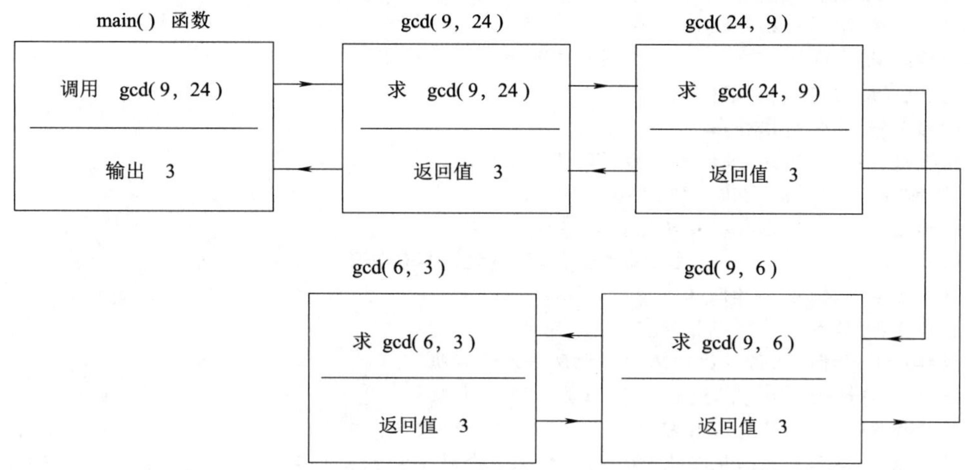

图3-14　求9、24两整数的最大公约数递归示意图

3.4　队　　列

3.4.1　队列的基本概念

队列也可以看成是一种运算受限的线性表，在这种线性表上，插入限定在表的某一端进行，删除限定在表的另一端进行。允许插入的一端称为队尾，允许删除的一端称为队头，如图3-15所示。

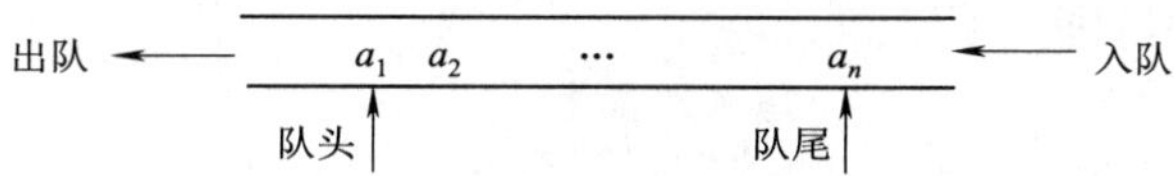

图3-15　队列示意图

队列中数据的操作原则：新插入的结点只能添加到队尾，被删除的只能是排在队头的结点。因此，队列又称为先进先出线性表。

队列的抽象数据类型定义如下：

```
ADT Queue{
  数据对象:D={aᵢ|aᵢ∈ElemType,i=1,2,…,n,n≥0}      //D=(a₁,a₂,…,aₙ)
  数据关系:R={<aᵢ₋₁,aᵢ>|aᵢ₋₁,aᵢ∈D,i=1,2,3,…,n}
           //各结点按序依次线性排列,约定a₁端为队列头,aₙ端为队列尾。
  基本操作:
    ①InitQueue(&Q):构造空队列。
    初始条件:无
    操作结果:构造一个空队列Q。
```

②DestroyQueue(&Q)：销毁队列。
初始条件：队列 Q 已存在。
操作结果：销毁队列 Q。
③ClearQueue(&Q)：置空队列。
初始条件：队列 Q 已存在。
操作结果：将 Q 重置为空队列。
④QueueEmpty(Q)：判队列空。
初始条件：队列 Q 已存在。
操作结果：判队列空，若 Q 为空队列返回 TRUE，否则返回 FALSE。
⑤QueueLength(Q)：求队列的长度。
初始条件：队列 Q 已存在。
操作结果：求队列的长度，返回队列 Q 中数据元素的个数。
⑥EnQueue(&Q,e)：入队列。
初始条件：队列 Q 已存在。
操作结果：入队列，插入数据 e 为新的队尾元素。
⑦DeQueue(&Q,&e)：出队列。
初始条件：队列 Q 已存在且非空。
操作结果：出队列，删除 Q 的队头元素，并用 e 返回其数据值。
⑧GetHead(Q,&e)：读队头。
初始条件：队列 Q 已存在且非空。
操作结果：读队头，用 e 返回队列 Q 的队头元素数据。
⑨QueueTraverse(Q,visit())：遍历队列。
初始条件：队列 Q 已存在且非空。
操作结果：从队头到队尾依次对 Q 的每个元素调用函数 visit()。一旦 visit()失败，则操作失败。
}ADT Queue

3.4.2 队列的顺序实现

队列通常有顺序实现和链式实现两种实现方法。

采用顺序存储结构的队列称为顺序队列，C 语言中通过数组来实现。

顺序队列由一个一维数组（用于存储队列中元素）及两个分别指示队头和队尾的变量组成，这两个变量分别称为“队头指针”和“队尾指针”（注意：它们并非指针变量，而是存放数组下标的整数）。其类型定义如下：

【结构定义 3-3】顺序队列类型定义。

```
#define MAXQSIZE  100              //队列容量
typedef struct
{   QElemType data[MAXQSIZE];
    int front,rear;                //front 队头指针，rear 队尾指针
}SQueue;
```

例如，

```
SQueue Sq;                         //定义一个队列 Sq
```

通常约定，队尾指针指示队尾元素在一维数组中的当前位置，队头指针指示队头元素在一维数组中的当前位置的前一个位置，如图 3-16 所示。

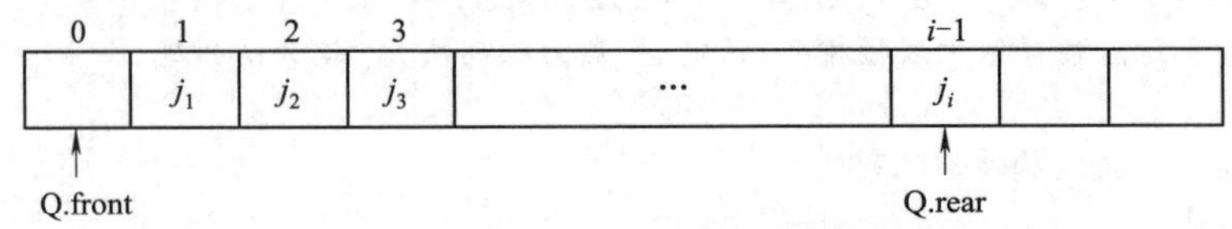

图 3-16　队列的顺序存储结构示意图

初看起来，入队操作可用语句 Sq. data[++Sq. rear] = Q 实现，出队操作可用语句 Q = Sq. data[++Sq. front]实现。但实际上这不是一个好办法，如图 3-17 所示。

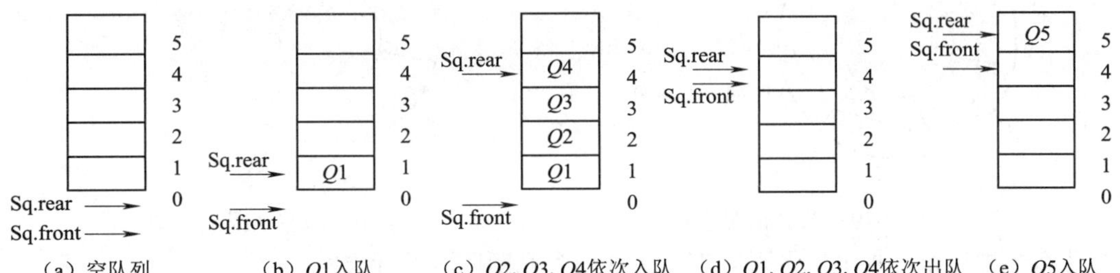

图 3-17 顺序队的出、入队操作示意图

(1)空队列，Sq. rear = 0；Sq. front = 0；见图 3-17(a)；

(2)$Q1$ 入队后，Sq. rear = 1；Sq. data[Sq. rear] = $Q1$；Sq. front = 0；见图 3-17(b)；

(3)$Q2$，$Q3$，$Q4$ 依次入队后，Sq. rear = 4；Sq. front = 0；见图 3-17(c)；

(4)$Q1$ 出队后，Sq. front = 1；$Q1$ = Sq. data[Sq. front]；Sq. rear = 4；

(5)$Q2$，$Q3$，$Q4$ 依次出队后，Sq. rear = 4；Sq. front = 4；见图 3-17(d)；

(6)$Q5$ 入队后，Sq. rear = 5；Sq. data[Sq. rear] = $Q5$；Sq. front = 4；见图 3-17(e)；

显然按上述方法不能再进行入队操作。但在数组的最低端仍有空闲位置，这是一种“假溢出”。顺序队列的出、入队操作会产生“假溢出”。

如图 3-18 所示，把队列设想成一个循环队表，即设数组首尾相连，Sq. data[0]接在 sq. data[MAXQSIZE - 1]之后，这种存储结构称为循环队。当 Sq. rear = MAXQSIZE - 1 时，只要数组的低下标端有空闲空间，在循环队上仍可做入队运算。此时入队时，只需令 Sq. rear = 0，即把 Sq. data[0]作为新的队尾，并将入队元素置入此位置。循环队列的类型定义如下：

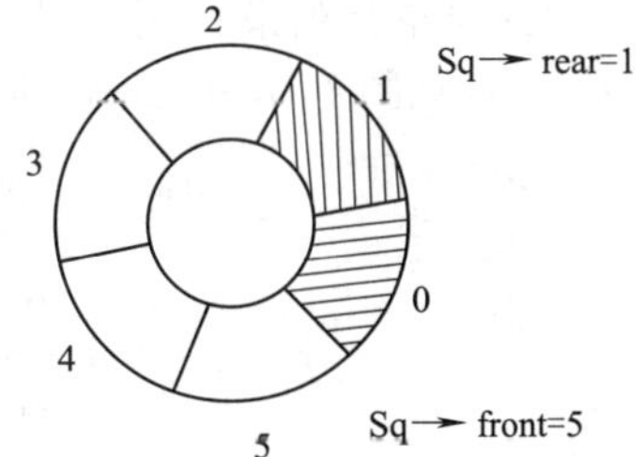

图 3-18 循环队列示意图

【结构定义 3-4】顺序表循环队列类型定义。

```
#define MAXQSIZE  100           //循环队的容量
typedef struct
{   QElemType * base;           //初始化的动态分配存储空间
    int  front;                 //队头指针
    int  rear;                  //队尾指针
}SqQueue;
```

例如，SqQueue sq；

循环队列约定：每当插入新的队列尾元素时，“尾指针增 1，然后在该位置将数据存入”；每当删除队列头元素时，“头指针增 1，然后在该位置将数据取出”。因此循环队列的队头指针指示队头元素在数组中实际位置的前一个位置，队尾指针指示队尾元素在数组中的实际位置。其次，在约定队头指针指示的结点不用于存储队列元素，只起标志作用。这样，当队尾指针“绕一圈”后再“加 1”和队头指针相等时(比对头少 1)，视为队满。

如图 3-19 所示，队满条件为：((Sq. rear + 1)% MAXQSIZE) == Sq. front。

如图 3-20 所示，队空条件为：Sq. rear == Sq. front。

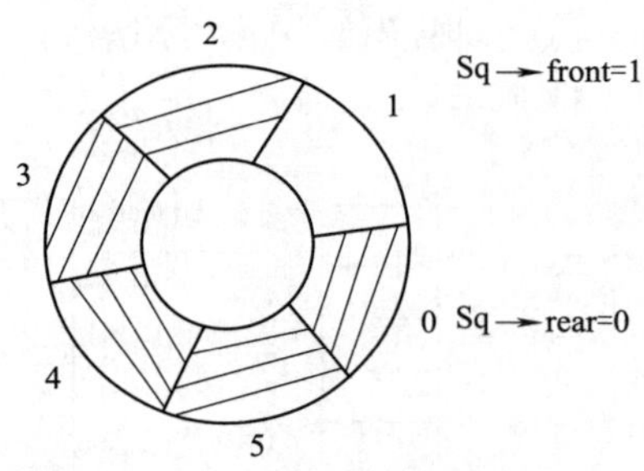

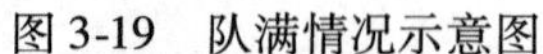
图 3-19　队满情况示意图

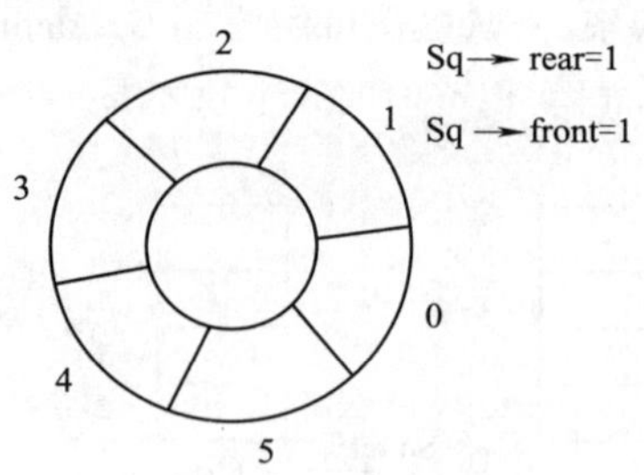

图 3-20　队空情况示意图

为什么要把尾指针加 1 后是否等于头指针作为判断队满的标志？

（1）将整个队列作为循环队列来处理。我们可以设想，Sq. data[0] 接在 Sq. data[5]之后，如图 3-21(a)所示，当发生假溢出时，可以把 a_7 插入到第 0 个位置上。这样，虽然物理上队尾在队首之前，但逻辑上队首（头指针）仍然在前，作插入和删除运算时仍按“先进先出”的原则。

（2）图 3-21(b)展示了元素 a_8 和 a_9 进入队列后的情形。此时队列已满，如果还要插入元素就会发生上溢。而它与图 3-24(c)所示队列为空的情形一样均出现头指针等于尾指针的情况，即 Sq. front == Sq. rear。

（3）由此可见，在循环队列中只凭等式 Sq. rear == Sq. front 无法判别队空还是队满。因此，可再设置一个布尔变量来区分队空和队满；或者不设布尔变量，而把尾指针加 1 后是否等于头指针，作为判断队满的标志。这意味着损失一个空间，或者反过来说，必须用有 MAXQSIZE + 1 个元素的数组才能表示一个长度为 MAXQSIZE 的循环队列。以上两种方法都要多占存储空间，但后者比较节省时间。此时空队列条件仍为 Sq. front == Sq. rear，而队满条件则是(Sq. rear + 1)% MAXQSIZE == Sq. front，详见图 3-21(d)。另外队列中元素的个数为(Sq. rear - Sq. front + MAXQSIZE)% MAXQSIZE。

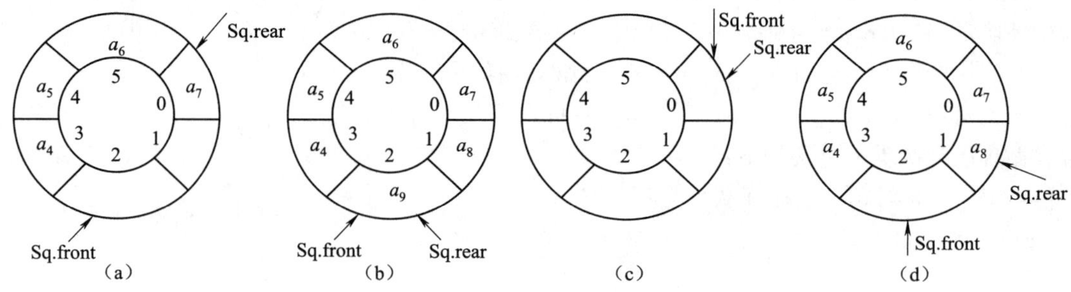

图 3-21　循环队的出、入队操作不会产生“假溢出”

3.4.3　在循环队列上实现队列的基本运算

1. 队列的初始化

队列的初始化就是构造一个空队列 sq。算法如下：

【程序段 3-14】构造一个空的循环队列。

```
Status InitQueue_S(SqQueue &sq)            //构造一个空队列 sq
{    sq.base = (QElemType * )malloc(MAXQSIZE* sizeof(QElemType));
                                           //动态分配空间
     if(!sq.base) exit(OVERFLOW);          //存储分配失败
     sq.front = sq.rear = 0;               //初始化设为队空
     return OK;
}
```

2. 判队空

若队列 sq 为空队列返回 TRUE，否则返回 FALSE。

【程序段 3-15】判循环队列队是否为空。

微视频

程序段 3-15
视频讲解

```
Status QueueEmpty_S(SqQueue sq)                //判循环队列队空
{    if(sq.rear == sq.front) return TRUE;
     else return FALSE;
}
```

3. 入队列

入队列首先判别是否队满，若队满，入队列失败，返回 ERROR。若非队满，插入元素 *e* 为队列 sq 的新的队尾元素。

【程序段 3-16】循环队列入队列。

微视频

程序段 3-16
视频讲解

```
Status EnQueue_S(SqQueue &sq,QElemType e)          //循环队列入队列
{    if((sq.rear +1)% MAXQSIZE == sq.front){printf("队满");return ERROR;}
                                                   //队满,入队列失败
     sq.rear = (sq.rear +1)% MAXQSIZE;             //尾指针指示队尾元素位置
     sq.base[sq.rear] =e;
     return OK;
}
```

4. 出队列

出队列首先判别是否队空，若队空，出队列失败，返回 ERROR；若队列不空，删除队列 sq 的队头元素，用 *e* 返其值，并返 OK。

【程序段 3-17】循环队列出队列。

微视频

程序段 3-17
视频讲解

```
Status DeQueue_S(SqQueue &sq,QElemType &e)        //循环队列出队列
//若队列不空,删除 sq 的队头元素,用 e 返其值,并返 OK;否则返 ERROR
{  if(sq.front == sq.rear) {printf("队空");return ERROR;}   //队空,出队列失败
   sq.front = (sq.front +1)% MAXQSIZE;            //头指针指示队头元素的前一位置
   e = sq.base[sq.front];
   return OK;
}
```

5. 取队头

取队头前首先判别队空，若队空，取队头失败，返回 ERROR。若队列不空，用 *e* 返回队列 sq 的队头元素，并返 OK。

【程序段 3-18】在循环队列取队头。

微视频

程序段 3-18
视频讲解

```
Status GetHead_S(SqQueue sq,QElemType &e)         //在循环队列取队头
{    if(sq.rear == sq.front) return ERROR;
     e = sq.base[(sq.front +1)% MAXQSIZE];
     return OK;
}
```

6. 求队列长度

返回队列 sq 的元素个数。

【程序段 3-19】求循环队列长度。

```
int QueueLength_S(SqQueue sq)                     //求循环队列长度
{ return(sq.rear - sq.front +MAXQSIZE)% MAXQSIZE;}
```

7. 遍历队列

从队头开始遍历显示队列的各元素，直到队尾。

【程序段 3-20】遍历循环队列。

```
void List_Sq(SqQueue sq)                          //遍历循环队列
```

```
{ while(sq.front! =sq.rear)
  {  sq.front=(sq.front+1)% MAXQSIZE;     //头指针指示队头元素的前一位置
     cout<<sq.base[sq.front]<<" ";
  }
  cout<<" 遍历结束 "<<endl;
}
```

微视频·程序段 3-20 视频讲解

3.4.4 顺序表循环队列综合应用

微视频·综合练习 3-5 视频讲解

【综合练习 3-5】顺序表循环队列。

```
#include <stdlib.h>
#include <iostream>
using namespace std;
#define   TRUE       1
#define   FALSE      0
#define   OK         1
#define   ERROR      0
#define   OVERFLOW  -2
typedef    int  Status;              //状态
typedef    int  QElemType;           //元素类型
#define MAXQSIZE  100                //循环队的容量
插入【结构定义 3-4】SqQueue 结构体定义
插入【程序段 3-14】InitQueue_S(SqQueue &sq)函数
插入【程序段 3-15】QueueEmpty_S(SqQueue sq)函数
插入【程序段 3-16】EnQueue_S(SqQueue &sq,QElemType e)函数
插入【程序段 3-17】DeQueue_S(SqQueue &sq,QElemType &e)函数
插入【程序段 3-18】GetHead_S(SqQueue sq,QElemType &e)函数
插入【程序段 3-19】QueueLength_S(SqQueue sq)函数
插入【程序段 3-20】List_Sq(SqQueue sq)函数
void main()
{    int x;QElemType e;
     SqQueue SQ;
     InitQueue_S(SQ);
     List_Sq(SQ);                    //遍历队列
     e=111;EnQueue_S(SQ,e);          //入队
     e=222;EnQueue_S(SQ,e);          //入队
     e=333;EnQueue_S(SQ,e);          //入队
     List_Sq(SQ);                    //遍历队列
     DeQueue_S(SQ,e);                //出队
     List_Sq(SQ);                    //遍历队列
     GetHead_S(SQ,e);                //取队头
     cout<<e<<endl;
     x=QueueLength_S(SQ);            //求队列长度
     cout<<x<<endl;
}
```

3.4.5 队列的链式实现

采用链式存储结构的队列称为链队，它实际上是一个同时带有头指针和尾指针的单链表。若在首结点前引入一个头结点，则可以约定：头指针指向队头结点的前一位置，尾指针指向队尾结点的实际位置，如图 3-22 所示。链队的类型定义如下：

【结构定义 3-5】定义一个链队结构。

```
typedef struct LQueue          //定义一个单链表结点 LQueue
{  QElemType data;
   struct LQueue *next;
}LQueue;
typedef struct LqQueue        //定义一个链队结构 LqQueue
{  LQueue *front, *rear; }LqQueue;
```

例如,LqQueue lq;

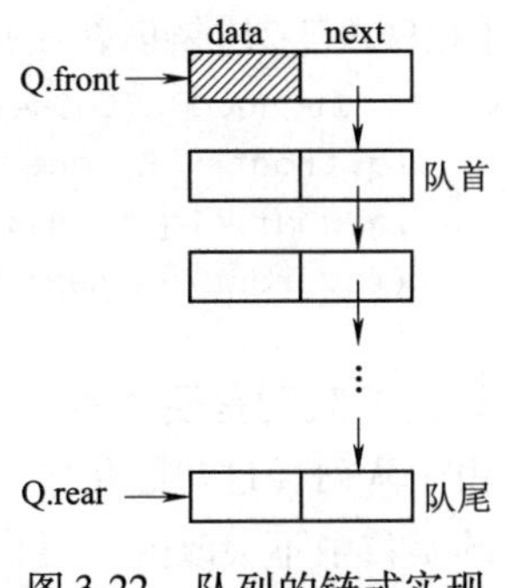

图 3-22　队列的链式实现

链队在一定范围内不会出现队满的情况。当 lq. front == lq. rear时,头、尾指针都指向头结点,队中无元素,此时队空,如图 3-23所示。

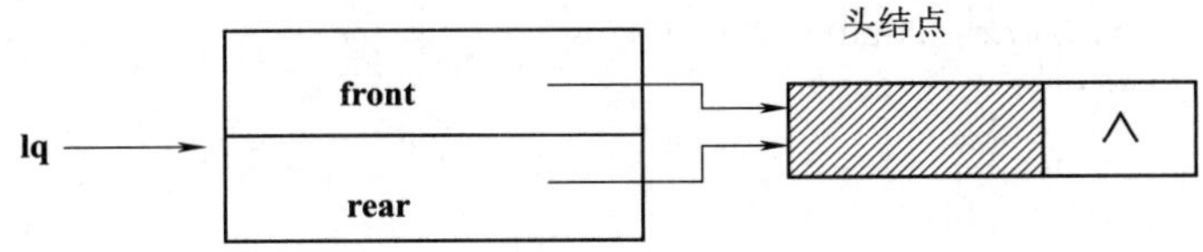

图 3-23　链队队空示意图

为了方便运算实现,在队头的首结点前引入一个头结点。初始时(即队空)链队的头、尾指针均指向头结点。

3.4.6　在链队上实现队列的基本运算

链队的基本运算主要有队列的初始化、判队空、入队列、出队列、读队头元素等。其空队列和出入队列的指针变化如图 3-24 所示,算法如下:

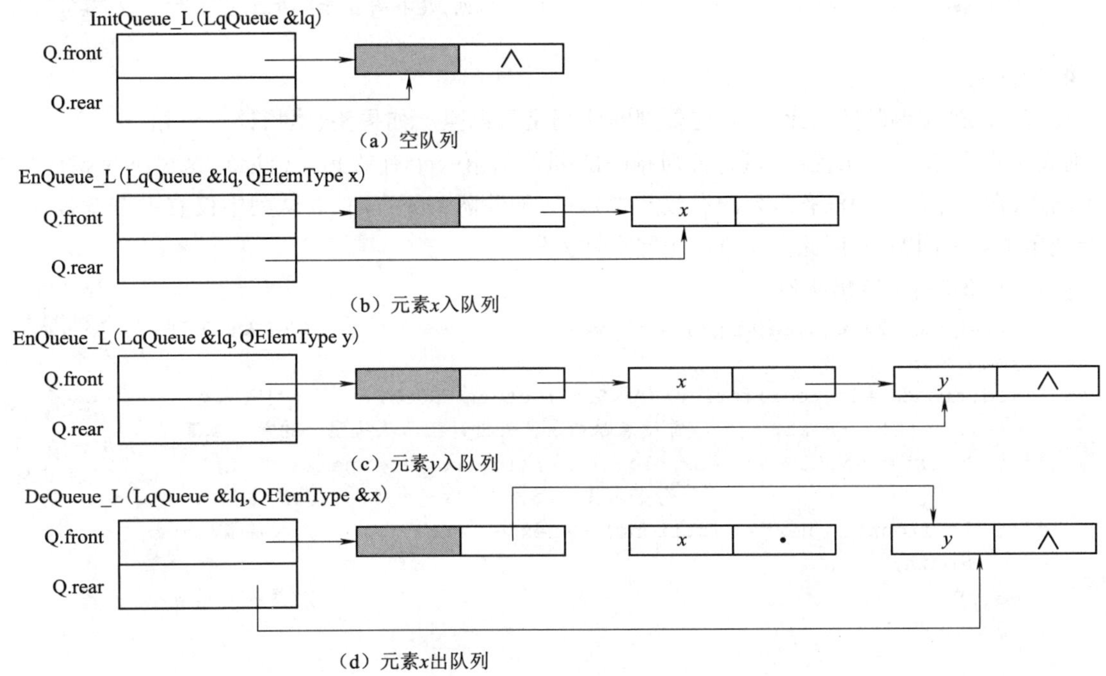

图 3-24　链队运算指针变化示意图

1. 队列的初始化

生成链队列的头结点,并令头指针和尾指针指向该结点,表示此队列为空。

【程序段 3-21】链队初始化。

微视频

程序段 3-21 视频讲解

```
void InitQueue_L(LqQueue &lq)                           //链队初始化
{    lq.front = (LQueue * )malloc(sizeof(LQueue));      //生成一个头结点
     lq.rear = lq.front;
     (lq.front) -> next = NULL;
}
```

2. 判断队列是否为空

由于队列经过初始化之后，即使是空队也至少有一个头结点。在判断队列是否为空的函数中不会改变头尾指针，所以形参不必使用“(LqQueue &lq)”。

【程序段 3-22】判断队列是否为空。

微视频

程序段 3-22 视频讲解

```
Status QueueEmpty_L(LqQueue lq)                          //判链队空
{  if(lq.rear == lq.front) return TRUE;
   else return FALSE;
}
```

3. 入队列

入队列，要申请一个结点 p，并对其赋值，然后将其链入队尾，最后尾指针变量指示队尾元素位置。

【程序段 3-23】链队入队列。

微视频

程序段 3-23 视频讲解

```
void EnQueue_L(LqQueue &lq,QElemType e)   //链队入队列
{    LQueue * p;
     p = (LQueue * )malloc(sizeof(LQueue));//申请结点 p
     p -> data = e;p -> next = NULL;           //赋值
     (lq.rear) -> next = p;lq.rear = p;        //入队列,尾指针指示队尾元素位置
}
```

4. 出队列

在链表队列中删除队头元素，首先要判断队列是否已空。如果头、尾指针二者相等，则表明队列已空，输出提示信息；否则删除队列首部第一个有效元素（注意，这里不是指附加的队头结点，在这个结点中没有队列的有效元素）。在删除队头元素时，若队列中仅有一个有效元素，就会把尾指针一同删去，因此要注意防止尾指针丢失。

【程序段 3-24】链队出队列。

微视频

程序段 3-24 视频讲解

```
Status DeQueue_L(LqQueue &lq,QElemType &e)                      //链队出队列
{  LQueue * s;
   if(lq.front == lq.rear){printf("队空");return ERROR;}       //判断队空
   s = (lq.front) -> next;      //首结点赋给 s。头指针指示队头元素的前一位置
   if(s -> next = = NULL){lq.rear = lq.front;(lq.front) -> next = NULL;}
                                        //若 s 是尾结点(最后一个结点),置队为空队
   else (lq.front) -> next = (lq.front) -> next -> next;        //摘除首结点 s
   e = s -> data;
   free(s);                                                     //释放 s 结点
   return OK;
}
```

5. 读队头元素

读队头元素首先判断队空，若队空，返回 ERROR 错误信息，读取失败。否则，将读取的队头元素赋值给形参 e。

【程序段 3-25】读链队队头元素。

```
Status GetHead_L(LqQueue lq,QElemType &e)                    //读链队队头元素
{   if(lq.rear==lq.front) return ERROR;
    e=(lq.front)->next->data;
    return OK;
}//GetHead_L
```

微视频 程序段 3-25 视频讲解

6. 遍历队列

从队头开始,依次遍历队列的各元素,直到队尾。

【程序段 3-26】从队头遍历链队队列。

```
void List_Lq(LqQueue lq)                                      //从队头遍历链队队列
{     while(lq.front! =lq.rear)
      { lq.front=(lq.front)->next;
        cout<<(lq.front)->data<<" ";
      }
      cout<<" 遍历结束 "<<endl;
}
```

微视频 程序段 3-26 视频讲解

3.4.7 链队综合应用

微视频 综合练习 3-6 视频讲解

【综合练习 3-6】链队操作。

```
#include <stdlib.h>
#include <iostream>
using namespace std;
//函数结果状态代码
#define   TRUE       1
#define   FALSE      0
#define   OK         1
#define   ERROR      0
#define   OVERFLOW  -2
typedef   int  Status;                                        //状态
typedef   int  QElemType;                                     //元素类型
插入【结构定义 3-5】LQueue、LqQueue 结构体定义
插入【程序段 3-21】InitQueue_L(LqQueue &lq)函数
插入【程序段 3-22】QueueEmpty_L(LqQueue lq)函数
插入【程序段 3-23】EnQueue_L(LqQueue &lq,QElemType e)函数
插入【程序段 3-24】DeQueue_L(LqQueue &lq,QElemType &e)函数
插入【程序段 3-25】GetHead_L(LqQueue lq,QElemType &e)函数
插入【程序段 3-26】List_Lq(LqQueue lq)函数
void main()
{   int x,i;QElemType e;
    LqQueue lq;
    InitQueue_L(lq);                                          //队列的初始化
    List_Lq(lq);                                              //从队头遍历队列
    e=111;EnQueue_L(lq,e);                                    //入队列
    e=222;EnQueue_L(lq,e);                                    //入队列
    e=333;EnQueue_L(lq,e);                                    //入队列
    List_Lq(lq);                                              //从队头遍历队列
    DeQueue_L(lq,e);                                          //出队列
    List_Lq(lq);                                              //从队头遍历队列
    e=0;GetHead_L(lq,e);                                      //读队头元素
```

```
    cout << e << endl;
}
```

小　结

栈作为一种限定线性表,这种线性表上的插入和删除运算限定在表的某一端进行。允许进行插入和删除的一端称为栈顶,另一端固定不变的称为栈底。栈修改的原则是先进后出(或后进先出)。因此,栈又称为后进先出线性表。

采用顺序存储结构的栈称为顺序栈,利用一组地址连续的存储单元存放自栈底到栈顶的数据元素,同时附设一个指针(top)指示当前栈顶元素的位置。对顺序栈的进栈和退栈操作时要先判断栈满或栈空。

栈空条件:top == base;

栈满条件:top - base >= stacksize;

采用链式存储结构的栈称为链栈,链栈实际上是操作受限的单链表,其插入和删除操作均在表头进行,故常采用不带头结点的单链表,其头指针直接指向表结点(栈顶指针)。

队列也是一种运算受限的线性表,只允许在表的一端进行插入,而在表的另一端进行删除。允许插入的一端称为队尾,允许删除的一端称为队头。

采用顺序存储结构的队列称为顺序队列,顺序队列是由一个一维数组(用于存储队列中元素)及两个分别指示队头和队尾的整数变量组成,这两个整数变量分别称为"队头指针"和"队尾指针"。把顺序队列首尾相连,把存储队列元素的表从逻辑上看成一个环,称为循环队列。

循环队列的队满条件:((sq. rear + 1)% MAXQSIZE) == sq. front;

循环队列的队空条件:sq. rear == sq. front;

链队实际上是一个同时带有头指针和尾指针的单链表。若在首结点前引入一个头结点,则可以约定:头指针指向队头结点的前一位置,尾指针指向队尾结点的实际位置,当 Q. front == Q. rear 时队空。栈和队列的比较如表 3-5 所示。

表 3-5　栈和队列的比较

项目		栈	队列
逻辑结构		与线性表一样,数据元素之间存在一对一的关系	与线性表一样,数据元素之间存在一对一的关系
存储结构	顺序存储(队列顺序存储常设计成循环队列)	①存储空间预先分配,可能会出现空间闲置或溢出现象; ②数据元素个数不能自由扩充; ③时间复杂度 $O(1)$	①存储空间预先分配,可能会出现空间闲置或溢出现象; ②数据元素个数不能自由扩充; ③时间复杂度 $O(1)$
	链式存储	①动态分配,不会出现闲置或栈满溢出现象; ②数据元素个数可以自由扩充; ③时间复杂度 $O(1)$; ④当栈使用过程中元素个数变化比较大时采用链栈,反之,采用顺序栈	①动态分配,不会出现闲置或栈满溢出现象; ②数据元素个数可以自由扩充; ③时间复杂度 $O(1)$; ④当队列中元素数目变化比较大时采用链队,反之,采用循环队列,如果确定不会发生假溢出,也可以采用顺序队列
运算规则		插入和删除在表的一端(栈顶)完成,后进先出	插入运算在表的一端(队尾)进行,删除运算在表的另一端(队头)进行,先进先出

练 习

一、填空题

1. 栈和队列都是(　　)结构，栈只能在栈(　　)插入和删除元素，队列在队(　　)插入元素和在队(　　)删除元素。

2. 定义顺序栈：int V[N]，top = 0；判断栈满的条件是(　　)。

3. 循环队列的容量为 60，front = 31，rear = 21，队列中的元素个数为(　　)，队列判空的条件是(　　)，队列判满的条件是(　　)。

4. 设栈 S 和队列 Q 的初始状态为空，元素 1、2、3、4、5、6 依次通过栈 S，一个元素出栈后即进入队列 Q。若这 6 个元素出队列的顺序是 2、4、3、6、5、1，则栈的容量至少应该是(　　)。

5. 设栈 S 和队列 Q 的初始状态均为空，元素 a,b,c,d,e,f,g 依次进入栈 S。若每个元素出栈后立即进入队列 Q，且 7 个元素出队的顺序是 b,d,c,f,e,a,g，则栈 S 的容量至少是(　　)。

6. 定义循环队列 Q[M]，rear 为队尾指针，front 为队头指针，元素入队后，队尾指针应该修改为(　　)。元素出队后，队头指针应该修改为(　　)。

7. 用循环链表表示的队列长度为 n，若只设头指针，则出队和入队的时间复杂度分别是(　　)和(　　)；若只设尾指针，则出队和入队的时间复杂度分别是(　　)和(　　)。

8. 对于 4 个元素依次进栈，进栈过程中可以出栈，可以得到(　　)种出栈序列。

二、单项选选题

1. 在一个栈中，有 n 个元素，栈底元素为 1，栈顶元素为 n，且 1 至 n 连续，出栈顺序为 $p_1,p_2,\cdots,p_n$，当 $p_1=n$ 则第 i 个出栈的元素为(　　)。

   A. i　　B. $i+1$　　C. $n-i+1$　　D. 不确定

2. 一个栈的入栈序列为 $1,2,3,\cdots,n$ 其出栈序列是 $p_1,p_2,p_3,\cdots,p_n$。若 $p_2=3$，则 p_3 可能取值的个数是(　　)。

   A. $n-3$　　B. $n-2$　　C. $n-1$　　D. 无法确定

3. 若进栈序列为 A,B,C,D，进栈过程中可以出栈，则下列不可能的出栈序列是(　　)。

   A. A,D,C,B　　B. B,C,D,A　　C. C,A,D,B　　D. C,D,B,A

4. 有 5 个元素，其入栈次序为 A,B,C,D,E，在各种可能的出栈次序中，元素 C,D 最先出栈的次序不包括(　　)。

   A. C,D,E,B,A　　B. C,D,B,E,A　　C. C,D,B,A,E　　D. C,D,A,E,B

5. 定义顺序栈 V[1...n]，栈空时栈顶指针 top = n + 1，则元素 x 入栈的正确操作是(　　)。

   A. V[++top] = x;　　B. V[top++] = x;　　C. V[--top] = x;　　D. V[top--] = x;

6. 定义顺序栈 V[1...n]，栈满时栈顶指针 top = 0，则元素 x 出栈的正确操作是(　　)。

   A. x = V[++top];　　B. x = V[--top];　　C. x = V[top--];　　D. x = V[top++];

7. 设输入队列为 A,B,C,D。借助一个栈得到的输出序列不可能是(　　)

   A. A,B,C,D　　B. A,C,D,B　　C. D,C,B,A　　D. D,A,B,C

8. 向一个栈顶指针为 h 的带头结点的链栈中插入指针 s 所指的结点时，应执行(　　)。

   A. h -> next = s;　　B. s -> next = h; h -> next = s;

   C. s -> next = h;　　D. s -> next = h -> next; h -> next = s;

9. 下列选项中是队列操作的是(　　)。

   A. 可以随机插入元素　　B. 可以随即删除元素

C. 可以从队尾删除元素　　D. 遵循先进先出原则

10. 链式栈结点为(data,link),top 指向栈顶,若想摘除栈顶结点,并将删除结点的值保存到 x 中,则应执行操作(　　)。

A. x = top -> data;top = top -> link;　　B. top = top -> link;x = top -> link;

C. x = top;top = top -> link;　　D. x = top -> link;

11. 用链接方式存储队列,在进行删除运算时(　　)。

A. 仅修改头指针　　B. 仅修改尾指针

C. 头、尾指针都要修改　　D. 根据情况修改头、尾指针

12. 为解决计算机主机与打印机之间速度不匹配问题,通常设置一个打印数据缓冲区,主机将要输出的数据依次写入该缓冲区,而打印机则依次从该缓冲区中取出数据。该缓冲区的逻辑结构应该是(　　)。

A. 栈　　B. 队列　　C. 树　　D. 图

13. 某队列允许在其两端进行入队操作,但仅允许在一端进行出队操作。若元素 a,b,c,d,e 依次入此队列后再进行出队操作,则不可能得到的出队序列是(　　)。

A. b,a,c,d,e　　B. d,b,a,c,e　　C. d,b,c,a,e　　D. e,c,b,a,d

14. 若栈采用顺序存储方式,两栈共享空间 $V[1,m]$,top[i]代表第 i 个栈($i=1,2$)栈顶。栈 1 的底在 $V[1]$,栈 2 的底在 $V[m]$,则栈满的条件是(　　)。

A. top[2] - top[1] == 0　　B. top[1] + 1 == top[2]

C. top[1] + top[2] == m　　D. top[1] == top[2]

15. 设有 4 个数据元素 a_1、a_2、a_3 和 a_4,对它们分别进行栈操作或队操作。在进栈或进队操作时,按 a_1、a_2、a_3、a_4 次序每次进入一个元素(出栈后的元素不在进栈)。假设栈或队的初始状态都是空,现要进行的栈操作是:进栈两次,出栈一次,再进栈两次,出栈一次。这时,第一次出栈得到的元素是(A),第二次出栈得到的元素是(B)。类似地,考虑对这四个数据元素进行的队操作是:进队两次,出队一次,再进队两次,出队一次。这时,第一次出队得到的元素是(C),第二次出队得到的元素是(D)。经操作后,最后在栈中或队中的元素还有(E)个。

A ~ D 备选答案:①a_1　②a_2　③a_3　④a_4

E 备选答案:　①1　②2　③3　④0

16. 栈是一种线性表,它的特点是(A)。设用一维数组 $A[1,\cdots,n]$ 来表示一个栈,$A[n]$ 为栈底,用整型变量 T 指示当前栈顶位置,$A[T]$ 为栈顶元素。往栈中推入一个新元素时,变量 T 的值(B);从栈中弹出一个元素时,变量 T 的值(C)。设栈空时,有输入序列 a,b,c(出栈后的元素不在进栈),经过 PUSH,POP,PUSH,PUSH,POP 操作后,从栈中弹出的元素的序列是(D),变量 T 的值是(E)。

A 备选答案:①先进先出　②后进先出　③进优于出　④出优于进　⑤随机进出

B ~ C 备选答案:①加 1　②减 1　③不变　④清 0　⑤加 2　⑥减 2

D 备选答案:①a,b　②b,c　③c,a　④b,a　⑤c,b　⑥a,c

E 备选答案:①$n+1$　②$n+2$　③n　④$n-1$　⑤$n-2$

17. 在做进栈运算时,应先判别栈是否(A);在做退栈运算时,应先判别栈是否(B)。当栈中元素为 n 个,做进栈运算时发生上溢,则说明该栈的最大容量为(C)。

为了增加内存空间的利用率和减少溢出的可能性,由两个栈共享一片连续的内存空间时,应将两栈的(D)分别设在这片内存空间的两端,这样,只有当(E)时,才产生上溢。

A,B 备选答案:①空　②满　③上溢　④下溢

C 备选答案:①$n-1$　　②n　　③$n+1$　　④$n/2$

D 备选答案:①长度　　②深度　　③栈顶　　④栈底

E 备选答案:①两个栈的栈顶同时到达栈空间的中心点;
②其中一个栈的栈顶到达栈空间的中心点;
③两个栈的栈顶在栈空间的某一位置相遇;
④两个栈均不空,且一个栈的栈顶到达另一个栈的栈底。

三、综合练习题

1. 内存中一片连续空间(不妨假设地址从0到$m-1$)提供给两个栈s_1和s_2使用,怎样分配这部分存储空间,使得对任一栈仅当这部分空间全满时才发生溢出。

2. 叙述利用两个栈S_1、S_2模拟一个队列运算的思想(文字叙述入队、出队运算)。

3. 编写一个inverse()函数,用递归算法实现,用键盘输入若干字符(用#号作为输入结束标志),然后逆序输出从键盘输入的字符。

4. 编写一个int count(LinkStack *HS)函数,在栈顶指针为HS的链栈中,返回该链栈中结点的个数。

5. 已知函数框架如下:

```
int stringToInt1(char * s, int start,int end){…}
//把整数字符串 s 中从 start 到 end 的部分转换为整数
int stringToInt(char * s)//把整数字符串 s 转换为整数
{  int i=0;
   while(s[i]! ='\0')i++;//计算字符串的长度
   return stringToInt1(s,0,i-1);
}
```

编写stringToInt1()函数,使用递归算法把整数字符串转换为整数。例如:“123456”→123456。

6. 已知Ack()函数定义如下:

$$\text{Ack}(m,n)=\begin{cases} n+1 & \text{当 } m=0 \text{ 时} \\ \text{Ack}(m-1,1) & \text{当 } m\neq 0,n=0 \text{ 时} \\ \text{Ack}(m-1,\text{Ack}(m,n-1)) & \text{当 } m\neq 0,n\neq 0 \text{ 时} \end{cases}$$

(1)写出计算Ack(m,n)的递归算法,并根据此算法给出Ack(2,1)的计算过程。

(2)写出计算Ack(m,n)的非递归算法。

7. 已知f为单链表的表头指针,链表中存储的都是整型数据,试写出实现下列运算的递归算法:

(1)求链表中的最大整数;

(2)求链表的结点个数;

(3)求所有整数的平均值。

第4章 串

学习目标

- 掌握串的有关概念及基本运算；
- 掌握串的顺序和链接两种存储表示；
- 了解串的定长顺序结构和堆存储结构上串的基本操作的实现；
- 掌握串的模式匹配算法及其时间性能分析；
- 能够使用C语言提供的串操作函数构造与串相关算法，解决简单的应用问题。

本章主要介绍串的逻辑结构、存储结构及串上基本操作的实现方法和子串定位运算。

4.1 串的类型定义及基本操作

以字符为数据元素、以线性结构为逻辑结构的数据称为字符串。我们把以字符为结点内容的线性表当作一种独立的数据结构，并给它一个专门的名称——串。

4.1.1 串的基本概念

串是由零个或多个字符组成的有限序列。一般记为

$$S="a_1a_2\cdots a_n" \quad (n\geqslant 0)$$

其中：S 为串名，$a_1a_2\cdots a_n$ 为串值，$a_i(1\leqslant i\leqslant n)$ 可以是字母、数字和其他字符。

串值必须用一对双引号括起来，但双引号本身不属于串。一般情况下，英文字母、数字(0,1,…,9)和常用标点符号以及空白符等都是合法字符。

含零个字符的串称为空串，用∅表示。其他串称为非空串。仅含一个空格的串(" ")和空串("")是不同的两个串。由一个或多个空格组成的串称空格串。

任何串中所含字符的个数称为该串的长度(或串长)。空串的长度为0。当且仅当两个串的长度相等并且各个对应位置上的字符都相同时，这两个串相等。

一个串中任意个连续字符组成的子序列称为该串的子串，该串称为它的所有子串的主串。空串为任意串的子串，任意串为其自身的子串。子串在主串中的序号是子串在主串中第一次出现时，其第一个字符在主串中的序号。

例如：

```
S1 = "I am a student. "        //1,2,3…15
```

```
S2 = "student"              //8…14
```

则,S2 在 S1 中的序号为 8。

在程序中使用的串可分为串常量和串变量,例如:

```
char  * S2 = "student";              //S2 为串常量(不能改变串的内容)
char  SS[] = "I am a student. ";     //SS 为串变量(存放在数组中)
```

4.1.2 串的抽象数据类型

串的抽象数据类型定义如下:

ADT String{

数据对象:$D=\{a_i \mid a_i \in char, i=1,2,\dots,n, n\geq 0\}$ //$D=(a_1,a_2,\dots,a_n)$

数据关系:$R=\{<a_{i-1},a_i> \mid a_{i-1},a_i \in D, i=1,2,3,\dots,n\}$ //各结点按序依次线性排列

基本操作:

StrAssign(&T,chars):赋值。

初始条件:无。

操作结果:赋值。将串变量或常量 chars 的值(一个串)传给串变量 T。

StrCopy(&T,S):串复制。

初始条件:串 S 存在。

操作结果:串复制。将串 S 复制给串 T。

StrEmpty(S):判断串是否为空。

初始条件:串 S 存在。

操作结果:判空串。若 S 为空串,则返回 TRUE,否则返回 FALSE。

StrCompare(S,T):串比较

初始条件:串 S 和 T 存在。

操作结果:串比较。①若 S > T,返回值 > 0;②若 S == T,返回值 = 0;③若 S < T,返回值 < 0;

StrLength(S):求串长。

初始条件:串 S 存在。

操作结果:求串长度。返回串 S 的元素个数。

ClearString(&S):清串空。

初始条件:串 S 存在。

操作结果:将 S 清为空串。

Concat(&T,S_1,S_2):串连接。

初始条件:串 S_1 和 S_2 存在。

操作结果:串连接。用 T 返回由 S_1 和 S_2 连接而成的新串。

SubString(&sub,S,pos,len):求子串。

初始条件:串 S 存在,且 0≤pos≤StrLength(S) - 1 和 0≤len≤StrLength(S) - pos。

操作结果:求子串。用 sub 返回串 S 的第 pos 个字符起长度为 len 的子串。

Index(S,T,pos):串定位。

初始条件:串 S 和 T 存在,T 是非空串,0≤pos≤StrLength(S) - 1。

操作结果:定位。若在串 S 中存在一个与串 T 相等的子串,则返回它在主串 S 中第 pos 个字符之后第一次出现的位置(序号);否则,返回 0。

Replace(&S,T,V):串替换。

初始条件:串 S、T 和 V 存在,T 是非空串。

操作结果:替换。用 V 替换主串 S 中出现的所有与 T 相等的不重叠的子串。

StrInsert(&S,pos,T):串插入。

初始条件:串 S 和 T 存在,0≤pos≤StrLength(S)。

操作结果:插入。在串 S 的第 pos 个字符之前插入串 T。

StrDelete(&S,pos,len):串删除。

初始条件:串 S 存在,0≤pos≤StrLength(S) - len。

```
    操作结果:删除。从串 S 中删除第 pos 个字符起长度为 len 的子串。
  DestroyString(&S):销毁串。
    初始条件:串 S 存在。
    操作结果:串 S 被销毁。
}ADT String
```

例4-1 用串的“基本运算”构造串的子串定位运算 index。

分析：若在串 *S* 中存在一个与串 *T* 相等的子串，则返回它在主串 *S* 中第 pos 个字符之后第一次出现的位置(序号)；否则，返回 0。代码如下：

```
int index(String S,string T,int pos)     //其中,0≤pos≤StrLength(S) - StrLength(T)
{   n=StrLength(S);m=StrLength(T);       //求串长度
    if((pos>=0)&&(pos<=n-m))             //判 pos 位置是否合适?
    {   i=pos;                           //从 pos 处开始查找子串
        while(i<=n-m)
        {   SubString(sub,S,i,m);//求子串。用 sub 返回串 S 的第 i 个字符起,长度为 m 的子串
            if(StrCompare(sub,T)!  =0) ++i;//B2:串比较,若 S==T 返回值 0;
            else  return i;
        }//while
    }//if
    return 0;
}//index
```

4.2 串的存储实现

串的存储方法与线性表的一般存储方法类似，常见的存储结构有顺序存储、链接存储和索引存储。其中，顺序存储和链接存储是两种最基本的存储方式。

4.2.1 串的顺序存储

1. 顺序串的存储结构

串的顺序存储结构又称为顺序串。在顺序串中，串中的字符被依次存放在一组地址连续的存储单元里。C 语言还规定了字符串结束标志用字符'\ 0'表示，如图 4-1 所示。

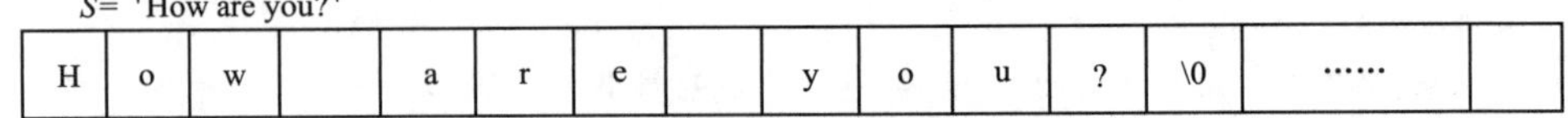

图 4-1 串 *S* 的顺序存储示意图

串的顺序存储有两种方法：一种是每个单元只存放一个字符，称为非紧缩格式；另一种是每个单元存放多个字符，称紧缩格式。

(1)非紧凑存储。设串 *S* = "String Structure"，若计算机字长为 32 位(4 个字节)，用非紧凑格式一个地址只能存一个字符，如图 4-2 所示。其优点是运算处理简单，缺点是存储空间十分浪费。

(2)紧凑存储。同样存储 *S* = "String Structure"，用紧凑格式一个地址能存四个字符，如图 4-3 所示。紧凑存储的优点是空间利用率高，缺点是对串中字符处理效率低。

C 语言中，每个字符变量在内存中占用一个字节，顺序串的类型定义与顺序表类似，可描述如下：

【结构定义 4-1】顺序串的类型定义。

```
#define MAXSTRLEN  1000          //串的最大长度
typedef struct                   //顺序串的类型定义
{   char ch[MAXSTRLEN];
    int  len;                    //存放的串长度
}Sstring;
```

S			
t			
r			
i			
n			
g			
⋮			
u			
r			
e			

图 4-2 非紧凑格式

S	t	r	i
n	g		S
t	r	u	c
t	u	r	e

图 4-3 紧凑格式

2. 顺序串的基本运算

在顺序串上实现基本运算主要有串连接和求子串。

(1)串连接(类 C 语言实现)。

用串变量 *T* 返回由串 *S*1 和 *S*2 连接而成的新串。串变量 *T* 的最大长度为 MAXSTRLEN,若未截断返回 TRUE,否则返 FALSE。

【程序段 4-1】顺序串串连接。用串变量 *T* 返回由串 *S*1 和 *S*2 连接而成的新串(类 C 语言)。

微视频

程序段 4-1 视频讲解

```
int Concat(Sstring &T,Sstring S1,Sstring S2)//顺序串串连接
{  if((S1.len+S2.len)<=MAXSTRLEN)              //若(S1+S2)小于等于 MAXSTRLEN
   {  T.ch[0...S1.len-1]=S1.ch[0...S1.len-1];
      T.ch[S1.len...S1.len+S2.len-1]=S2.ch[0...S2.len-1];
      T.len=S1.len+S2.len;
      return TRUE;
   }else                                       //若(S1+S2)大于 MAXSTRLEN
      if(S1.len<=MAXSTRLEN)                    //若 S1 串长小于等于 MAXSTRLEN,S1+对 S2 截断
      {  T.ch[0...S1.len-1]=S1.ch[0...S1.len-1];
         T.ch[S1.len...MAXSTRLEN-1]=S2.ch[0...MAXSTRLEN-1-S1.len];
         T.len=MAXSTRLEN;
         return FALSE;
      }else                                    //若 S1 串长大于 MAXSTRLEN,仅对 S1 截断,无 S2
         {T.ch[0...MAXSTRLEN-1]=S1.ch[0...MAXSTRLEN-1];return FALSE;}
}//Concat
```

(2)求子串(类 C 语言实现)。

用串变量 Sub 返回串 *S* 的第 pos 个字符起长度为 len 的子串,其中 0≤pos≤StrLength(S) -1 和 0≤len≤StrLength(S) - pos。

【程序段 4-2】在顺序串求子串。用串变量 Sub 返回串 *S* 的第 pos 个字符起长度为 len 的子串(类 C 语言)。

微视频

程序段 4-2 视频讲解

```
int SubString(Sstring &sub,string S,int pos,int len)     //在顺序串求子串
{   if(pos<0||pos>=S.len||len<0||len>S.len-pos) return ERROR;
    Sub.ch[0...len-1]=S.ch[pos...pos+len-1];
    sub.len=len;
    return OK;
}
```

缺点:顺序串上插入、删除运算不方便,且可能出现截尾处理。

4.2.2 堆分配存储表示

堆分配存储仍以一组地址连续的存储单元存放串字符序列，但它们的存储空间是在程序执行过程中动态分配而得。在C语言中，利用函数malloc()和free()来管理“堆”的自由存储区。

1. 堆串的类型定义

堆串的类型定义如下：

【结构定义4-2】堆串的类型定义。

```
typedef struct              //堆串的类型定义
{  char  *ch;               //若是非空串,按串长分配存储区,否则 ch 为 NULL
   int   length;            //串长度
}HString;
```

2. 堆串的基本运算

在堆串上实现串的基本运算有串赋值、求串长度、串比较、清空串、串连接、求子串、串插入等。

1）串赋值

生成一个其值等于串常量chars的串T。即按串chars的长度i，在内存为串变量T的ch成员申请空间，将串chars传送到串变量T的ch成员空间中。

【程序段4-3】在堆串上实现串赋值(类C语言)。

微视频

程序段4-3 视频讲解

```
int StrAssign(HString &T,char * chars)        //在堆串上实现串赋值
{  if(T.ch) free(T.ch);                       //释放 T 原有空间
   i=StrLength(chars);                        //求 chars 的长度 i
   if(i==0){T.ch=NULL;T.length=0;}//如果串 chars 的长度 i=0,串变量 T 为空串
   else
   //否则,按串 chars 的长度 i 在内存申请空间,将串 chars 传送到串变量 T 的该成员空间中
    { if(!(T.ch=(char * )malloc(i* sizeof(char))))exit(OVERFLOW);
      T.ch[0...i-1]=chars[0...i-1];T.length=i;
    }
   return OK;
}//StrAssign
```

2）求串长度

返回串S的元素个数。

【程序段4-4】求堆串长度。返回串S的元素个数。

微视频

程序段4-4 视频讲解

```
int StrLength(HString S)                      //求堆串长度
{ return S.length;}                           //StrLength
```

3）串比较

比较串S和T，若$S>T$，返回值>0；若$S==T$，返回值$=0$；若$S<T$，返回值<0。

【程序段4-5】堆串比较。

微视频

程序段4-5 视频讲解

```
int StrCompare(HString S,HString T)           //堆串比较
{   for(i=0;i<S.length && i<T.length; ++i)
        if(S.ch[i]! =T.ch[i]) return S.ch[i]-T.ch[i];
    return S.length-T.length;
}                                             //StrCompare
```

4）清空串

将串S清为空串。

【程序段4-6】清空堆串。

微视频

程序段4-6 视频讲解

```
int ClearString(HString &S)                   //清空串
{   if(S.ch){free(S.ch);S.ch=NULL;}
```

```
  S.length=0;
  return OK;
}//ClearString
```

5)串连接

用串变量 *T* 返回由串 *S*1 和 *S*2 连接而成的新串。

【程序段 4-7】堆串连接(类 C 语言)。

微视频

程序段 4-7 视频讲解

```
int Concat(HString &T,HString S1,HString S2)      //堆串连接
{ if(T.ch) free(T.ch);                            //释放旧空间
  T.length=S1.length+S2.length;  //计算串 T(串 S1 的长度+串 S2 的长度)的长度
  if(! (T.ch=(char *)malloc(T.length* sizeof(char))))exit(OVERFLOW);
  T.ch[0...S1.length-1]=S1.ch[0...S1.length-1];//按串 T 的长度在内存申请空间,
  T.ch[S1.length...T.length-1]=S2.ch[0...S2.length-1];
                                            //然后将串 S1、S2 的内容传递给串 T
  return OK;
}//Concat
```

6)求子串

用串变量 sub 返回串 *S* 的第 pos 个字符起长度为 len 的子串。其中 0≤pos≤StrLength(S)-1 和 0≤len≤StrLength(S)-pos。

【程序段 4-8】求子串。用串变量 sub 返回串 *S* 的第 pos 个字符起长度为 len 的子串(类 C 语言)。

微视频

程序段 4-8 视频讲解

```
int SubString(HString &sub,HString S,int pos,int len)    //求子串
{  if(pos<0||pos>=S.length||len<0||len>S.length-pos) return ERROR;
   if(sub.ch) free(sub.ch);                              //释放旧空间
   if(len==0){sub.ch=NULL;sub.length=0;}                 //生成空子串
   else{ sub.ch=(char *)malloc(len* sizeof(char));
                                          //按子串长度申请内存空间生成子串 sub
   sub.ch[0...len-1]=S[pos...pos+len-1];
                                          //在 S 串指定位置截取指定长度子串传给 sub
   sub.length=len;
   }
   return OK;
}//SubString
```

7)串插入

在串 *S* 的第 pos 个字符之前插入串 *T*,0≤pos≤StrLength(S)。

【程序段 4-9】串插入。在串 *S* 的第 pos 个字符之前插入串 *T*(类 C 语言)。

微视频

程序段 4-9 视频讲解

```
int StrInsert(HString &S,int pos,HString T)             //串插入
{ if(pos<0||pos>S.length) return ERROR;                 //pos 不合法
  if(T.length)                //T 非空,则重新分配空间,插入 T
{  if (! (S.ch=(char* )realloc(S.ch,(S.length+T.length)* sizeof(char))))
       exit(OVERFLOW);
   if(pos<S.length)for(i=S.length-1;i>=pos;--i)
     S.ch[i+T.length]=s.ch[i];                          //为插入 T 而腾出位置
     S.ch[pos...pos+T.length-1]=T.ch[0...T.length-1];//插入 T
     S.length+=T.length;
}
```

```
    return OK;
}//StrInsert
```

4.2.3 串的链式存储

串的链式存储结构称为链串。链串中的一个存储结点可以存储多个字符。通常将链串中每个存储结点所存储的字符个数称为结点大小。当结点大小大于1时,链串的最后一个结点的各个数据域不一定总能全被字符占满。此时,应在这些未占用的数据域里补上不属于字符集的特殊符号(如"#"),以示区别。

链串的类型定义为

【结构定义 4-3】链串的类型定义。

```
#define CHUNKSIZE  64;               //用户定义的结点大小
typedef struct Chunk                 //定义结点
{   char ch[CHUNKSIZE];              //当结点大小为1时,可将ch域简单地定义为:char ch;
    struct Chunk * next;
}Chunk;
typedef struct                       //定义链串
{   Chunk * head, * tail;            //链串的头和尾指针
    int  curlen;                     //链串的当前长度
}Lstring;
```

为便于进行串操作,当以链表存储串值时,除头指针外还可设一个尾指针指示链表中的最后一个结点,并给出当前串的长度。如此定义的串存储结构为块链结构。设尾指针的目的是便于进行连接操作。

4.3 串的模式匹配算法

模式匹配即子串定位运算。设 s 和 t 是给定的两个串,在主串 s 中查找子串 t 的过程称为模式匹配。其中被匹配的主串 s 称为目标串,匹配的子串 t 称为模式。

著名的模式匹配算法有 BF 算法和 KMP 算法。

4.3.1 BF 算法

最简单直观的模式匹配算法是 BF(Brute Force)算法,其基本思想是:

(1)查找第一个相匹配的字符:首先将 s_1 与 t_1 进行比较,若不同,就将 s_2 与 t_1 进行比较,直到 s 的某一个字符 s_i 和 t_1 相同。

(2)与第一个匹配字符之后的字符进行匹配,若 s_i 和 $t_j(s_{i+1},t_{1+j})$ 相同,则继续往下比较($i++$;$j++$)。若 t 中的字符全部比较完,则说明本趟匹配成功,本趟的起始位置是 $i-j+1$(j 起始值为1)。否则,匹配失败。

(3)当 s 的某一个字符 s_i 与 t 的字符 t_j 不同时,则 s 返回到本趟开始字符的下一个字符(即 $i-j+2$)位置,t 返回到 t_1 处,继续查找第一个相匹配的字符。

(4)重复上述过程,直到匹配成功或失败。

模式匹配的例子:

主串 s = "ABABCABCACBAB",模式 t = "ABCAC"。如图 4-4 所示,要返回在字符串 r 中子串 r_1 出现的位置,使用堆串,则程序描述如下:

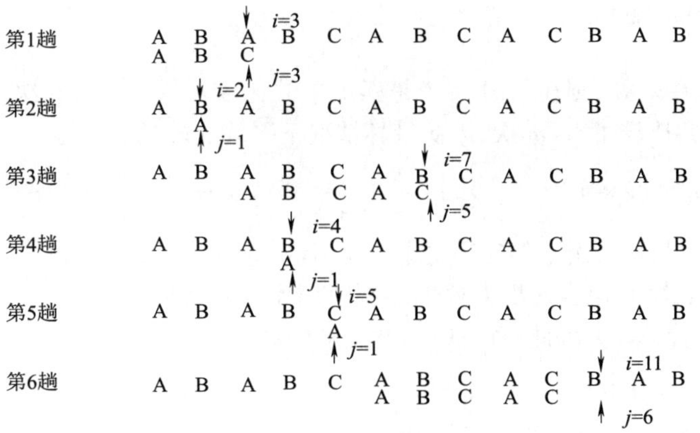

第1趟 A B A B C A B C A C B A B
A B C (i=3, j=3)

第2趟 A B A B C A B C A C B A B
A (i=2, j=1)

第3趟 A B A B C A B C A C B A B
A B C A C (i=7, j=5)

第4趟 A B A B C A B C A C B A B
A (i=4, j=1)

第5趟 A B A B C A B C A C B A B
A (i=5, j=1)

第6趟 A B A B C A B C A C B A B
A B C A C (i=11, j=6)

图 4-4 最简单的模式匹配算法

【综合练习 4-1】模式匹配 BF 算法(使用堆串)。

```
#include <stdio.h>
typedef struct                          //堆串的类型定义
{   char  *ch;                          //若是非空串,按串长分配存储区,否则 ch 为 NULL
    int   length;                       //串长度
}HString;
int IndexStr(HString r, HString r1)
{   int i,j,k;
    for(i=0;i<r.length;i++)
      for(j=i,k=0;r.ch[j]==r1.ch[k];j++,k++)
                 if(k+1==r1.length)return i;
    return -1;
}
void main()
{ HString R={"1234567890",10},z={"567",3};
  printf("位置:%d\n",IndexStr(R,z));      //输出 4
}
```

微视频

综合练习 4-1 视频讲解

BF 算法的匹配过程易于理解,且在某些应用场合效率也较高,其算法分析如下:

设串 s 长度为 n,串 t 长度为 m。匹配成功的情况下,考虑两种极端情况:

(1)在最好情况下,每趟不成功的匹配都发生在第一对字符比较时:

例如:

s="AAAAAAAAAABC"

t="BC"

设匹配成功发生在 s_i 处,则字符比较次数在前面 $i-1$ 趟匹配中共比较了 $i-1$ 次,第 i 趟成功的匹配共比较了 m 次,所以总共比较了 $i-1+m$ 次,所有匹配成功的可能共有 $n-m+1$ 种,设从 s_i 开始与 t 串匹配成功的概率为 p_i,在等概率情况下 $p_i=1/(n-m+1)$,因此最好情况下的平均比较次数是:

$$\sum_{i=1}^{n-m+1}[p_i \times (i-1+m)] = \sum_{i=1}^{n-m+1}\left[\frac{1}{n-m+1} \times (i-1+m)\right] = \frac{(n+m)}{2}$$

即最好情况下的时间复杂度是 $O(n+m)$。

(2)在最坏情况下,每趟不成功的匹配都发生在 t 的最后一个字符。

例如:

```
s = "AAAAAAAAAAAB"
t = "AAAB"
```

设匹配成功发生在 s_i 处，则在前面 $i-1$ 趟匹配中共比较了 $(i-1)\times m$ 次，第 i 趟成功的匹配共比较了 m 次，所以总共比较了 $i\times m$ 次，因此最坏情况下平均比较的次数是：

$$\sum_{i=1}^{n-m+1}[p_i\times(i\times m)] = \sum_{i=1}^{n-m+1}\left[\frac{1}{n-m+1}\times(i\times m)\right] = \frac{m\times(n-m+2)}{2}$$

因为 $n>>m$，所以最坏情况下的时间复杂度是 $O(n\times m)$。

BF 算法思路直观简明，但当匹配失败时，主串的指针 i 总是回溯到 $i-j+2$ 位置，模式串的指针总是恢复到首字符位置 $j=1$。因此，算法时间复杂度较高。

4.3.2 KMP 算法

1. KMP 算法概述

参考 BF 算法，如图 4-5 所示，i 指向主串 T，j 指向模式串 P，对于串中的位置指针 i、j，第一个位置下标以 0 开始。因为主串匹配失败的位置 $i=3$（已知前面三个字符都是匹配的）。可以这样，i 不动，只移动 j。

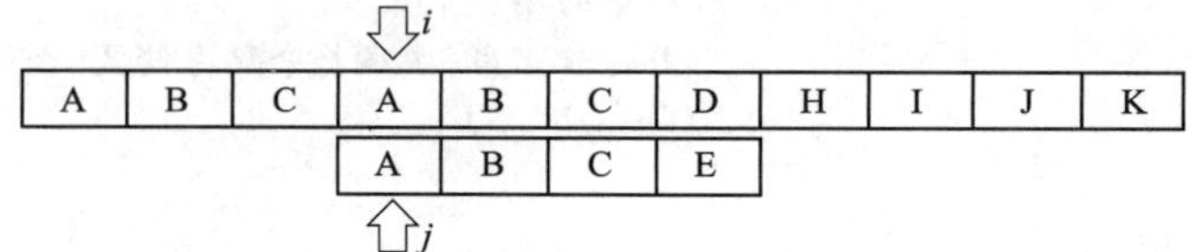

图 4-5 i 不动，移动 j

按照这个想法，该例最多也就比较两次，第三次在 $i(i=6)$ 的位置移动 j 时就会发现查找失败。KMP 算法思想就是“利用已知部分匹配这个有效信息，保持 i 指针不回溯，通过修改 j 指针，让模式串尽量地移动到有效的位置。”所以，整个 KMP 算法的重点在于：当模式串中某一个字符与主串不匹配时，怎么知道 j 指针在模式串中移动的位置。

如图 4-6 所示，当 C 和 D 不匹配时，对应主串指针 i，显然要把 j 移动到模式串的第 1 位（位置从下标 0 开始），因为主串指针 i 的前面只有一个字符 A 和模式串相同，如图 4-7 所示。

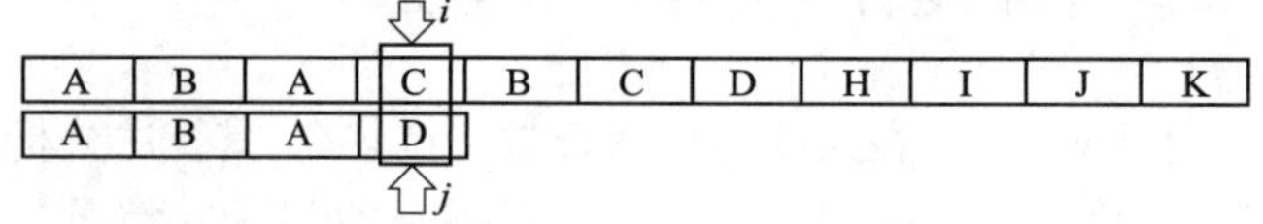

图 4-6 当 C 和 D 不匹配时

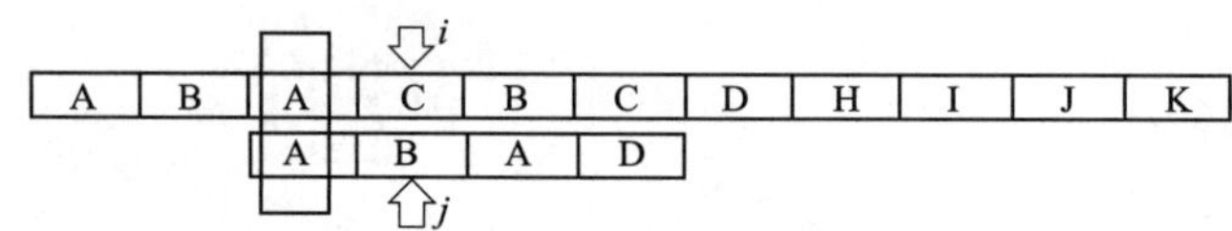

图 4-7 把 j 移动到模式串的第 1 位

图 4-8 也是这种情况，可以把 j 指针移动到模式串的第 2 位，因为 i 前面有两个字母是一样的，如图 4-9 所示。

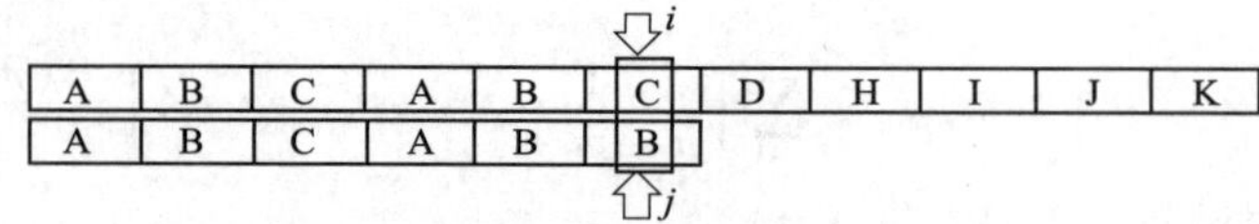

图 4-8 把 j 指针移动到模式串的第 2 位

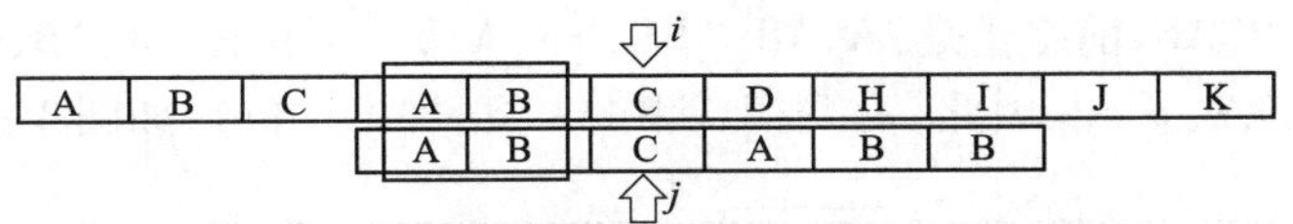

图 4-9　把 j 指针移动到模式串的第 2 位

至此,可看出,当匹配失败时,j 要移动的下一个位置 k 存在着这样的性质:最前面的 k 个字符和模式串指针 j 之前的最后 k 个字符是一样的。用数学公式表示为

$$P[0,...,k-1]==P[j-k,...,j-1]$$

为什么可以直接将 j 移动到 k 位置呢? 因为:当 $T[i]!=P[j]$ 时,

有 $T[i-j,...,i-1]==P[0,...,j-1]$,

由于 $P[0,...,k-1]==P[j-k,...,j-1]$,

必然 $T[i-k,...,i-1]==P[0,...,k-1]$。

也就是首尾下标和连续序列长度三者之间的关系。设首下标为 head,尾下标为 tail,序列长度为 len,则:

```
len = tail - head + 1;head = tail - len + 1;
```

head 为 0,则简化为:len = tail + 1;

从而证明了为什么可以直接将 j 移动到 k,而无须再比较前面的 k 个字符。

该规律是 KMP 算法的关键,KMP 算法是利用待匹配的子串自身的这种性质,来提高匹配速度。该性质还可描述为:若子串的前缀集和后缀集中,重复的最长子串的长度为 k,则下次匹配子串的 j 可以移动到第 k 位(下标为 0 为第 0 位)。

这里的前缀集指除去最后一个字符后的前面的所有子串集合。后缀集指除去第一个字符后的后面的子串组成的集合。

例如,在串"aba"中,前缀集就是除掉最后一个字符'a'后的子串集合{a,ab}。同理,后缀集为除掉最前一个字符'a'后的子串集合{a,ba}。两者最长的重复子串就是"a",故 $k=1$;再例,在串"ababa"中,前缀集是{a,ab,aba,abab},后缀集是{a,ba,aba,baba}。二者最长重复子串是 aba,故 $k=3$。

下面再举例说明,如图 4-10 所示。

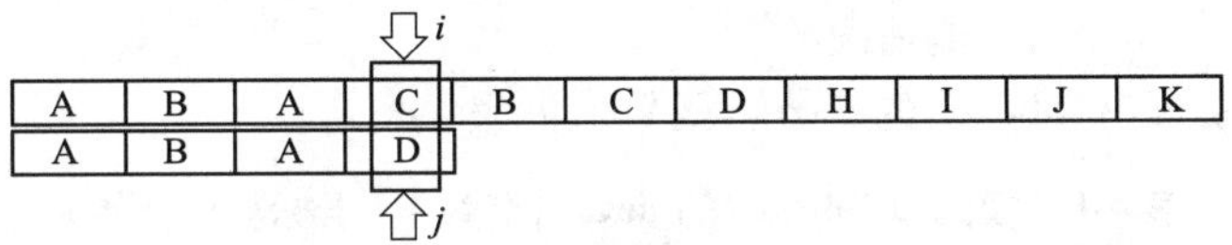

图 4-10　j 前面的子串是 ABA

当 C 和 D 不匹配时,j 位前面的子串是 ABA,该子串的前缀集是{A,AB},后缀集是{A,BA},最大的重复子串是 A,只有 1 个字符,故 $k=1$,所以 j 移到模式串的第 1 位(k 位),如图 4-11 所示。

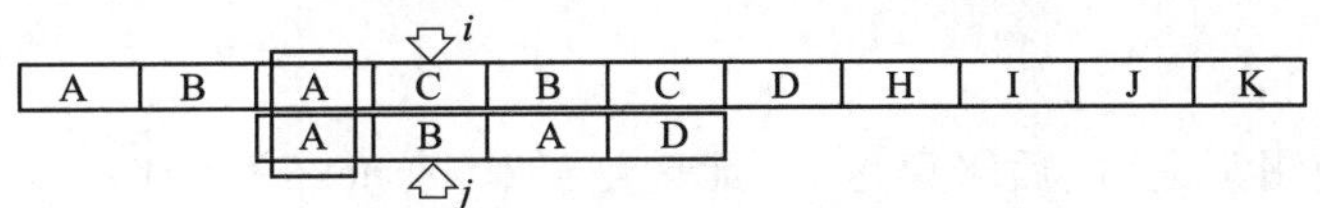

图 4-11　j 移到模式串的第 1 位(k 位)

再分析图 4-12 的情况:

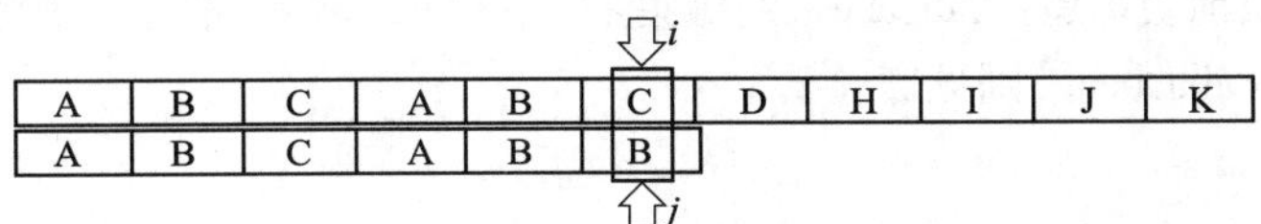

图 4-12　j 前面的子串是 ABCAB

j 前面的子串是 ABCAB，前缀集是{A，AB，ABC，ABCA}，后缀集是{B，AB，CAB，BCAB}，最大重复子串是 AB，2 个字符，故 $k=2$，因此 j 移到模式串的 k 位（即第 2 位），如图 4-13 所示。

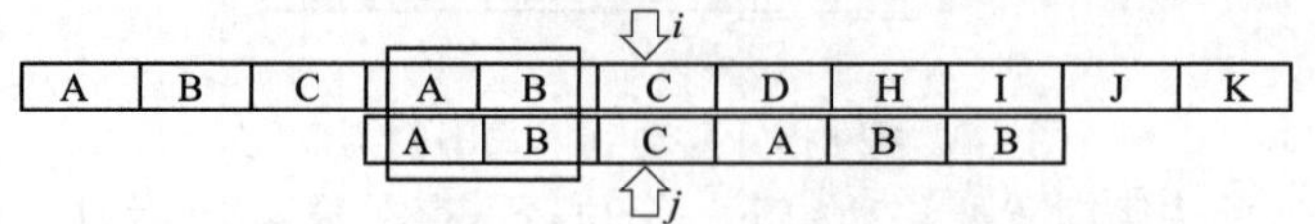

图 4-13　j 移到模式串的 k 位（即第 2 位）

通过以上示例，计算最大重复子串长度 k 的步骤可归纳如下：

(1)找出前缀 pre，设为 pre[0，...，m]；

(2)找出后缀 post，设为 post[0，...，n]；

(3)从前缀 pre 里，先以最大长度 s[0，...，m]为子串，即设 k 初始值为 m，跟 post[$n-m+1$，...，n]进行比较：

若相同，则 pre[0，...，m]为最大重复子串，长度为 m，则 $k=m$；

若不同，则 $k=k-1$，缩小前缀的子串一个字符，再跟后缀子串比较是否相同。如此下去，直到找到最大重复子串长度 k，或者没找到 k。

根据求解过程知道，子串的 j 位前面有 j 个字符，前后缀必然少掉首尾一个字符，因此重复子串的最大值为 $j-1$，因此，下一次的 j 指针最多移到第 $j-1$ 位。

2. 求 next 数组

怎么求(这些)k 呢？因为在模式串 P 比较的每一个位置都可能发生不匹配，也就是说我们要计算每一个位置 j 对应的 k 值，这就需要用一个数组 next 保存。next[j] $=k$，表示当 $T[i]\,!=P[j]$ 时，j 指针在模式串的下一个位置值。因为下标从 0 开始，k 值实际就是模式串 j 位前子串的最大重复子串长度。

令 next[j] $=k$，且 next[j]表示当模式中第 j 个字符与主串中第 i 位相应字符“失配”时，在模式串中需重新和主串中该字符进行比较的字符位置。由此可引出 next()函数的定义：

$$\text{next}[j]=\begin{cases}-1 & \text{当 } j=0 \text{ 时}\\ \max\{k\mid 0<k<j \text{ 且}`t_0t_1\ldots t_{k-1}\text{'}=`t_{j-k}t_{j-k+1}\ldots t_{j-1}\text{'}\} & \text{当此集合不空时}\\ 0 & \text{其他情况}\end{cases}$$

据此定义可推出模式串"abcac"的 next()函数值见表 4-1。

表 4-1　模式串"abcac"的 next[ ]函数值(下标从 0 开始)

j	0	1	2	3	4
模式串	a	b	c	a	c
next[j]	−1	0	0	0	1

$j=0$，next[0] $=-1$；

$j=1$，对于串 a，前缀集是{ }，后缀集是{ }，无重复子串，故 next[1] $=0$；

$j=2$，对于串 ab，前缀集是{a}，后缀集是{b}，无重复子串，故 next[2] $=0$；

$j=3$，对于串 abc，前缀集是{a，ab}，后缀集是{c，bc}，无重复子串，故 next[3] $=0$；

$j=4$，对于串 abca，前缀集是{a，ab，abc}，后缀集是{a，ca，bca}，最大重复子串是 a，故 next[4] $=1$。

例如，已知模式串 abaabcac，则见表 4-2。

表 4-2 模式串"abaabcac"的 next[ ]函数值(下标从 0 开始)

j	0	1	2	3	4	5	6	7
模式串	a	b	a	a	b	c	a	c
next[j]	-1	0	0	1	1	2	0	1

$j=0$,next[0] = -1;

$j=1$,对于串 a,前缀集是{},后缀集是{},无重复子串,故 next[1] =0;

$j=2$,对于串 ab,前缀集是{a},后缀集是{b},无重复子串,故 next[2] =0;

$j=3$,对于串 aba,前缀集是{a,ab},后缀集是{a,ba},最大重复子串是 a,故 next[3] =1;

$j=4$,对于串 abaa,前缀集是{a,ab,aba},后缀集是{a,aa,baa},最大重复子串是 a,故 next[4] =1;

$j=5$,对于串 abaab,前缀集是{a,ab,aba,abaa},后缀集是{b,ab,aab,baab},最大重复子串是 ab,故 next[5] =2;

$j=6$,对于串 abaabc,前缀集是{a,ab,aba,abaa,abaab},后缀集是{c,bc,abc,aabc,baabc},无重复子串,故 next[6] =0;

$j=7$,对于串 abaabca,前缀集是{a,ab,aba,abaa,abaab,abaabc},后缀集是{a,ca,bca,abca,aabca,baabca},最大重复子串是 a,故 next[7] =1。

利用 next()函数,当如下匹配过程失配时,如图 4-14 所示。

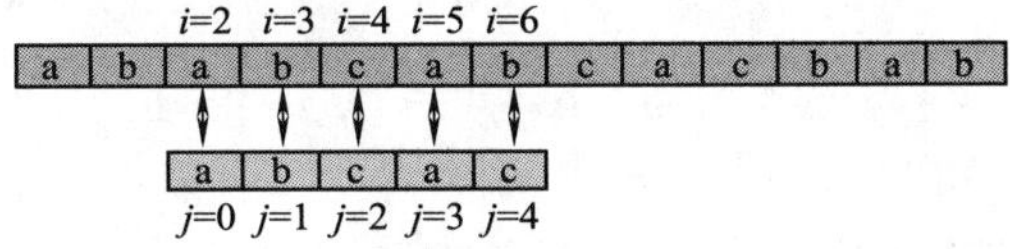

图 4-14 next()函数匹配过程失配时

当 $i=6, j=4$ 时,$T[i]\,!=P[j]$,此时 $k=1$,可立即继续进行如下匹配过程,如图 4-15 所示。

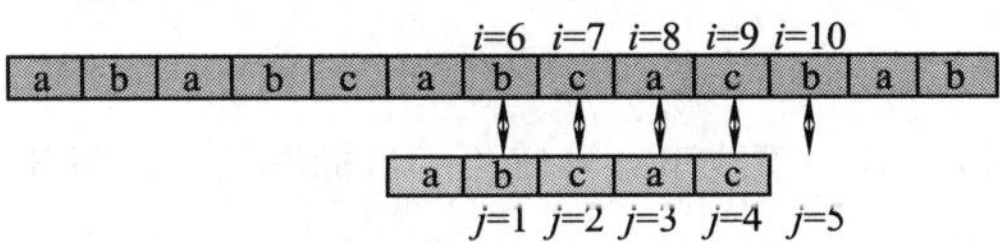

图 4-15 当 $T[i]\,!=P[j], k=1$ 时的匹配过程

求模式串 ps 的 next 数组算法如下:

【程序段 4-10】求模式串 ps 的 next 数组。

微视频

程序段 4-10 视频讲解

```
int *getNext(Sstring ps)        //求模式串 ps 的 next 数组
{  char *p=ps.ch;
   int *next;
   int j=0,k=-1;
   next=(int*)malloc(sizeof(int)*ps.len);// 按模式串长度为 next 数组分配空间
   next[0]=-1;                  //当 j=0 时,k=-1
   while(j<ps.len-1)            //当 j<>0 时,k=-1
   {  if (k==-1||p[j]==p[k]) next[++j]=++k;   //当 j=0 时,next[1]=0;
                                       //当 P[j] == P[k]时,next[++j] = ++k;
      else k=next[k];           //当 P[j] !=P[k]时,k=next[k]
   }
   //for(int i=0;i<ps.len;i++) cout<<next[i]<<" "; cout<<endl;
                                //显示 next 数组信息
  return next;                  //返回 next 数组首地址
}
```

在 return 语句前加入“for(int i = 0;i < ps. len;i ++) cout << next[i] << " ";”语句，可显示 next 数组信息。

3. KMP 算法实现

有了 next 数组之后，KMP 算法就很轻易了，下面通过三张图了解 KMP 算法完成匹配的整个过程。

以目标串 s 的指针为 i，模式串 t 的指针为 j 为例，如图 4-16 所示。

目标串s：$s_0\ s_1 \ldots s_{i-j}\ s_{i-j+1} \ldots s_{i-k-1}\ s_{i-k}\ s_{i-k+1} \ldots s_{i-1}\ s_i \ldots s_{n-1}$

部分匹配：k个字符相等

模式串t：$t_0 \ldots t_{k-1}\ t_k \ldots t_{j-k}\ t_{j-k+1} \ldots t_{j-1}\ t_j \ldots t_{m-1}$

■ “$t_0\ t_1 \ldots t_{k-1}$” = “$t_{j-k}\ t_{j-k+1} \ldots t_{j-1}$”

图 4-16 “$s_{i-j} \ldots s_{i-1}$” == “$t_0 \ldots t_{j-1}$”，s_i ! = t_j

如图 4-16 所示：“$s_{i-j} \ldots s_{i-1}$” == “$t_0 \ldots t_{j-1}$”，s_i ! = t_j（前面都相等，但比较到 t_j 时发现不相等了）且 next[j] == k，如图 4-17 所示。

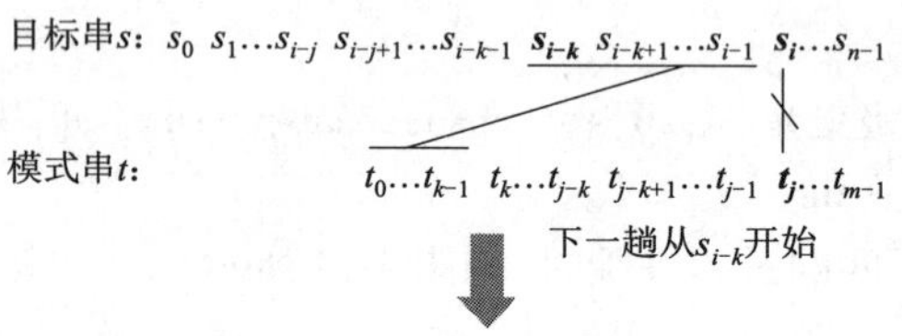

图 4-17 “$t_0 \ldots t_{k-1}$” == “$s_{i-k} \ldots s_{i-1}$”

根据 next 数组的定义得知“$t_k \ldots t_{j-1}$” == “$t_0 \ldots t_{k-1}$”，所以“$t_0 \ldots t_{k-1}$” == “$s_{i-k} \ldots s_{i-1}$”。如图 4-18所示，将模式串右移，这样就避免了目标串的指针回溯。

目标串s：$s_0\ s_1 \ldots s_{i-j}\ s_{i-j+1} \ldots s_{i-k-1}\ s_{i-k}\ s_{i-k+1} \ldots s_{i-1}\ s_i \ldots s_{n-1}$

比较：t右滑j-k个字符

模式串t：$t_0 \ldots t_{k-1}\ t_k \ldots t_{j-k}\ t_{j-k+1} \ldots t_{j-1}\ t_j \ldots t_{m-1}$

图 4-18 模式串右移避免了目标串的指针回溯

KMP 算法的程序实现如下：

【综合练习 4-2】KMP 算法实现。

```
#include <iostream>
using namespace std;
#define MAXSTRLEN  1 000                    //串的最大长度
typedef struct
{   char ch[MAXSTRLEN];
    int  len;                               //存放的串长度
}Sstring;
```

此处插入【程序段 4-10】int * getNext(Sstring ps)函数。

```
int KMP(Sstring ts,Sstring ps)
{   char *t=ts.ch;
    char *p=ps.ch;
    int  i=0;                               // 主串起始位置
    int  j=0;                               // 模式串起始位置
    int *next= getNext(ps);
    while(i<ts.len && j<ps.len)
    {   if(j== -1 ||t[i]==p[j]){i ++;j ++;} //当 j 为 -1 或 t[i]==p[j]时,移动 i、j
        else {j=next[j];}                   //i 不需要回溯了,i=i-j+1,j 回到指定位置
```

```
    }
    if(j == ps.len) {return i - j;}              //找到,返回和主串匹配的起始位置(从0起)
    else         {return -1;}                    //未找到,返回 -1
}
void main()
{   Sstring T = {{"ABCDABCDEFGHIJKL"},16};
    Sstring P = {"ABCDE",5};
    printf("=%d",KMP(T,P));
}
```

4. next 数组求解算法优化

当然,KMP 算法也存在缺陷。如图 4-19 所示,该算法得到的 next 数组值依次是: -1,0,0,1。所以下一步应该是把 j 移动到第 1 个元素(见图 4-20)。

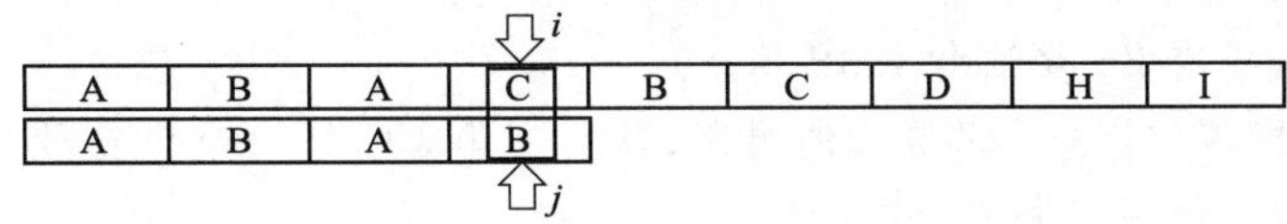

图 4-19　next 数组值依次是: -1,0,0,1

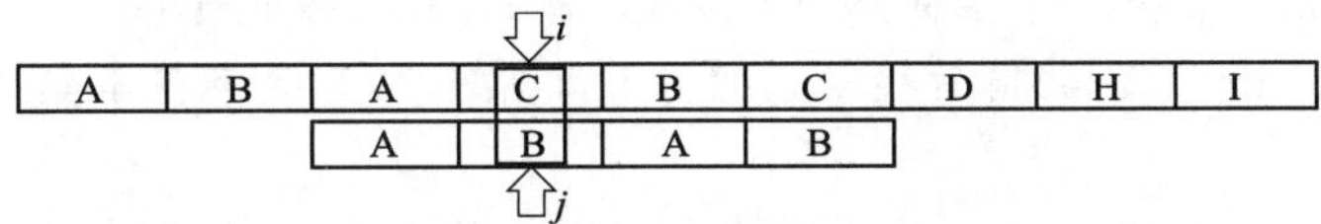

图 4-20　把 j 移动到第 1 个元素完全没有意义

不难发现,这一步完全没有意义。因为后面的 B 已经不匹配了,那前面的 B 也一定是不匹配的,同样的情况其实还发生在第 2 个元素 A 上。发生问题的原因在于 $P[j] == P[\text{next}[j]]$。所以只需要添加一个判断条件即可。改进后的程序如下:

【程序段 4-11】求解 next 数组优化算法(计算 next 函数修正值)。

微视频
程序段 4-11
视频讲解

```
int *getNextval(Sstring ps)
{    char *p = ps.ch;
     int *nextval;
     int j = 0,k = -1;
     nextval = (int*)malloc(sizeof(int)*ps.len);
     nextval[0] = -1;
     while(j < ps.len - 1)
     {  if(k == -1 || p[j] == p[k])
        { j ++;k ++;
          if(p[j] == p[k])nextval[j] = nextval[k];          //当两个字符相同时,就跳过
          else           nextval[j] = k;
        }else k = nextval[k];
     }
//for(int i = 0;i < ps.len;i ++) cout << nextval[i] << " "; cout << endl;
                                                          //显示 nextval 数组信息
     return nextval;
}
```

例如,已知模式串 aaaab,则模式串 aaaab 的 next()函数值及函数的修正值见表 4-3。

表 4-3 模式串"aaaab"的 next[ ]及 nextval[ ]的函数值(下标从 0 开始)

j	0	1	2	3	4
模式串	a	a	a	a	b
next[j]	-1	0	1	2	3
nextval[j]	-1	-1	-1	-1	3

小 结

串是内容受限的线性表,它主要以字符为数据元素。串的存储结构有:顺序存储、堆分配存储、链式存储。其中顺序存储有非紧缩格式和紧缩格式两种方法。

模式匹配算法,主要有 BF 算法和 KMP 算法。

BF 算法(普通匹配算法)采用穷举法的思路,从目标串 s 的每一个字符开始依次与子串 t 的字符进行匹配。实现简单,但存在回溯,效率低。

KMP 算法当数组下标从 0 开始时,next 数组中的值其实就是最长公共前后缀的长度。前缀指不包含最后一个字符的所有以第一个字符开头的连续子串;后缀指不包含第一个字符的所有以最后一个字符结尾的连续子串;最长公共前后缀是前缀字符串集合和后缀字符串集合的并集中最长的字符串。

KMP 算法的核心——求解 next[j]函数。当数组下标从 1 开始,如果当前公共前后缀为 n,则 $n+1$ 位与主串当前位进行比较。即每次开始比较的位置编号其值等于最大公共前后缀长度 +1。然后把位置编号(next 值)和数组下标结合起来,见表 4-4。

表 4-4 求解 next[ ]的函数值(数组下标从 1 开始)

模式串	A	B	A	A	B	C	A	C
下标 j	0	1	2	3	4	5	6	7
next[j]	-1	0	0	1	1	2	0	1

BF 算法在最好情况下时间复杂度为 $O(n)$,即子串的 m 个字符正好等于主串的前 n 个字符。若 n 为主串长度,m 为子串长度,最坏情况算法复杂度为 $O(n \times m)$,空间复杂度为 $O(1)$,即不消耗空间而消耗时间。

KMP 算法时间复杂度为 $O(m+n)$,空间复杂度为 $O(m)$。空间为保存 next 数组的控件,next 数组的大小是 $O(m)$。

练 习

一、单项选择题

1. 下列(　　)情形不能使用串。

   A. 字符串处理　　B. 数据排序　　C. 物流路径规划　　D. 发布公告

2. 串的长度称为(　　)。

   A. 串中所含字符的个数　　B. 串中所含字母的个数

   C. 串中所含不同字符的个数　　D. 串中所含非空格的字符的个数

3. 下列(　　)项不是串的特点。

A. 无序存储　　B. 可以插入新元素
C. 可以删除已有元素　　D. 可以随机访问

4. 对一个长度为5的串,其存储空间至少需要(　　)字节。
A. 1　　B. 2　　C. 5　　D. 6

5. 如果串 S = "abcd",其子串个数为(　　)。
A. 4　　B. 8　　C. 10　　D. 11

6. 下列关于字符串的陈述中不正确的是(　　)。
A. 字符串是一种特殊的线性表　　B. 字符串的长度必须大于0
C. 字符串可以连续存储也可以链式存储　　D. 空串与空白串不是一个含义

7. 下面代码实现两个字符串的比较,若想要实现 strcmp() 函数的功能,则程序段中括号内的代码内容为(　　)。

```
int strCompare(char * s, char * t)
{ char *p=s,*q=t;
  while(*p==*q){if(*p=='\0')return 0;p++;q++;}
  return(    );
}
```

A. *s－ *t　　B. s－t　　C. *p－ *q　　D. p－q

8. 设串 $s1$ = "ABCDEFG", $s2$ = "PQRST" ,函数 con(x,y) 返回 x 和 y 串的连接串,subs(s,i,j)返回串 s 的从序号 i 开始的 j 个字符组成的子串,len(s)返回串 s 的长度,则 con(subs(s1,2,len(s2)),subs(s1,len(s2),2))的结果串是(　　)("序号"从1开始)。
A. BCDEF　　B. BCDEFG　　C. BCPQRST　　D. BCDEFEF

9. 下面的叙述中,正确的是(　　)。
A. 只要两个串的长度相等,则这两个串相等
B. KMP 算法的最大特点是指示主串的指针不需要回溯
C. KMP 算法的特点是在模式匹配时指示主串的指针会变小
D. 空格串又称空串

10. 当下标从0开始,串"ababaaababaa"的 next 数组为(　　)。
A. －1,0,1,2,3,1,1,2,3,4,5,6　　B. －1,0,0,1,2,3,1,1,2,3,4,5
C. 0,1,1,2,3,4,2,2,3,4,5,6　　D. 0,1,2,3,0,1,2,3,2,2,3,4,5

11. 当下标从0开始,串"ababaaababaa"的 next()函数的修正值 nextval 数组为(　　)。
A. －1,0,－1,0,－1,3,1,0,－1,0,－1,3　　B. －1,0,0,1,2,3,1,1,2,3,4,5
C. 0,1,1,2,3,4,2,2,3,4,5,6　　D. 0,1,2,3,0,1,2,3,2,2,3,4,5

12. 当下标从1开始,字符串"ababaabab"的 next 数组为(　　)。
A. 0,1,1,1,0,4,1,0,1　　B. 0,1,1,2,3,4,2,3,4
C. －1,0,1,2,3,4,2,3,4　　D. 0,0,1,2,3,4,2,3,4

13. 当下标从1开始,字符串"ababaabab"的 next()函数的修正值 nextval 数组为(　　)。
A. 0,1,0,1,0,4,1,0,1　　B. 0,1,0,1,0,2,1,0,1
C. 0,1,0,1,0,0,0,1,1　　D. 0,1,0,1,0,1,0,1,1

二、综合练习题

1. 设目标为 t = "abcaabbabcabaacbacba",模式为 p = "abcabaa"。
(1)当下标从0或1开始,计算模式 p 的 next 数组;
(2)不写出算法,只画出利用 KMP 算法进行模式匹配时每一趟的匹配过程。

2. s 是字符数组，$s[0]$ 中存放的是该字符串的有效长度，假设 $s[1...7]$ 中字符串的内容为 "abcabaa"，说明下列程序的功能及执行结果。

```
#include <stdio.h>
#define len 9
int k,n[len];char s[len] = "7abcabaa";
void unknow(char T[])
{ int i,j; i =1;n[1] =0;j =0;
  while(i < len -1)
  { if(j ==0 ||T[i] == T[j])
      { ++i; ++j;
        if(T[i]! =T[j])n[i] =j;
        else            n[i] =n[j];
  }else   j =n[j];
  }
}
void main(){unknow(s);for(k =1;k < len -1;k ++)printf("% d ",n[k]);}
```

3. 采用顺序存储方式存储串，编写一个函数将串 s1 中的第 i 个字符到第 j 个字符之间的字符（不包括第 i 个和第 j 个字符）用 s2 串替换。函数名为 stuff(s1,i,j,s2)。例如：stuff("abcde",1,4,"xyz")返回"axyzde"。

4. 实现 int isSubsequence(char A[], char B[])函数功能，给定的两个字符串 A 和 B，判断 B 是否是 A 的子序列。

5. 采用顺序结构存储串，编写一个算法，求串 s 和串 t 的一个最长的公共字串。

6. 编写算法统计在字符串中各个不同字符出现的频度（字符串中的合法字符为 A ~ Z 和 0 ~ 9）。

7. 给定一个字符串 SS 及一个模式串 PP，模式串 PP 在字符串 SS 中多次作为子串出现。求模式串 PP 在字符串 SS 中所有出现位置的起始下标。

第5章 数组和广义表

学习目标

- 了解数组的存储方法，掌握数组在以行序为主序时的数组元素地址计算方法；
- 掌握特殊矩阵（对角矩阵、对称矩阵）的压缩存储原理；
- 掌握稀疏矩阵三元组表和十字链表的压缩存储原理及相关操作；
- 了解广义表的结构特点和存储方法。

数组和广义表可以看成是线性表在下述含义上的扩展，即表中的数据元素本身也是一个数据结构，其逻辑特征为：一个元素可能有多个直接前驱和多个直接后继，譬如，三维数组的某一元素最多有三个直接前驱和三个直接后继。

5.1 数组及其基本操作

数组是指一组同类数据的有序集合。数组用一个统一的数组名来标识，而用下标来指示数组中元素的序号。数组也可看作一个个包含下标的简单变量，通过下标就可访问数组中各个元素。

多维数组指的是包含一个或多个数组的数组。维数大于 1 的多维数组是由线性表结构辗转合成得到的，是线性表的推广。

1. 多维数组

对于多维数组，通常有如下两种观点：

观点一：多维数组是线性表的推广，即多维数组可以看成是一维数组的扩展。n 维数组可以看成是元素为 $n-1$ 维数组组成的线性表。譬如 $a[2][3]$ 可看成数组名为 $a[0]$、$a[1]$ 的两个一维数组：$a[0](a_0[0...2])$，$a[1](a_1[0...2])$ 组合而成。

观点二：多维数组是（具有大小和方向的）向量的推广。n 维数组中每个元素都属于 n 个向量，最多可以有 n 个直接前驱和 n 个直接后继。

其实，观点一和观点二是统一的。

2. 数组的逻辑结构和运算

二维数组可以看成是 m 个行向量和 n 个列向量组成的向量。其逻辑特征是：除边界外，每个元素 a_{ij} 恰好有两个直接前驱和两个直接后继。

如图 5-1 所示，在边界上特殊的有：

a_{11}：无前驱，有行列两个后继。

a_{mn}：无后继，有行列两个前驱。

a_{1n}：只有一个列前驱和一个行后继。

a_{m1}：只有一个列后继和一个行前驱。

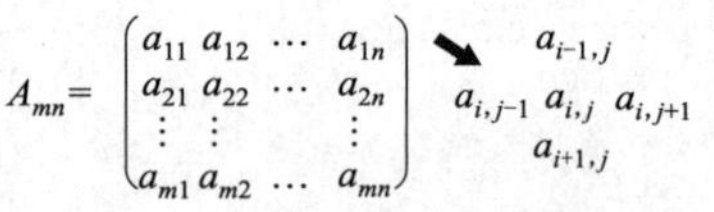

$$A_{mn}=\begin{pmatrix} a_{11} & a_{12} & \cdots & a_{1n} \\ a_{21} & a_{22} & \cdots & a_{2n} \\ \vdots & \vdots & & \vdots \\ a_{m1} & a_{m2} & \cdots & a_{mn} \end{pmatrix} \quad \begin{matrix} & a_{i-1,j} & \\ a_{i,j-1} & a_{i,j} & a_{i,j+1} \\ & a_{i+1,j} & \end{matrix}$$

图 5-1　二维数组 $A[m][n]$

a_{1j}、a_{i1}：$(i,j>1)$，有两个直接后继，但只有一个直接前驱。

a_{mj}、a_{in}：$(i,j>1)$，有两个直接前驱，但只有一个直接后继。三维数组 A_{mnp} 可看成有 p 个二维数组 $(m\times n)$ 所组成的向量，每个元素 A_{ijk} 同属于三个向量，除角、边、面上的结点，最多有 3 个直接前驱和 3 个直接后继。

譬如，$A[2][3][4]$ 可看成由 4 个二维数组 $A[2][3]$ 组成，分别是：$A_{[2][3]}[0]$、$A_{[2][3]}[1]$、$A_{[2][3]}[2]$、$A_{[2][3]}[3]$。

对任一元素 $A[i][j][k]$，最多有 3 个直接前驱和 3 个直接后继。

推广：多维数组 $An_1n_2\cdots n_m$ 可看成 n_m 个 $(m-1)$ 维数组所构成的向量，任一元素 $a_{i_1i_2\cdots i_m}$ 都属于 m 个向量，最多有 m 个直接前驱和 m 个直接后继。

数组通常只有两种基本运算——读和写：

(1) 读：给定一组下标，读取相应的数据元素；

(2) 写：给定一组下标，修改相应数据元素中的某一个或几个数据项的值。

对于数组，通常只进行读、写操作，不进行元素的插入和删除操作。一般采用顺序存储结构表示数组（注意，计算机存储单元是一维结构，而数组是多维结构，如何将数组的多维结构存放到存储单元的一维结构中，是后续必须掌握的重点）。

5.2　数组的顺序表示和实现

通常采用顺序存储结构来存放数组。对二维数组 ElemType A[行数][列数]，可有两种存储方法：一种是以列序为主序的存储方式，另一种是以行序为主序的存储方式。C 语言数组用的是以行序为主序的存储方法，FORTRAN 语言用的是以列序为主序的存储方法。对于以行序为主序的存储方法和以列序为主序的存储方法，它们的数组元素的位置和下标的关系是不同的。

C、PASCAL 语言采用行优先顺序。行优先顺序的特点是：将数组元素按行向量排列，以二维数组为例，如图 5-2 所示。

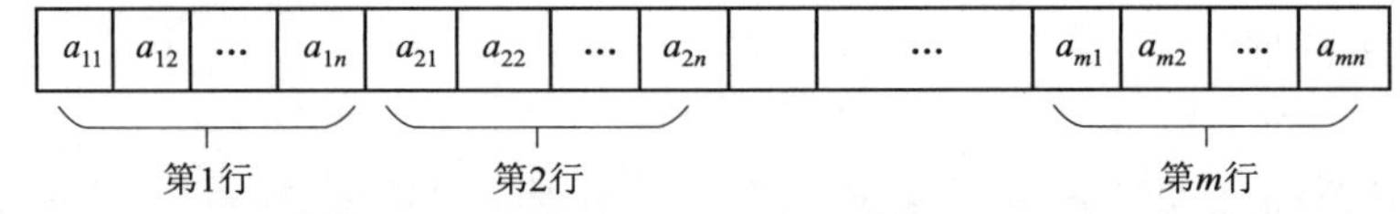

图 5-2　将数组元素按行向量存储

FORTRAN 语言采用列优先顺序。列优先顺序的特点是：将数组元素按列向量排列，以二维数组为例，如图 5-3 所示。

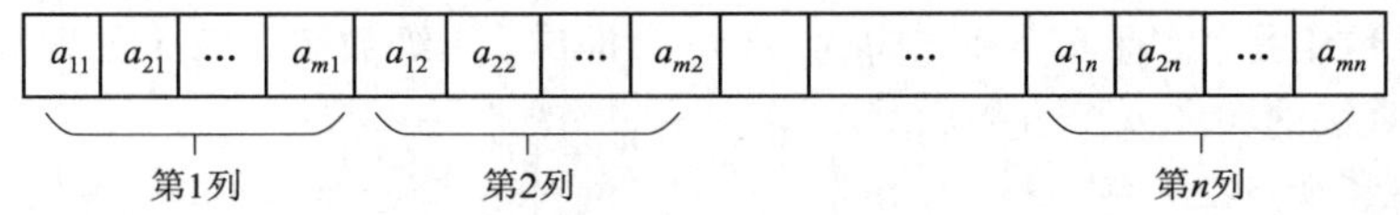

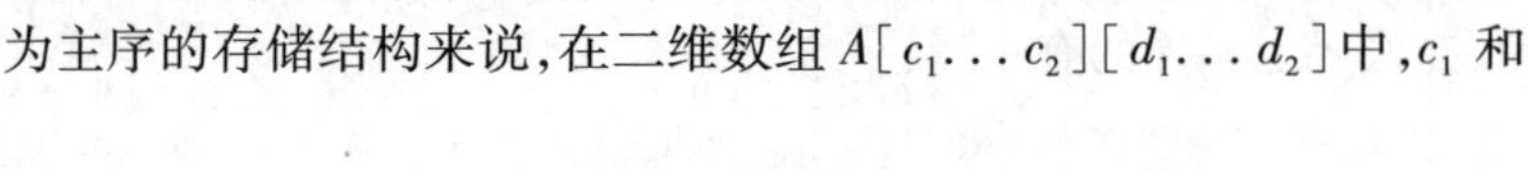

图 5-3　将数组元素按列向量存储

顺序存储的数组是一个随机存取结构，即只要知道开始元素的存储地址、维数和每一维的上、下界及单个元素所占单元数，便可将数组元素的存储地址表示为其下标的线性函数。

对于以行序为主序的存储结构来说，在二维数组 $A[c_1...c_2][d_1...d_2]$ 中，c_1 和 c_2 分别为数组 A

的第一个下标的上、下界，$d_1...d_2$ 分别为数组 A 的第二个下标的上、下界，每个数据元素占 k 个存储单元，二维数组中任一元素 $A[i][j]$ 的存储位置可由下式确定：

$$LOC[i][j]=LOC[c_1][d_1]+[(d_2-d_1+1)(i-c_1)+(j-d_1)]\times k \quad (i\geqslant c_1,j\geqslant d_1) \tag{5-1}$$

$LOC[c_1][d_1]$是 $A[c_1][d_1]$的存储位置，它是该二维数组的起始地址，也称基地址。

例5-1　按行存储二维数组 $A[1...100,1...100]$，每个元素占用2个存储单元，数组首地址为100，元素 $A[5][6]$的存储地址是多少？

解　由题意可知：$c_1=1,c_2=100,d_1=1,d_2=100,\ k=2,i=5,j=6$，基地址为100，则依据公式(5-1)

得：$LOC[5][6]=100+[(100-1+1)\times(5-1)+(6-1)]\times 2=910$

即元素 $A[5][6]$的存储地址是910。

例5-2　设二维数组 $A[1...m,1...n]$（即 m 行 n 列）按行存储在数组 $B[1...m\times n]$中，则二维数组元素 $A[i][j]$在一维数组 B 中的下标怎样表示？

解　由题意二维数组 $A[c_1...c_2,d_1...d_2]$可对应为 $A[1...m,1...n]$，基地址为1，则依据公式(5-1)

得：$LOC[i][j]=LOC[c_1,d_1]+[(d_2-d_1+1)(i-c_1)+(j-d_1)]\times k \quad (i\geqslant c_1,j\geqslant d_1)$

$\quad =1+(n-1+1)(i-1)+(j-1)]\times 1=n\times(i-1)+j$

故，二维数组元素 $A[i][j]$在一维数组 B 中的下标为：$n\times(i-1)+j$。

若行列值从0起始，则公式(5-1)可改写为：

$$LOC[i][j]=基地址+[(列长)(d_2+1)\times(当前行数)i+(当前列数)j]\times k \quad (行列值从0起始) \tag{5-2}$$

对于C语言中的二维数组 ElemType $a[b_1][b_2]$（b_1 是行数，b_2 是列数），假设每个数据元素占 k 个存储单元，则二维数组中任一元素 $a[i][j]$的存储位置可由下式确定[对比上式：$c_1=0;d_1=0;b_1=(c_2-c_1+1);b_2=(d_2-d_1+1);$]：

$$LOC[i][j]=LOC[0][0]+[(列长)b_2\times(当前行数)i+(当前列数)j]\times k \quad (i\geqslant 0,j\geqslant 0) \tag{5-3}$$

式中，$LOC[i][j]$是元素 a_{ij}的存储位置；$LOC[0][0]$是第一个元素 a_{00}的存储位置，它是该二维数组的起始地址，也称基地址。

例5-3　在C语言中定义二维数组："short a[100][100];"，每个元素占用2个存储单元，数组 a 的首址为100，元素 $a[4][5]$的存储地址是多少？

解　由题意可知：$b_2=100,k=2,i=4,j=5$，基地址为100，则依据公式(5-3)

得：　$LOC[4][5]=100+(100\times 4+5)\times 2=910$

元素 $a[4][5]$的存储地址是910。

数组是随机存储结构。数组元素的存储位置是下标的线性函数，计算存储位置所需的时间仅取决于乘法的时间，因此，存取任一元素的时间相等。通常将具有这一特点的存储结构称为"随机存储结构"。

思考：二维数组在以列序为主序的存储结构中，任一元素存储位置如何确定？

5.3　矩阵的压缩存储

矩阵可以用二维数组来表示。所谓压缩存储是指，为多个值相同的元素只分配一个存储空间（可以对零元素不分配空间）。

需要压缩存储的矩阵可分两种：特殊矩阵和稀疏矩阵。值相同的元素或者零元素在矩阵中分布有一定规律的矩阵为特殊矩阵。矩阵中零元素远远多于非零元素，并且非零元素的分布没有规律的矩阵称为稀疏矩阵。

5.3.1 特殊矩阵

1. 对称矩阵

如图 5-4 所示，若一个 n 阶方阵 $\boldsymbol{A}$ 中的元素满足下述性质：$a_{ij}=a_{ji}(0\leqslant i,j<n)$，则 $\boldsymbol{A}$ 称为对称方阵。

$$\begin{pmatrix} 1 & 5 & 1 & 3 & 7 \\ 5 & 0 & 8 & 0 & 0 \\ 1 & 8 & 9 & 2 & 6 \\ 3 & 0 & 2 & 5 & 1 \\ 7 & 0 & 6 & 1 & 3 \end{pmatrix}$$

图 5-4　5×5 对称方阵

如图 5-5 所示，对称方阵中若为每一对元素只分配一个存储空间，则可将 n^2 个元素压缩存储到 $n(n+1)/2$ 个元素的存储空间中。元素个数 $n(n+1)/2$ 决定了一维数组 sa 的大小(压缩存储策略，只存储主对角线 + 下三角区或主对角线 + 上三角区。对称方阵共有 n^2 个元素，对角线上的元素有 n 个，即 $(n^2-n)/2+n=n(n-1)/2+n=n(n+1)/2$)。

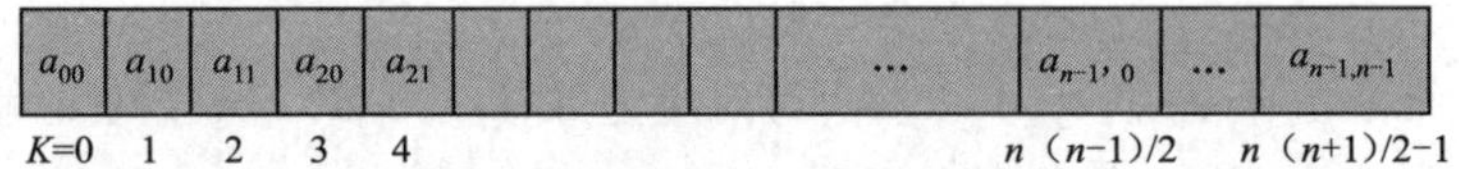

图 5-5　对称方阵的下三角元素

如图 5-6 所示，假设以一维数组 sa[$n(n+1)/2$] 作为 $n(n\geqslant1)$ 阶对称矩阵 $\boldsymbol{A}$ 的存储结构，以行序为主序存储其下三角(包括对角线)中的元素，$sa[k]$ 和 a_{ij} 间存在着一一对应关系。数组 sa 和矩阵 $\boldsymbol{A}$ 间下标存在着如下对应关系：

$$\begin{matrix} a_{0,0} & & & \\ a_{1,0} & a_{1,1} & & \\ a_{2,0} & a_{2,1} & a_{2,2} & \\ \vdots & \vdots & \vdots & \\ a_{n-1,0} & a_{n-1,1} & a_{n-1,2} & \cdots \; a_{n-1,n-1} \end{matrix}$$

图 5-6　以行序为主序存储对称方阵的下三角元素

$$k=\begin{cases} i(i+1)/2+j & \text{当 } i\geqslant j\ (i,j,k\geqslant0)(i,j,k \text{ 从 0 起始}) \\ j(j+1)/2+i & \text{当 } i<j \end{cases} \tag{5-4}$$

可以看出，进行压缩存储后，没有改变原采用二维数组存储时能进行随机访问的特性。

例 5-4　设有一个 10 阶的对称矩阵 $\boldsymbol{A}$，采用压缩存储方式，以行序为主序存储对称方阵的下三角元素，a_{11} 为第一个元素，其存储地址为 1，每个元素占一个地址空间，则 a_{85} 的地址是多少？

解　由题意可知：$i=8-1=7$，$j=5-1=4$，由于 $i\geqslant j$，则依据公式(5-4)

由：$k=i(i+1)/2+j$

得：$k=7\times(7+1)/2+4=28+4=32$

另由于 a_{11} 为第一个元素，其存储地址为 1，每个元素占一个地址空间，则：

a_{85} 在一维数组的地址为：1(第一个元素存储地址) + $k\times1$(每个元素占用的地址空间数) = 33

思考：

①在对称方阵中，若以列序为主序存储其上三角(包括对角线)，如何写出数组 sa[k] 和矩阵 $\boldsymbol{A}$ 间下标的对应关系？

②在对称方阵中，若以列序为主序存储其下三角(包括对角线)，如何写出数组 sa[k] 和矩阵 $\boldsymbol{A}$ 间下标的对应关系？

2. 三角矩阵

以主对角线划分，三角矩阵有上三角和下三角两种，如图 5-7、图 5-8 所示，所谓上(下)三角矩阵是指矩阵的下(上)三角(不包括对角线)中元素均为常数 C 或零的 n 阶矩阵。

$$\begin{pmatrix} a_{0,0} & C & C & \cdots & C \\ a_{1,0} & a_{1,1} & C & \cdots & C \\ a_{2,0} & a_{2,1} & a_{2,2} & \cdots & C \\ \vdots & \vdots & \vdots & & \vdots \\ a_{n-1,0} & a_{n-1,1} & a_{n-1,2} & \cdots & a_{n-1,n-1} \end{pmatrix}$$

图5-7 下三角矩阵

$$\begin{pmatrix} a_{0,0} & a_{0,1} & \cdots & a_{0,n-1} \\ C & a_{1,1} & \cdots & a_{1,n-1} \\ \vdots & \vdots & & \vdots \\ C & C & \cdots & C \end{pmatrix}$$

图5-8 上三角矩阵

三角矩阵中重复元素 C 可共享一个存储空间,其余元素和对称矩阵一样正好有 $n\times(n+1)/2$ 个,因此,三角矩阵可压缩存储到数组 sa[$n(n+1)/2+1$]中,其中 C 若非0,存放到数组的最后一个下标变量中。

上三角矩阵中,主对角线上的第 t 行($0\leqslant t\leqslant n-1,1\leqslant n$)有 $n-t$ 个元素,按行优先顺序存放上三角矩阵中的元素 a_{ij}时($i,j\geqslant 0$),a_{ij}之前的前 $i-1$ 行共有 $i(2n-i+1)/2$ 个元素,sa[k]和 a_{ij}的对应关系是:

$$k=\begin{cases} i(2n-i+1)/2+j-i & \text{当 } i\leqslant j(i,j,k\geqslant 0\ n\geqslant 1)\ (i,j,k \text{ 从 0 起始}) \\ n(n+1)/2 & \text{当 } i>j, C \text{ 存放在 sa}[n(n+1)/2] \text{ 中} \end{cases} \tag{5-5}$$

当 $i>j$ 时,$a_{ij}=C$,C 存放在 sa[$n(n+1)/2$]中。

例5-5 设有一个10阶的三角矩阵 $\boldsymbol{A}$,采用压缩存储方式,以行序为主序存储对称方阵的上三角元素,a_{11}为第一个元素,其存储地址为1,每个元素占一个地址空间,则 a_{58}的地址是多少?

解 由题意可知:$n=10,i=5-1=4,j=8-1=7$,由于 $i\leqslant j$,则依据公式(5-5)

由:$k=i(2n-i+1)/2+j-i$

得:$k=4\times(2\times 10-4+1)/2+7-4=37$

另由于 a_{11}为第一个元素,其存储地址为1,每个元素占一个地址空间,则1(第一个元素存储地址)$+k\times 1$(每个元素占用的地址空间数)$=38$

下三角矩阵的存储和对称矩阵类似,sa[k]和 a_{ij}的对应关系是:

$$k=\begin{cases} i(i+1)/2+j & \text{当 } i\geqslant j\ (i,j,k\geqslant 0)\ (i,j,k \text{ 从 0 起始}) \\ n(n+1)/2 & \text{当 } i<j, C \text{ 存放在 sa}[n(n+1)/2] \text{ 中} \end{cases} \tag{5-6}$$

思考:

①按列优先顺序存放上三角矩阵中的元素 a_{ij}时,sa[k]和 a_{ij}的对应关系如何?

②按列优先顺序存放下三角矩阵中的元素 a_{ij}时,sa[k]和 a_{ij}的对应关系如何?

5.3.2 稀疏矩阵

设矩阵 $\boldsymbol{A}_{mn}$中有 S 个非零元素,若 S 远远小于矩阵元素的个数,并且非零元素的分布没有规律,则称 $\boldsymbol{A}$ 为稀疏矩阵。

稀疏矩阵的压缩存储方法是只存储非零元素。由于非零元素的排列是无规律的,在进行压缩存储后,将破坏原采用二维数组存储时所具有的随机存储特性。稀疏矩阵的压缩存储通常有两种方式:三元组表和十字链表。

1. 稀疏矩阵的三元组表存储

用一个三元组(i,j,a_{ij})来表示稀疏矩阵中的一个非零元素 a_{ij},将表示稀疏矩阵中所有非零元素的三元组按行优先的原则顺序排列,得到一个其结点均为三元组的线性表,该表(结构数组)称为三元组表。

为了唯一确定一个稀疏矩阵，还必须存储矩阵的行、列数。为了运算实现方便，通常将稀疏矩阵的行、列数与三元组表存储在一起。稀疏矩阵的三元组顺序表存储表示如下：

【结构定义 5-1】稀疏矩阵的三元组顺序表存储结构。

```
#define MAXSIZE    1000                  //非零元素的最大个数
typedef struct                           //定义三元组
{   int  i,j;                            //非零元素所在的行号、列号
    ElemType  e;                         //非零元素的值
}Triple;
typedef struct                           //定义三元组表
{   int mu,nu,tu;                        //矩阵的行数、列数、非零元素的个数
    Triple data[MAXSIZE];                //三元组下标的起始值为 0
}TSMatrix;
```

例如：

```
TSMatrix  A,*a=&A;                       //定义稀疏矩阵三元组表 A 和指向该表的指针 a
a->mu=3; a->nu=5; a->tu=4;               //3 行、5 列，非零元素个数为 4
```

基于三元组的稀疏矩阵转置的处理方法有：按照矩阵的列序进行转置和按照矩阵三元组表的次序转置（快速转换）两种。

（1）按照矩阵 ***A*** 的列序来进行转置。即在矩阵 ***A*** 的三元组中，按照列号从小到大的次序建立起矩阵 ***B*** 的三元组。

转置思想：如图 5-9 所示，由于 ***A*** 的列是 ***B*** 的行，因此按 a->data 的列序转置，所得到的转置矩阵 ***B*** 的三元组表 b->data 必定是按行优先顺序存放的。为了找到 ***A*** 的每一行中的所有非零元素，需要对三元组表 a->data 从第一列起扫描一遍。由于 a->data 是按 ***A*** 的行优先顺序存放的，因此得到的恰是 b->data 应有的顺序。具体算法在以下按列序转置测试程序中用 TrSMatrix( ) 函数实现。

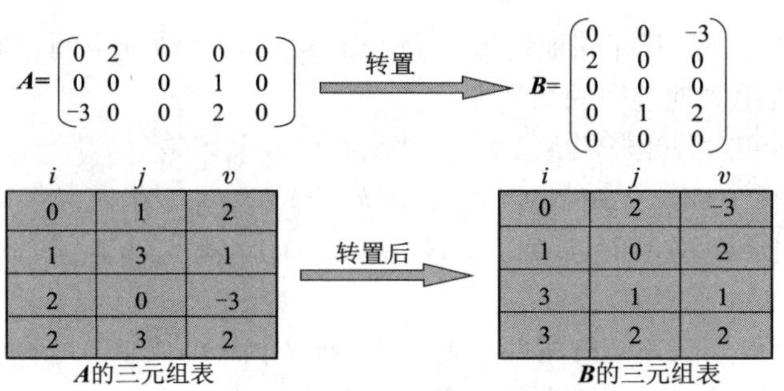

图 5-9　按矩阵列序转置示意图

【综合练习 5-1】基于三元组的稀疏矩阵按矩阵列序进行转置。

微视频

综合练习 5-1 视频讲解

```
#include <stdio.h>
typedef  int        ElemType;
此处插入【结构定义 5-1】
void TrSMatrix(TSMatrix M,TSMatrix &T)
//采用三元组表存储表示，求稀疏矩阵 M 的转置矩阵 T
{   T.mu=M.nu;T.nu=M.mu;T.tu=M.tu;        //T 初始化
    int q=0,col,p;                        //q 为 T 的三元组下标值
    if(T.tu)                              //mu、nu、tu 分别为矩阵的行数、列数、非零元素个数
    { for(col=0;col<M.nu;col++)           //从 0 起依次扫描 M 的所有列
        for(p=0;p<M.tu;p++)               //从 0 起扫描整个三元组表…
```

```
            if(M.data[p].j = =col)             //若有列号为 col 则进行交换
              { T.data[q].i =M.data[p].j;T.data[q].j =M.data[p].i;
                T.data[q].e =M.data[p].e; q++;    //i 行,j 列
              }
      }
  } //TrSMatrix
  void main()
  {   TSMatrix A = {3,4,5,{{0,1,3},{1,2,4},{1,3,5},{2,1,6},{2,3,7}}},B;
      TrSMatrix(A, B);
      for (int i =0;i <5;i ++)
          printf("\ n% d,% d,% d",B.data[i].i,B.data[i].j, B.data[i].e);
  }
```

此算法的时间复杂度为 O(M. nu × M. tu)。

(2)按照 ***A*** 的三元组表 a. data 的次序转置(快速转换)。

转置思想:按照 ***A*** 的三元组表 a. data 的次序转置,并将转置后的三元组置入 ***B*** 中恰当位置。其基本思想是:

①预先确定矩阵 ***A*** 中每一列的第一个非零元在 b. data 中应有的位置。

②对同一列的其他非零元依次在该列所对应的 b. data 位置后存放。

如图 5-10 所示,为了预先确定矩阵 ***A*** 中每一列的第一个非零元在 b. data 中应有的位置,在转置前,应先求得 ***A*** 的每一列中非零元的个数,进而求得每一列的第一个非零元在 b. data 中的位置。这种转换方法称为快速转换。

这里需引入两个数组 num 和 cpot, num[col] 表示矩阵 ***A*** 中第 col 列中非零元素的个数, cpot[col]表示 ***A*** 中第 col 列的第一个非零元素在 b. data 中的恰当位置。显然有:

```
cpot[0] =0; //A 中第 0 列的第一个非零元素在 b.data 中的 0 位置
cpot[col] =cpot[col -1] +num[col -1];    (1≤col <a.nu)
```

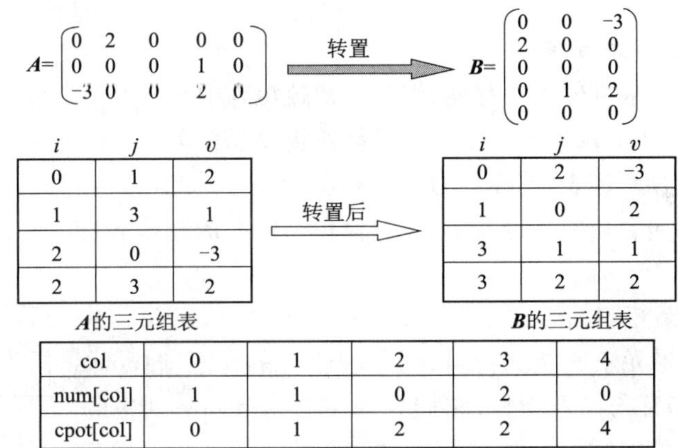

i	j	v
0	1	2
1	3	1
2	0	-3
2	3	2

i	j	v
0	2	-3
1	0	2
3	1	1
3	2	2

col	0	1	2	3	4
num[col]	1	1	0	2	0
cpot[col]	0	1	2	2	4

图 5-10 快速转置示意图

微视频

综合练习 5-2 视频讲解

快速转置算法在以下快速转置测试程序中用 FastTSMatrix( )函数实现。

【综合练习 5-2】快速转换(基于三元组的稀疏矩阵按三元组表 a. data 的次序转置)。

```
#include <stdio.h>
typedef  int  ElemType;
此处插入【结构定义 5-1】
void FastTSMatrix(TSMatrix M,TSMatrix &T)
//用三元组表存储表示,求稀疏矩阵 M 的转置矩阵 T
```

```
{ T.mu=M.nu;T.nu=M.mu;T.tu=M.tu;//cpot[i]指示A中第i列第一个非零元在T.data中位置
  int cpot[10],num[10],col,t,p,q;//num[i]表示A中第i列中非零元素的个数
  if(T.tu)
  {  for(col=0;col<M.nu;col++) num[col]=0;        //初始化num
     for(t=0;t<M.tu;t++) num[M.data[t].j]++;     //求各列非零元的个数
     cpot[0]=0;     //初始化第一列第一个非零元在b.data中的位置
     for(col=1;col<M.nu;col++)                   //求每列第一个非零元
          cpot[col]=cpot[col-1]+num[col-1];      //在b.data中的位置
     for(p=0;p<M.tu;p++)                         //依次转置各个三元组
     { col=M.data[p].j; //将A矩阵的第p个三元组的列值赋给col
       q=cpot[col];      //求col列第一个非零元在b.data中的位置
                        //将A矩阵的第p个三元组的列、行、元素等赋给b矩阵
       T.data[q].i=M.data[p].j;T.data[q].j=M.data[p].i; T.data[q].e=M.data[p].e;
       cpot[col]++;      //移动非零元在b.data中的位置(相当于q值增1)
     }//for
   }//if
}//FastTSMatrix
void main()
{   TSMatrix A={3,4,5,{{0,1,3},{1,2,4},{1,3,5},{2,1,6},{2,3,7}}},B;
    FastTSMatrix(A,B);
    for (int i=0;i<5;i++)
        printf("\ n% d,% d,% d",B.data[i].i,B.data[i].j, B.data[i].e);
}
```

算法的时间复杂度为 $O(\mathrm{nu}+\mathrm{tu})$。

三元组表的优点：结构简单，易于实现，存储密度高。

缺点：不具有随机存储特性；矩阵中非零元素发生变化时，将会引起三元组表中大量元素的移动。

2. 稀疏矩阵的十字链表存储

稀疏矩阵可用三元组表存储方法存储，但是当稀疏矩阵中非零元素的位置或者个数经常发生变化时，使用三元组表就不太方便。十字链表存储能够提高访问效率，这种方法不仅为稀疏矩阵的每一行设置一个单独的行循环链表，同样也为每一列设置一个单独的列循环链表。这样，稀疏矩阵中的每一个非零元素同时包含在两个链表中，即包含在它所在的行链表和所在的列链表中，也就是两个链表的交汇处。

如图5-11所示，稀疏矩阵的结点有5个域值：i、j、v、down、right。其中 i、j、v 分别表示某非零元素所在的行号、列号和相应的元素值；down与right分别称为向下指针与向右指针，它们分别用来连接同一列中的及同一行中的某非零元素的结点。也就是说，稀疏矩阵中同一行的所有非零元素通过right指针连接成一个行链表，同一列中的所有非零元素通过down指针连接成一个列链表。

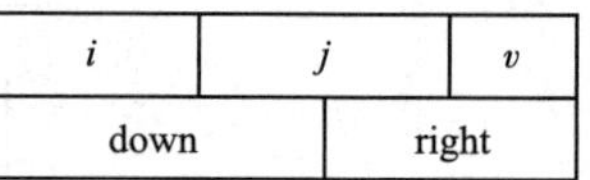

图5-11　含五个域的非零元结点

如图5-12所示，对于 m 个行链表，分别设置 m 个行链表表头结点，表头结点的构造与链表中其他结点一样，只是令 i 与 j 域的值均为0，right域指向相应行链表的第一个结点。同理，对于 n 个列链表，分别设置 n 个列链表表头结点，头结点也同其他结点一样，只是令 i 和 j 值均为0，down域指向相应列链表的第一个结点。另外通过 v 域把所有这些表头结点也连接成一个循环链表。

十字链表中的结点类型可描述如下：

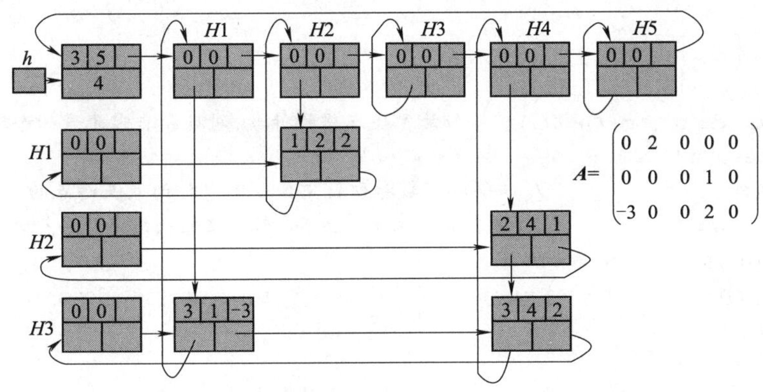

图 5-12 十字链表示意图

【结构定义 5-2】十字链表中的结点类型定义。

```
typedef struct node          //十字链表中结点类型
{   int i, j;
    union {   int v;
              struct node *ptr;
          };                 //v 域包括两种类型
    struct node *right, *down;
}CNode, *C_PLink;
```

可以发现 m 个行链表的表头结点与 n 个列链表的表头结点中,行链表的头结点只使用了 right 域作为指针,列链表的头结点只使用了 down 域来连接列链表和 v 域来连接表头结点。于是可以设想将原来的 $(m+n)$ 个头结点实际上合并成 $\max(m,n)$ 个头结点。为此,再设置一个指向头结点链表的结点,如图 5-12 的 h 头指针变量指向头结点链表的结点,称为头指针结点,头指针结点的构造可以描述为:

【结构定义 5-3】十字链表的头指针结点类型。

```
typedef struct               //十字链表的头指针结点类型
{   int m, n, t;             //m、n 矩阵总的行数和列数,t 为非零元素的总个数
    C_PLink link;            //link 指向头结点链表的第 1 个头结点
}HNode, *HLink;
```

其中 m、n 为稀疏矩阵总的行数和列数,t 为非零元素的总个数,link 指向头结点链表的第 1 个头结点。

下面是打印及销毁一个具有 m 行 n 列及有 t 个非零元素的稀疏矩阵的十字链表的算法示例。

1)创建十字链表

建立十字链表的算法分为两步:

①建立表头结点的循环链表;

②依次读入非零元素的三元组,每读入一个三元组,生成一个表结点,并将其插入相应行、列链表中的正确位置上。

稀疏矩阵用三元组表的形式作为输入,首先输入稀疏矩阵的行数、列数及非零元素的总个数 (m, n, t),然后依次读入 t 个三元组,算法中用到了一个辅助数组 hdn[0... max$(m,n)-1$],其中 hdn[i]用来分别存放第 i 列(也是第 i 行)链表的头结点的指针($0 \leq i \leq \max(m,n)-1$)。

【程序段 5-1】创建一个十字链表(基于三元组的稀疏矩阵)。

```
#define  MaxN  100
HLink makeC_PLink()                  //创建一个十字链表
```

```
{ HLink head;
  C_PLink p,last, hdn[MaxN];
  int m,n,t,k,i,cur_i,ri,cj,v;
  scanf( "% d% d% d",&m,&n,&t );    //读入矩阵总的行数、列数和非零元素的个数
  if(t <=0)return NULL;
  k =(m >n)? m:n;              //取矩阵行数和列数中值较大者作为表头结点的个数
  for(i =0;i <k;i ++)          //生成 k 个表头结点,并初始化表头结点中各个元素
  { p =(C_PLink)malloc(sizeof(CNode));
    hdn[i] =p;p ->i =0;p ->j =0;p ->ptr =p;p ->right =p;p ->down =p;
  }
  cur_i =1;last =hdn[0];
  for(i =1;i < =t;i ++)              //以三元组表的形式输入元素
  { scanf( "% d % d % d", &ri, &cj, &v );
    if(ri >cur_i )//当一行的非零元素读取完毕,则立刻将链表封闭成一个循环链表
    {last ->right = hdn[cur_i -1];last =hdn[ri -1];cur_i =ri;}
    p =(C_PLink)malloc(sizeof( CNode ) ); //申请一个新的结点来存储新的非零值
    p ->i =ri;p ->j =cj;p ->v =v; //生成一个新结点
    last ->right =p;last =p;        //将新的结点连接到相应行链表中
    hdn[cj -1] ->ptr ->down =p;
    hdn[cj -1] ->ptr =p;            //将新的结点连接到相应的列链表中
  }
  last ->right =hdn[cur_i -1];      //将最后一个行链表封闭成循环链表
  for(i =0;i <k;i ++){hdn[i] ->ptr ->down = hdn[i];} //将所有列链表封闭成循环链表
  head =(HLink)malloc(sizeof(HNode));             //申请一个总的头结点
  head ->m =m;head ->n =n;head ->t =t;
  for(i =0;i <k -1;i ++ )
       {hdn[i] ->ptr = hdn[i +1];}//利用 v 域将头结点连接成一个循环链表
  if(k = =0) head ->link =(C_PLink)head;
  else{ head ->link = hdn[0];       //将头指针结点的 link 域指向头结点链表的第 1 个头结点
        hdn[k -1] ->ptr = ( C_PLink )head;//将头结点链表的最后一个
      }                             //头结点的 ptr 域指向总的头结点
  return head;
}
```

微视频 程序段 5-1 视频讲解

建立十字链表的程序设计思想如下：

①建立 max(m,n)个头结点；

②依次输入三元组表的一个三元组(i,j,v)，同时申请一个新的结点,分别将 i、j 与 v 送入新结点的相应域内,并将新结点分别连接到相应的行链表和列链表中；

③当某一行的非零元素全部处理完毕,及时将该链表封闭成一个循环链表；

④将所有列链表封闭成循环链表；

⑤创建稀疏矩阵十字链表的一个头指针结点,并利用 v 域将头指针结点与各个链表的头结点连接成一个循环链表,并设头指针结点的指针为 head。

算法中设置了一个活动指针变量 last，每当输入一个三元组时,先判断是否是当前要处理的那一行元素,若是,申请一个新的结点后,把新的结点的存储位置送当前 last 所指的结点的 right 域,同时令 last 指向新的结点,可见 last 实际上是行链表尾结点的指针。另外,第 i 个头结点hdn[i]的 v 在开始时用来跟踪第 i 列链表当前最后那个结点,以便将新的结点连接到相应列链表的表尾,其功能类似于指针变量 last。

建立十字链表算法的时间复杂度为 $O(s \times t)$。t 为非零元个数；$s = \max\{m,n\}$，即 s 为在行或列上插入时，寻找插入位置的最大值。

2）打印十字链表

将头指针 alink 所指向的一个十字链表打印输出。显示打印头指针结点信息和十字链表中各结点信息。

【程序段 5-2】打印十字链表。

微视频

程序段 5-2 视频讲解

```
void printLink(HLink alink)          //打印十字链表
{ C_PLink p, q;                      //p用来遍历头结点链表,q用来遍历每个行链表
  if(alink! =NULL)
  { printf("(% d,% d,% d) \ n",alink->m,alink->n,alink->t);
                                     //打印头指针结点信息
    p=alink->link;                   //p指向----头结点链表的第1个结点
    while(p! = (C_PLink)alink )
    { q=p->right;                    //q指向行链表的第1个元素
        while(q! =p)
        { printf("(% d,% d,% d) \ n",q->i,q->j,q->v );q=q->right;}
                                     //打印十字链表中结点信息
      p=p->ptr;                      //p指向下一个头结点链表中的元素
    }
  }
}
```

3）销毁十字链表

销毁头指针变量 alink 所指向的一个十字链表。释放十字链表头指针结点的空间和表头结点及各结点所占用空间。

【程序段 5-3】销毁一个十字链表。

微视频

程序段 5-3 视频讲解

```
void deleteLink( HLink *alink )      //销毁一个十字链表
{    C_PLink p= (*alink) ->link,q,r;
     while(p! = (C_PLink)*alink )
     { q=p->right;                   //将q指向行链表的第1个元素
       while(q! =p)                  //销毁一个行链表
       {r=q;q=q->right;free(r)}
       r=p;p=p->ptr;free(r);  //销毁该行链表的表头结点,将p指向下一个行链表的表头结点
     }
     free(* alink );                 //释放头指针结点的空间
}
```

【综合练习 5-3】十字链表综合练习。

微视频

综合练习 5-3 视频讲解

```
#include <iostream>
using namespace std;
#define MaxN 100
此处插入【结构定义 5-2】CNode, * C_PLink 结构体定义
此处插入【结构定义 5-3】HNode, * HLink 结构体定义
此处插入【程序段 5-1】HLink makeC_PLink()函数
此处插入【程序段 5-2】printLink(HLink alink) 函数
此处插入【程序段 5-3】deleteLink( HLink * alink ) 函数
void main()
{    HLink Link;
     Link=makeC_PLink();             //创建一个十字链表
```

```
    printLink(Link);                    //打印十字链表
    deleteLink(&Link);                  //销毁一个十字链表
}
```

5.4 广义表

广义表(Lists)又称列表或表,是一种非线性的数据结构,是线性表的一种推广。广义表中放松对表元素的原子限制,容许它们具有其自身结构。即广义表的定义是递归的,因为在表的描述中又用到了表,允许表中有表,这种递归的定义能够很简洁地描述庞大而复杂的结构。

5.4.1 广义表的定义

广义表一般记为:LS = $(a_1, a_2, \cdots, a_n)$

广义表是 $n(n \geqslant 0)$ 个元素 $a_1, a_2, \cdots, a_n$ 的有限序列,其中 a_i 或者是单个元素或者是一个广义表,分别称为广义表LS的原子或子表。LS是广义表的名字;n 为广义表的长度,即广义表LS所包含的原子和子表数。

如果 a_i 是广义表,则称它为LS的子表;若是元素,称它为LS的原子。书写时,用大写字母表示广义表,小写字母表示原子。

当LS非空($n \geqslant 1$),称第一个元素 a_1 为LS的表头,称其余元素组成的表($a_2, a_3, \cdots, a_n$)是LS的表尾。

广义表的定义是一个递归定义,因为在描述广义表时又用到了广义表的概念。如果规定任何表都是有名字的,为了表明每个表的名字,又说明它的组成,则可以在每个表的前面冠以该表的名称。

例如:$C(a,B(b,c,d))$ 或 $C=(a,B(b,c,d))$。

一个表的深度定义为表展开后所含括号的层数。例如:

$A=()$,广义表 A 是一个空表,长度为0,深度为1。

$B=(b,c,d)$,广义表 B 的三个元素都是原子,所以是一个线性表,长度为3,深度为1。

$C=(a,(b,c,d))$,广义表 C 的两个元素,一个为原子,一个为广义表(子表),长度为2,深度为2。

$D=(A,B,C)$,广义表 D 的三个元素均为广义表,子表值代入后:$D=((),(b,c,d),(a,(b,c,d)))$,长度为3,深度为3。

$E=(a,E)$,广义表 E 是一个递归的表,长度为2,深度为∞,相当于一个无限广义表。

以上各广义表还可以表示为

$A()$,$B(b,c,d)$,$C(a,B(b,c,d))$,$D(A(),B(b,c,d),C(a,B(b,c,d)))$,$E(a,E(a,E(\cdots)))$。

5.4.2 广义表的两个特殊运算

(1)取表头GetHead(LS)。当广义表LS非空时,称第一个元素为LS的表头。任何一个非空广义表的表头是表中第一个元素。

(2)取表尾GetTail(LS)。广义表LS中除去表头后其余元素组成的广义表为LS的表尾。据表尾定义,必定是子表。

任何一个非空广义表其表头可能是原子,也可能是子表,而其表尾必定为子表。例如:

GetHead(B) = b　　　　GetTail(B) = (c,d)

GetHead(D) = A　　　　GetTail(D) = (B,C)

GetHead((()))=()　　　　GetTail((()))=()

广义表()和广义表(())不同。前者为空表,无表头,也无表尾,长度 $n=0$;后者长度 $n=1$,可分解得到其表头、表尾均为空表()。

例如,GetHead((a))=a　　　　GetHead(((a)))=(a)

GetHead(())=NULL　　　　GetHead((()))=()

以上对它们取表尾其结果都为()。

5.4.3 广义表的图示表示

广义表是一个多层次的线性结构,例如,$D=(E,\ F)$,其中:$E=(a,(b,\ c))$,$F=(d,(e))$,可用图5-13表示。

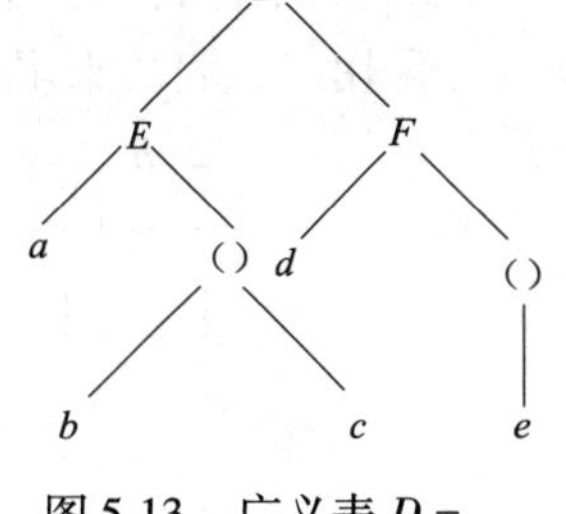

图5-13　广义表 $D=(E,F)$ 的表示

若用分支结点(圆)表示广义表,非分支结点(方块)表示原子(特殊的,空表对应的也是非分支结点),则以下广义表可用图5-14表示。

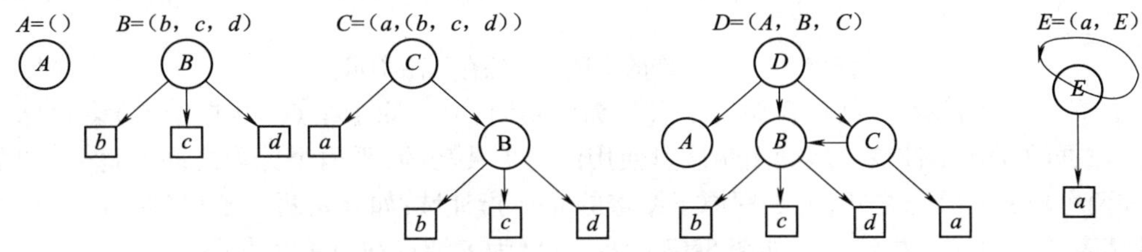

图5-14　广义表的图示法

5.4.4 广义表的三个性质

从上述广义表的定义和例子,可以得到广义表的三个性质:

(1)广义表的表元素可以是子表,而子表的表元素还可以是子表,因此,广义表是一种具有层次特征的数据结构,比如,图5-13的 $D=(E,\ F)$,其中:$E=(a,(b,c))$,$F=(d,(e))$。

(2)广义表具有共享性,可为其他广义表所共享,比如,图5-14的 $D(A(),B(b,c,d),C(a,B(b,c,d)))$。

(3)广义表的表元素可以是其自身,因此广义表具有递归性。比如,图5-14的 $E(a,E(a,E(\cdots)))$。

5.4.5 广义表的存储结构

广义表有两种表示方式,即广义表的头尾链表存储表示和扩展性链表表示。两种方法的区别在于:

(1)头尾链表存储表示:链表中有两种结点,表结点和原子结点(数据结点)。表结点是表中每个元素在链表中的结点,链表中两个元素或元素相连都通过表结点。原子结点就是数据结点,它是表结点的数据域,存储某一结点内特定的元素数据。表结点有三个指针域,依次为:表头指针(标志域)、指向数据的数据域、指向下一个元素的 next 指针。原子结点有两个指针域,依次为:标志域和值域。如图5-15所示,分别为表结点和原子结点:

表结点	表头指针(tag=1)	数据域	表尾指针(next)
原子结点	标志域(tag=0)		值域

图5-15　广义表头尾链表的表结点和原子结点

例如,有以下广义表:

$A=()$;

$B=(e)$;

$C=(a,(b,c,d))$;

$D=(A,B,C)=((),(e),(a,(b,c,d)))$;

$E=(a,E(a,E(\cdots)))$

采用广义表的头尾表示法存储方式，其存储结构如图 5-16 所示。

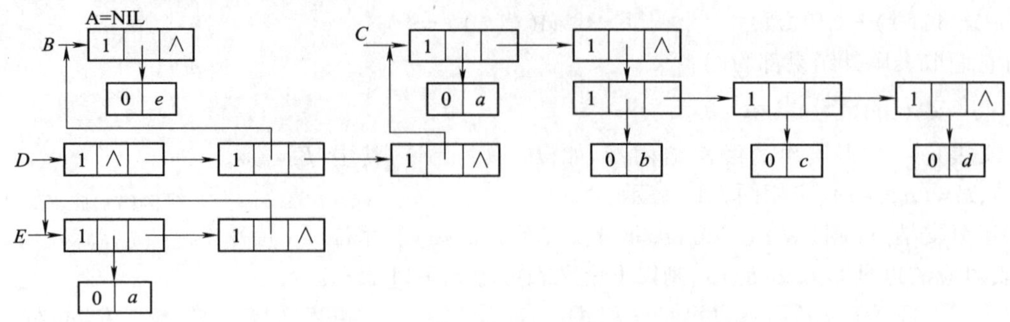

图 5-16　广义表的头尾表示法存储结构示例

（2）扩展性链表表示：表结点存储的结点与头尾相同，但是原子结点（数据结点）多存储一个指向下一个数据的 next 指针域。从画图角度可使用的简单技巧为：看两个元素之间的逗号，如果这个逗号存在两个单元素结点之间，就是用原子结点的 next 指针域；如果是两个子表（括号之间）之间的逗号，使用表结点的 next 指针域。如图 5-17 所示，分别为表结点和原子结点：

表结点	标志域（tag=1）	数据域	next域
原子结点	标志域（tag=0）	值域	next域

图 5-17　广义表扩展性链表的表结点和原子结点

例如，有以下广义表：

$A=()$;

$B=(e)$;

$C=(a,(b,c,d))$;

$D=(A,B,C)=((),(e),(a,(b,c,d)))$;

$E=(a,E(a,E(\cdots)))$

广义表的扩展性链表表示法存储方式，其存储结构如图 5-18 所示。

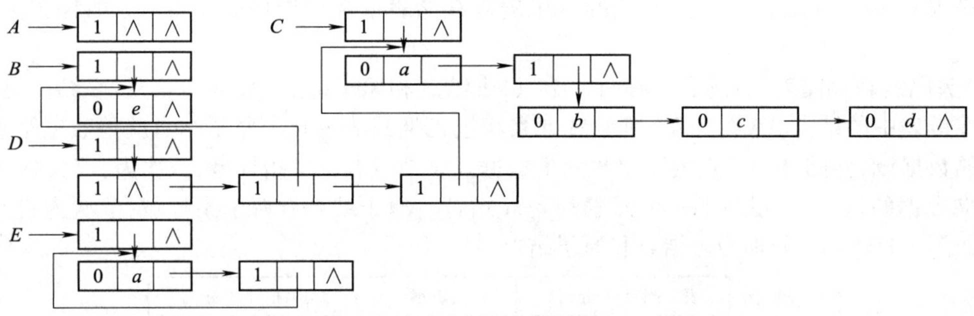

图 5-18　广义表的扩展性链表表示法存储结构示例

小　　结

数组按照一定格式排列同属性的值，为相同数据类型元素的集合。有一维数组、二维数组、多维数组等。数组有行优先顺序存储与列优先顺序存储两种顺序存储方法。

1. 数组的存储结构与寻址

一维数组。令 $a[0]$ 的存放地址为 LOC(0)，每个元素所占的存储空间为 k 个空间。计算数组中任意一个元素 $a[i]$ 的存储地址为：$\mathrm{LOC}(i)=\mathrm{LOC}(0)+i\times k$。

二维数组 a_{mn}。逻辑上是二维的，存储是一维的，有两种映射方式。

①按行优先。先行后列，先存储行号较小的元素，行号相同者先存储列号较小的元素。

$$\mathrm{LOC}(a_{ij})=\mathrm{LOC}(a_{11})+[(i-1)\times n+j-1]\times d$$

若第一个元素为 a_{00}，则：

$$\mathrm{LOC}(a_{ij})=\mathrm{LOC}(a_{00})+(i\times n+j)\times d$$

②按列优先。先列后行，先存储列号较小的元素，列号相同者先存储行号较小的元素。

$$\mathrm{LOC}(a_{ij})=\mathrm{LOC}(a_{11})+[(j-1)+m+(i-1)]\times d$$

若第一个元素为 a_{00}，则

$$\mathrm{LOC}(a_{ij})=\mathrm{LOC}(a_{00})+(j\times m+i)\times d$$

2. 特殊矩阵

值相同的元素或者零元素在矩阵中分布有一定规律的矩阵为特殊矩阵。

(1)对称矩阵。在 n 阶方阵中，满足 $a_{ij}=a_{ji}(0\leqslant i,j<n)$，则称为对称矩阵。以行序为主序存储其下三角(包括对角线)中的元素(共占用 $n(n+1)/2$ 个元素空间)，矩阵元素 a_{ij} 在一维数组的位置 k，满足以下规律：

$$k=\begin{cases}i(i+1)/2+j & 当\ i\geqslant j\ (i,j,k\geqslant 0(i,j,k\ 从\ 0\ 起始))\\ j(j+1)/2+i & 当\ i<j\end{cases}$$

(2)三角矩阵。矩阵的下(上)三角(不包括对角线)中元素均为常数 C 或零的 n 阶矩阵。压缩存储时重复元素 C 共享一个元素存储空间，共占用 $n(n+1)/2+1$ 个元素空间。

①按行优先顺序存放上三角矩阵中的元素 a_{ij} 时 $(i,j\geqslant 0)$，矩阵元素 a_{ij} 在一维数组的位置 k 满足以下规律：

$$k=\begin{cases}i(2n-i+1)/2+j-i & 当\ i\leqslant j(i,j,k\geqslant 0\ n\geqslant 1)\ (i,j,k\ 从\ 0\ 起始)\\ n(n+1)/2 & 当\ i>j, C\ 存放在\ \mathrm{sa}[n(n+1)/2]\ 中\end{cases}$$

②下三角矩阵的存储和对称矩阵类似，矩阵元素 a_{ij} 在一维数组的位置 k，满足以下规律：

$$k=\begin{cases}i(i+1)/2+j & 当\ i\geqslant j\ (i,j,k\geqslant 0)\ (i,j,k\ 从\ 0\ 起始)\\ n(n+1)/2 & 当\ i<j, C\ 存放在\ \mathrm{sa}[n(n+1)/2]\ 中\end{cases}$$

(3)稀疏矩阵。其元素为0的个数远大于非0元素的个数。压缩存储时只记录每一非零元素 (i,j,a_{ij})，以此来节省空间，同时也丧失了数组随机存取的功能。对于顺序存储常使用三元组表的方式。对于链式存储常使用十字链表(正交链表法)。

3. 广义表

广义表是线性表的推广，也称为列表。记为：

$$\mathrm{LS}=(a_1, a_2, \cdots, a_n)$$

广义表名 表头(Head) 表尾(Tail) n是表长

在广义表中约定：第一个元素是表头，而其余元素组成的表称为表尾。用大写字母表示广义表，小写字母表示原子。广义表的深度 = 括号的重数 = 结点的层数

广义表的两种基本操作：

GetHead(LS)：取表头，可能是原子或列表。

GetTail(LS)：取表尾，一定是广义表。

练　习

一、填空题

1. 在数组 $A[0...4, -1,... -3,5...7]$ 中，元素个数是(　　)。

2. 按行顺序存储二维数组 $A[0...100, 0...100]$，每个数组元素占2个存储单元，数组首地址为10，则元素 $A[5,5]$ 的首地址是(　　)。

3. 按列顺序存储数组 $A[1...8, 1...10]$，每个数组元素占4个存储单元，数组首地址为BA，则元素 $A[5,6]$ 的存储地址是(　　)。

4. 设二维数组 $A[5][6]$ 的每个元素占4个字节，A 共占(　　)个字节？若数组的起始地址为1000，则 A 的最后一个元素的起始地址为(　　)。按行和按列优先存储时，$a[2][5]$ 的起始地址依次是(　　)和(　　)。

5. 值相同的元素或者零元素在矩阵中分布有一定规律的矩阵为(　　)矩阵。矩阵中零元素远远多于非零元素，并且非零元素的分布没有规律的矩阵称为(　　)矩阵。

6. 压缩存储 20×20 对称矩阵，需要存储的元素个数是(　　)。压缩存储 20×20 下三角矩阵，需要存储的元素个数是(　　)。

7. 已知数组 $A[8][8]$ 为对称矩阵，其中每一个元素占5个单元。现将其下三角部分按行优先次序存储在起始地址为100的连续的内存单元中，则元素 $A[4,5]$ 对应的地址为(　　)。

8. 取出广义表 $A=((a,x,y,z),(b,c))$ 中的原子 c 的复合函数是(　　)。

二、单项选择题

1. 数组元素之间的关系是(　　)。
   A. 既不是线性的，也不是树形的　　B. 线性的
   C. 既是线性的，也是树形的　　D. 树形的

2. 二维数组 A 的每个元素是8个字节组成的双精度实数，行下标的范围是[0,7]，列下标的范围是[0,9]，则存放 A 至少需要(　　)个字节。
   A. 80　　B. 144　　C. 504　　D. 640

3. 对特殊矩阵采用压缩存储的目的主要是(　　)。
   A. 表达变得简单　　B. 对矩阵元素的存取变得简单
   C. 去掉矩阵中的多余元素　　D. 减少不必要的存储空间

4. 一个 n 阶对称矩阵，如果以行或列为主序放入内存，则容量为(　　)。
   A. $n \times n/2$　　B. $n \times n$　　C. $(n+1) \times (n+1)/2$　　D. $n \times (n+1)/2$

5. 设数组 $A[i,j]$ 的每个元素长度为3字节，i 的值为1到8，j 的值为1到10，数组从内存首地址BA开始顺序存放，当以列为主存放时，元素 $A[5,8]$ 的存储首地址为(　　)。
   A. BA+141　　B. BA+180　　C. BA+222　　D. BA+225

6. 设有一个10阶的对称矩阵 $\boldsymbol{A}$，采用压缩存储方式，以行序为主存储，$a[1][1]$ 为第一元素，其存储地址为1，每个元素占一个地址空间，则 $a[8][5]$ 的地址为(　　)。
   A. 13　　B. 32　　C. 33　　D. 40

7. 二维数组 M 的元素是4个字符(每个字符占一个存储单元)组成的串，行下标 i 的范围为0～4，列下标 j 的范围0～5，M 按行存储时元素 $M[4][5]$ 的起始地址与 M 按列存储时元素(　　)的起始地址相同。
   A. $M[2][4]$　　B. $M[3][4]$　　C. $M[4][4]$　　D. $M[4][5]$

8. 若对 n 阶对称矩阵 $\boldsymbol{A}$ 以行序为主序将其下三角形的元素(包括主对角线上所有元素)依次存放于一维数组 $B[1...(n(n+1))/2]$ 中,则在 $\boldsymbol{B}$ 中确定 $a_{ij}(i<j)$ 的位置 k 的关系为(　　)。

A. $i(i-1)/2+j$　　B. $j(j-1)/2+i$　　C. $i(i+1)/2+j$　　D. $j(j+1)/2+i$

9. 若将 n 阶上三角矩阵 $\boldsymbol{A}$ 按列优先级压缩存放在一维数组 $B[1...n(n+1)/2+1]$ 中,则存放到 $B[k]$ 中的非零元素 $a_{ij}(1\leqslant i,j\leqslant n)$ 的下标 i、j 与 k 的对应关系是(　　)。

A. $i(i+1)/2+j$　　B. $i(i-1)/2+j-1$　　C. $j(j-1)/2+i$　　D. $j(j-1)/2+i-1$

10. 若将 n 阶下三角矩阵 $\boldsymbol{A}$ 按列优先顺序压缩存放到一维数组 $B[1...n(n+1)/2+1]$ 中,存放到 $B[k]$ 中的非零元素 $a_{ij}(1\leqslant i,j\leqslant n)$ 的下标 i、j 与 k 的对应关系是(　　)。

A. $(j-1)(2n-j+1)/2+i-j$　　B. $(j-1)(2n-j+2)/2+i-j+1$

C. $(j-1)(2n-j+2)/2+i-j$　　D. $(j-1)(2n-j+1)/2+i-j-1$

11. 有一个 100×90 的稀疏矩阵,非 0 元素有 10 个,设每个整型数占 2 字节,则用三元组表示该矩阵时,所需的字节数是(　　)。

A. 60　　B. 66　　C. 18 000　　D. 33

12. 设广义表 $L=((a,b,c))$,则 L 的长度和深度分别为(　　)。

A. 1 和 1　　B. 1 和 3　　C. 1 和 2　　D. 2 和 3

13. 广义表 $A=(a,b,(c,d),(e,(f,g)))$,则 Head(Tail(Head(Tail(Tail(A))))) 的值为(　　)。

A. (g)　　B. (d)　　C. c　　D. d

14. 广义表 $(a,(b,c),d,e)$ 的表头为(　　)。

A. a　　B. $a,(b,c)$　　C. $(a,(b,c))$　　D. (a)

15. 某字符串满足:concat(head(s),head(tail(tail(s))))="ac",(head,tail 的定义同广义表),则 s=(　　)。

A. aabc　　B. acba　　C. accc　　D. aca

三、综合练习题

1. 特殊矩阵和稀疏矩阵哪一种压缩存储后会失去随机存取的功能?为什么?

2. 简述广义表属于线性结构的理由。

3. 当稀疏矩阵 $\boldsymbol{A}$ 和 $\boldsymbol{B}$ 均以三元组表作为存储结构时,试写出矩阵相加的算法,其结果存放在三元组表 C 中。

4. 已知数组 $A[n]$ 的元素类型为整型,设计算法 void partion(int A[n]){},将其调整为左右两部分,使得左边所有元素为奇数,右边所有元素为偶数。

5. 假定数组 $a[1...n]$ 的 $n(n>1)$ 个元素中有多个零元素。试写出一个算法,将 a 中所有非零元素依次移到 a 的前端 $a[1...i](1\leqslant i\leqslant n)$ 中。

6. 设二维数组 $a[1...m,\ 1...n]$ 含有 mn 个整数,设有如下函数:

```
int JudgEqua(int a[][],int m,int n){…}//a 数组 m 行 n 列,yes 返 1,no 返 0
```

(1)在函数体写一算法,判断 a 中所有元素是否互不相同?输出相关信息(yes/no);

(2)试分析算法的时间复杂度。

7. 设有如下函数:

```
void InvertStore(char A[]){}//字符串逆序存储的递归算法
```

在函数体写一个递归算法,实现字符串逆序存储,要求不另设串存储空间(即逆序存储的字符串仍存放在数组 A 中)。

第6章 树和二叉树

学习目标

- 理解树形结构的基本概念和术语；
- 深刻领会二叉树的定义和存储结构，熟悉二叉树的遍历次序并熟练掌握遍历算法；
- 了解树和森林的定义、树的存储结构，并掌握树、森林与二叉树之间的相互转换方法；
- 理解哈夫曼树的概念并掌握其构造方法。

树形结构是有广泛应用背景的分支、层次结构。 二叉树是一种运算简单且能间接表达一般树形结构的重要的数据结构。 因此，二叉树是本课程的一个重点内容。

6.1 树的定义和基本术语

树形结构是一种重要的非线性结构，在客观世界和现实生活中大量存在。例如，学院的组织机构（见图6-1）、家谱（见图6-2）都是树形结构。

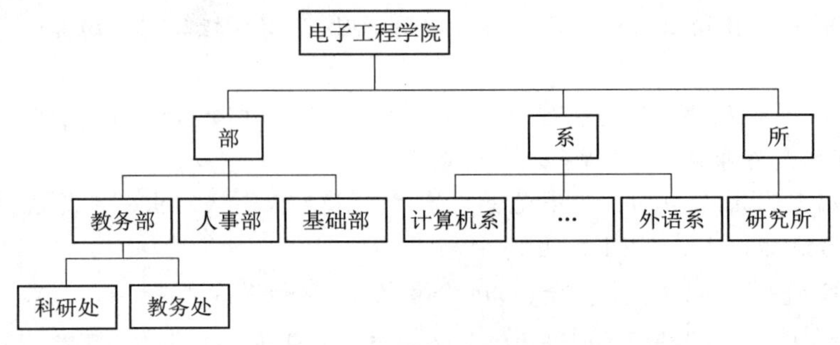

图6-1 学院的组织机构

树是 $n(n\geq 0)$ 个结点的有穷集合，满足仅有一个称为根的结点；当 $n>1$ 时，除根结点以外的其余结点可分为 $m(m>0)$ 个互不相交的非空集合 $T_1,T_2,\cdots,T_m$，这些集合中的每一个都是一棵树，称为根的子树。$n=1$ 的树是由只含一个结点的集合构成的，任何只含一个结点的集合都是一棵树。$n=0$的树称为空树。

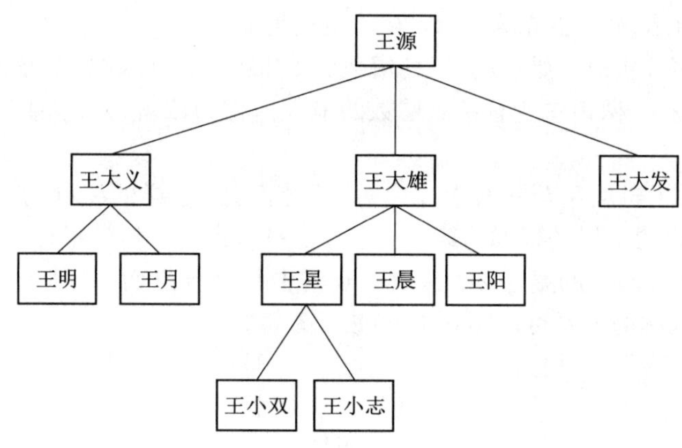

图 6-2　家谱

树(及一切树形结构)是一种“分支层次”结构。在树上,根结点没有直接前驱。对树上任一结点 X 来说,X 是它的任一子树的根结点的唯一的直接前驱。如图 6-3(a)所示,结点 C 是它的子树 E、F 的唯一的直接前驱。

树有四种表示方法:

(1)树形表示:如图 6-3(a)所示,类似树的形状或树的根状。

(2)嵌套集合法:如图 6-3(b)所示,是一些集合的集体,对于其中任何两个集合,或者不相交,或者一个包含另一个。

(3)广义表形式:如图 6-3(c)所示,根作为由子树森林组成的表的名字写在表的左边。

(4)凹入表示法:如图 6-3(d)所示,类似书的目录。

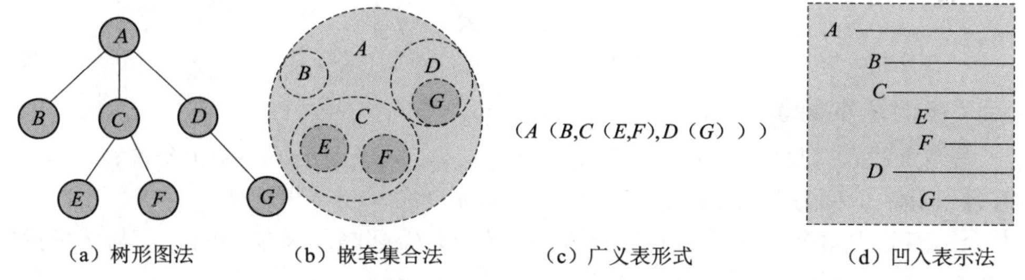

图 6-3　树的四种表示方法

树中的一个独立单元称为树的结点,它包含一个数据元素及若干指向其子树的分支。除根结点之外的分支结点称内部结点。如图 6-3(a)所示,B、C、D、E、F、G 都为内部结点。

树上任一结点所拥有的子树的数目称为该结点的度,一棵树中所有结点的度的最大值称为该树的度。如图 6-3(a)所示,根结点 A 的度为 3,结点 D 的度为 1,树的度为 3。

度为 0 的结点称为叶子或终端结点。度大于 0 的结点称为非终端结点或分支点。如图 6-3(a)所示,结点 B、E、F、G 都是树的叶子结点,其他结点都是分支点。

若树中结点 A 是结点 B 的直接前驱,则 A 为 B 的双亲或父结点,称 B 为 A 的孩子(即“子女”)或子结点。父结点相同的结点互称为兄弟。其双亲在同一层的结点互为堂兄弟。如图 6-3(a)所示,C 为 E、F 的父结点,E、F 为 C 的孩子。结点 B、C、D 互为兄弟,结点 E、F 互为兄弟。结点 E、F 与 G 互为堂兄弟。

一棵树上的任何结点(不包括根本身)称为根的子孙。如图 6-3(a)所示,A 的子孙为 B、C、D、E、F、G。

若 B 是 A 的子孙,则称 A 是 B 的祖先。从某结点向上所经分支到根的所有结点都称为该结点的祖先。如图 6-3(a)所示，E 的祖先为 C、A。G 的祖先为 D、A。

结点的层数(或深度)从根开始算起，根的层数为1，根的孩子层数为2，依此类推，其余结点的层数为其双亲的层数加1。一棵树中所有结点层数的最大值称为该树的高度或深度，如图 6-3(a)所示的树的深度为3。

树中每个结点的各子树从左至右有次序之分，不能互换，这样的树称为有序树，否则称为无序树。在有序树中，最左边的子树的根称为第一个孩子，最右边的子树的根称为最后一个孩子。

$m(m\geqslant 0)$棵互不相交的树的集合称为森林。对树中每个结点而言，其子树的集合即为森林，如图 6-4(a)所示。树与森林的关系可用图 6-4(b)表示。

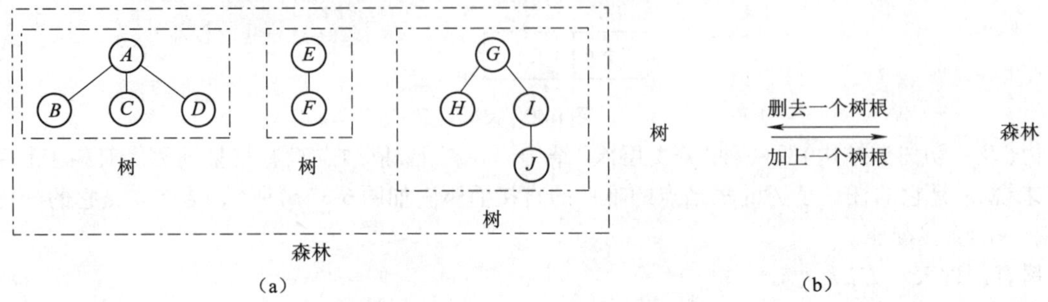

图 6-4　树与森林的关系

树形结构的逻辑特征为：树中任一个结点都可以有零个或多个后继结点，但最多只能有一个前驱结点。有序树中兄弟结点之间从左至右有次序之分。树的基本运算主要有：求根、求双亲、求孩子、建树、剪枝。

6.2　二　叉　树

6.2.1　二叉树的基本概念

二叉树是结点的有穷集合，它或者是空集(空树)，或者同时满足下述两个条件：

(1)有且仅有一个称为根的结点；

(2)其余结点分为两个互不相交的集合 T_1、T_2，T_1 与 T_2 都是二叉树，并且 T_1 与 T_2 有顺序关系(T_1 在 T_2 之前)，它们分别称为根的左子树和右子树。

二叉树可以是空集，这种二叉树称为空二叉树。

二叉树是一类与树不同的树形结构，如图 6-5 所示，它们的区别是：二叉树的任一结点最多有两棵子树(它们中的任何一个可以是空子树)，并且这两棵子树之间有次序关系，相应地分别称为该结点的左孩子和右孩子。任何时候都要区别二叉树中某一结点的左孩子和右孩子。

二叉树上任一结点的度定义为该结点的孩子数(即非空子树数)。

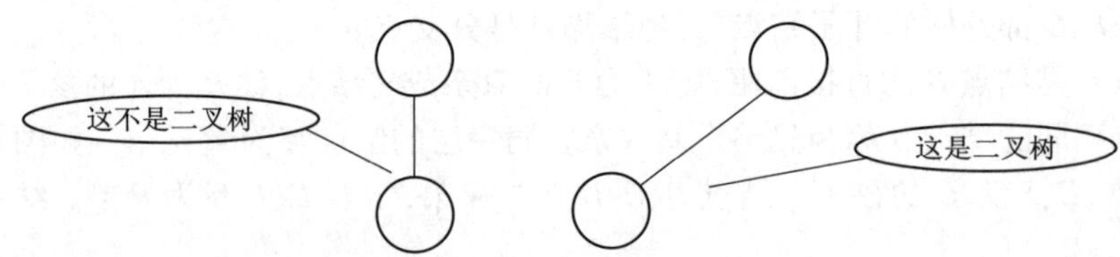

图 6-5　树与二叉树的比较

一般地，二叉树有空二叉树、只含根的二叉树、只有左子树的二叉树、只有右子树的二叉树、同时有左右子树的二叉树五种基本形态，如图 6-6 所示，因此，二叉树的形态比较规整。

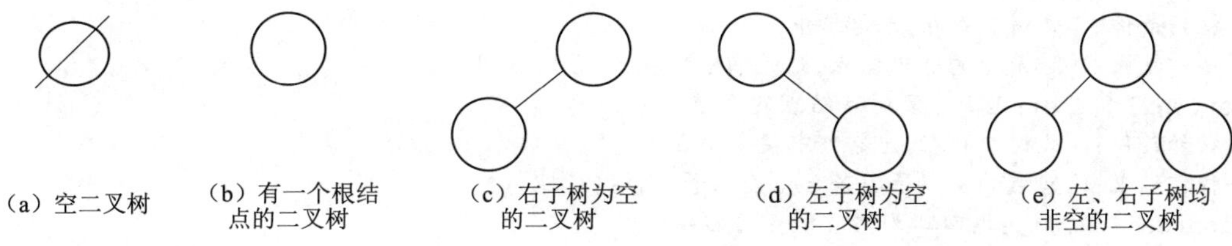

图 6-6 二叉树的五种基本形态

二叉树的抽象数据类型定义如下：

```
ADT BinaryTree{
  数据对象 D:D 是具有相同特性的数据元素的集合。
  数据关系 R:
    若 D=∅,则 R=∅,称 BinaryTree 为空二叉树;
    若 D≠∅,则 R={H},H 是如下二元关系:
    ①在 D 中存在唯一的称为根的数据元素 root,它在关系 H 下无前驱;
    ②若 D-{root}≠∅,则存在 D-{root}={Dl,Dr},且 Dl∩Dr=∅;
    ③若 Dl≠∅,则 Dl 中存在唯一的元素 xl,<root,xl>∈H,且存在 Dl 上的关系 Hl⊆H;
      若 Dr≠∅,则 Dr 中存在唯一的元素 xr,<root,xr>∈H,且存在 Dr 上的关系 Hr⊆H;
      H={<root,xl>,<root,xr>,Hl,Hr};
    ④(Dl,{Hl})是一棵符合本定义的二叉树,称为根的左子树;
     (Dr,{Hr})是一棵符合本定义的二叉树,称为根的右子树。
  基本操作 P:
InitBiTree(&T):初始化二叉树。
  初始条件:无。
  操作结果:初始化。构造一棵空二叉树 T=∅。
DestroyBiTree(&T):销毁二叉树。
  初始条件:二叉树 T 存在。
  操作结果:销毁二叉树 T。
CreateBiTree(&T,definition):构造二叉树。
  初始条件:definition 给出二叉树 T 的定义。
  操作结果:按 definition 构造二叉树 T。
ClearBiTree(&T):清空二叉树。
  初始条件:二叉树 T 存在。
  操作结果:将二叉树 T 清为空树。
BiTreeEmpty(T):判空二叉树。
  初始条件:二叉树 T 存在。
  操作结果:判空树。若 T 为空二叉树,则返回 TRUE,否则返回 FALSE。
BiTreeDepth(T):求二叉树深度。
  初始条件:二叉树 T 存在。
  操作结果:求深度。返回 T 的深度。
Root(T):返回二叉树的根。
  初始条件:二叉树 T 存在。
  操作结果:返回 T 的根。
Value(T,e):返回二叉树 e 结点的值。
  初始条件:二叉树 T 存在,e 是 T 中某个结点。
  操作结果:返回 e 的值。
Assign(T,&e,value):对二叉树 e 的结点赋值。
  初始条件:二叉树 T 存在,e 是 T 中某个结点。
  操作结果:将 value 赋值给结点 e。
Parent(T,e):返回二叉树 e 结点的双亲。
```

```
    初始条件:二叉树 T 存在,e 是 T 中某个结点。
    操作结果:若 e 是 T 的非根结点,则返回它的双亲,否则返回“空”。
  LeftChild(T,e):返回二叉树 e 结点的左孩子。
    初始条件:二叉树 T 存在,e 是 T 中某个结点。
    操作结果:返回 e 的左孩子。若 e 无左孩子,则返回“空”。
  RightChild(T,e):返回二叉树 e 结点的右孩子。
    初始条件:二叉树 T 存在,e 是 T 中某个结点。
    操作结果:返回 e 的右孩子。若 e 无右孩子,则返回“空”。
  LeftSibling(T,e):返回二叉树 e 结点的左兄弟
    初始条件:二叉树 T 存在,e 是 T 中某个结点。
    操作结果:返 e 的左兄弟。若 e 是 T 的左孩子或无左兄弟,则返“空”。
  RightSibling(T,e):返回二叉树 e 结点的右兄弟。
    初始条件:二叉树 T 存在,e 是 T 中某个结点。
    操作结果:返 e 的右兄弟。若 e 是 T 的右孩子或无右兄弟,则返“空”。
  InsertChild(T,p,LR,c):插入子二叉树。
    初始条件:二叉树 T 存在,p 指向 T 中某个结点,LR 为 0 或 1,非空二叉树 c 与 T 不相交且右子树为空。
    操作结果:根据 LR 为 0 或 1,插入 c 为 T 中 p 所指结点的左或右子树。
             p 所指结点的原有左或右子树则成为 c 的右子树。
  DeleteChild(T,p,LR):删除子二叉树。
    初始条件:二叉树 T 存在,p 指向 T 中某个结点,LR 为 0 或 1。
    操作结果:根据 LR 为 0 或 1,删除 T 中 p 所指结点的左或右子树。
  PreOrderTraverse(T,Visit()):先序遍历二叉树。
    初始条件:二叉树 T 存在,Visit 是对结点操作的应用函数。
    操作结果:先序遍历 T,对每个结点调用函数 Visit 一次且仅一次。一旦 Visit()失败,则操作失败。
  InOrderTraverse(T,Visit()):中序遍历二叉树。
    初始条件:二叉树 T 存在,Visit 是对结点操作的应用函数。
    操作结果:中序遍历 T,对每个结点调用函数 Visit 一次且仅一次。一旦 Visit()失败,则操作失败。
  PostOrderTraverse(T,Visit()):后序遍历二叉树。
    初始条件:二叉树 T 存在,Visit 是对结点操作的应用函数。
    操作结果:后序遍历 T,对每个结点调用函数 Visit 一次且仅一次。一旦 Visit()失败,则操作失败。
  LevelOrderTraverse(T,Visit());层序遍历二叉树。
    初始条件:二叉树 T 存在,Visit 是对结点操作的应用函数。
    操作结果:层序遍历 T,对每个结点调用函数 Visit 一次且仅一次。一旦 Visit()失败,则操作失败。
}ADT BinaryTree
```

6.2.2 二叉树的性质

性质 1:一棵非空二叉树第 $i(i\geqslant1)$层上至多有 2^{i-1}个结点。

该性质可用数学归纳法证明。

证明:归纳基础:$i=1$ 时,有 $2^{i-1}=2^0$。因为第 1 层上只有一个根结点,所以命题成立。

归纳假设:假设对所有的 $j(1\leqslant j<i)$命题成立,即第 j 层上至多有 2^{j-1}个结点,证明 $j=i$ 时命题也成立。

归纳步骤:根据归纳假设,第 $i-1$ 层上至多有 2^{i-2}个结点。由于二叉树的每一个结点至多有两个孩子,故第 i 层上的结点数,至多是第 $i-1$ 层上的最大结点数的 2 倍,即 $j=i$ 时,该层上至多有 $2\times2^{i-2}=2^{i-1}$个结点,故命题成立。

例如:1 层至多 1 个,$2^0=1$;

2 层至多 2 个,$2^1=2$;

3 层至多 4 个,$2^2=4$;

…

性质2：一棵深度为$k(k\geqslant 1)$的二叉树中至多有2^k-1个结点。

证明：在具有相同深度的二叉树中，仅当每一层都含有最大结点数时，其树中结点数最多。因此，利用性质1可得，深度为k的二叉树的结点数至多为：$2^0+2^1+...+2^{k-1}=2^k-1$，故命题成立。

例如：1层至多1个，$2^1-1=1$；

2层至多2个，$2^2-1=3$；

3层至多4个，$2^3-1=7$；

…

性质3：一棵非空二叉树，若度为二的结点数为n_2，则叶子数$n_0=n_2+1$。

证明：设n_1为二叉树T中度为1的结点数。因为二叉树中所有结点的度均为小于或等于2，所以其结点总数为

$$n=n_0+n_1+n_2 \tag{6-1}$$

另一方面，度为1的结点有一个孩子，度为2的结点有两个孩子，故二叉树中孩子结点的总数是n_1+2n_2，但树中只有根结点不是任何结点的孩子，故二叉树中的结点总数又可表示为

$$n=n_1+2n_2+1 \tag{6-2}$$

由式(6-1)和(6-2)得

$$n_0=n_2+1 \qquad //n_0+n_1+n_2=n_1+2n_2+1$$

下面介绍两种特殊形态的二叉树，满二叉树和完全二叉树，如图6-7所示。深度为$k(k\geqslant 1)$且有2^{k-1}个结点的二叉树称为满二叉树。满二叉树上各层的结点数已达到了二叉树可以容纳的最大值。如果在一棵深度为$k(k\geqslant 1)$的满二叉树上删去第k层上最右边的连续$j(0\leqslant j<2^{k-1})$个结点，就得到一棵深度为k的完全二叉树。根据定义：

(1)满二叉树是完全二叉树，反之不成立；

(2)对于完全二叉树，若某结点无左孩子，则必无右孩子，该结点为叶子结点。

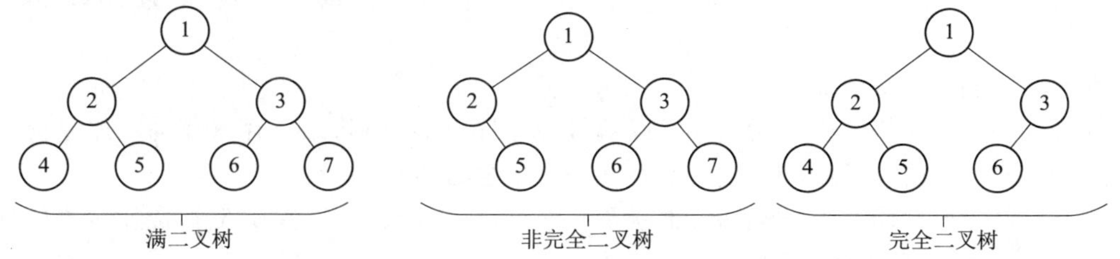

图6-7　满二叉树、非完全二叉树和完全二叉树

对满二叉树的结点进行编号，约定编号从根结点起，自上而下，自左至右。深度为k有n个结点的二叉树，当且仅当其每一个结点，都与深度为k的满二叉树中编号从1至n的结点一一对应，则称之为完全二叉树。

性质4：具有n个结点的完全二叉树的深度为$\text{floor}(\log_2 n)+1$或$\log_2(n+1)$。

函数floor(x)为求不大于x的最大整数，如floor(2.89)=2。

证明：设深度为k，则根据性质2和完全二叉树的定义，深度为$k(k\geqslant 1)$的二叉树至多有2^k-1个结点，至少有2^{k-1}个结点，得：$2^{k-1}-1<n\leqslant 2^k-1$　或　$2^{k-1}\leqslant n<2^k$。于是$k-1\leqslant \log_2 n<k$，又因为k是整数，所以$k-1=\text{floor}(\log_2 n)$，即$k=\text{floor}(\log_2 n)+1$。或者$k-1<\log_2(n+1)\leqslant k$，又因为$k$是整数，即$k=\log_2(n+1)$。

性质5：如果将一棵有n个结点的完全二叉树（即自上而下，自左至右）按层编号，则对任一编号为$i(1\leqslant i\leqslant n)$的结点有：

(1)若 $i=1$,则结点 i 是根;若 $i>1$,则 i 的双亲 PARENT(i)的结点编号为 floor($i/2$)。

(2)若 $2i>n$,则结点 i 无左孩子(且无右孩子),为叶子结点;否则,i 的左孩子 LCHILD(i)的编号为 $2i$。

(3)若 $2i+1>n$,则结点 i 无右孩子;否则,i 的右孩子 RCHILD(i)的编号为 $2i+1$。

(4)若 i 为奇数且不为 1,则结点 i 的左兄弟的编号是 $i-1$;否则,结点 i 无左兄弟。

(5)若 i 为偶数且小于 n,则结点 i 的右兄弟的编号是 $i+1$;否则,结点 i 无右兄弟。

(6)若 $i \leqslant (n/2)$,则 i 为分支结点,否则为叶子结点。

(7)若有度为 1 的结点,则只可能为一个,且该结点只有左孩子无右孩子(由完全二叉树推出)。

由图 6-8 可直观地验证性质 5 所描述的结点与编号间的对应关系。完全二叉树上结点之间的父子关系可由它们编号之间的关系来表达。

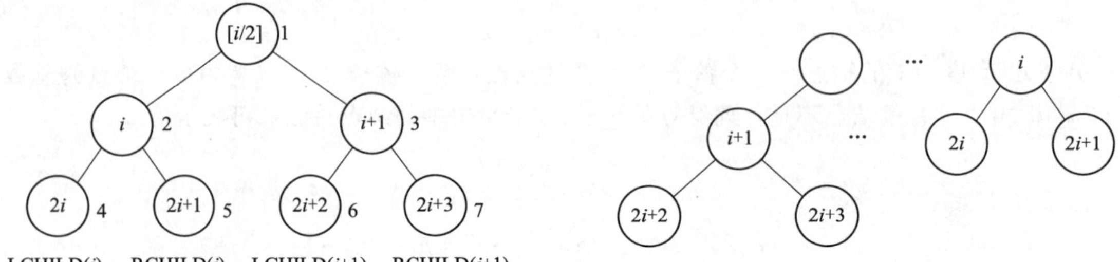

(a) 结点i和i+1在同一层上　　(b) 结点i和i+1不在同一层上

图 6-8　完全二叉树中结点 i 和 $i+1$ 的左、右孩子

6.2.3　二叉树的存储结构

1. 二叉树的顺序存储结构

二叉树的顺序存储结构由一个一维数组构成,二叉树上的结点按某种次序分别存入该数组的各个单元。

1)完全二叉树的顺序存储

对于任何完全二叉树来说,可以采用“以编号为地址”的策略将结点存入作为顺序存储结构的一维数组中。具体就是:将编号为 i 的结点存入一维数组的第 i 个单元。

由于某一结点的存储位置(即下标)也就是它的编号,借助二叉树性质 5,可以比较方便地实现二叉树的各种基本运算,如图 6-9 所示。

2)非完全二叉树的顺序存储

假如需要顺序存储的二叉树不是完全二叉树,由于二叉树性质对非完全二叉树一般不成立,因此首先必须将其转化为完全二叉树,这一目标可通过在非完全二叉树的“残缺”位置上增设“虚结点”而达到。

如图 6-9(b)所示,各个“虚结点”在数组中用一个特殊记号“∧”表示。显然,该方法造成了存储空间的浪费。

2. 二叉树的链式存储结构

二叉树有不同的链式存储结构,其中最常用的是二叉链表与三叉链表。二叉链表结点的存储结构定义如下:

【结构定义 6-1】二叉链表存储结构。

```
typedef struct BiTNode                  //二叉链表存储结构
{   TelemType data;                     // 数据域
```

```
    struct BiTNode *lchild,*rchild;        //左右孩子指针
}BiTNode,*BiTree;
```

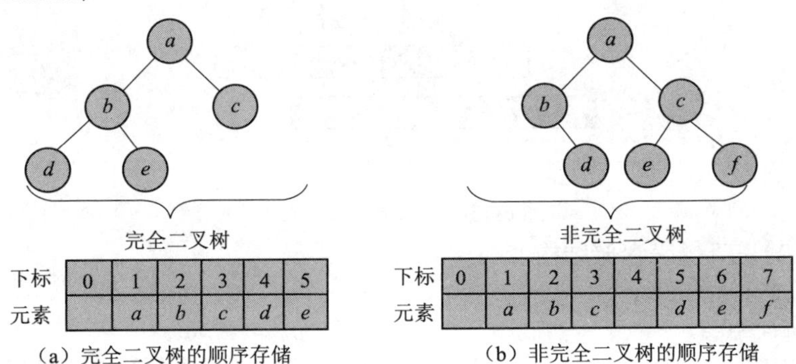

图6-9　顺序存储

例如：

```
BiTree root;                          //定义二叉链表根指针变量 root
```

其中，data 域称为数据域，用于存储二叉树结点中的数据元素；lchild 域称为左孩子指针域，用于存放指向本结点左孩子的指针(简称左指针)。rchild 域称为右孩子指针域，用于存放指向本结点右孩子的指针(简称右指针)，如图6-10所示。

lchild	data	rchild
指向左孩子的指针域	存放数据	指向右孩子的指针域

图6-10　二叉链表结点的存储结构

每个二叉链表还必须有一个指向根结点的指针(简称根指针)，根指针具有标识二叉链表的作用，对二叉链表的访问只能从根指针开始。若二叉树为空，则根指针变量 root = NULL。

所有类型为 BiTNode 的结点，再加上一个指向根结点的头指针变量 root，就构成了二叉树的存储结构，称为二叉链表。

二叉链表中每个存储结点的每个指针域必须有一个值，这个值或者是指向该结点的一个孩子的指针，或者是空指针 NULL。具有 n 个结点的二叉树中，一共有 $2n$ 个指针域，其中只有 $n-1$ 个用来指向结点的左右孩子，其余的 $n+1$ 个指针域为 NULL，如图6-11所示。

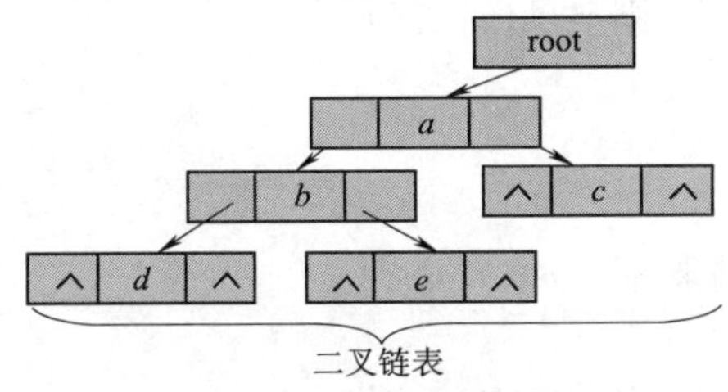

图6-11　二叉链表示意图

若经常要在二叉树中寻找某结点的双亲时，可在每个结点上再加一个指向其双亲的指针域 parent，称为三叉链表。三叉链表结点的存储结构如图6-12所示。

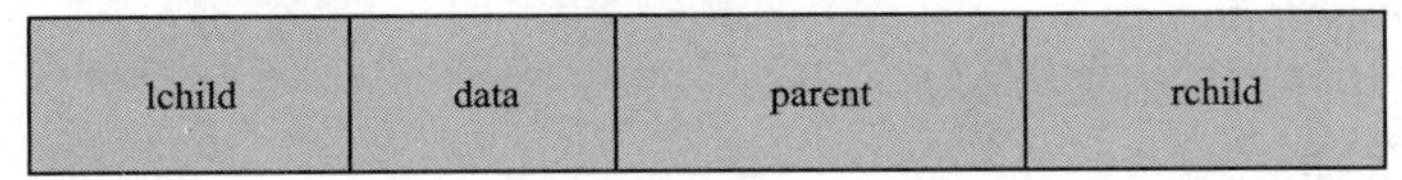

图6-12　三叉链表结点的存储结构

三叉链表与二叉链表的主要区别在于，它的结点比二叉链表的结点多一个指针域，该域用于存储一个指向本结点双亲的指针，如图6-13所示。三叉链表结点的存储结构定义如下：

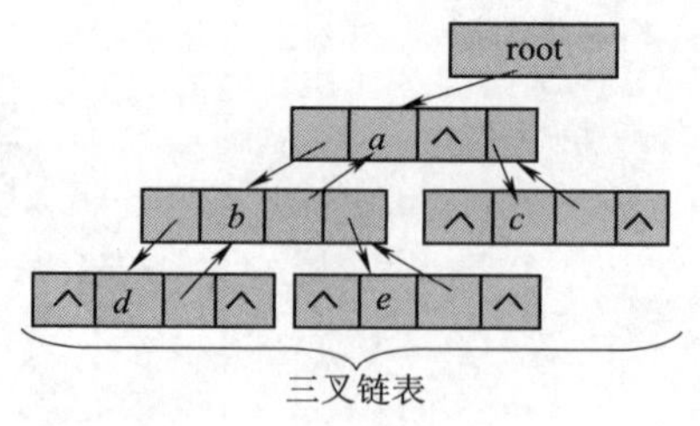

图 6-13 三叉链表示意图

【结构定义 6-2】三叉链表存储结构。

```
typedef struct TBiTNode{
    TTelemType data;                                  // 数据域
    struct TBiTNode *lchild,*rchild,*parent;          //左右孩子指针及指向双亲的指针
}TBiTNode,*TBiTree;
```

例如：

```
TBiTree root;                                         //定义三叉链表根指针变量 root
```

6.3 遍历二叉树

6.3.1 遍历二叉树

遍历一棵二叉树就是按某种次序系统地“访问”二叉树上的所有结点，使每个结点恰好被“访问”一次。所谓“访问”一个结点，是指对该结点的数据域进行某种处理，处理的内容依具体问题而定。

由定义可知，一棵二叉树由根、左子树和右子树三部分组成，因此对二叉树的遍历也可相应地分解成三项“子任务”：①访问根结点；②遍历左子树（即依次访问左子树上的全部结点）；③遍历右子树（即依次访问右子树上的全部结点）。若以 *D*、*L*、*R* 分别表示这三项子任务，并限定“先左后右”，这样可能的次序有：*DLR*、*LDR*、*LRD* 三种，按这三种次序进行的遍历分别称为先根（或先序）遍历、中根（或中序）遍历、后根（或后序）遍历。

按某种遍历方法遍历一棵二叉树，将得到该二叉树上所有结点的访问序列。

1. 先序遍历二叉树

先序遍历算法：若二叉树为空，则空操作；否则：

①先访问根结点；

②再先序遍历左子树；

③最后先序遍历右子树。

如图 6-14 所示，先序遍历结果为：*a b d e c*。

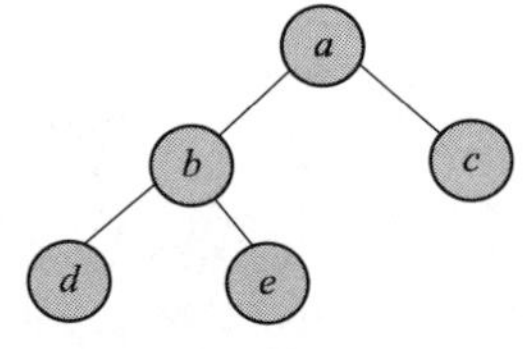

图 6-14 二叉树遍历

2. 中序遍历二叉树

中序遍历算法：若二叉树为空，则空操作；否则：

①先中序遍历左子树；

②再访问根结点；

③最后中序遍历右子树。

如图 6-14 所示，中序遍历结果为：*d b e a c*。

3. 后序遍历二叉树

后序遍历算法：若二叉树为空，则空操作；否则：

①后序遍历左子树；

②后序遍历右子树；

③后访问根结点。

如图 6-14 所示,后序遍历结果为:*d e b c a*。

4. 层次遍历

层次遍历算法:若二叉树为空,则空操作;否则,按照自上而下(从根结点开始),从左到右(同一层)的顺序,逐层访问二叉树上的所有结点。

如图 6-14 所示,层次遍历结果为:*a b c d e*。

例6-1 设表达式 $A-B*(C+D)+E/(F+G)$ 的二叉树表示如图 6-15 所示。试写出它的先序遍历、中序遍历和后序遍历。

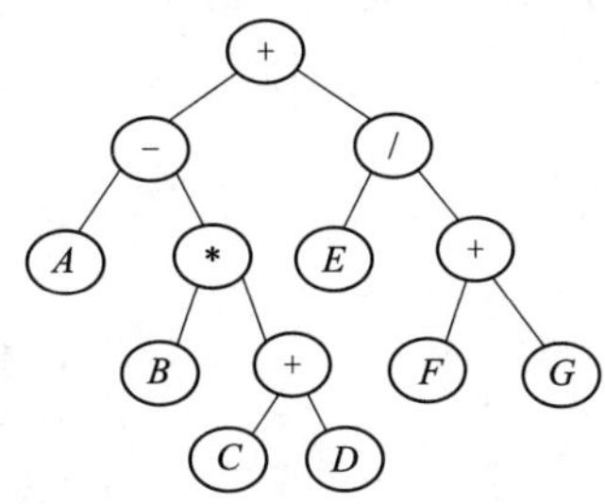

图 6-15 表达式 $A-B*(C+D)+E/(F+G)$ 的二叉树

先序遍历的结果(即前缀表达): + - A * B + C D / E + F G

中序遍历的结果:A - B * C + D + E / F + G

后序遍历结果(即后缀表达式):A B C D + * - E F G + / +

6.3.2 在二叉链表上实现遍历的递归算法

假定 Visit(*e*)是一个已定义的函数,其功能是访问 *e* 结点。最简单的 Visit()函数是:

【程序段 6-1】最简单的 Visit()函数——输出显示数据 *e*。

```
Status Visit(TelemType e)          //输出显示数据 e
{cout<<e; return OK;}              //输出元素 e 的值
```

在二叉链表上实现三种遍历的递归算法如下:

1. 先序遍历二叉树 *T* 的递归算法

二叉树采用二叉链表存储结构,Visit()是对每一结点数据元素操作的应用函数。先序遍历二叉树 *T* 的递归算法中,对每个数据元素调用 Visit()函数。实现算法如下:

【程序段 6-2】先序遍历二叉树。

```
Status PreOrderTraverse(BiTree T,Status(*Visit)(TelemType e))//先序遍历二叉树 T
{ if(T! =NULL)
  {  Visit(T->data);                         //访问根结点
     PreOrderTraverse(T->lchild,Visit);      //先序(根)遍历左子树
     PreOrderTraverse(T->rchild,Visit);      //先序(根)遍历右子树
  }
return OK;
}//PreOrderTraverse
```

2. 中序遍历二叉树 *T* 的递归算法

二叉树采用二叉链表存储结构,Visit()是对每一结点数据元素操作的应用函数。中序遍历二叉树 *T* 的递归算法中,对每个数据元素调用 Visit()函数。实现算法如下:

【程序段 6-3】中序遍历二叉树。

```
Status InOrderTraverse(BiTree T,Status(* Visit)(TelemType e))//中序遍历二叉树 T
```

```
{ if(T!=NULL)
  {  InOrderTraverse(T->lchild,Visit);        //中序(根)遍历左子树
     Visit(T->data);                          //访问根结点
     InOrderTraverse(T->rchild,Visit);        //中序(根)遍历右子树
  }
  return OK;
}//InOrderTraverse
```

3. 后序遍历二叉树 *T* 的递归算法

二叉树采用二叉链表存储结构，Visit( )是对每一结点数据元素操作的应用函数。后序遍历二叉树 *T* 的递归算法中，对每个数据元素调用 Visit( )函数。实现算法如下：

【程序段 6-4】后序遍历二叉树。

```
Status PostOrderTraverse(BiTree T,Status(* Visit)(TelemType e)) //后序遍历二叉树 T
{ if(T!=NULL)
  {  PostOrderTraverse(T->lchild,Visit);     //后序(根)遍历左子树
     PostOrderTraverse(T->rchild,Visit);     //后序(根)遍历右子树
     Visit(T->data);                         //访问根结点
  }
  return OK;
}//PostOrderTraverse
```

若去掉三种遍历算法中的 Visit(*e*)语句，则三种遍历算法基本上相同。这说明三种遍历的搜索路线相同。如图 6-16 所示，该路线从根结点出发，逆时针沿着二叉树外缘移动，对每个结点均途经三次。若访问结点均是在第一次经过结点时进行的，则是前序遍历；若访问结点均是在第二次(或第三次)经过结点时进行的，则是中序遍历(或后序遍历)。因此，只要将搜索路线上所有在第一次、第二次和第三次经过的结点分别列表，即可分别得到该二叉树的前序序列、中序序列和后序序列。这三种序列都是线性序列，有且仅有一个开始结点和一个终端结点，其余结点都有且仅有一个前驱结点和一个后继结点。

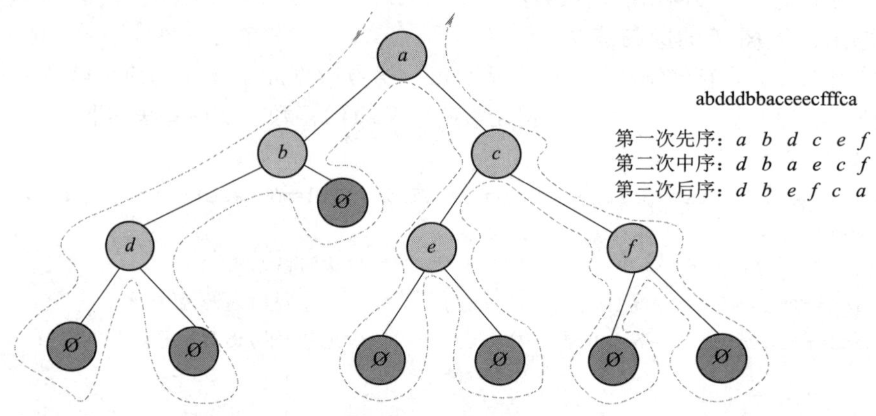

图 6-16　二叉树三种遍历算法示意图

6.3.3　在二叉链表上实现遍历的非递归算法

在下面的非递归遍历算法中，以二叉链表方式存储，使用 C++系统的堆栈模版 stack。stack 模板类的定义在 <stack> 头文件中。

程序中，Visit( )是对数据元素操作的应用函数(同上)，在遍历二叉树 T 的非递归算法，对每个数据元素调用函数 Visit( )。

1. 在二叉链表上实现前序遍历的非递归算法

根据前序遍历访问的顺序,优先访问根结点,然后再分别访问左孩子和右孩子。即对于任一结点,可看作是根结点,可以直接访问。访问完之后,若其左孩子不空,按相同规则访问它的左子树;当访问完左子树后,若其右子树不空,再访问它的右子树。借助数据栈,其处理过程如下:

对于任一结点 P:

(1)访问结点 P,并将结点 P 入栈(注意:进栈顺序一定是先右孩子,再左孩子);

(2)判断结点 P 的左孩子是否为空,若为空,则取栈顶结点并进行出栈操作,并将栈顶结点的右孩子置为当前的结点 P,循环至(1);若不为空,则将 P 的左孩子置为当前的结点 P;

(3)直到 P 为 NULL 并且栈为空,则遍历结束。

【程序段 6-5】在二叉链表上实现前序遍历的非递归算法。

```
Status PreOrderTraverse1(BiTree T, Status(*Visit)(TelemType e))
                                                //前序非递归遍历二叉树
{   stack<BiTNode*>s;
    BiTree p=T;                                 //p指向当前访问的结点
    while(p||! s.empty()) //
    { if(p){Visit(p->data);s.push(p);p=p->lchild;}//访问结点p,遍历左子树
      else{p=s.top();s.pop(); p=p->rchild;}
    }
    return OK;
}
```

程序段 6-5 视频讲解

2. 在二叉链表上实现中序遍历的两种非递归算法

根据中序遍历的顺序,对于任一结点,优先访问其左孩子,而左孩子结点又可以看作一根结点,然后继续访问其左孩子结点,直到遇到左孩子结点为空的结点才进行访问。然后按相同的规则访问其右子树。借助数据栈,其处理过程如下:

对于任一结点 P:

(1)若其左孩子不为空,则将 P 入栈并将 P 的左孩子置为当前的 P,然后对当前结点 P 再进行相同的处理;

(2)若其左孩子为空,则取栈顶元素并进行出栈操作,访问该栈顶结点,然后将当前的 P 置为栈顶结点的右孩子;

(3)直到 P 为 NULL 并且栈为空则遍历结束。

例如,如图 6-17 所示,借助栈,其中序遍历的访问过程如下:

①沿着根的左孩子,依次入栈,直到左孩子为空,说明已找到可以输出的结点,此时栈内元素依次为 ABD;

②栈顶元素出栈并访问:若其右孩子为空,继续执行②;若其右孩子不空,将右子树入栈并作为当前根结点转①执行。栈顶 D 出栈并访问,它是中序序列的第一个结点;D 右孩子为空,栈顶 B 出栈并访问;B 右孩子不空,将其右孩子 E 入栈,E 左孩子为空,栈顶 E 出栈并访问;E 右孩子为空,栈顶 A 出栈并访问;A 右孩子不空,将其右孩子 C 入栈,C 左孩子为空,栈顶 C 出栈并访问。由此得到中序序列 $DBEAC$。

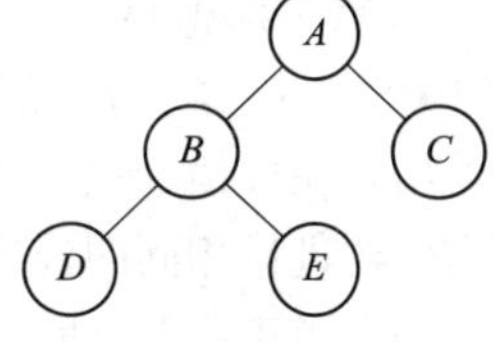

图 6-17 二叉树

【程序段 6-6】在二叉链表上实现中序遍历的非递归算法 1。

```
Status InOrderTraverse1(BiTree T,Status(*Visit)(TelemType e))//中序遍历方法1
{   stack<BiTNode*>s;
    BiTree p=T;
    while(p||! s.empty())
```

```
{   if(p){ s.push(p);p=p->lchild;}          //根指针进栈,遍历左子树
    else { p=s.top();s.pop();               //根指针退栈
           Visit(p->data);                  //访问根结点
           p=p->rchild;                     //遍历右子树
         }//else
 }//while
 return OK;
}//InOrderTraverse
```

程序段 6-6
视频讲解

还有一种方法，首先若根指针非空进栈，然后对于任一结点，优先访问其左孩子并入栈，而左孩子结点又可以看作根结点，继续访问其左孩子结点并入栈，直到遇到左孩子结点为空终止（即向左走到尽头）。然后按相同的规则依次退栈访问其右子树。借助数据栈，其源程序如下：

【程序段 6-7】在二叉链表上实现中序遍历的非递归算法 2。

```
Status InOrderTraverse2(BiTree T,Status(*Visit)(TelemType e))//中序遍历方法2
{    stack<BiTNode*>s;
     BiTree p=T;
     s.push(T);                              //根指针进栈
     while(!s.empty()) //若堆栈非空(若S为空栈返回TRUE,否则返回FALSE)
     {  while(p=s.top())if(p)s.push(p->lchild);//向左走到尽头
        p=s.top();s.pop();                   //空指针退栈
        if(! s.empty())                      //若堆栈非空
        { p=s.top();s.pop();
          Visit(p->data);                    //访问结点,向右一步
          s.push(p->rchild);
        }//if
     }//while
     return OK;
}//InOrderTraverse
```

程序段 6-7
视频讲解

3. 在二叉链表上实现后序遍历的两种非递归算法

后序遍历的非递归实现是三种遍历方式中最难的一种。因为在后序遍历中，要保证左孩子和右孩子都已被访问并且左孩子在右孩子前访问才能访问根结点，这就为流程的控制带来了难题。下面介绍两种思路。

1）第一种思路

对于任一结点 P，将其入栈，然后沿其左子树一直往下搜索，直到搜索到没有左孩子的结点，此时该结点出现在栈顶，但是不能将其出栈并访问，因其右孩子还未被访问。所以接下来按照相同的规则对其右子树进行相同的处理，当访问完其右孩子时，该结点又出现在栈顶，此时可以将其出栈并访问。这样就保证了正确的访问顺序。可以看出，在这个过程中，每个结点都两次出现在栈顶，只有在第二次出现在栈顶时，才能访问它。因此需要多设置一个变量标识该结点是否是第一次出现在栈顶。

【程序段 6-8】在二叉链表上实现后序遍历的非递归算法 1。

```
Status PostOrderTraverse1(BiTree T,Status(*Visit)(TelemType e))
                                            //后序非递归遍历二叉树
{     stack<BiTNode*>s;
      BiTree p=T,pre=NULL;                  //p指向当前访问的结点
      while(p||! s.empty())
      { if(p){s.push(p);p=p->lchild;}
        else
```

程序段 6-8
视频讲解

```
        { p=s.top();
        if(p->rchild && pre!=p->rchild) p=p->rchild;
        else{s.pop();Visit(p->data);pre=p;p=NULL;}
                                      //pre指向上次访问右结点,避免再次访问
      }
    }
  return OK;
}
```

2)第二种思路

要保证根结点在左孩子和右孩子访问之后才能访问,因此对于任一结点 P,先将其入栈。如果 P 不存在左孩子和右孩子,则可以直接访问它;或者 P 存在左孩子或者右孩子,但是其左孩子和右孩子都已被访问过了,则同样可以直接访问该结点。若非上述两种情况,则将 P 的右孩子和左孩子依次入栈,这样就保证了每次取栈顶元素的时候,左孩子在右孩子前面被访问,左孩子和右孩子都在根结点前面被访问。

【程序段6-9】在二叉链表上实现后序遍历的非递归算法2。

```
Status PostOrderTraverse2(BiTree T,Status(*Visit)(TelemType e))
                                      //后序非递归遍历二叉树
{   stack<BiTNode*>s;
    BiTree p=T,last=T;
    s.push(p);
    while(! s.empty())
    { p=s.top();s.pop();
      if(last==p->lchild||last==p->rchild)  //左右子树已经访问完了,访问根结点
        {Visit(p->data);last=p; }
      else if(p->lchild||p->rchild) //左右子树未访问,当前结点入栈,左右结点入栈
         { s.push(p);
           if(p->rchild) s.push(p->rchild);
           if(p->lchild) s.push(p->lchild);
         }else{Visit(p->data);last=p;}          //当前结点为叶子结点,访问
    }
    return OK;
}
```

微视频

程序段6-9
视频讲解

4.在二叉链表上实现层次遍历的非递归算法(队列)

按层次进行遍历时,当一层结点访问完后,接着访问下一层的结点,先遇到的结点先访问,这与队列的操作原则是一致的。因此,在进行层次遍历时,可设置一个数组来模拟队列,用于保存被访问结点的子结点的地址。遍历从二叉树的根结点开始,首先将根结点指针入队列,然后从队头取出一个元素,每取一个元素,执行下面两个操作:

(1)访问该元素所指结点;

(2)若该元素所指结点的左、右孩子结点非空,则将该元素所指结点的左孩子指针和右孩子指针依次入队。

此过程不断进行,直到队空为止。

在下面的层次遍历算法中,以二叉链表方式存储,使用C++系统的队列模板queue。queue模板类的定义在<queue>头文件中。

【程序段6-10】在二叉链表上实现层次遍历的非递归算法。

```
void LevelOrderTraverse1(BiTree T,Status(* Visit)(TelemType e))//按层次遍历二叉树
```

```
{   queue < BiTNode* > Q;
    BiTree p = T;
    Q.push(p);                          //根结点地址入队
    while(! Q.empty())
    { p = Q.front();Q.pop();            //队首元素出队列赋值给 p
      if(p)                             //若 p 非空
      {   Visit(p -> data);             //访问队首结点的数据域
          Q.push(p -> lchild);          //将队首结点的左孩子结点入队列
          Q.push(p -> rchild);          //将队首结点的右孩子结点入队列
      }
    }
}
```

微视频

程序段 6-10
视频讲解

6.3.4 在二叉链表上建立二叉树

1. 在二叉链表上按先序序列建立二叉树

按先序次序输入二叉树中结点的值(一个字符),#字符表示空树,构造二叉链表表示的二叉树。根据二叉树先序遍历算法思想,程序实现方法如下:

【程序段 6-11】在二叉链表上按先序序列建立二叉树。

```
Status CreateBiTree(BiTree &T)                   // 按先序序列建立二叉树
{  char ch;puts("\ n 请输入一个字符:");ch = getchar();getchar();
   if(ch == '#') T = NULL;
   else{  if(! (T = (BiTNode * )malloc(sizeof(BiTNode))))exit(OVERFLOW);
          T -> data = ch;                        //生成根结点
          CreateBiTree(T -> lchild);             //构造左子树
          CreateBiTree(T -> rchild);             //构造右子树
          return OK;
      }//else
   return OK;
}//CreateBiTree
```

微视频

程序段 6-11
视频讲解

2. 按层次顺序建立一棵二叉树

按层次顺序输入二叉树中结点的值(一个字符),#字符表示空树,构造二叉链表表示的二叉树。根据二叉树层次遍历算法思想,使用队列,其程序实现方法如下:

【程序段 6-12】按层次顺序建立一棵二叉树。

```
Status LevelCreateBiTree(BiTree &T)              //按层次顺序建立二叉树
{ BiTree p,s;                                    //p 指向父亲结点,s 指向孩子结点
  queue < BiTNode* > Q; char ch;
  puts("\ n 请输入一个字符:");ch = getchar();getchar();
  if(ch == '#') {return NULL;}
  T = (BiTNode*)malloc(sizeof(BiTNode));         //生成根结点
  T -> data = ch; Q.push(T);                     //用队列实现层次遍历
  while(!Q.empty())
  { p = Q.front();Q.pop();
    puts("\ n 请输入一个字符:");
    ch = getchar();getchar();                    //为了简化操作,分别对左右子结点进行赋值
    if(ch! = '#')                                //子树不空则进队列进行扩充,下同
      {s = (BiTNode* )malloc(sizeof(BiTNode)); s -> data = ch; p -> lchild = s; Q.push(s);}
    else {p -> lchild = NULL;}
```

微视频

程序段 6-12
视频讲解

```
    puts("\ n请输入一个字符:");ch=getchar();getchar();
   if(ch! ='#')
   {s=(BiTNode* )malloc(sizeof(BiTNode)); s->data=ch;p->rchild=s; Q.push(s);}
   else {p->rchild=NULL;}
  }
  return OK;
}
```

6.3.5 二叉树的其他基本运算

1. 统计二叉树的叶子结点数

基本思想:

(1)二叉树结点的左子树和右子树都为空,则该结点为叶子结点,返回1;

(2)递归统计 *T* 的左子树叶子结点数;

(3)递归统计 *T* 的右子树叶子结点数;

(4)总叶子数为左子树的叶子数+右子树的叶子数。

实现算法如下:

【程序段6-13】递归法统计二叉树的叶子结点数。

```
int LeavesNum(BiTree T)                    //递归法求叶子结点数
{ if(T)   //开始时,T为根结点所在链结点的指针,返回值为T的叶子数
  {  if(T->lchild==NULL&&T->rchild==NULL)   return 1;
     return LeavesNum(T->lchild)+LeavesNum(T->rchild);
  }
  return 0;
}
```

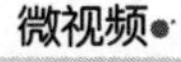

程序段6-13
视频讲解

非递归法求叶子结点个数算法同在二叉链表上实现前序遍历的非递归算法。

【程序段6-14】非递归法统计二叉树的叶子结点数。

```
int LeavesNum_F(BiTree T)                  //非递归法求叶子结点数
{  int count=0;
   stack<BiTNode*>s;
   BiTree p=T;
   while(p||! s.empty())
   {  if(p)
      {  s.push(p);
         if(p->lchild= =NULL&&p->rchild= =NULL) count++;
         p=p->lchild;
      }
      else {p=s.top();s.pop();p=p->rchild; }
   }
   return count;
}
```

微视频

程序段6-14
视频讲解

2. 求二叉树的结点总数

基本思想:

(1)若二叉树根结点为空,返回0;

(2)若二叉树根结点非空:

①递归统计 *T* 的左子树结点数;

②递归统计 *T* 的右子树结点数;

(3)总结点数为左子树的结点数+右子树的结点数+1。

实现算法如下：

【程序段 6-15】求二叉树的结点总数。

```
int NumNode(BiTree T)                           //求二叉树的结点数
{  if(T==NULL)     return 0 ;
   else   return NumNode(T->lchild)+NumNode(T->rchild)+1;
}
```

微视频

程序段 6-15
视频讲解

3. 求二叉树的深度

基本思想：

若二叉树为空，则返回 0，否则：

①递归统计左子树的深度；

②递归统计右子树的深度；

递归结束，返回其中大的一个，即是二叉树的深度。

实现算法如下：

【程序段 6-16】求二叉树的深度。

```
int TreeDepth(BiTNode * T)                        //求二叉树深度
{    int ldep=0,rdep=0;                         //定义两个整型变量,存放左、右子树的深度
     if(T==NULL) return 0;                        //若树空则返回 0
     else{ ldep=TreeDepth(T->lchild);             //递归统计左子树深度
           rdep=TreeDepth(T->rchild);             //递归统计右子树深度
           if(ldep>rdep) return ldep+1;           //左子树深度加 1
           else            return rdep+1;          //否则返回右子树深度加 1
         }
}
```

微视频

程序段 6-16
视频讲解

用 ldep>rdep 作为判断条件，保持左右子树加 1 而不混串。

4. 查找数据元素

在 T 为根结点指针的二叉树中查找数据元素 x。查找成功时返回该结点的指针；查找失败时返回空指针。

基本思想：

先判别二叉树的根结点是否与 x 相等，若相等则返回，否则：

①递归在 T->lchild 为根结点指针的二叉树中查找数据元素 x；

②递归在 T->rchild 为根结点指针的二叉树中查找数据元素 x。

实现算法如下：

【程序段 6-17】在二叉树中查找数据元素。

```
BiTree Search(BiTree T,TelemType x)         //查找数据元素
{     if(T->data==x) return T;
        //若查找根结点成功,即返回。否则,分别在左、右子树查找
      if(T->lchild!=NULL)return(Search(T->lchild,x));
        //在 bt->lchild 为根结点指针的二叉树中查找数据元素 x
      if(T->rchild!=NULL)return(Search(T->rchild,x));
        //在 bt->rchild 为根结点指针的二叉树中查找数据元素 x
      return NULL;                               // 查找失败返回
}
```

微视频

程序段 6-17
视频讲解

也可用前序遍历算法的 visit()函数完成比较寻找。

5. 将二叉树的左右子树互换

【程序段 6-18】将二叉树的左右子树互换。

```
void Exchange(BiTree &T)                       //递归法将二叉树的左右子树互换
{  BiTree temp;
   if(T)
   { Exchange(T->lchild);                      //递归替换左孩子
     Exchange(T->rchild);                      //递归替换右孩子
     temp=T->lchild;
     T->lchild=T->rchild;
     T->rchild=temp;
   }
}
```

微视频

程序段 6-18
视频讲解

6. 二叉树算法综合练习

微视频

综合练习 6-1
视频讲解

【综合练习 6-1】在二叉链表上建立及遍历二叉树综合练习。

```
#include<stack>
#include<queue>
#include <iostream>
using namespace std;
typedef   char   TelemType;                              //元素类型
typedef   int   Status;                                  //状态
#define   TRUE       1
#define   FALSE      0
#define   OK         1
#define   ERROR      0
#define   OVERFLOW   -2
此处插入【结构定义 6-1】BiTNode,* BiTree 二叉链表存储结构
Status Visit(TelemType e){cout<<e; return OK;}
此处插入【程序段 6-2】PreOrderTraverse 函数         //先序遍历二叉树 T
此处插入【程序段 6-3】InOrderTraverse 函数          //中序遍历二叉树 T
此处插入【程序段 6-4】PostOrderTraverse 函数        //后序遍历二叉树 T
此处插入【程序段 6-5】PreOrderTraverse1 函数        //前序遍历的非递归算法
此处插入【程序段 6-6】InOrderTraverse1 函数         //中序遍历非递归算法 1
此处插入【程序段 6-7】InOrderTraverse2 函数         //中序遍历非递归算法 2
此处插入【程序段 6-8】PostOrderTraverse1 函数       //后序非递归遍历二叉树 1
此处插入【程序段 6-9】PostOrderTraverse2 函数       //后序非递归遍历二叉树 2
此处插入【程序段 6-10】LevelOrderTraverse1 函数     //按照层次遍历二叉树
此处插入【程序段 6-11】CreateBiTree 函数            //按先序次序构造二叉链表
此处插入【程序段 6-12】LevelCreateBiTree 函数       //按层次顺序建立二叉树
void main()
{   BiTNode t[]={{'a',0,0},{'b',0,0},{'c',0,0},{'d',0,0}};//设置一棵二叉树结点
    BiTree T=t;
    t[0].lchild=&t[1];t[0].rchild=&t[2];t[1].rchild=&t[3];
                                                  //设置二叉树 t 各结点左右孩子指向
    cout<<endl<<"按先序递归遍历二叉树:"<<endl;PreOrderTraverse(T,Visit);
    cout<<endl<<"按中序递归遍历二叉树:"<<endl;InOrderTraverse(T,Visit);
    cout<<endl<<"按后序递归遍历二叉树:"<<endl;PostOrderTraverse(T,Visit);
    LevelCreateBiTree(T);//按层次顺序建立二叉树——两个建立方法,可自选一种,可调整位置
    CreateBiTree(T);      //按先序次序构造二叉树——两个建立方法,可自选一种,可调整位置
```

```
    cout <<endl <<"按先序非递归遍历二叉树:" <<endl;PreOrderTraverse1(T,Visit);
    cout <<endl <<"按中序非递归 111 遍历二叉树:" <<endl;InOrderTraverse1(T,Visit);
    cout <<endl <<"按中序非递归 222 遍历二叉树:" <<endl;InOrderTraverse2(T,Visit);
    cout <<endl <<"按后序非递归 111 遍历二叉树:" <<endl;PostOrderTraverse1(T,Visit);
    cout <<endl <<"按后序非递归 222 遍历二叉树:" <<endl;PostOrderTraverse2(T,Visit);
    cout <<endl <<"按层次非递归 111 遍历二叉树:" <<endl; LevelOrderTraverse1(T,Visit);
}
```

【综合练习 6-2】二叉树其他基本运算综合练习。

微视频

综合练习 6-2 视频讲解

```
#include <stack>
#include <iostream>
using namespace std;
typedef  char  TelemType;                         //元素类型
typedef  int   Status;                            //状态
#define  TRUE       1
#define  FALSE      0
#define  OK         1
#define  ERROR      0
#define  OVERFLOW   -2
此处插入【结构定义 6-1】BiTNode,*BiTree 二叉链表存储结构
Status Visit(TelemType e){cout <<e; return OK;}
此处插入【程序段 6-13】LeavesNum 函数               //递归法求叶子结点个数
此处插入【程序段 6-14】LeavesNum_F 函数             //非递归法求叶子结点个数
此处插入【程序段 6-15】NumNode 函数                 //求二叉树树的结点个数
此处插入【程序段 6-16】TreeDepth 函数               //求二叉树深度
此处插入【程序段 6-17】Search 函数                  //查找数据元素
此处插入【程序段 6-18】Exchange 函数                //递归法将二叉树的左右子树互换
void main()
{   BiTNode t[]={{'a',0,0},{'b',0,0},{'c',0,0},{'d',0,0}};
    BiTNode t1[]={{'a',0,0},{'b',0,0},{'c',0,0},{'d',0,0}};
    BiTree T=t,T1=t1,p;
    t[0].lchild=&t[1];t[0].rchild=&t[2];t[1].rchild=&t[3];
    t1[0].lchild=&t1[1];t1[0].rchild=&t1[2];t1[1].rchild=&t1[3];
    int count=0;
    count=LeavesNum(T);
    cout <<endl <<"按递归求二叉树叶子数:" <<count <<endl;
    count=LeavesNum_F(T);                         //非递归法求叶子结点个数
    cout <<endl <<"按非递归求二叉树叶子数:" <<count <<endl;
    count=NumNode(t);
    cout <<endl <<"按递归求二叉树的总结点数:" <<count <<endl;
    count=TreeDepth(T);                           //求二叉树深度
    cout <<endl <<"按递归求二叉树的深度:" <<count <<endl;
    p=Search(T,'B');                              //未查找到
    if(p) cout <<endl <<"按递归在二叉树查找'B':" <<p->data <<endl;
    else cout <<endl <<"未查找到'B'!" <<endl;
    p=Search(T,'b');
    if(p) cout <<endl <<"按递归在二叉树查找'b':" <<p->data <<endl;
    else cout <<endl <<"未查找到'b'!" <<endl;
    cout <<T->lchild->data <<T->rchild->data <<endl;
    cout <<"递归法将二叉树的左右子树互换:" <<endl;
```

```
    Exchange(T);
    cout << T -> lchild -> data << T -> rchild -> data << endl;
}
```

6.4　恢复二叉树

二叉树的先序遍历是先访问根结点,然后再遍历根结点的左子树,最后遍历根结点的右子树。即在先序序列中,第一个结点必定是二叉树的根结点。

中序遍历则是先遍历左子树,然后访问根结点,最后再遍历右子树。这样,根结点在中序序列中必然将中序序列分割成两个子序列,前一个子序列是根结点的左子树的中序序列,而后一个子序列是根结点的右子树的中序序列。

根据这两个子序列,先由先序序列确定第一个结点为根结点;知道根结点后,按中序序列可以划分左、右子树。

在先序序列中,左子树序列的第一个结点是左子树的根结点,右子序列的第一个结点是右子树的根结点。这样,就确定了二叉树的三个结点。

同时,左子树和右子树的根结点又可以分别把左子序列和右子序列划分成两个子序列,如此递归下去,当取尽先序序列中的结点时,便可以恢复一棵二叉树。

1. 由先序和中序恢复二叉树

(1)据先序序列确定树的根(第一个结点),据中序序列确定左子树和右子树;

(2)据中序序列的左右子树,划分先序序列的左右子树,并分别找出左子树和右子树的根结点,把左、右子树的根结点连到父结点上去;

(3)对左子树和右子树按此法找根结点和左、右子树,直到子树只剩下1个结点或2个结点或空为止。

例6-2　由下列先序序列和中序序列恢复二叉树。

先序序列:A　$\underline{C\ B\ R\ S\ E\ D\ F\ M\ L\ K}$

中序序列:$\underline{R\ B\ S\ C\ E}$　A　$\underline{F\ D\ L\ K\ M}$

首先,由先序序列可知,结点 A 是二叉树的根结点;其次,根据中序序列,在 A 之前的所有结点都是根结点左子树的结点,在 A 之后的所有结点都是根结点右子树的结点:

先序序列:A　$\underline{C\ \ B\ \ R\ \ S\ \ E}$　$\underline{D\ \ F\ \ M\ \ L\ \ K}$

根　左子树　右子树

中序序列:$\underline{R\ \ B\ \ S\ \ C\ \ E}$　A　$\underline{F\ \ D\ \ L\ \ K\ \ M}$

左子树　根　右子树

继续对左、右子树进行分解:

左子树:　右子树:

先序序列:C　$\underline{B\ \ R\ \ S}$　$\underline{E}$　D　$\underline{F}$　$\underline{M\ \ L\ \ K}$

根　左子树　右子树　根　左子树　右子树

中序序列:$\underline{R\ \ B\ \ S}$　C　$\underline{E}$　$\underline{F}$　D　$\underline{L\ \ K\ \ M}$

左子树　根　右子树　左子树　根　右子树

再按同样的方法继续分解下去,最后得到如图6-18所示的整棵二叉树。

上述过程是一个递归过程,其递归算法的思想是:先根据先序序列的第一个元素建立根结点;然后在中序序列中找到该元素，确定根结点的左、右子树的中序序列；再在先序序列中确定左、右子树的先序序列；最后由左子树的先序序列与中序序列建立左子树，由右子树的先序序列与中序序列建立右子树。

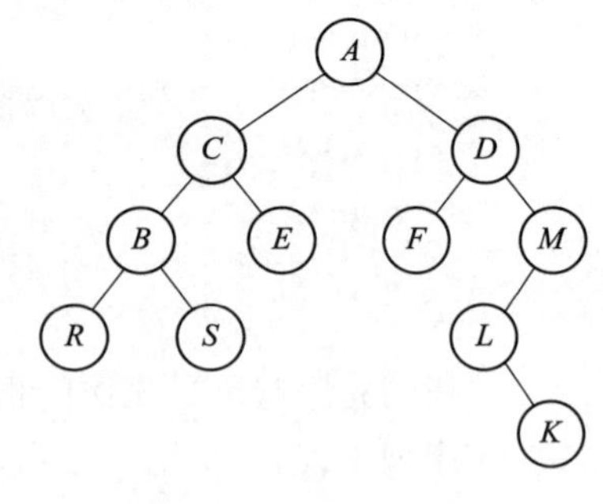

图 6-18　按先序和中序序列恢复二叉树

2. 由中序和后序恢复二叉树

由二叉树的后序序列和中序序列也可唯一地确定一棵二叉树。其方法为：

(1)据后序序列找出根结点(最后一个)，据中序序列确定左、右子树；

(2)据后序序列分别找出左子树和右子树的根结点，并把左、右子树的根结点连到父结点上去；

(3)再对左子树和右子树按此法找根结点和左、右子树，直到子树只剩下 1 个结点或 2 个结点或空为止。

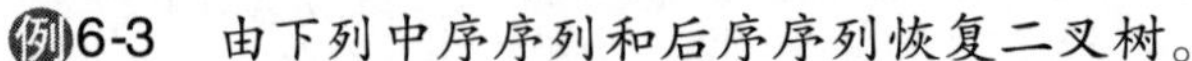
例6-3　由下列中序序列和后序序列恢复二叉树。

后序序列：*C E D B*　*H G J I F*　*A*

中序序列：*C B E D*　*A*　*G H F J I*

首先，由后序序列可知，结点 *A* 是二叉树的根结点；其次，根据中序序列，在 *A* 之前的所有结点都是根结点左子树的结点，在 *A* 之后的所有结点都是根结点右子树的结点：

后序序列：*C E D B*　*H G J I F*　*A*
　　　　　左子树　　右子树　根

中序序列：*C B E D*　*A*　*G H F J I*
　　　　　左子树　根　右子树

继续分解：

　　　　　左子树　根　　右子树　根
后序序列：*C*　*E D*　*B*　　*H G*　*J I*　*F*
中序序列：*C*　*B*　*E D*　*G H*　*F*　*J I*
　　　　　左子树　根　右子树　左子树　根　右子树

再按同样的方法继续分解下去，最后得到如图 6-19 的整棵二叉树。

此外，若二叉树的前序序列为 *AB*，后序序列为 *BA*，则二叉树有图 6-20 所示两种形态。

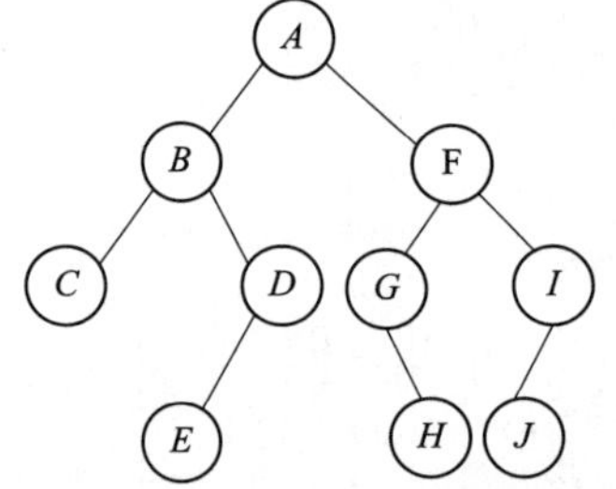

图 6-19　由中序和后序序列恢复二叉树

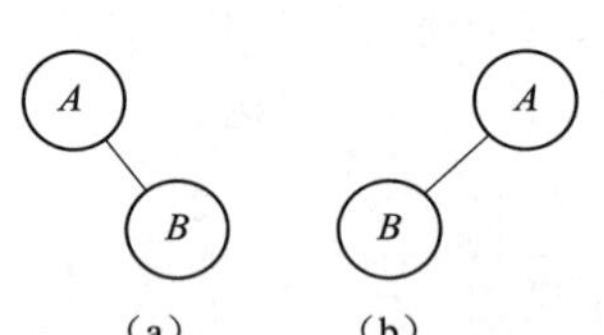

图 6-20　二叉树前后序列为 *AB* 和 *BA* 的两种形态

由二叉树的先序序列、中序序列可以确定一颗二叉树，后序与中序、层序与中序同样也可以确定一棵二叉树,但是后序、先序、层序两两组合不能确定一颗二叉树。

6.5 线索二叉树

遍历二叉树是以一定规则将二叉树中的结点排成一个线性序列,将一个非线性结构线性化。问题是仅依靠二叉树自身信息并不能直接得到结点在任一序列中的前驱和后继,这种信息只有在动态遍历中才能得到。所以某次遍历得到的信息,下次再用时,仍要重新遍历。

6.5.1 保存在遍历过程中得到的信息

保存在遍历过程中得到的信息一般有两种方法:

方法1:在每个结点上增加指针域。在每个结点上增加指针域fwd和bwd,分别指示结点在任一次序遍历时,得到的前驱和后继,但这样将大大降低存储空间的利用率。

方法2:利用已有的指针域存放。n个结点的二叉链表中含有$n+1$个空指针域,可以充分利用这些空指针域,存放指向结点在某种遍历次序下的前驱和后继结点的指针,以提高遍历或查找结点在指定次序下的前驱和后继运算的效率。

试做如下规定:若结点有左子树,则其lchild域指示其左孩子,否则令lchild域指示其前驱;若结点有右子树,则其rchild域指示其右孩子,否则令rchild域指示其后继。为此须在二叉链表中增加两个域:ltag、rtag,如图6-21所示。ltag = 0表示lchild为指向结点左孩子的指针,ltag = 1表示lchild为指向结点前驱的左线索;rtag = 0表示rchild为指向结点右孩子的指针,rtag = 1表示rchild为指向结点后继的右线索。

lchild	ltag	data	rtag	rchild

图6-21　线索链表中结点的结构

以这种结点结构构成的二叉链表作为二叉树的存储结构,叫作线索链表,其中指向结点前驱和后继的指针,叫作线索。相应地,采用这种存储结构的二叉树称为线索二叉树。

二叉树的二叉线索存储表示如下:

【结构定义6-3】二叉树的二叉线索存储结构。

```
typedef struct BiThrNode                    //二叉树的二叉线索存储结构
{    TelemType  data;                       //数据域
     struct BiThrNode *lchild,*rchild;      //左右孩子指针
     int ltag,rtag;                         //左右标志
}BiThrNode,*BiThrTree;
```

在二叉树的线索链表上也添加一个头结点,并令其lchild域的指针指向二叉树的根结点。

6.5.2 线索化

将二叉树以某种次序遍历,使其变为线索二叉树的过程称为线索化。具体地体现在将二叉链表变为线索链表。

由于二叉树结点的序列可由不同的遍历方法得到,因此,线索二叉树也有先序线索二叉树、中序线索二叉树和后序线索二叉树三种。在三种线索二叉树中一般以中序线索化用得最多,所以下面以图6-22所示的二叉树为例,说明中序线索二叉树的方法。

(1)先写出原二叉树的中序遍历序列:*D G B A E C H F*。

(2)若结点的左子树为空,则此线索指针将指向前一个遍历次序的结点,如*G*、*E*、*H*结点;

(3)若结点的右子树为空,则此线索指针将指向下一个遍历次序的结点,如 G、B、E、H 结点。

图 6-22 所含的中序线索二叉树的结果中,其实线表示指针,虚线表示线索。

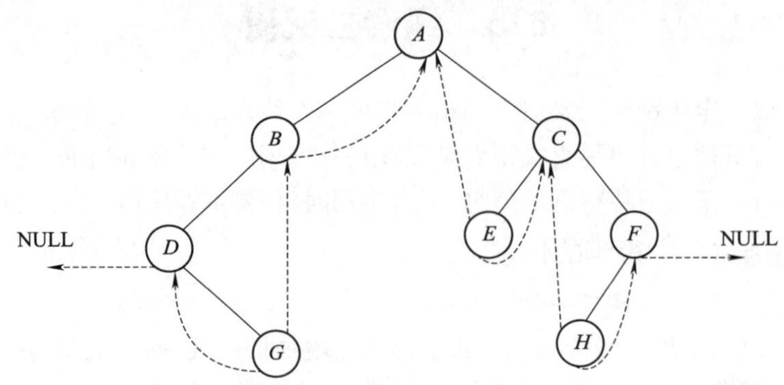

图 6-22　中序线索二叉树

另外,为了便于操作,在存储线索二叉树时需要增设一头结点,其结构与其他线索二叉树的结点结构一样。

6.5.3　在线索树中找结点的前、后继

1. 中序线索二叉树

根据中序遍历的规律可知,若其右标志为"1",则右链为线索,指示其后继;否则结点的后继应是遍历其右子树时访问的第一个结点,即右子树中最左下的结点。如图 6-23 所示,在中序线索树中找其后继的规律是:

rtag = 1 时,rchild 所指的结点即为后继;如 e 的后继为 a,d 的后继为 b。

rtag = 0 时,其后继为遍历其右子树时的第一个结点(右子树最左下结点)。如 a 的后继为 c,b 的后继为 e。

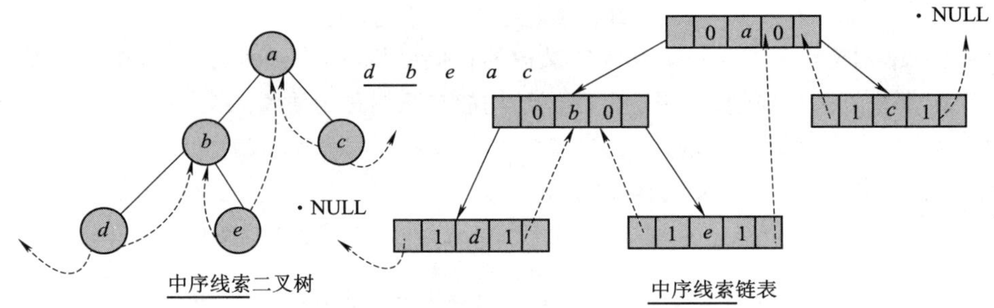

图 6-23　中序线索二叉树中的前驱和后继

根据中序遍历的规律可知,若其左标志为"1",则左链为线索,指示其前驱;否则为遍历左子树时最后访问的一个结点(左子树中最右下的结点)为其前驱。如图 6-23 所示,在中序线索树中找其前驱的规律是:

ltag = 1 时,lchild 所指的结点即为前驱;如 e 的前驱为 b,c 的前驱为 a。

ltag = 0 时,其前驱为遍历其左子树时的最后一个结点(左子树中最右下的结点)。如 b 的前驱为 d。

如图 6-24(a)所示线索二叉树,中序遍历次序为 *DBMJGKNEHAFLIC*。中序线索链表各结点信息如图 6-24(b)所示。

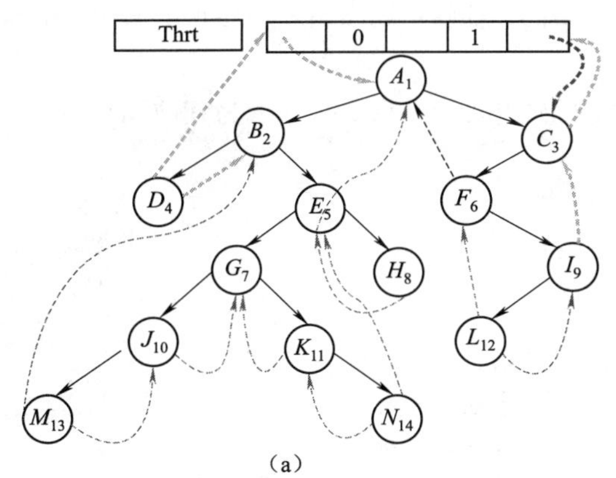

（a）

	Info	ltag	lchild	rtag	rchilo
01	*A*	0	2	0	3
02	*B*	0	4	0	5
03	*C*	0	6	1	Thrt
04	*D*	1	Thrt	1	2
05	*E*	0	7	0	8
06	*F*	1	1	0	9
07	*G*	0	10	0	11
08	*H*	1	5	1	1
09	*I*	0	12	1	3
10	*J*	0	13	1	7
11	*K*	1	7	0	14
12	*L*	1	6	1	9
13	*M*	1	2	1	10
14	*N*	1	11	1	5

（b）

图 6-24　中序线索二叉树中的前驱和后继

2. 后序线索二叉树

在后序线索树中找其后继，可分三种情况：

(1)若结点 x 是二叉树的根，则其后继为空；

(2)若结点 x 是其双亲的右孩子或是其双亲的左孩子且其双亲没有右子树，则其后继即为双亲结点；

(3)若结点 x 是其双亲的左孩子，且其双亲有右子树，则其后继为双亲的右子树上按后序遍历列出的第一个结点，如图 6-25 所示。

图 6-26 为前序线索二叉树，仅作了解。

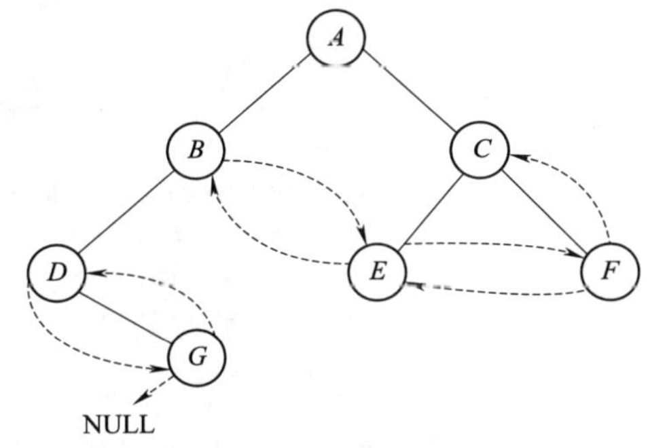

图 6-25　后序线索二叉树图

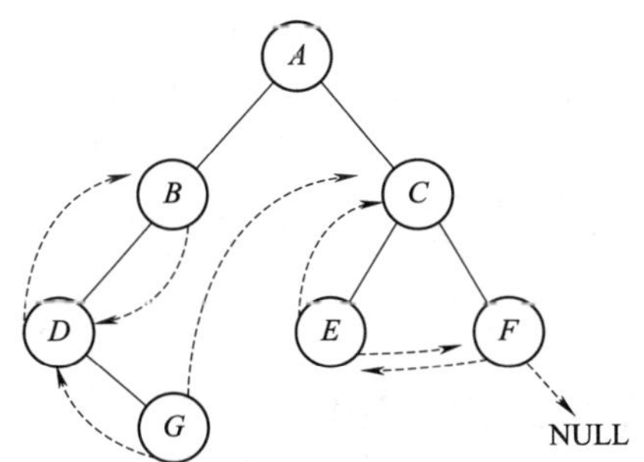

图 6-26　前序线索二叉树

6.5.4　对二叉树进行线索化

线索化的实质是将二叉树的空指针改为指向前驱或后继的线索，而前驱或后继的信息只有在遍历时才能得到，因此线索化的过程即为在遍历的过程中修改指针的过程。为了记下遍历过程中访问结点的先后关系，附设一个指针 pre 始终指向刚刚访问过的结点，若指针 p 指向当前访问的结点，则 pre 指向它的前驱，相应地 p 指向的结点为 pre 指向结点的后继。

中序遍历建立中序线索化链表的算法与遍历算法类似，区别仅在于访问根结点时所做的处理不同。线索化算法中，访问当前根结点 p 所做的处理是：

(1)若结点 p 有空指针域，则将相应标志置为 1；

(2)若 p 有前驱结点 pre(pre! = NULL)则：

①若结点 pre 的右线索标志已建立(即 pre -> rtag = = 1)，则令 pre -> rchild 为指向其后继结点 p 的右线索。

②若结点 p 的左线索标志已建立(即 p->ltag==1)，则令 p->lchild 为指向其前驱 pre 的左线索。

(3)将 pre 指向刚刚访问过的结点 p(即 pre=p)，下次访问新结点 p 时，pre 为其前驱结点。中序遍历建立线索化链表的算法如下：

【程序段 6-19】中序遍历建立线索化链表——子函数。

微视频

程序段 6-19 视频讲解

```
Status InOrderThreading(BiThrTree &Thrt,BiThrTree T)
//中序遍历二叉树 T,并将其中序线索化,Thrt 指向头结点
{    BiThrTree pre;
     if(! (Thrt=(BiThrTree)malloc(sizeof(BiThrTree)))) exit(OVERFLOW);
     Thrt->ltag=0;Thrt->rtag=1;                   //建立头结点
     Thrt->rchild=Thrt;                           //右指针回指
     if(! T) Thrt->lchild=Thrt;                   //若二叉树为空,则左指针回指
     else{ Thrt->lchild=T;pre=Thrt;               //否则左指针指向根结点
           InThreading(T);                        //中序遍历进行中序线索化
           pre->rchild=Thrt;pre->rtag=1;          //最后一个结点线索化
           Thrt->rchild=pre;
         }
      return OK;
}
```

【程序段 6-20】中序遍历建立线索化链表。

微视频

程序段 6-20 视频讲解

```
void InThreading(BiThrTree p)
{     BiThrTree pre;
      if(p)
      { InThreading(p->lchild);                                  //左子树线索化
        if(!p->lchild){p->ltag=1;p->lchild=pre;}                 //前驱线索
        if(!pre->rchild){pre->rtag=1;pre->rchild=p;}             //后继线索
        pre=p;                                                   //保持 pre 指向 p 的前驱
        InThreading(p->rchild);                                  //右子树线索化
      }
}
```

6.5.5 遍历线索二叉树

线索二叉树的遍历主要是为访问运算服务的，这种遍历不再需要借助栈，因为其结点中隐含了线索二叉树的前驱和后继信息。利用线索二叉树，可以实现二叉树遍历的非递归算法。遍历的依据都是建立在线索二叉树上的，所以一定要结合二叉树的线索化来理解遍历的过程。

1. 中序线索二叉树的遍历

中序线索二叉树下，第一个结点是最左结点，最后一个结点是最右结点。每一个根结点都是其左子树在中序线索二叉树下的最后一个结点的后继结点，同时也是其右子树在中序线索二叉树下的第一个结点的前驱结点。所以不含头结点的中序线索二叉树的遍历算法如下：

(1)求中序线索二叉树中，中序序列下的第一个结点：

【程序段 6-21】求中序线索二叉树中，中序序列下的第一个结点。

微视频

程序段 6-21 视频讲解

```
BiThrTree FirstNode(BiThrTree p)
{  while(p->ltag==0)p=p->lchild; //最左下结点(不一定是叶子结点)
   return p;
}
```

(2)求中序线索二叉树中结点 p 的后继结点：

程序段 6-22
视频讲解

【程序段 6-22】求中序线索二叉树中结点 p 的后继结点。

```
BiThrTree NextNode(BiThrTree p)
{  if(p->rtag==0) return FirstNode(p->rchild);
   else  return p->rchild;
}
```

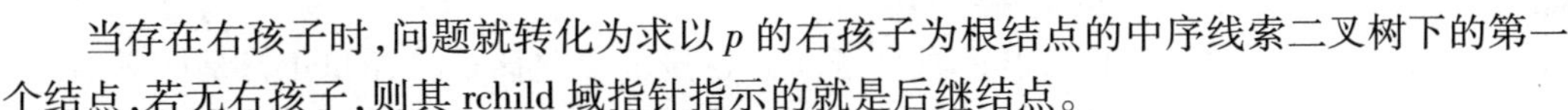
当存在右孩子时，问题就转化为求以 p 的右孩子为根结点的中序线索二叉树下的第一个结点，若无右孩子，则其 rchild 域指针指示的就是后继结点。

(3)求中序线索二叉树中，中序序列下的最后一个结点：

程序段 6-23
视频讲解

【程序段 6-23】求中序线索二叉树中，中序序列下的最后一个结点。

```
BiThrTree LastNode(BiThrTree p)
{  while(p->rtag!=0) p=p->rchild; //最右下结点(不一定是叶子结点)
  return p;
}
```

(4)求中序线索二叉树中结点 p 的前驱结点：

程序段 6-24
视频讲解

【程序段 6-24】求中序线索二叉树中结点 p 的前驱结点。

```
BiThrTree PreNode(BiThrTree p)
{  if(p->ltag==0) return LastNode(p->lchild);
   else  return p->lchild;
}
```

当存在左孩子时，问题就转化为求以 p 的左孩子为根结点的中序线索二叉树下的最后一个结点，若无左孩子则其 lchild 域指针指示的就是前驱结点。

(5)利用上面四个算法，可以写出不含头结点的中序线索二叉树的中序遍历的算法：

【程序段 6-25】不含头结点的中序线索二叉树的中序遍历的算法。

```
void InOrder(BiThrTree BT,Status(*Visit)(TelemType e))
{ for(BiThrTree p=BT;p!=NULL;p=NextNode(p)) Visit(p->data);}
```

程序段 6-25
视频讲解

2. 后序线索二叉树的遍历

后序线索二叉树的遍历相对来说较为复杂。我们知道，遍历的关键就是找后继。在后序线索二叉树中找后继可分三种情况：

①若结点 p 是二叉树的根结点，则其后继为空。后序线索二叉树中根结点是最后一个被访问的，所以其 rchild 指针域是空的。

在后序线索二叉树中找到指定结点 *p 的后继 next：

a. 若 p->rtag==1，则 next=p->rchild；

b. 若 p->rtag==0，则找不到(后序遍历左右根无法通过左右子树直接找到后继)。

②若结点 p 是其双亲的右孩子，或是其双亲的左孩子且其双亲没有右子树，则其后继为双亲结点。

由后序遍历的顺序“左右中”可知，若其为右孩子，说明左子树已经遍历完，其后继就为双亲结点；若其为左孩子且双亲无右子树，则跳过“右”，其后继也为双亲结点。

③若结点 p 是其双亲的左孩子，且其双亲有右子树，则其后继为双亲的右子树上按后序遍历列出的第一个结点。

(1)求后序线索二叉树中，后序序列下的第一个结点：

【程序段 6-26】求后序线索二叉树中，后序序列下的第一个结点。

```
BiThrTree FirstNodeH(BiThrTree p)
```

```
{ while(p->ltag==0)p=p->lchild; return p;}
```

微视频

程序段 6-26 视频讲解

遍历找到左子树最左下结点。即只有右子树的结点，由“左右中”的顺序，后序遍历应该到其右子树去。可是只设置了 p = p -> lchild，并没有到右子树去？原因在于这是后序遍历线索化的二叉树，如果该结点没有左子树，其 lchild 指针在线索化时指向的是其前驱，也即其右子树，因为“左右中”，所以 p = p -> lchild 是没有问题的。

（2）求后序线索二叉树中结点 p 的前驱结点：

如图 6-27 所示，有右孩子时，前驱结点是右孩子。无右孩子无左孩子时，lchild 就是前驱结点。无右孩子有左孩子时，左孩子就是前驱结点（后序遍历：左右根）。

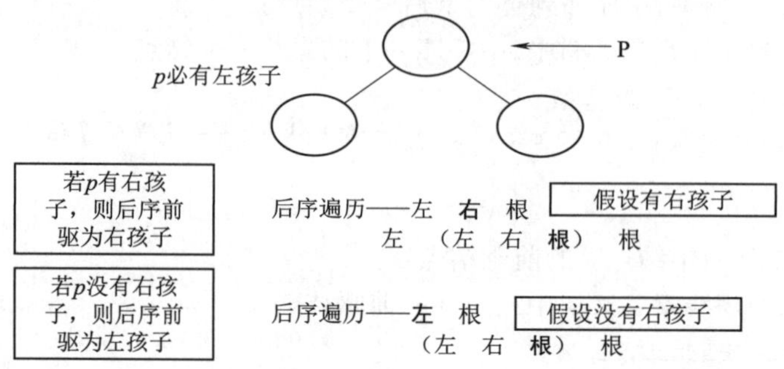

图 6-27　求后序线索二叉树中结点 p 的前驱结点

【程序段 6-27】求后序线索二叉树中结点 p 的前驱结点。

微视频 程序段 6-27 视频讲解

```
BiThrTree PreNodeH(BiThrTree p)
{  if(p->rtag == 0)return p->rchild;
   else           return p->lchild;
}
```

（3）求后序线索二叉树中结点 p 的后继结点：

【程序段 6-28】求后序线索二叉树中结点 p 的后继结点。

微视频

程序段 6-28 视频讲解

```
BiThrTree NextNodeH(BiThrTree p,BiThrTree par)
{  if(p==BT) return NULL;                        //第一种情况返回空
   else if((par->rchild==p)||(par->lchild==p&&par->rtag==1))
         return par;                             //第二种情况返回双亲结点
       else if(par->lchild==p&&par->rtag==NULL)
         return FirstNodeH(par->rchild);//第三种情况调用 FirstNodeH
}
```

（4）由上面两个算法我们知道，在遍历过程中需要记录结点 p 的双亲结点，因此需要借助栈来实现。由此可以写出不含头结点的后序线索二叉树的遍历算法：

【程序段 6-29】不含头结点的后序线索二叉树的遍历算法。

微视频 程序段 6-29 视频讲解

```
void PostOrder(BiThrTree BT)
{if(!BT) return;                                 //根结点为空，直接返回空
 stack<BiThrNode*> s;                            //定义一个存储结点指针的栈
 BiThrNode*p=BT;                                 //p 指向根结点
 BiThrNode*pre=NULL;                             //pre 指向上一个被访问的结点
 while(p||!s.empty())
 { while(p){s.push(p); p=p->lchild;} //结点不为空，将结点入栈，继续处理左子树
   p=s.top();                                    //取出栈顶结点
   if((!p->rchild||p->rtag)&&(! p->lchild||p->ltag)) //如果左右子树均不存在
   { cout<<p->data<<" ";                         //访问该结点
```

```
        pre = p;                                //记录上一个访问过的结点
        s.pop();                                //访问过的结点出栈
        p = NULL;
      }else if(p -> rchild && pre! = p -> rchild) //存在右子树且未被访问
                p = p -> right;                 //p指向右子树
           else
           { cout << p -> data << " ";          //否则访问当前结点
               pre = p;                         //记录上一个访问过的结点
               s.pop();                         //访问过的结点出栈
               p = NULL;                        //p置空
           }
   }//while
   }
```

3. 先序线索二叉树的遍历

在先序线索二叉树中找前驱可分三种情况:

①若结点 *p* 是二叉树的根结点,则其前驱为空。先驱线索二叉树中根结点是第一个被访问的,所以其 lchild 指针域是空的。

②若结点 *p* 是其双亲的左孩子,或是其双亲的右孩子且其双亲没有左子树,则其前驱为双亲结点。

③结点 *p* 是其双亲的右孩子,其左兄弟非空,*p* 的前驱为左兄弟子树中最后一个被先序遍历的结点。

由先序遍历的顺序"中左右"可知,只要结点是双亲的左孩子,其前驱结点一定是双亲结点;若其为右孩子且双亲无左子树,则其后继也为双亲结点。

由先序递归的定义很容易得到这一结论。

(1)求先序线索二叉树中,先序序列下的最后一个结点:

微视频

程序段 6-30 视频讲解

【程序段 6-30】求前序线索二叉树中,先序序列下的最后一个结点。

```
BiThrTree LastNodeQ(BiThrTree p)
{  if(p -> rtag == 0)p = p -> rchild;
   return p;
}
```

(2)求先序线索二叉树中结点 *p* 的前驱结点:

微视频

程序段 6-31 视频讲解

【程序段 6-31】求先序线索二叉树中结点 *p* 的前驱结点。

```
BiThrTree PreNodeQ(BiThrTree p, BiThrTree par)
{ if(p == BT) return NULL;
   else if(par -> lchild == p ‖(par -> rchild == p&& par -> ltag == 1))return par;
        else if (par -> rchild == p&&par -> ltag == 0)return LastNodeQ(p ->
                lchild);
}
```

(3)求先序线索二叉树中结点 *p* 的后继结点:

【程序段 6-32】求先序线索二叉树中结点 *p* 的后继结点。

```
BiThrTree NextNodeQ(BiThrTree p)
{    if(p -> ltag == 0) return p -> lchild;
     else          return p -> rchild;
}
```

微视频

程序段 6-32 视频讲解

有左孩子时,左孩子就是后继结点。无左孩子无右孩子时,rchild 就是后继结点。无左孩子有右孩子时,右孩子就是后继结点。

(4)不含头结点的先序线索二叉树的遍历算法：

【程序段6-33】不含头结点的先序线索二叉树的遍历算法。

```
void PreOrderQ(BiThrTree BT,Status(*Visit)(TelemType e))
{    BiThrTree p=BT;
     while(p! =NULL)
     { while(p->ltag==0) {Visit(p->data);p=p->lchild;}//存在左孩子就访问
       Visit(p->data);        //不存在左孩子,先访问 p,然后指向右孩子
       p=p->rchild;           //不管右指针是否为空,rchild 都是 p 的后继
     }
}
```

微视频

程序段6-33 视频讲解

4. 先序后序遍历线索二叉树的不足

二叉树线索化后，仍不能有效求解的问题是先序线索二叉树中求先序前驱以及后续线索二叉树中求后序后继结点。理由如下：

(1)在先序线索二叉树中，若某一结点有左孩子，那么它的 lchild 就必须指向左孩子，就没有指向前驱的指针了。

(2)在后序线索二叉树中，若某一结点有右孩子，那么它的 rchild 就必须指向右孩子，就没有指向后继的指针了。

(3)不能有效的求解，但不代表不能求解。(1)、(2)两种情况要能求解，必须知道双亲结点，所以求解的过程需要设置栈，从而降低了求解的效率。

(4)在中序线索二叉树中，如果该结点有左孩子，则 lchild 指向左孩子，通过左孩子也能找到该结点的前驱结点；若没有左孩子，lchild 指向的就是前驱结点。后继结点同样如此。因此中序线索二叉树能有效地求解结点的前驱和后继。

由此可见，在中序线索二叉树上遍历二叉树，虽然时间复杂度亦为 $O(n)$，但常数因子要比先序和后序讨论的算法小，且不需要设栈。因此，若在某程序或题目中所用二叉树需要经常遍历或查找结点在遍历所得线性序列中的前驱和后继，则应采用中序线索链表作存储结构。

5. 线索二叉树总结

关于线索二叉树，总结如下，如图6-28所示。

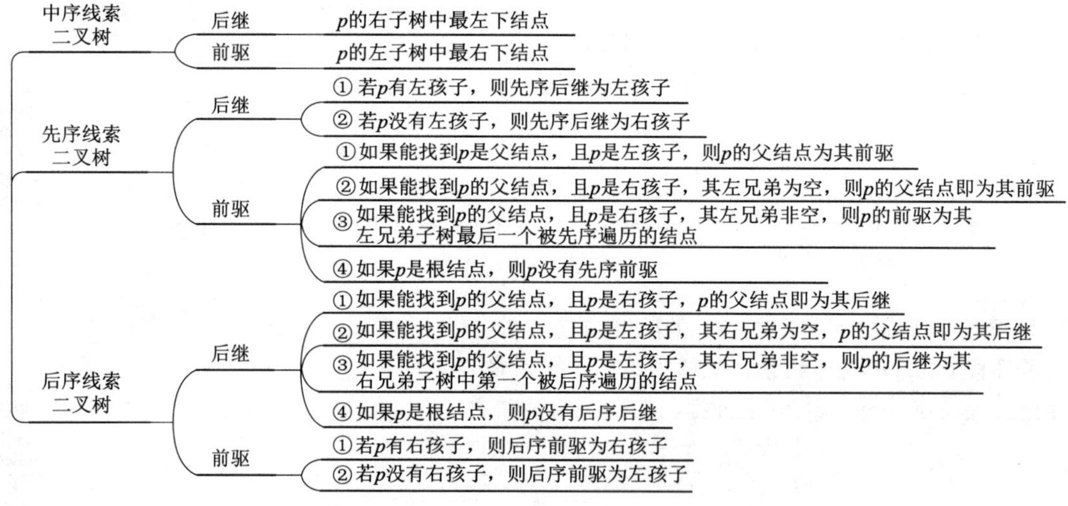

图6-28 线索二叉树总结

6.6 标识符树与表达式

将算术表达式用二叉树来表示，称为**标识符树**，也称为二叉表示树。

1. 标识符树的特点

(1)运算对象(标识符)都是叶子结点(运算符左边的运算对象为左孩子，运算符右边的运算对象为右孩子)；

(2)运算符都是根结点。

2. 从表达式产生标识符树的方法

(1)读入表达式的一部分，产生相应二叉树后，再读入运算符时，运算符与二叉树根结点的运算符比较优先级的高低：

①读入优先级高于根结点的优先级，则读入的运算符作为根的右子树，原来二叉树的右子树，成为读入运算符的左子树。例如：$A+B*C$，如图6-29所示。

②读入优先级不高(等于或低)于根结点的优先级，则读入运算符作为树根，而原来二叉树作为它的左子树。例如：$A*B*C$，如图6-30所示。

(2)遇到括号，先使括号内的表达式产生一棵二叉树，再把它的根结点连到前面已产生的二叉树根结点的相应左或右子树上去；例如：$A*(B+C)$，如图6-31所示。

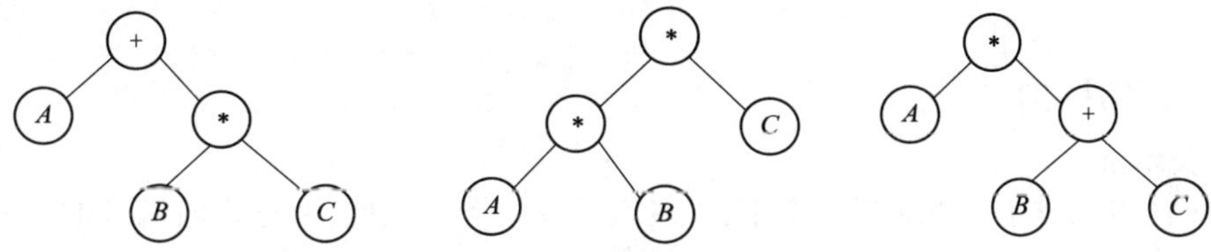

图6-29 $A+B*C$标识符树　图6-30 $A*B*C$标识符树　图6-31 $A*(B+C)$标识符树

(3)单目运算符+、-，加运算对象θ(表示0)。例如：$-A$表示为$\theta-A$。

3. 应用举例

例6-4 画出表达式$A*(B*C)$的标识符树，并求它的前序序列和后序序列。

如图6-32所示。

前序序列：$*\ A\ *\ B\ C$

后序序列：$A\ B\ C\ *\ *$

例6-5 画出表达式$-A+B-C+D$的标识符树，并求它的前序序列和后序序列。

如图6-33所示。

前序序列：$+\ -\ +\ -\ \theta A\ B\ C\ D$

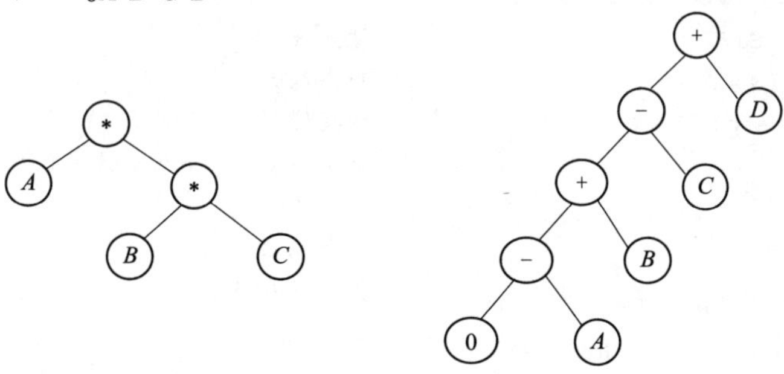

图6-32 标识符树　　图6-33 标识符树

后序序列：θA － B ＋ C － D ＋

例6-6　画出(A＋(B－C))/((D＋E)＊(F＋G－H))的标识符树，并求它的前序序列和后序序列。

如图6-34所示。

前序序列：/ ＋ A － B C ＊ ＋ D E － ＋ F G H

后序序列：A B C － ＋ D E ＋ F G ＋ H － ＊ /

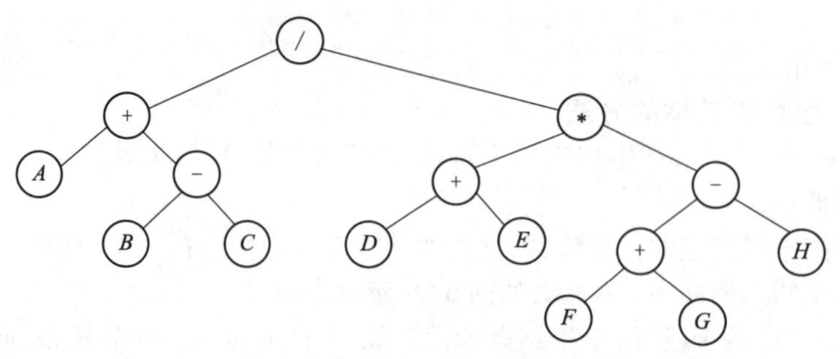

图6-34　标识符树

6.7　树和森林

6.7.1　树的存储结构

1. 双亲表示法

树上每个结点的孩子可以有任意多个，但双亲只有一个。因此，通过指向双亲的指针而将树中所有结点组织在一起形成一种存储结构。树的这种存储表示方法称为双亲表示法。

在双亲表示法下，每个存储结点由两个域组成：数据域——存储树上结点的数据元素；指针域——指示本结点之双亲所在的存储结点。

指针域的类型定义可以有两种选择：将指针域定义为指针类型的各种链式存储结构（如单链表、二叉链表等等），称为动态链表，相应的"指针"称为动态指针；将指针域定义为整型、子界型等类型的各种链式存储结构，称为静态链表，相应的"指针"称为静态指针。动态链表中的结点是通过高级语言中的标准库函数（如 mallloc）动态生成的，无须事先规定链表的容量。相反，静态链表的容量必须事先说明，因而其大小是固定的。严格地说，无论选择上述哪种定义，得到的都是链式存储结构（子界型是指下列这些类型中某范围内的值：整型、布尔量、字符型或枚举型）。

静态双亲链表的类型定义如下：

【结构定义6-4】静态双亲链表的类型定义。

```
#define MAX_TREE_SIZE  100              //结点数
typedef struct PTNode                   //静态双亲链表结点
{   TelemType  data;                    //数据域
    int parent;                         //双亲位置域(静态指针域)
}PTNode;
typedef struct                          //静态双亲链表
{   PTNode nodes[MAX_TREE_SIZE];        //静态双亲链表
    int n;                              //结点数
}Ptree;
```

双亲表示法中的指针是"向上"连接的，因此在这种表示法下求指定结点的祖先很方便，但求指定结点的子孙不方便。

为了提高这一类运算的效率，如图 6-35 所示，可以对树上各结点按层自上而下、自左而右进行编号，并以各结点的编号作为它们在数组中的序号。这样，孩子结点的下标值大于其双亲结点的下标值，“弟”结点的下标值大于“兄”结点的下标值。于是，若要查找任一下标值为 i 的结点 X 的子孙，只需在下标值大于 i 的结点中去查找。这样就缩小了查找范围，加快了查找过程。

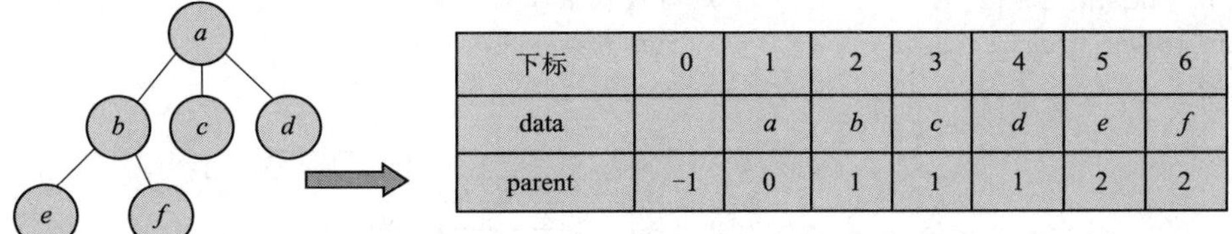

下标	0	1	2	3	4	5	6
data		a	b	c	d	e	f
parent	−1	0	1	1	1	2	2

图 6-35 双亲表示法

2. 孩子链表表示法

孩子链表表示法的基本思想：为树上的每个结点 X 建立一个“孩子链表”，存储 X 中的数据元素和指向 X 的所有孩子的指针。

一个孩子链表是一个带头结点的单链表，如图 6-36 所示，单链表的头结点含两个域：数据域和指针域。其中，数据域用于存储结点 X 中的数据元素；指针域用于存放指向该单链表中第一个表结点（首结点）的指针。

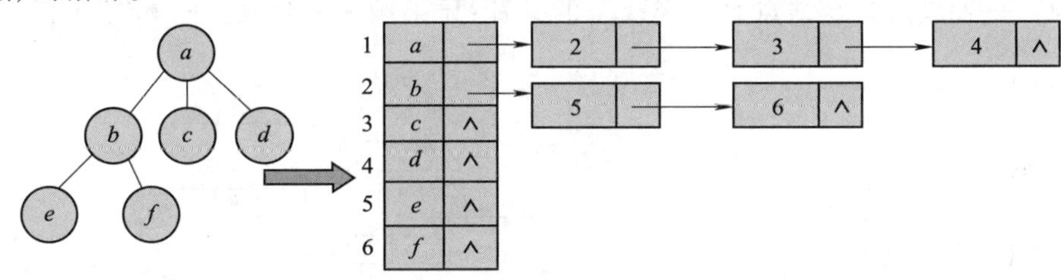

图 6-36 树孩子链表表示法

为了检索方便，所有头结点组织成一个数组，称为表头数组。对每个结点 X 的孩子链表来说，其中的所有表结点也含两个域：孩子域（即数据域）和指针域。第 i 个表结点的孩子域存储 X 的第 i 个孩子在表头数组中的下标值；指针域存放后继相邻兄弟的指针，最后一个兄弟结点的指针域数据为空指针。

孩子链表表示法的类型定义如下：

【结构定义 6-5】孩子链表表示法的类型定义。

```
typedef struct CTNode                //孩子链表结点类型
{    int child;                      //孩子结点在表头数组中的序号
     struct CTNode *next;            //表结点指针域
}CTNode, *ChildPtr;
typedef struct                       //头结点类型
{    TElemType data;                 //结点数据元素
     ChildPtr  firstchild;           //头结点指针域
}CTBox;
typedef struct
{    CTBox nodes[MAX_TREE_SIZE];     //表头结点数组
     int n,r;                        //结点数和根的位置
}Ctree;
```

带双亲的孩子链表表示法，其类型定义与孩子链表类似，如图 6-37 所示，只需将头结点的定义改为

【结构定义 6-6】带双亲的孩子链表表示法头结点的定义。

```
typedef struct                          //头结点类型
{   TElemType data;                     //结点数据元素
    int  headptr;                       //存放双亲位置
    ChildPtr  firstchild;               //头结点指针域
}CTBox;
```

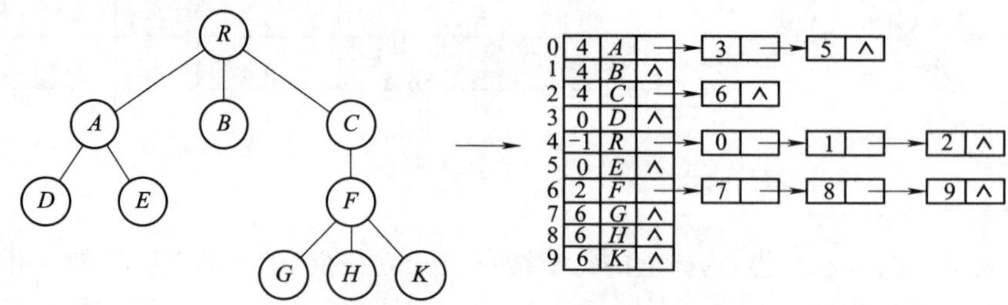

图 6-37　树的带双亲的孩子链表表示法

3. 孩子兄弟链表表示法

如图 6-38 所示，孩子兄弟链表中所有存储结点均含三个域：数据域——存储树上结点中的数据元素；孩子域——存放指向本结点第一个孩子的指针；兄弟域——存放指向本结点下一个兄弟的指针。

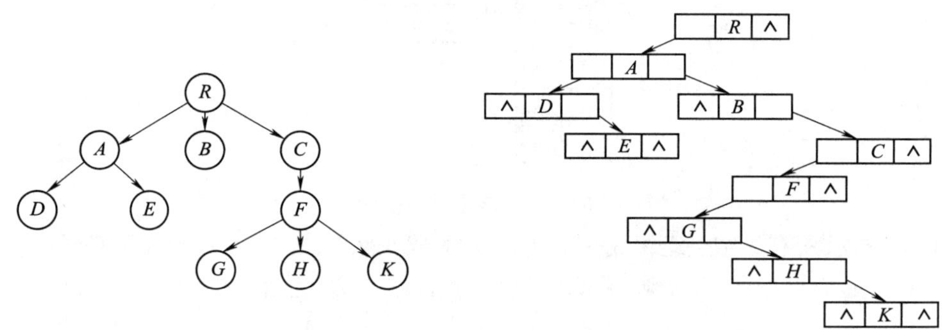

图 6-38　树的孩子兄弟链表表示法

是在存储结点信息的同时，附加两个分别指向该结点最左孩子和右邻兄弟的指针域。该方法实际上是用二叉链表实现树的存储。

6.7.2　森林与二叉树的转换

1. 树与二叉树的相互转换

1）将树转换为二叉树

对任何一棵树 T，画出它的孩子兄弟链表 L，将 L 中各结点的孩子指针看成是左孩子指针，将兄弟指针看成是右孩子指针，则 L 就被看成是一棵二叉树 BT 的二叉链表。这样，树 T 就对应为二叉树 BT。

将树转换为二叉树具体转换方法，可参照图 6-39 中的步骤完成（注意，由树转化为二叉树，其根结点无右子树）。

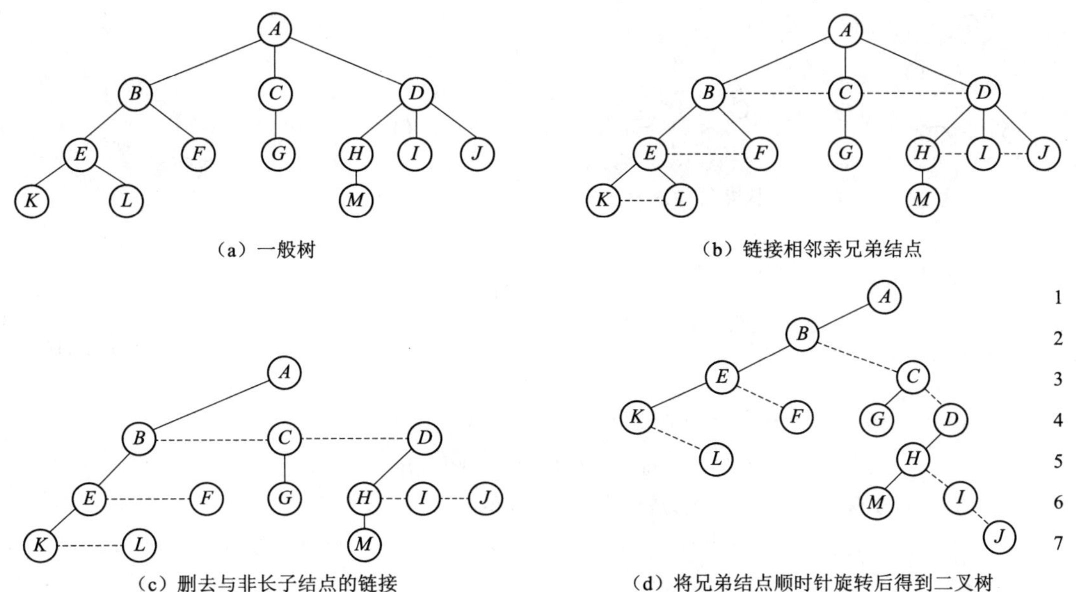

（a）一般树　（b）链接相邻亲兄弟结点　（c）删去与非长子结点的链接　（d）将兄弟结点顺时针旋转后得到二叉树

图 6-39　将树转换为二叉树操作示意图

2）将二叉树转换为树

对任何二叉树 BT，画出其二叉链表 L，将 L 中结点的左、右指针分别看成孩子指针和兄弟指针，L 就变成一棵树 T 的孩子兄弟链表。于是，二叉树 BT 就对应为树 T。根据这一关系，任何二叉树也可转换成与之对应的树。将二叉树转换为树具体方法，可参照图 6-40 的步骤完成。

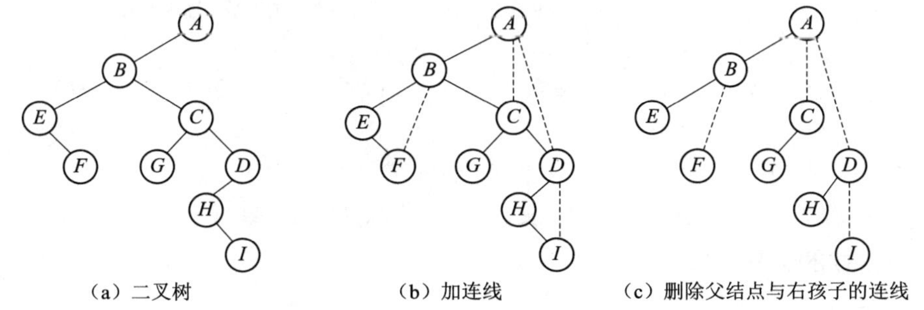

（a）二叉树　（b）加连线　（c）删除父结点与右孩子的连线

图 6-40　将二叉树转换为树操作示意图

2. 森林与二叉树的相互转换

1）森林转换为二叉树

具体方法是：

①将森林中的每棵树转换为二叉树；

②因为转换所得的二叉树的根结点的右子树均为空，故可将各二叉树的根结点视为兄弟从左至右连在一起，就形成了一棵二叉树。将森林转换为二叉树的具体转换方法，可参照图 6-41 中的步骤完成。

2）二叉树转换为森林

假如一棵二叉树的根结点有右孩子，则这棵二叉树能够转换为森林，否则将转换为一棵树。

①从根结点开始，若右孩子存在，则把与右孩子结点的连线删除。再查看分离后的二叉树，若其根结点的右孩子存在，则连线删除。直到所有这些根结点与右孩子的连线都删除为止。

②将每棵分离后的二叉树转换为树。

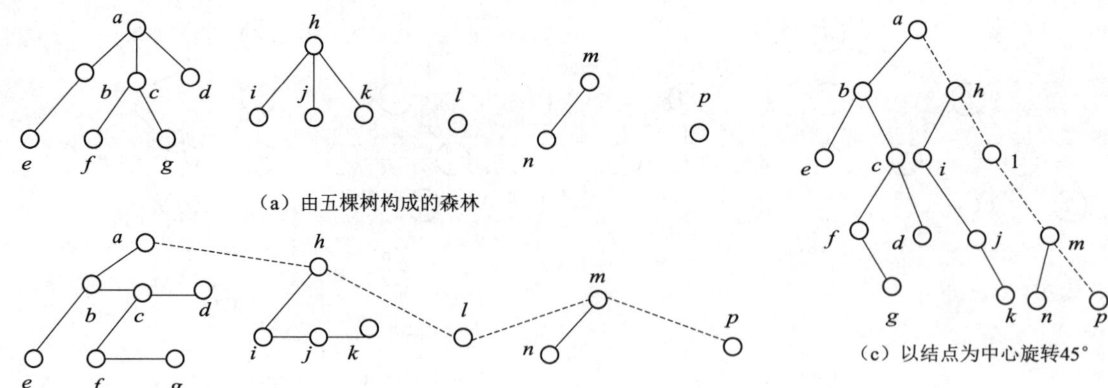
（a）由五棵树构成的森林

（b）先把每棵树转化为二叉树后，再把每棵树的根结点看作兄弟结点连接起来

（c）以结点为中心旋转45°

图 6-41　将森林转换为二叉树操作示意图

将二叉树转换为森林的具体转换方法，可参照图 6-42 中的步骤完成。

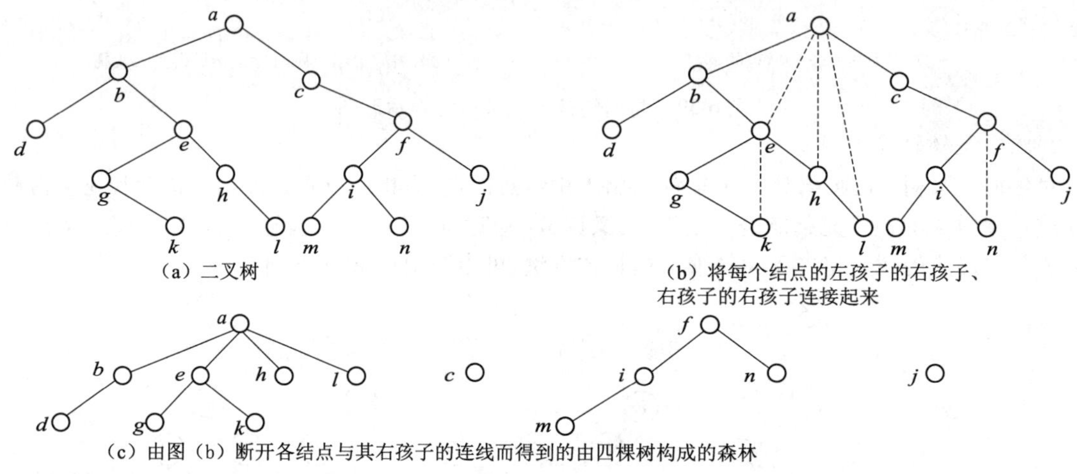
（a）二叉树

（b）将每个结点的左孩子的右孩子、右孩子的右孩子连接起来

（c）由图（b）断开各结点与其右孩子的连线而得到的由四棵树构成的森林

图 6-42　将二叉树转换为森林操作示意图

6.7.3　树和森林的遍历

1. 树的遍历

1）先序（先根）遍历

如图 6-43 所示，若树非空，则：

①先访问根结点；

②再遍历根的每一棵子树。

2）后序（后根）遍历

如图 6-43 所示，若树非空，则：

①先遍历根的每一棵子树；

②再访问根结点。

3）广度优先（层次遍历）

如图 6-43 所示，若树非空，则：

①先访问根结点；

②再依次（从左至右）访问第一层所有结点；

③再依次（从左至右）访问第二层所有结点；

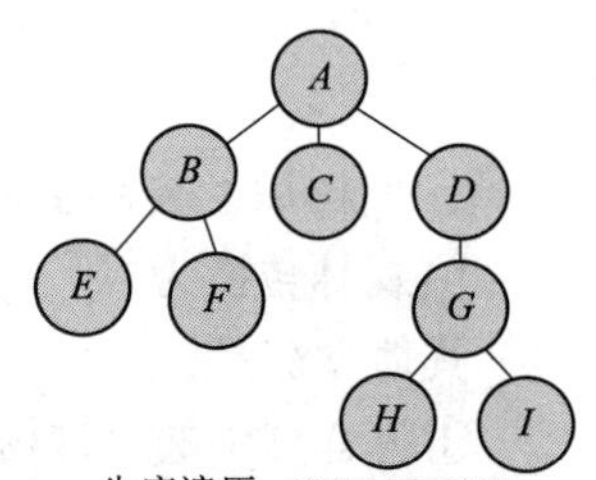

图 6-43　树的三种遍历

④直到访问完所有结点。

特点：树的先序、后序遍历转换成二叉树后与二叉树的先序、中序遍历相同。

2. 森林的遍历

1）先序遍历森林

若森林非空：

①先访问森林中第一棵树的根结点；

②再先序遍历第一棵树中根结点的子树森林；

③再先序遍历除去第一棵树后剩余的树构成的森林。

2）中序遍历森林

若森林非空：

①中序遍历森林中第一棵树的根结点的子树森林；

②访问第一棵树的根结点；

③中序遍历去掉第一棵树后剩余的树构成的子森林。

特点：如图6-44所示，**森林的先序、中序遍历转换成二叉树后与二叉树的先序、中序遍历相同**（树的后序与转换成二叉树后的后序不同）。

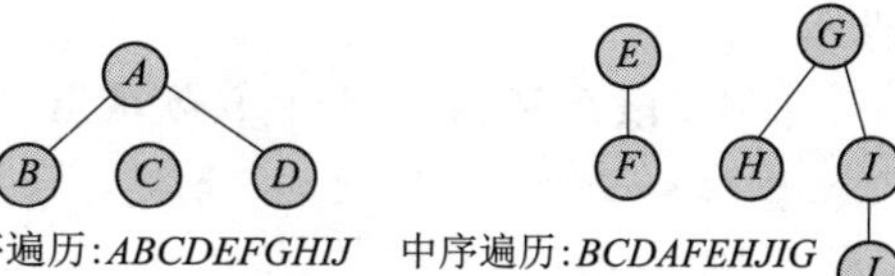

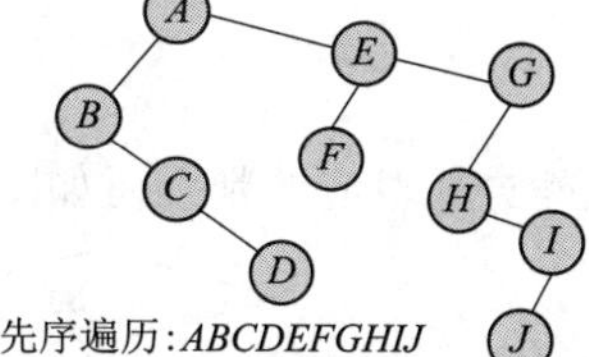

图6-44　森林的先序、后序遍历

树、森林、二叉树遍历其相互对应关系见表6-1。

表6-1　树、森林、二叉树遍历对应关系

树	森林	二叉树
先序遍历	先序遍历	先序遍历
后序遍历	中序遍历	中序遍历

6.7.4　森林结点数、边数与树个数的关系

森林中树的个数与结点数的关系推导。

若森林 F 有15条边，25个结点。则 F 中包含树的个数是多少？

分析：先看一般性的解决策略，根据：

一棵树的边数 + 1 = 结点数

可知，每多一棵树，结点数就少一个，即：

一棵树时，边数 = 结点数 - 1。例如，两个结点一条边。

两棵树时，边数 = 结点数 - 2。例如，两个结点零条边。

…

n 棵树时，边数 = 结点数 - n。

故：n（树的个数）= 结点数 - 边数。

于是得到：$n = 25 - 15 = 10$。

有时候，可能过于关注局部特征，没能体会到宏观的特性。可以换个角度考虑：若15条边全在一棵树，那么这棵树有16个结点。剩下9个结点都不再形成边，即一个结点是一棵树。那么，共 $1 + 9 = 10$ 棵树。

6.8 哈夫曼树及其应用

在很多问题的处理过程中，需要进行大量的条件判断，这些判断结构的设计直接影响着程序的执行效率。例如，编制一个程序，将百分制转换成五个等级输出（即≥90 分为 A，80～89 分为 B，70～79 分为 C，60～69 分为 D，<60 分为 E）。编制一个程序，将百分制转换成五个等级输出，编制程序段如下：

【程序段 6-34】将百分制转换成五个等级。

```
if(a<60)b="E";
else if(a<70)b="D";
    else if(a<80)b="C";
        else if(a<90)b="B";
            else b="A";
```

上述判断方式对应的判别树如图 6-45 所示。

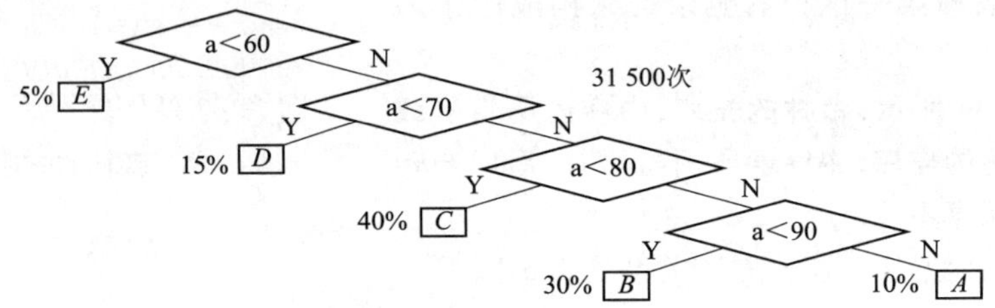

图 6-45 将百分制转换成五个等级输出

但在实际应用中，往往各个分数段的分布并不是均匀的。按图 6-45 所示比例，如果学生的总成绩数据有 10 000 条，则 5% 的数据（<60 分的 E）需 1 次比较，15% 的数据（60～69 分的 D）需 2 次比较，40% 的数据（70～79 分的 C）需 3 次比较，40% 的数据（80～89 分的 B 和≥90 分的 A）需 4 次比较，按上述程序段对应的判别树，10 000 个数据比较的次数为：

$$10\,000 \times (5\% + 2 \times 15\% + 3 \times 40\% + 4 \times 40\%) = 31\,500 \text{ 次}$$

再看图 6-46 对应的另一种判断方式：

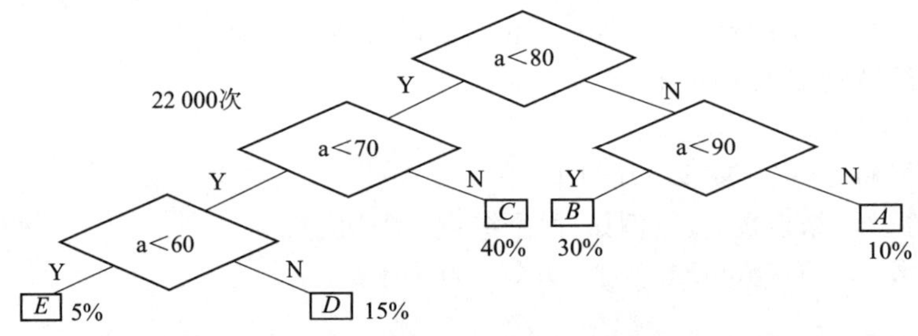

图 6-46 将百分制转换成五个等级输出

此种形状的二叉树，需要的比较次数是：

$10\,000 \times (3 \times (5\% + 15\%) + 2 \times (40\% + 40\%)) = 22\,000$ 次

显然，两种判别树的效率是不一样的。

哈夫曼树（Huffman Tree）是一种特殊的二叉树，这种树的所有叶子结点都带有权值，从中构造出带权路径长度最短的二叉树。

6.8.1　最优二叉树(哈夫曼树)

1. 基本概念

从树中一个结点到另一个结点之间的分支构成这两个结点之间的路径,路径上的分支数目称作路径长度(树路径长度是从根结点到某结点的边数)。

如图 6-47 所示树中路径长度:BA = 1,EA = 2。

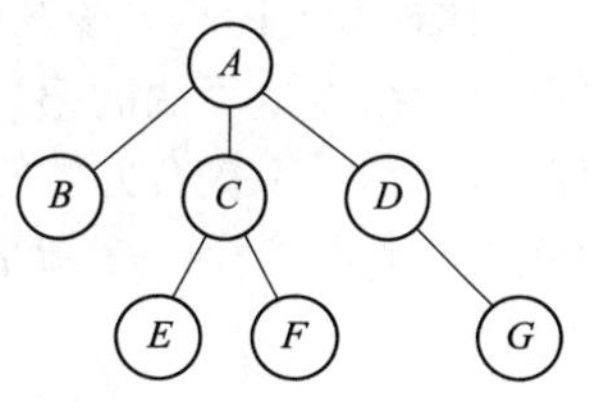

图 6-47　树

树的路径长度是从树根到树中每一结点的路径长度之和。结点数相同的二叉树中,完全二叉树的路径长度最短。除叶子结点外的所有结点的路径长度之和称为“树内部路径长度”。所有叶子结点的路径长度之和称为“树外部路径长度”。

对树中的结点赋予一个有某种意义的值(实数),该值称为结点的权。结点的带权路径长度是从该结点到树根之间的路径长度与该结点的权值之积。树的带权路径长度是树中所有叶子结点的带权路径长度之和。记为:

$$\mathrm{WPL}=\sum_{k=1}^{n} w_k l_k$$

其中,n 为叶子结点的数目,w_k 和 l_k 分别表示叶结点 k_i 的权值和根到 k_i 的路径长度。

在权为 $w_1, w_2, \cdots, w_n$ 的 n 个叶子结点的所有二叉树中,WPL(树的带权路径长度)最小的二叉树称为最优二叉树或哈夫曼树。

例如,给定 4 个叶子结点 a、b、c、d,分别带权 7、5、2、4,所构造的三棵二叉树如图 6-48 所示(图中结点左边数字为权值,右边为路径长度),其对应的 WPL(树的带权路径长度)值分别如下:

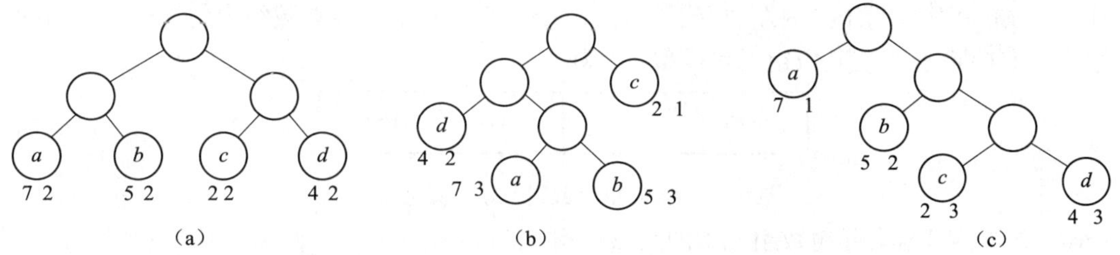

图 6-48　四个叶子结点 a、b、c、d 所构造三棵二叉树

(a) WPL = 2 × 7 + 2 × 5 + 2 × 2 + 2 × 4 = 36。

(b) WPL = 4 × 2 + 7 × 3 + 5 × 3 + 2 × 1 = 46。

(c) WPL = 7 × 1 + 5 × 2 + 2 × 3 + 4 × 3 = 35。

结论:在叶子数目和权值相同的二叉树中,完全二叉树不一定是最优二叉树。一般情况下,最优二叉树中,权越大的叶子离根越近。

2. 哈夫曼算法

已知 $w_1, w_2, \cdots, w_n$ 这 n 个权值后,如何构造哈夫曼树?

1)哈夫曼算法

①根据给定的 n 个权值 $w_1, w_2, \cdots, w_n$,构造 n 棵二叉树的森林 $F = \{T_1, T_2, \cdots, T_n\}$,其中每棵二叉树 T_i 中仅有一个权值为 W_i 的根结点,其左右子树为空。

②在 F 中任选出两棵根结点权值最小的二叉树作为左右子树,构造一棵新二叉树(最好左右孩子值的大小有约定,例如:左子树数值小,右子树数值大),且新二叉树的根结点的权值为其左、右子树根结点的权值之和。

③在 F 中删除这两棵二叉树并将新得到的二叉树加入到 F 中。

④重复过程②和③，直到 F 只含一棵二叉树为止，这棵二叉树便是哈夫曼树。

总结：由上述哈夫曼算法可知，如图 6-49 所示，初始森林中共有 n 棵二叉树，每棵树中都仅有一个孤立的结点。算法的第二步是将当前森林中的两棵根结点权值最小的二叉树合并成一棵新的二叉树，进行 $n-1$ 次合并才能使森林中的二叉树的数目由 n 棵减少到只剩下最终的一棵哈夫曼树。每次合并都要产生一个新结点，最终求得的哈夫曼树中共有 $2n-1$ 个结点（哈夫曼树中没有度数为 1 的分支结点）。

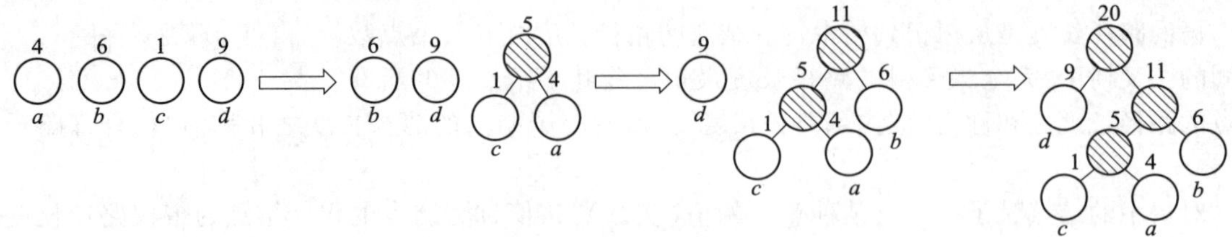

图 6-49　构造哈夫曼树示意图

2）哈夫曼算法的具体实现

哈夫曼树中只有 0 度和 2 度的结点，不可能有 1 度的结点，因此具有 n 个叶子结点的哈夫曼树其所含结点数必为 $2n-1$。对于 n 个权值，若构造哈夫曼树，需要 $2n-1$ 个结点的存储空间。若采用顺序存储结构存放哈夫曼树，则可用一个元素个数为 $2n-1$ 的一维结构数组来实现。

采用静态链表作存储结构。对于有 n 个叶子结点的哈夫曼树有 $2n-1$ 个结点，并且进行 $n-1$ 次合并操作，为了便于选取根结点权值最小的二叉树以及合并操作，设置一个大小为 hufftree[$2n-1$] 的数组，保存哈夫曼树中的各个结点的信息。令数组的每个元素由四个域组成：weight 是结点的权值；lchild、rchild 分别为结点的左、右孩子指针；parent 是结点的双亲在数组中的下标。数组元素的结点结构如图 6-50 所示。其数组元素类型定义如下：

weight	lchild	rchild	parent

图 6-50　哈夫曼树数组元素的结点结构

【结构定义 6-7】哈夫曼树数组元素的结点结构。

```
typedef struct               //哈夫曼树的结点结构
{   float weight;            //权值
    int parent;              //该结点的双亲结点在数组中的下标
    int lchild;              //该结点的左孩子在数组中的下标
    int rchild;              //该结点的右孩子在数组中的下标
}HTNode;
```

为了判定一个结点是否已经加入哈夫曼树中，可通过 parent 域的值来确定。初始时 parent 的值为 -1，当某结点加入到树中时，该结点 parent 域的值为其双亲结点在数组中的下标。

构造哈夫曼树时，首先将 n 个权值的叶子结点存放到数组 hufftree 的前 n 个分量中，然后不断将两棵子树合并为一棵子树，并将新子树的根结点顺序存放到数组 hufftree 的前 n 个分量的后面。

哈夫曼算法用伪代码描述为：

①数组 hufftree 初始化，所有数组元素的双亲、左右孩子都置为 -1；

②数组 hufftree 的前 n 个元素的权值置给定权值；

③进行 $n-1$ 次合并：

a. 在二叉树集合中选取两个权值最小的根结点，其下标分别为 $i1$，$i2$；

b. 将二叉树 $i1$、$i2$ 合并为一棵新的二叉树 k。

哈夫曼算法完整代码描述如下：

【综合练习 6-3】构造哈夫曼树。

微视频

综合练习 6-3 视频讲解

```
#include <iostream>
#include <iomanip>        //声明一些"流操作符",常用的有 setw(int)设置显示宽度
//left,right 设置左右对齐, setprecision(int)设置浮点数的精确度
using namespace std;
typedef struct                        // 哈夫曼树的结点结构
{   float weight;                     //权值
    int parent;                       //该结点的双亲结点在数组中的下标
    int lchild;                       //该结点的左结点在数组中的下标
    int rchild;                       //该结点的右结点在数组中的下标
}   HTNode;
void selectMin(HTNode a[],int n,int &s1,int &s2)//选取权值最小的两个结点
{   int i,j;
    for(i=0;i<n;i++)
      if(a[i].parent==-1){s1=i;break;}//初始化 s1,s1 的双亲为 -1
    for(i=0;i<n;i++)          //s1 为权值最小的下标
      if(a[i].parent == -1 && a[s1].weight>a[i].weight) s1=i;
    for(j=0;j<n;j++)
      if(a[j].parent== -1&&j! =s1){s2=j;break;}//初始化 s2,s2 的双亲为 -1
    for (j=0;j<n;j++)         //s2 为另一个权值最小的结点
      if(a[j].parent== -1&&a[s2].weight>a[j].weight&&j! =s1)s2=j;
}
void HuffmanTree(HTNode huftree[],int w[],int n)
//哈夫曼算法, n 个叶子结点的权值保存在数组 w 中
{   int i,k;
    for(i=0;i<2*n-1; i++)  //初始化,所有结点均没有双亲和孩子
    {huftree[i].parent= -1;huftree[i].lchild= -1;huftree[i].rchild= -1;}
    for(i=0;i<n;i++)huftree[i].weight=w[i]; //构造只有根结点的 n 棵二叉树
    for (k=n;k<2*n-1; k++)  // n-1 次合并
    {  int i1, i2;
       selectMin(huftree, k,i1,i2); // 查找权值最小的两个根结点,下标为 i1,i2
       huftree[i1].parent=k; huftree[i2].parent=k;//将 i1,i2 合并,且 i1 和 i2 的双亲为 k
       huftree[k].lchild=i1;huftree[k].rchild=i2;
       huftree[k].weight=huftree[i1].weight+huftree[i2].weight;
    }
}
void print(HTNode hT[],int n)                         //打印哈夫曼树
{   cout<< "index weight parent lChild rChild" << endl;
    cout<<left;                                        // 左对齐输出
    for(int i=0;i<n; ++i)
    { cout<<setw(5) <<i<<" ";
      cout<<setw(6) <<hT[i].weight<<" ";
      cout<<setw(6) <<hT[i].parent<<" ";
      cout<<setw(6) <<hT[i].lchild<<" ";
      cout<<setw(6) <<hT[i].rchild<<endl;
    }
}
int main()
```

```
{   int x[] = {5,29,7,8,14,23,3,11 };                     //权值集合
    HTNode *hufftree = new HTNode[2*8 -1];                 //动态创建数组
    HuffmanTree(hufftree,x,8);
    print(hufftree,15);
    return 0;
}
```

在很多实际场景中，不需要真的去构建一棵哈夫曼树，只需能得到最终的带权路径长度即可，因此需要着重掌握的是哈夫曼树的构建思想，也就是反复选择两个最小的元素，合并，直到只剩下一个元素。

6.8.2 哈夫曼编码

哈夫曼树在电报中占据重要地位，由于电报字符集中的字符使用的频率是非均匀的，因此要使频率高的字符编码尽可能地短，则可使发送的电文长度尽可能缩短，以提高效率。

1. 基本概念

(1)等长编码。每个字符均用长度相等的二进制位串表示，如 ASCII 码。

(2)非等长编码。每个字符不是采用等长的二进制串表示，而是根据字符使用的频度，对使用频度高的字符采用较短的二进制串表示，对使用频度低的字符采用较长的二进制串表示，从而达到缩短报文总长的目的。

哈夫曼编码是广泛地用于数据文件压缩的十分有效的编码方法。其压缩率通常在 20% ~90% 之间。哈夫曼编码算法用字符在文件中出现的频率表来建立一个用 0、1 串表示各字符的最优表示方式。一个包含 100 000 个字符的文件，各字符出现频率不同，见表 6-2。

表 6-2 各字符出现频率及编码

项目	a	b	c	d	e	f
频率/千次	45	13	12	16	9	5
定长码	000	001	010	011	100	101
变长码	0	101	100	111	1101	1100

有多种方式表示文件中的信息，若用 0、1 码表示字符的方法，即每个字符用唯一的一个 0、1 串表示。若采用等长编码表示，则需要 3 位表示一个字符，整个文件编码需要 300 000 位；若采用不等长编码表示，给频率高的字符较短的编码；频率低的字符较长的编码，达到整体编码减少的目的，则整个文件编码需要(45 ×1 +13 ×3 +12 ×3 +16 ×3 +9 ×4 +5 ×4) ×100 000 =224 000 位，由此可见，不等长编码比等长编码方案好，总码长减小约 25% 。

不等长编码带来的问题：在不等长编码情况下，如 00 表示 E，01 表示 T，0001 表示 W，收到的编码是 0001，那么这组编码是 W 还是 ET 呢？无法区分，原因是 E 的编码和 W 的编码开始部分(前缀)相同。

(3)前缀码。对每一个字符规定一个 0、1 串作为其代码，并要求任一字符的代码都不是其他字符代码的前缀，这种编码称为前缀码。编码的前缀性质可以使译码方法非常简单，如 001011101 对照表 6-2 编码，可以唯一的分解为 0，0，101，1101，因而其译码为 aabe。

结论：若对字符集进行不等长编码，则要求这种不等长编码必须是前缀码。

2. 构造前缀码

已知字符集中各个字符的使用频度(概率)，如何构造使报文总长最短的前缀码？

假设电文的字符集 $D = \{d_1, d_2, \cdots, d_n\}$，每个字符在电文中出现的次数是 c_i，d_i 对应的编码长度

是 l_i，则总电文长度是：

$$总长度 = \sum_{i=1}^{n}(c_i \cdot l_i)$$

经过对大量电文的统计分析，得出每个字符 d_i 出现的概率为 w_i，则平均码长为

$$\sum_{i=1}^{n}(w_i \cdot l_i)$$

式中，w_i，l_i 分别为字符 d_i 出现的概率和编码长度。

平均码长越短，报文的平均长度也越短。构造最优（平均码长最短的）前缀码的方法如下：

(1)以字符集中每个字符出现的概率为权值，构造哈夫曼树。

(2)在哈夫曼树中每个分支结点的左分支上标0，右分支上标1。

(3)把从根到每个叶子结点的路径上的所有0或1标号连接起来，作为叶子结点所代表的字符的编码。

需要注意的是：

①每个字符编码的长度为哈夫曼树中根结点到该字符对应叶子结点路径的长度，既是带权路径长度又是平均码长，而哈夫曼树是带权路径长度最小的二叉树，因此上述编码的平均码长最短。

②另外需强调的是，采用上述方法得到的编码一定是前缀码（没有一个叶子结点是另一个叶子结点的祖先）。

③对 n 个字符按上述方法进行编码，每个字符的编码长度不会超过 $n-1$。

④在构造过程中最好遵循二叉树规则，统一为：左子树数值小，右子树数值大，否则有可能产生多棵哈夫曼树。

例6-7 已知 $D=\{a,b,c,d,c\}$，$W=\{0.12,0.40,0.15,0.08,0.25\}$，如图6-51所示，由此得出各字符的哈夫曼编码：

a:1111， b:0， c:110， d:1110， e:10

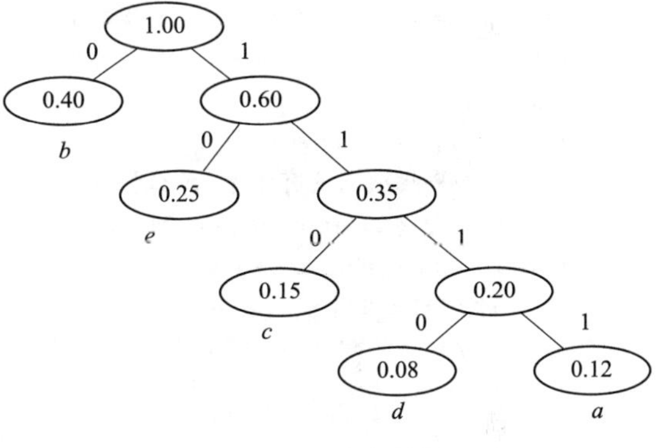

图6-51 哈夫曼树

3. 哈夫曼编码算法

由于哈夫曼树中没有度为1的结点，则一棵有 n 个叶子的哈夫曼树共有 $2n-1$ 个结点，可以用一个大小为 $2n-1$ 的一维数组存放哈夫曼树的各个结点。由于每个结点同时还包含其双亲信息和孩子结点的信息，所以构成一个静态三叉链表。哈夫曼编码实现过程 如下：

(1)对于所有的叶子结点进行编码：for($i=0;i<n;i++$)//生成 tree[i]的编码

(2)对每一个叶子结点 di($0 \leqslant i \leqslant n-1$)出发向上回溯到根结点。做法：

①从哈夫曼树的叶子 tree[i]出发；

②利用双亲指针 parent 找到 tree[i]的双亲 tree[p]；

③利用 tree[p]的指针域 lchild 和 rchild，可知 tree[i]是 tree[p]的左孩子还是右孩子，若是左孩子则生成代码0，否则生成代码1；

④以 tree[p]为出发点，重复②③过程，直到找到根结点。

注意：这样生成的代码次序和要求次序相反。解决方法：将生成的代码从后向前放在一个位串 cd[n]中，同时还需要一个整型变量 start 指示编码在 cd[ ]中的起始位置。

编码算法涉及的存储结构如下：

【结构定义 6-8】哈夫曼编码存储结构。

```
typedef struct                                  //Huffman 树的结构
{   unsigned int weight;                        //叶子结点权值
    unsigned int parent;                        //指向双亲的指针
    unsigned int lChild;                        //指向左孩子结点的指针
    unsigned int rChild;                        //指向右孩子结点的指针
}Node,*HFM_Tr;                                  //动态分配数组存储哈夫曼树
typedef char *HFM_Code;                         //动态分配数组,存储哈夫曼编码
```

哈夫曼编码实现源程序如下：

【综合练习 6-4】构造哈夫曼编码。

微视频 综合练习 6-4 视频讲解

```
#include <iostream>
#include <iomanip>//声明一些 "流操作符",常用的有 setw(int)设置显示宽度,
//left,right 设置左右对齐, setprecision(int)设置浮点数的精确度。
using namespace std;
typedef struct                                  //Huffman 树的结构
{   unsigned int weight;                        //叶子结点权值
    unsigned int parent;                        //指向双亲的指针
    unsigned int lChild;                        //指向左孩子结点的指针
    unsigned int rChild;                        //指向右孩子结点的指针
}Node,*HFM_Tr;
typedef char *HFM_Code;                         //动态分配数组,存储哈夫曼编码
void select(HFM_Tr *hu_T, int n, int *s1, int *s2)
//选择两个 parent 为 0,且 weight 最小的结点 s1 和 s2 的方法实现
//n 为叶子结点的总数,s1 和 s2 两个指针参数指向要选取出来的两个权值最小的结点
{   int i=0;                                    //标记 i
    int min;                                    //记录最小权值
    for(i=1;i<=n;i++)                           //遍历全部结点,找出单结点
        //如果此结点没有父亲,那么把结点号赋值给 min,跳出循环
    if((*hu_T)[i].parent == 0){min=i;break;}
    for(i=1;i<=n; i++)                          //继续遍历全部结点,找出权值最小的单结点
        if((*hu_T)[i].parent==0)                //如果此结点的父亲为空,则进入 if
         //如果此结点的权值比 min 结点的权值小,那么更新 min 结点,否则就是最开始的 min
          if((* hu_T)[i].weight<(* hu_T)[min].weight) min=i;
    *s1=min;                                    //找到了最小权值的结点,s1 指向
    for(i=1;i<= n;i++)                          //遍历全部结点
        //找出下一个单结点,且没有被 s1 指向,那么 i 赋值给 min,跳出循环
        if((*hu_T)[i].parent==0&&i!=(*s1)) {min=i;break;}
    for(i=1;i<=n;i++)                           //继续遍历全部结点,找到权值最小的那一个
        if((*hu_T)[i].parent==0&&i!=(*s1))
        //如果此结点的权值比 min 结点的权值小,那么更新 min 结点,否则就是最开始的 min
         if((*hu_T)[i].weight<(*hu_T)[min].weight) min=i;
    *s2=min;                                    //s2 指针指向第二个权值最小的叶子结点
}
void createHFM_Tr(HFM_Tr * hu_T,int w[],int n)
//创建哈夫曼树并求哈夫曼编码的算法如下,w 数组存放已知的 n 个权值
{   int m=2*n-1;                                //m 为哈夫曼树总共的结点数,n 为叶子结点数
    int s1,s2;     //s1 和 s2 为两个当前结点里,要选取的最小权值的结点
    int i;                                      //标记
```

```
    //创建哈夫曼树的结点所需的空间,m+1代表其中包含一个头结点
  *hu_T=(HFM_Tr)malloc((m+1)*sizeof(Node));
  for(i=1;i<=n;i++)//1~n号存放叶子结点,初始化叶子结点,
  //结构数组来初始化每个叶子结点,初始的时候看作一个个单个结点的二叉树
  { (*hu_T)[i].weight = w[i];//其中叶子结点的权值是w[n]数组来保存
    (*hu_T)[i].lChild=0;//初始化叶子结点(单个结点二叉树)的孩子和双亲,单个结点,
    (*hu_T)[i].parent=0;(*hu_T)[i].rChild = 0; //也就是没有孩子和双亲
  }// end of for
  for(i=n+1;i<=m;i++)                          //非叶子结点的初始化
  {   (*hu_T)[i].weight=0;(*hu_T)[i].lChild=0;
      (*hu_T)[i].parent=0; (*hu_T)[i].rChild=0;}
  printf("\ n哈夫曼树: \ n");
  for(i=n+1;i<=m;i++)                          //创建非叶子结点,建哈夫曼树
  {   select(hu_T,i-1,&s1, &s2);//在(*hu_T)[1]~(*hu_T)[i-1]的范围内选择
      //两个parent为0,且weight最小的结点,其序号分别赋值给s1、s2
      (*hu_T)[s1].parent=i;(*hu_T)[s2].parent=i; //选出的两个权值最小的叶子结点,
      (*hu_T)[i].lChild=s1;(*hu_T)[i].rChild=s2; //组成一个新的二叉树,根为i结点
      (*hu_T)[i].weight=(*hu_T)[s1].weight+(*hu_T)[s2].weight;//新的结点i的权值
     printf("% d(% d,% d) \ n",(*hu_T)[i].weight,
                             (*hu_T)[s1].weight,(*hu_T)[s2].weight);
  }
  printf("\ n");
}
void creatHFM_Code(HFM_Tr *hu_T, HFM_Code *huC, int n)
//哈夫曼树建立完毕,从n个叶子结点到根,逆向求每个叶子结点对应的哈夫曼编码
{  int i;//指示标记
   int start;//编码的起始指针
   int p;//指向当前结点的父结点
   unsigned int c;//遍历n个叶子结点的指示标记c
   huC=(HFM_Code*)malloc((n+1)*sizeof(char*));//分配n个编码的头指针
   char*cd=(char*)malloc(n*sizeof(char));//分配求当前编码的工作空间
   cd[n-1]='\0';//从右向左逐位存放编码,首先存放编码结束符
   for(i=1;i<=n;i++)//求n个叶子结点对应的哈夫曼编码
   {   start=n-1;//初始化编码起始指针
       //从叶子到根结点求编码
       for(c=i,p=(*hu_T)[i].parent;p!=0;c=p,p=(*hu_T)[p].parent)
         if((*hu_T)[p].lChild==c)               //从右到左的顺序编码入数组内
            cd[--start]='0';                    //左分支标0
         else  cd[--start]='1';                 //右分支标1
       huC[i]=(char*)malloc((n-start)*sizeof(char));//为第i个编码分配空间
       strcpy(huC[i], &cd[start]);
   }
   free(cd);
   for(i=1;i<=n;i++)                            //打印编码序列
        printf("哈夫曼权重% 3d的编码是:%s\n",(* hu_T)[i].weight, huC[i]);
   printf("\ n");
}
int main(void)
{   HFM_Tr HT;
```

```
    HFM_Code HC;
    int *w,i,n,wei,m;
    printf("\nn =" );
    scanf("%d",&n);
    w = (int*)malloc((n+1)*sizeof(int));
    printf("\n 输入%d 个元素的权重: \n",n);
    for(i =1; i <=n;i ++)
    { printf("%d:",i);fflush(stdin);scanf("%d",&wei);w[i] =wei; }
    createHFM_Tr(&HT,w,n);
    creatHFM_Code(&HT,&HC,n);
    return 0;
}
```

4. 译码

译码算法思想：从哈夫曼树的根结点出发，逐个读入报文的二进制码，若读入0则走向左孩子，否则走向右孩子，一旦到达叶子结点译出相应字符。然后重新从根结点出发继续译码，直到整个报文结束。译码算法描述如下：

【综合练习6-5】对哈夫曼编码译码。

微视频

综合练习6-5视频讲解

```
#define NN 4                                        //叶子数目
#define MAXSIZE  100
#define MM (2*NN -1)                                //结点总数
typedef struct                                      //huffman 树的结构
{   unsigned int weight;                            //叶子结点权值
    unsigned int parent;                            //指向双亲的指针
    unsigned int lChild;                            //指向左孩子结点的指针
    unsigned int rChild;                            //指向右孩子结点的指针
}Node,*HFM_Tr;
void DEcode(Node tree[])                            //依次读入电文,根据哈夫曼树译码
{   int i,j =0;
    char b[MAXSIZE];
    char end_F = '#';                               //电文结束标志取#
    i =MM -1; //从根开始往下搜索:哈夫曼树从底端开始自左向右从 0 编号,根结点为最大结点数
    printf("输入发送的编码(以% c 为结束标志):",end_F);
    gets(b);
    printf("译码后的字符为:");
    while(b[j]! =end_F)
    { if(b[j] =='0') i =tree[i].lChild;             //走向左孩子
      else  i =tree[i].rChild;                      //走向右孩子
      if(tree [i].lChild == -1)                     //判断 tree[i]是否为叶子结点
        { printf("% d,",tree[i].weight); i =MM -1;}         //回到根结点
      j ++;
    }
    printf("\n");
    if(tree[i].lChild! = -1&&b[j]! =end_F) //电文读完,但尚未到叶子结点
        printf("\nERROR\n");                        //输入电文有错
}//decode
int main(void)
{   Node H[] ={{1,2, -1, -1},{2,2, -1, -1},{3,5,0,1},{4,5, -1, -1},
              {5,6, -1, -1},{7,6,2,3},{12,0,4,5}};  //1,2,4,5
```

```
printf("【读入电文,并进行译码】\ n");          //1:100,2:101,4:11,5:0
DEcode(H);                                   //依次读入电文,根据哈夫曼树译码
return 0;
}
```

哈夫曼树是严格的二叉树,树中无度为1的结点。因此仅有tree[i].lchild = -1,即可判定tree[i]是叶子结点。

程序中的4个编码:1对应编码为100,2对应编码为101,4对应编码为11,5对应编码为0。

例如,输入:101110#,输出:2,4,5,。

小　　结

树和二叉树是一类具有层次关系的非线性数据结构。

树是$n(n\geqslant 0)$个结点的有穷集合,要理解树形结构的基本概念和术语,比如:根结点、父结点、叶子结点、后继结点、前驱结点、树的深度等。

二叉树是一种常用的树结构。二叉树的每个结点至多只有两棵子树(即二叉树中不存在度大于2的结点);二叉树有左右之分,次序不能任意颠倒。满二叉树和完全二叉树是两种特殊形态的二叉树。

二叉树有顺序存储和链式存储两种存储表示。顺序存储就是把二叉树的所有结点按照层次顺序存储到连续的存储单元中,这种存储更适用于完全二叉树。链式存储又称二叉链表,每个结点包括两个指针,分别指向其左孩子和右孩子。链式存储是二叉树常用的存储结构。

树的存储结构主要有双亲表示法、孩子表示法和孩子兄弟表示法。孩子兄弟表示法是最常用的,任意一棵树都能通过孩子兄弟表示法转换为二叉树。森林与二叉树之间也存在相应的转换方法,通过这些转换,可以利用二叉树的操作解决树的相关问题。

二叉树的遍历算法是其他运算的基础,通过遍历可得到二叉树中结点访问的线性序列,实现了非线性结构的线性化。根据访问结点的次序不同有先序遍历、中序遍历、后序遍历以及层次遍历,其时间复杂度均为$O(n)$。

在线索二叉树中,利用二叉链表中的$n+1$个空指针域来存放指向某种遍历次序下的前驱结点和后继结点的指针,这些附加的指针称为“线索”。引入二叉线索树的目的是加快查找结点前驱或后继的速度。

哈夫曼树在通信编码技术上有广泛的应用,只要构造了哈夫曼树,按分支情况在左路径上写代码0,在右路径上写代码1,然后从上到下至叶子结点相应路径上的代码序列就是该叶子结点的最优前缀码,即哈夫曼编码。

练　　习

一、单项选择题

1. 假定二叉树有n个结点,下面错误的叙述是(　　)。

A. 分支个数必然是$n-1$　　B. 叶子结点个数必然大于度为2的结点个数

C. 树的高度有可能是n　　D. 叶子结点个数必然大于度为1的结点个数

2. 一棵完全二叉树上有1 001个结点,其中叶子结点的个数是(　　)。

A. 250　　B. 500　　C. 254　　D. 501

3. 一个具有1 025个结点的二叉树的高h为(　　)。

A. 11　　B. 10　　C. 11 至 1 025 之间　　D. 10 至 1 024 之间

4. 对二叉树的结点从 1 开始进行连续编号，要求每个结点的编号大于其左、右孩子的编号，同一结点的左右孩子中，其左孩子的编号小于其右孩子的编号，可采用(　　)遍历实现编号。

A. 先序　　B. 中序

C. 后序　　D. 从根开始按层次遍历

5. 将一棵有 100 个结点的完全二叉树从根这一层开始，每一层从左到右依次对结点进行编号，根结点的编号为 1，则编号为 49 的结点的左孩子编号为(　　)。

A. 98　　B. 99　　C. 50　　D. 48

6. 假定在一棵二叉树中，度为 2 的结点数为 15，度为 1 的结点数为 30，则叶子结点数为(　　)个。

A. 15　　B. 16　　C. 17　　D. 47

7. 一棵二叉树有 n 个结点，先序遍历序列与中序遍历序列相同，与后序遍历序列相反，则下面错误的叙述是(　　)。

A. 所有结点均无左孩子　　B. 只有一个叶子结点

C. 所有结点均无右孩子　　D. 每层只有 1 个结点

8. 一棵非空的二叉树的先序遍历序列与后序遍历序列正好相反，则该二叉树一定满足(　　)。

A. 所有的结点均无左孩子　　B. 所有的结点均无右孩子

C. 只有一个叶子结点　　D. 是任意一棵二叉树

9. 一棵二叉树有 n 个结点，中序遍历序列与后序遍历序列相同，与先序遍历序列相反，则下面错误的叙述是(　　)。

A. 所有结点均无左孩子　　B. 只有一个叶子结点

C. 所有结点均无右孩子　　D. 没有度为 2 的个结点

10. 若二叉树采用二叉链表存储结构，要交换其所有分支结点左、右子树的位置，利用(　　)遍历方法最合适。

A. 先序　　B. 中序　　C. 后序　　D. 按层次

11. 一棵有 n 个结点的二叉树，按层次从上到下，同一层从左到右顺序存储在一维数组 $A[1...n]$ 中，则二叉树中第 i 个结点（i 从 1 开始用上述方法编号）的右孩子在数组 A 的位置是(　　)。

A. $A[2i](2i \leqslant n)$　　B. $A[2i+1](2i+1 \leqslant n)$

C. $A[i-2]$　　D. 无法确定

12. 若 X 是二叉中序线索树中一个有左孩子的结点，且 X 不为根结点，则 X 的前驱为(　　)。

A. X 的双亲　　B. X 的右子树中最左的结点

C. X 的左子树中最右结点　　D. X 的左子树中最右的结点

13. 判定线索二叉树中某结点 p 有左孩子的条件是(　　)。

A. p! = null　　B. p -> lchild! = null

C. p -> ltag == 0　　D. p -> ltag == 1

14. 已知一棵有 2 011 个结点的树，其叶子结点个数为 116，该树对应的二叉树中无右孩子的结点个数是(　　)。

A. 115　　B. 116　　C. 1 895　　D. 1 896

15. 设 a，b 为一棵二叉树上的两个结点，在中序遍历时，a 在 b 前面的条件是(　　)。

A. a 在 b 的右方　　B. a 在 b 的左方　　C. a 是 b 的祖先　　D. a 是 b 的子孙

16. 某二叉树的中序序列为 ABCDEFG，后序序列为 BDCAFGE，则其左子树中结点数目为(　　)。

A. 3　　B. 2　　C. 4　　D. 5

17. 把一棵树转换为二叉树后，这棵二叉树的形态是(　　)。

A. 唯一的
B. 有多种
C. 有多种，但根结点都没有左孩子
D. 有多种，但根结点都没有右孩子

18. 二叉排序树中，关键字值最大的结点(　　)。

A. 左指针一定为空
B. 右指针一定为空
C. 右指针均为空
D. 左、右指针均不为空

19. 三叉树中，度为 1 的结点有 5 个，度为 2 的结点有 3 个，度为 3 的结点有 2 个，问该树含有(　　)叶子结点。

A. 13　　B. 12　　C. 10　　D. 8

20. 设有一个度为 3 的树，其叶子结点数为 n_0，度为 1 的结点数为 n_1，度为 2 的结点数为 n_2，度为 3 的结点数为 n_3，则 n_0 与 n_1，n_2，n_3 满足关系(　　)。

A. $n_0 = n_2 + 1$
B. $n_0 = n_2 + 2n_3 + 1$
C. $n_0 = n_2 + n_3 + 1$
D. $n_0 = n_1 + n_2 + n_3$

21. 如果一棵非空 $k(k \geqslant 2)$ 叉树 T 中每个非叶子结点都有 k 个孩子，若 T 的高度为 h（单结点的树 $h=1$），则 T 的结点数最少为(　　)。

A. $(kh-1)/(k-1)-1$
B. $k(h-1)+1$
C. kh
D. $(kh-1-1)/(k-1)+1$

22. 如果一棵非空 $k(k \geqslant 2)$ 叉树 T 中每个非叶子结点都有 k 个孩子，若 T 有 m 个非叶子结点，则 T 中的叶子结点个数为(　　)（注：仅有根结点的树，此结点既是根结点又是叶子结点）。

A. $m(k-1)-1$　　B. $m(k-1)+1$　　C. $m(k-1)$　　D. mk

23. 如果 T_1 是由有序树 T 转换而来的二叉树，那么 T 中结点的先序遍历序列就是 T_1 中结点的(　　)遍历序列。

A. 先序　　B. 中序　　C. 后序　　D. 层序

24. 设 F 是一个森林，B 是由 F 变换得的二叉树。若 F 中有 n 个非终端结点，则 B 中右指针域为空的结点有(　　)个。

A. $n-1$　　B. n　　C. $n+1$　　D. $n+2$

25. 设森林 F 中有三棵树，第一、第二、第三棵树的结点个数分别为 M_1、M_2 和 M_3。与森林 F 对应的二叉树根结点的右子树上的结点个数是(　　)。

A. M_1　　B. M_1+M_2　　C. M_3　　D. M_2+M_3

26. $n(n \geqslant 2)$ 个权值均不相同的字符构成哈夫曼树，关于该树的叙述中，错误的是(　　)。

A. 该树一定是一棵完全二叉树
B. 树中一定没有度为 1 的结点
C. 树中两个权值最小的结点一定是兄弟结点
D. 树中任一非叶子结点的权值一定不小于下一层任一结点的权值

27. 在有 n 个叶子结点的哈夫曼树中，其结点总数为(　　)。

A. 不确定　　B. $2n$　　C. $2n-1$　　D. $2n+1$

28. 设哈夫曼树中有 199 个结点，则该哈夫曼树中有(　　)个叶子结点。

A. 99　　B. 100　　C. 101　　D. 102

29. 若以{4,5,6,7,8}作为权值构造哈夫曼树，则该树的带权路径长度为(　　)。

A. 67　　B. 68　　C. 69　　D. 70

二、综合应用题

1. 已知深度为 h 的二叉树，以一维数组 BT[0...2h-2]作为其存储结构，试编写一算法，求该二叉树中叶子结点的个数。为简单起见，设二叉树中元素结点为非负整数，要求写出算法基本思想及相应的算法。

2. 若二叉树中各结点的值均不相同，则由二叉树的先序遍历序列和中序遍历序列，或由其中序遍历序列和后序遍历序列均能唯一地确定一棵二叉树，但由先序遍历序列和后序遍历序列却不一定能唯一地确定一棵二叉树。

(1) 已知一棵二叉树的先序遍历序列和中序遍历序列分别为 *ABDGHCEFI* 和 *GDHBAECIF*，请画出此二叉树。

(2) 已知一棵二叉树的中序遍历序列和后序遍历序列分别为 *BDCEAFHG* 和 *DECBHGFA*，请画出此二叉树。

(3) 已知一棵二叉树的先序遍历序列和后序遍历序列分别为 *AB* 和 *BA*，请画出这两棵不同的二叉树。

3. 一棵二叉树的先序、中序和后序遍历序列分别如下(其中一部分未标出)，请构造出该二叉树。

先序:( )( )*C D E*( )*G H I*( )*K*

中序:*C B*( )( )*F A*( )*J K I G*

后序:( )*E F D B*( )*J I H* ( )*A*

4. 给定一组权值 $W=\{5,2,9,11,8,3,7\}$，试构造相应的哈夫曼树，并计算它的带权路径长度。

5. 假设用于通信的电文仅由 8 个字母组成，字母在电文中出现的频率分别为 0.07,0.19,0.02,0.06,0.32,0.03,0.21,0.10。

(1) 试为这 8 个字母设计哈夫曼编码。

(2) 试设计另一种由二进制表示的等长编码方案。

(3) 对于上述实例，比较两种方案的优缺点。

6. 编写一个递归算法，复制二叉树。

7. 编写一个递归算法，交换二叉树的左右孩子结点。

8. 请编写一个函数可以确定一棵二叉树是否是完全二叉树。

9. 设计算法求中序线索二叉树中指针 P 所指结点的后继结点。

10. 给定一棵二叉树 root 和一个正整数 k，查找所有从根结点开始到叶子结点路径总和等于 k 的路径。

11. 给定一棵二叉树，求二叉树的最小深度。找出其最深的叶子结点的深度。

12. 通过给定的前序遍历序列和中序遍历序列重新建立二叉树。

第7章 图

学习目标

- 理解图的概念并熟悉有关术语；
- 熟练掌握邻接矩阵表示法和邻接表表示法；
- 深刻理解连通图遍历的基本思想和算法；
- 理解最小生成树、最短路径的有关概念和算法；
- 了解拓扑排序、关键路径的概念、步骤和背景。

图与树一样，也是一种有广泛实际背景的非线性结构，但比树更复杂。因此，本章在运算实现方面着重研究图的遍历这一常用运算的实现，以及最小生成树和拓扑排序这两个典型应用问题的求解。

7.1 图的基本概念

7.1.1 有向图、无向图

图 G 由两个集合 V 和 E 组成,其中 V 是顶点的有穷非空集合;E 是边的集合,这样一个图就可记为 $G=(V,E)$。若顶点的偶对是有序的,此图为有向图,有序偶对用尖括号括起来;若顶点偶对是无序的,此图为无向图,无序偶对用圆括号括起来。

设 $x,y\in V$,若 $<x,y>\in E$,则有序偶对 $<x,y>$ 表示有向图 G 中从 x 到 y 的一条弧,x 称为始点(又称弧尾),y 称为终点(又称弧头)。若无序偶对 $(x,y)\in E$,则在无向图 G 中 x 和 y 间有一条边。

如图 7-1 所示有向图:

$G_1=(V_1,E_1)$

$V_1=\{v_1,v_2,v_3,v_4\}$

$E_1=\{<v_1,v_2>,<v_1,v_3>,<v_3,v_4>,<v_4,v_1>\}$

如图 7-2 所示无向图:

$G_2=(V_2,E_2)$

$V_2=\{v_1,v_2,v_3,v_4,v_5\}$

$E_2=\{(v_1,v_2),(v_1,v_4),(v_2,v_3),(v_2,v_5),(v_3,v_4),(v_3,v_5)\}$ //(v_i,v_j)和(v_j,v_i)代表同一条边。

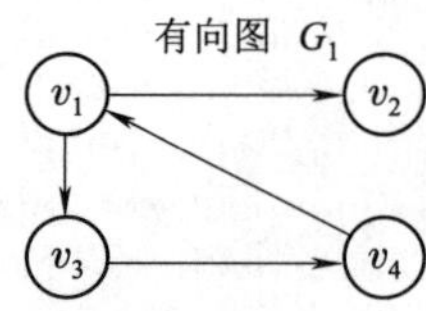

图 7-1　有向图

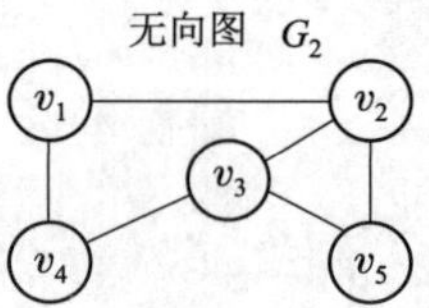

图 7-2　无向图

在无向图中，若顶点 x 与 y 间有边 (x,y)，则 x 与 y 互称邻点。边 (x,y) 称为与顶点 x 和 y 相关联。任何两点间都有边相关联的无向图称为无向完全图，如图 7-3 所示，一个具有 n 个顶点的无向完全图的边数为 $n(n-1)/2$。任何两顶点间都有弧的有向图称为有向完全图，如图 7-4 所示，一个具有 n 个顶点的有向完全图的弧数为 $n(n-1)$。

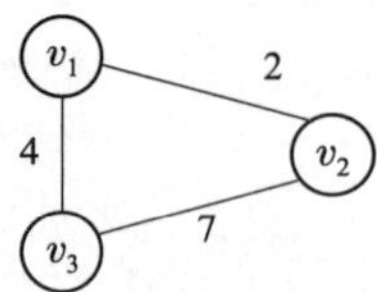

图 7-3　无向完全图（带权图）

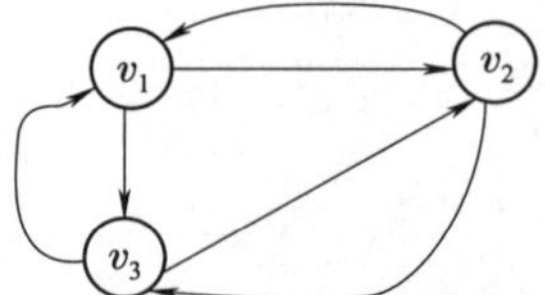

图 7-4　有向完全图

图的边或弧附带的数值叫权。权可表示从一个顶点到另一个顶点的距离、代价或耗费等。每条边或弧都带权的图称为带权图或网，见图 7-3。

如图 7-5 所示，无向图中顶点 V 的度是与该顶点相关联的边的数目，记为 $D(V)$。如图 7-6 所示，若 G 是一个有向图，则把以顶点 V 为终点的弧的数目称为 V 的入度，记为 $\mathrm{ID}(V)$；把以顶点 V 为始点的弧的数目称为 V 的出度，记为 $\mathrm{OD}(V)$。有向图中顶点 V 的度定义为 $D(V)=\mathrm{ID}(V)+\mathrm{OD}(V)$。

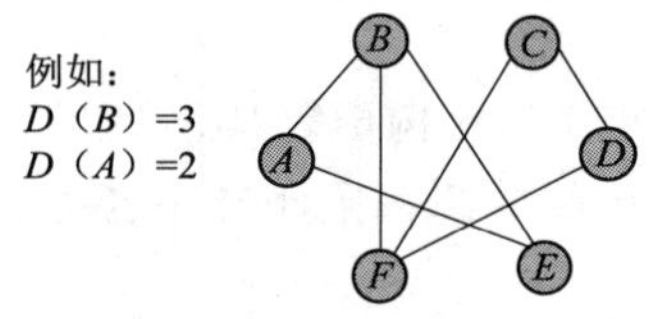

图 7-5　无向图的度

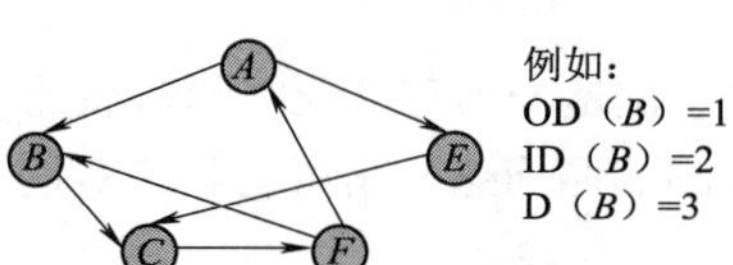

图 7-6　有向图的度

设 $G=(V,E)$ 是一个图，若 E' 是 E 的子集，V' 是 V 的子集，使得 E' 中的边仅与 V' 中顶点相关联，称图 $G'=(V',E')$ 为图 G 的子图，如图 7-7 和图 7-8 所示。

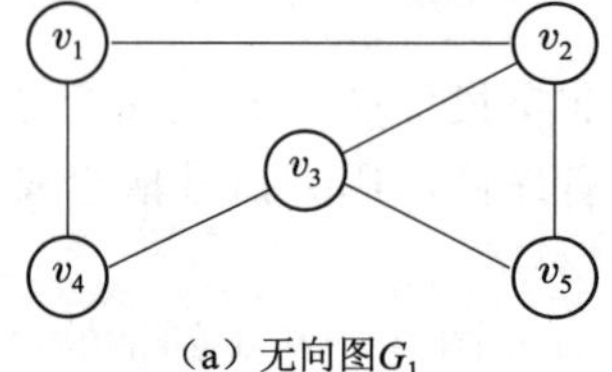

图 7-7　无向图图 G_1 的子图

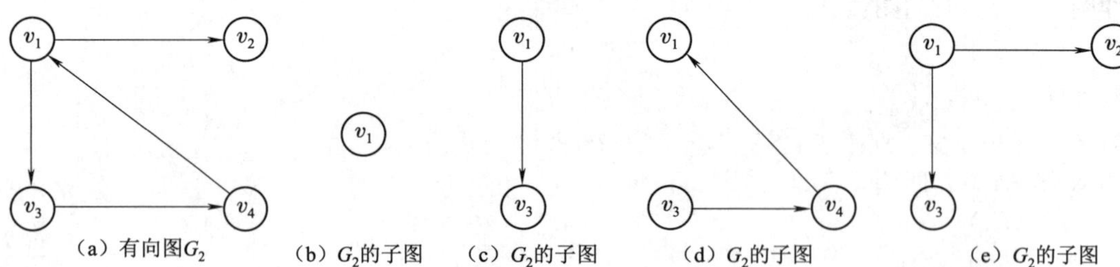

图 7-8　有向图图 G_2 的子图

7.1.2 路径和回路

两个顶点之间的顶点序列称两顶点间的路径。该序列的每个顶点与其前驱是邻接点，与其后继也是邻接点（有向图内路径也是有向的）。路径长度定义为路径上的边或弧的数目。第一个顶点和最后一个顶点相同的路径称为回路或环。序列中顶点不重复出现的路径称为简单路径。除了第一个顶点和最后一个顶点外，其余顶点不重复的回路，称为简单回路或简单环（或者说，若通路或回路不重复地包含相同的边，则它是简单的）。

如图 7-7 所示的无向图 G_1 中，$v_1 \to v_2 \to v_5$ 与 $v_1 \to v_4 \to v_3 \to v_5$ 是从顶点 v_1 到顶点 v_5 的两条路径，路径长度分别是 2 和 3。这两条路径都是简单路径。

如图 7-9 所示的有向图中，$A \to B \to C \to D$ 是从顶点 A 到顶点 D 的一条路径，路径长度是 3。从 $E \to C$ 是从顶点 E 到顶点 C 的一条路径，路径长度是 1。这两条路径都是简单路径。

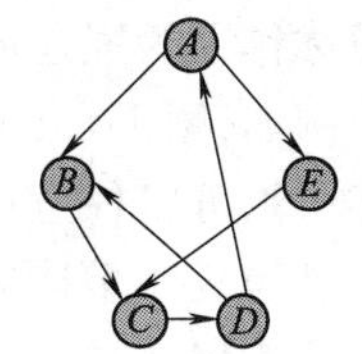

图 7-9 路径长度为 3 的有向图

在图 7-9 所示的有向图中，$B \to C \to D \to B$ 是一条简单回路。在图 7-7 所示的无向图 G_1 中，$v_1 \to v_2 \to v_3 \to v_4 \to v_1$ 是一条简单回路。在图 7-7 所示的无向图 G_1 中，$v_1 \to v_2 \to v_3 \to v_5 \to v_2 \to v_1$ 路径中，v_2 是重复的，就不是简单环了。

7.1.3 无向图的连通性

在无向图中，如果从顶点 v 到顶点 v' 有路径，则称 v 和 v' 是连通的。如果对于图中的任意两个顶点（$v_i, v_j \in V$，且 v_i 和 v_j）之间都有路径（序列）相通，则称此图为连通图。否则，称该图为非连通图。如图 7-7 中的无向图 G_1 就是一个连通图，图 7-10（a）也是一个连通图。

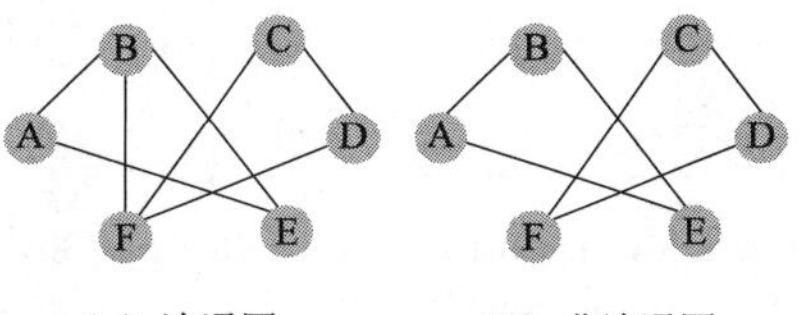

（a）连通图　（b）非连通图

图 7-10 非连通图和连通图

在无向图中，如果图中任意两个顶点之间都连通（连通图），则其中的极大连通子图称为连通分量，这里所谓的极大是指子图中包含的顶点个数极大。直观地说，极大就是不能再大，或者说再大也不能超过自己。所以，连通分量的概念需强调的三点是：

①是子图；

②子图要连通；

③含有极大的顶点数及依附于这些顶点的所有边。

极小连通子图正好相反，极小就是不能再小，再小一点就会不连通或点不足。

极大连通子图要求该连通子图包含其所有的边。极小连通子图是既要保持图连通，又要使得边数最少的子图。

如图 7-11（a）所示的三个子图就是图 7-11（b）无向图的连通分量。

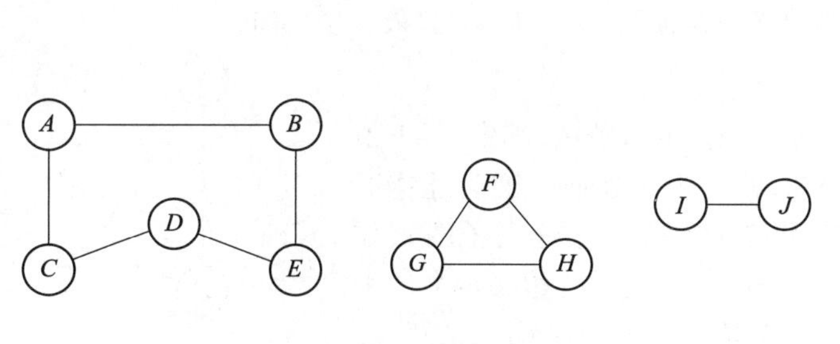

（a）无向图G的三个连通分量　（b）无向图G

图 7-11 无向图 G 及其连通分量

任何连通图的连通分量只有一个，即其自身，而非连通图则有多个连通分量。

7.1.4 有向图的连通性

在有向图中，如果从 V_i 到 V_j 和从 V_j 到 V_i 之间都有路径，则称这两个顶点是强连通的。若图中任何一对顶点都是强连通的，则称此图为强连通图（对有向图，若任意两个顶点之间都存在一条有向路径，则称此有向图为强连通图）。如图 7-12 所示，有向图中的极大强连通子图称为此有向图的强连通分量。否则，其各个强连通子图称作它的强连通分量。

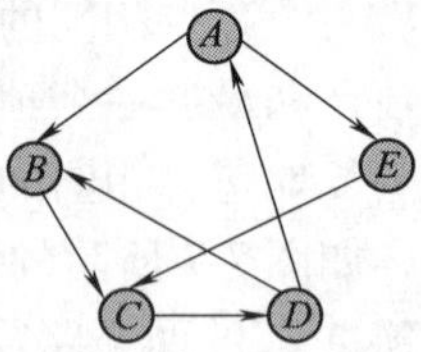

图 7-12 强连通图

例如，图 7-13(a)有向图的两个强连通分量如图 7-13(b)所示。$v_1 - v_3 - v_4$ 环虽然可以任意顶点都连通，但是边就没有含全，这样也是不行的。此外，v_2 自己构成一个连通分量。

图 7-14 有向图，有 4 个强连通分量，和图 7-13 正好形成了对照，这里找环就可以，所以 v_2、v_3、v_4 构成一个强连通分量，剩余的 v_1、v_5、v_6 每个自己构成一个连通分量，所以一共是 4 个强连通分量。

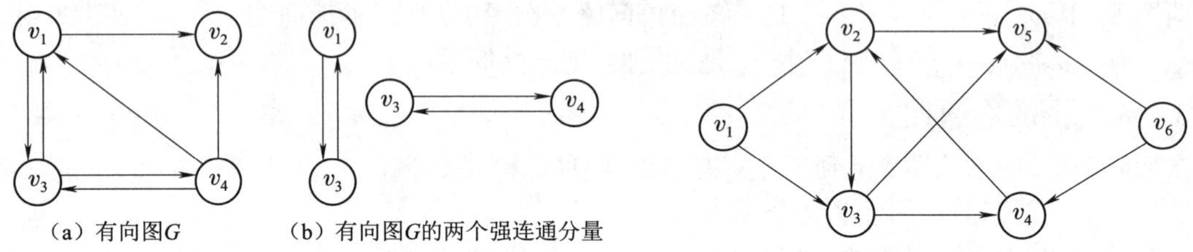

（a）有向图G　（b）有向图G的两个强连通分量

图 7-13 有向图 G 的两个强连通分量　　图 7-14 强连通

所以，在有向图中寻找强连通分量，首先尽量寻找环路，在环路上的所有结点同属一个连通分量。其次不属于任何一个强连通分量的孤立点自身是一个强连通分量。

有 n 个顶点的强连通图最多有 $n(n-1)$ 条边，最少有 n 条边。

最多的情况：即 n 个顶点中两两相连，若不计方向，n 个点两两相连有 $n(n-1)/2$ 条边，而由于强连通图是有向图，故每条边有两个方向，$n(n-1)/2 \times 2 = n(n-1)$，故有 n 个顶点的强连通图最多有 $n(n-1)$ 条边。

最少的情况：即 n 个顶点围成一个圈，且圈上各边方向一致，即均为顺时针或者逆时针，此时有 n 条边。

如图 7-15 所示，ABCD 四个点构成强连通图，边数最多有 $4 \times 3 = 12$ 条，边数最少有 4 条。

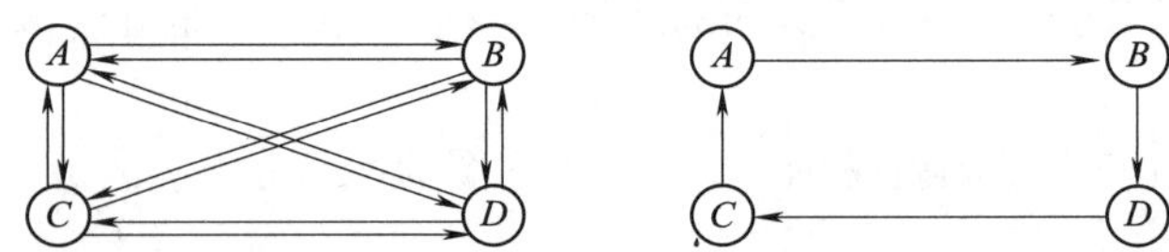

图 7-15 4 个顶点的强连通图最多有 12 条边，最少有 4 条边

7.1.5 生成树和生成森林

在无向图中，假设一个连通图有 n 个顶点和 e 条边，其中 $n-1$ 条边和 n 个顶点构成一个极小连通子图，称该极小连通子图为此连通图的生成树（是含有该连通图的全部顶点的一个极小连通子图），如图 7-16 所示。在生成树中添加任意一条属于原图中的边必定会产生回路，因为新添加的边使其所依附的两个顶点之间有了第二条路径。若生成树中减少任意一条边，则必然成为非连通的。n 个顶点的生成树具有 $n-1$ 条边。对非连通图，各个连通分量的生成树的集合为此

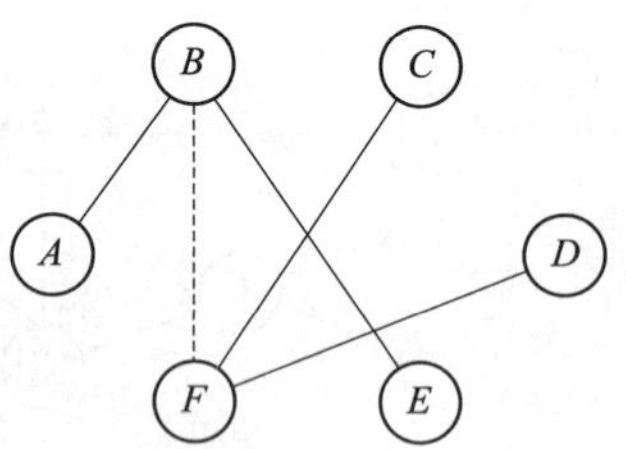

图 7-16 连通图的生成树

非连通图的生成森林。

如果一个有向图恰有一个顶点的入(出)度为0,其余顶点的入(出)度均为1,则是一棵有向树。如图7-17所示,左边为一棵外向树,右边为一棵内向树。

一个有向图的生成森林由若干棵有向树组成,含有全部顶点,但只有足以构成若干棵不相交的有向树的弧。

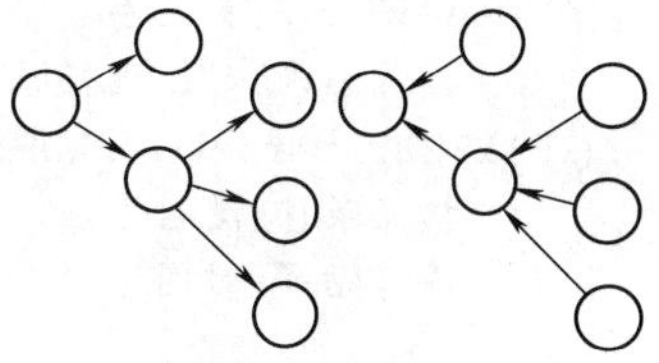

图7-17 有向树

7.1.6 图的类型定义

图是一种数据结构,加上一组基本操作,就构成了抽象数据类型。抽象数据类型图的定义如下:

```
ADT Graph{
数据对象:V是具有相同特性的数据元素的集合,称为顶点集。
数据关系:R={VR},VR =(<v,w> |v,w属于V且P(v,w) <v,w>表示从v到w的弧,
                谓词P(v,w)定义了弧<v,w>的意义或信息)
基本操作:
(1)CreateGraph(&G,v,VR):构造图G。
    初始条件:V是图的顶点集,VR是图中弧的集合。
    操作结果:按V和VR的定义构造图G。
(2)DestroyGraph(&G):销毁图。
    初始条件:图G存在。
    操作结果:销毁图。
(3)LocateVex(G,u):查找定位。
    初始条件:图G存在,u和G中顶点有相同特征。
    操作结果:若G中存在顶点u,则返回该顶点在图中的位置;否则返回其他信息。
(4)GetVex(G,v):求顶点v的值。
    初始条件:图G存在,v是G中某个顶点。
    操作结果:返回v的值。
(5)PutVex(&G,v,value):对顶点v赋值。
    初始条件:图G存在,v是G中某个顶点。
    操作结果:对v赋值value。
(6)FirstAdjVex(G,v):返回顶点v的第一个邻接顶点。
    初始条件:图G存在,v是G中某个顶点。
    操作结果:返回v的第一个邻接顶点。若v在G中没有邻接顶点,则返回"空"。
(7)NextAdjvex(G,v,w):返回顶点v的下一个邻接顶点。
    初始条件:图G存在,v是G中某个顶点,w是v的邻接顶点。
    操作结果:返回v的(相对于w的)下一个邻接顶点。若w是v的最后一个邻接点,则返回"空"。
(8)InsertVex(&G,v):在图G中增添新顶点v。
    初始条件:图G存在,v和图中顶点有相同特征。
    操作结果:在图G中增添新顶点v。
(9)DeleteVex(&G,v):删除图G中顶点v。
    初始条件:图G存在,v是G中某个顶点。
    操作结果:删除G中顶点v及其相关的弧。
(10)InsertArc(&G,v,w):在图G中增添弧。
    初始条件:图G存在,v和w是G中两个顶点。
    操作结果:在G中增添弧<v,w>,若G是无向图,则还增添对称弧<w,v>。
(11)DeleteArc(&G,v,w):/在图G中删除弧。
    初始条件:图G存在,v和w是G中两个顶点。
    操作结果:在G中删除弧<v,w>,若G是无向图,则还删除对称弧<w,v>。
```

```
(12)DFSTraverse(G):对图进行深度优先遍历。
    初始条件:图 G 存在。
    操作结果:对图进行深度优先遍历,在遍历过程中对每个顶点访问一次。
(13)BFSTraverse(G):对图进行广度优先遍历。
    初始条件:图 G 存在。
    操作结果:对图进行广度优先遍历,在遍历过程中对每个顶点访问一次。
}ADT Graph
```

7.2　图的存储结构

图的存储必须要完整、准确地反映顶点集和边集的信息。根据不同图的结构和算法,采用不同的存储方式将对程序的效率产生相当大的影响,因此所选的存储结构应适合于待求解的问题。

图的存储结构主要有两种:邻接矩阵和邻接表。

7.2.1　邻接矩阵

设 $G=(V,E)$ 是一个图,其中顶点 $V=\{v_1,v_2,v_3,\cdots,v_n\}$,则图 G 的邻接矩阵是一个具有下述性质的 n 阶方阵:

$$A_{ij}=\begin{cases}1 & 若(v_i,v_j)\in E 或 <v_i,v_j>\in E; \quad //i 是行,j 是列\\ 0 & 反之\end{cases}$$

如图 7-18 所示,无向图的邻接矩阵是一个对称矩阵;如图 7-19 所示,有向图的邻接矩阵是非对称的。

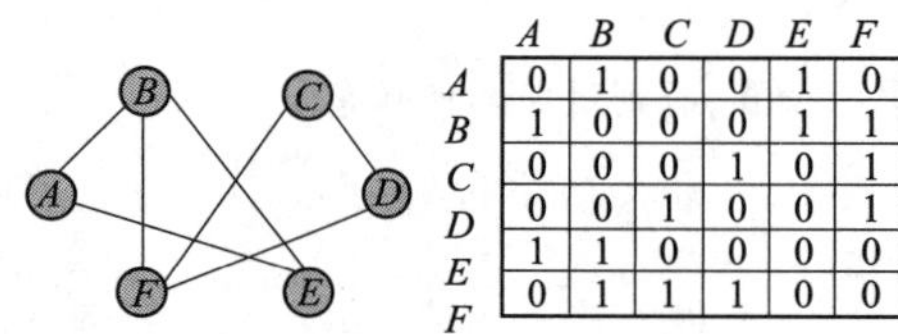

	A	B	C	D	E	F
A	0	1	0	0	1	0
B	1	0	0	0	1	1
C	0	0	0	1	0	1
D	0	0	1	0	0	1
E	1	1	0	0	0	0
F	0	1	1	1	0	0

图 7-18　无向图的邻接矩阵

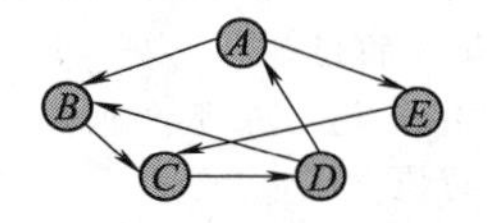

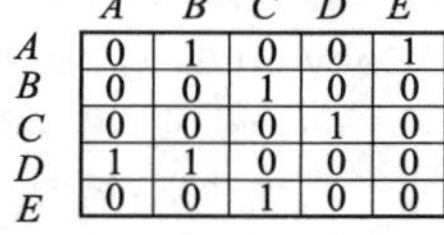

	A	B	C	D	E
A	0	1	0	0	1
B	0	0	1	0	0
C	0	0	0	1	0
D	1	1	0	0	0
E	0	0	1	0	0

图 7-19　有向图的邻接矩阵

用邻接矩阵表示法来表示一个具有 n 个顶点的图时,除了用邻接矩阵中的 $n\times n$ 个元素存储顶点间相邻关系外,往往还需要另设一个数组,来存储 n 个顶点的信息。类型定义如下:

【结构定义 7-1】邻接矩阵顶点信息存储结构。

```
typedef  int vertexType;
#define  vnum  5                          //顶点个数
typedef struct graph                      //邻接矩阵顶点信息
{   vertexType  vexs[vnum];               //顶点信息
    int  arcs[vnum][vnum];                //邻接矩阵
    int  vexnum,arcnum;                   //顶点数,弧(边)数
}GraphTp;
```

无向图及有向图的邻接矩阵建立算法如下:

【综合练习 7-1】无向图及有向图的邻接矩阵建立算法。

```
void main()
{  int i,j,k;
   GraphTp  ga;                           //定义 GraphTp 类型变量 ga
   //(1)对无向图:
   printf("输入无向图顶点数和边数:");
   scanf("% d% d",&ga.vexnum,&ga.arcnum);
```

```
    for(k=0;k<ga.arcnum;k++)          //arcnum 边数
    {     scanf("%d%d",&i,&j);
          ga.arcs[i][j]=1;ga.arcs[j][i]=1;
    }
  //(2)对有向图:
  printf("输入有向图顶点数和弧数:");
  scanf("%d%d",&ga.vexnum,&ga.arcnum);
  for(k=0;k<ga.arcnum;k++)            //arcnum 弧数
    {  scanf("%d%d",&i,&j);
       ga.arcs[i][j]=1;
    }
  }
```

对于无向图,顶点 v_i 的度是邻接矩阵中第 i 行(或第 i 列)的元素之和。对于有向图,顶点 v_i 的出度 $OD(v_i)$ 为邻接矩阵第 i 行元素之和,顶点 v_i 的入度 $ID(v_i)$ 是邻接矩阵中第 i 列元素之和。

用邻接矩阵也可以表示带权图,只要令:

$$A_{ij}=\begin{cases} w_{ij} & 若(v_i,v_j)或<v_i,v_j>\in E;//w_{ij}为<v_i,v_j>或(v_i,v_j)上的权值 \\ \infty & 反之 \end{cases}$$

如图 7-20 所示为无向网及其邻接矩阵,如图 7-21 所示为有向网及其邻接矩阵。

无向网邻接矩阵的建立方法是:首先将矩阵 A 的每个元素都初始化为最大值,然后读入边及权值(i,j,w_{ij}),将二维数组 A 的相应元素置成 w_{ij}。

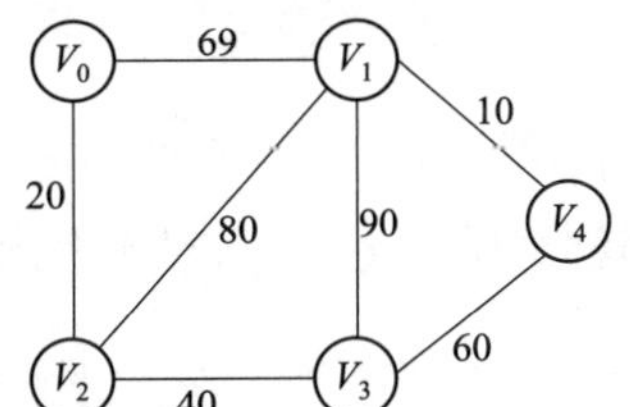

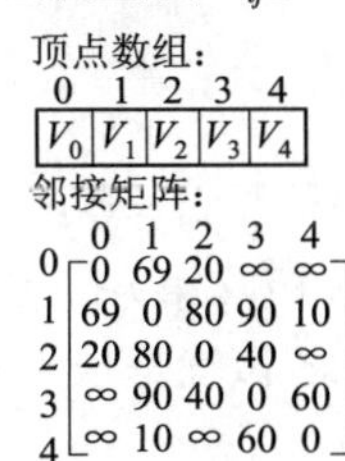

顶点数组:

0	1	2	3	4
V_0	V_1	V_2	V_3	V_4

邻接矩阵:

	0	1	2	3	4
0	0	69	20	∞	∞
1	69	0	80	90	10
2	20	80	0	40	∞
3	∞	90	40	0	60
4	∞	10	∞	60	0

图 7-20 无向网及其邻接矩阵

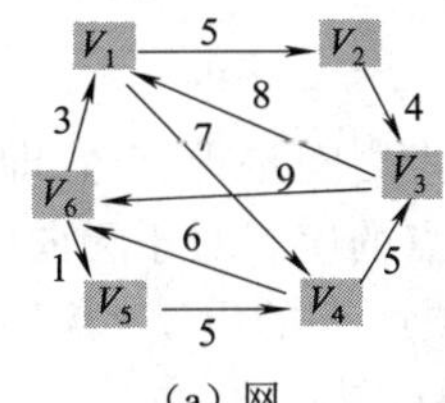

(a) 网

	V_1	V_2	V_3	V_4	V_5	V_6
V_1	∞	5	∞	7	∞	∞
V_2	∞	∞	4	∞	∞	∞
V_3	8	∞	∞	∞	∞	9
V_4	∞	∞	5	∞	∞	6
V_5	∞	∞	∞	5	∞	∞
V_6	3	∞	∞	∞	1	∞

(b) 邻接矩阵

图 7-21 有向网及其邻接矩阵

对于无向图,每条边 e 被存储了两次,因此邻接矩阵中,有 $2e$ 个不为 0 的元素个数。由于 n 个顶点的邻接矩阵为 $n\times n$ 个元素的方阵,所以零元素个数为 n^2-2e。

对于有向图,每条边 e 被存储了一次,因此邻接矩阵中,有 e 个不为 0 的元素个数。由于 n 个顶点的邻接矩阵为 $n\times n$ 个元素的方阵,所以零元素个数为 n^2-e。

例7-1 用邻接矩阵表示无向图,设计一个算法,判断顶点 i 和 j 是否有边,i 和 j 是顶点的机内序号(从 0 开始)。

```
#include  <iostream>
using namespace  std;
#define  MVNum  100                        //最大顶点数
//-------------------定义邻接矩阵-------------------
typedef struct                             //邻接矩阵
{    char  vexs[MVNum][10];                //顶点表
     int   arcs[MVNum][MVNum];             //邻接矩阵
     int   vexnum, arcnum;                 //当前顶点个数和边数
}AMGraph;
//-------------------算法实现代码-------------------
void Judge(AMGraph G,int i,int j)//在无向图 G 中的邻接矩阵中查找 i,j 对应的边
```

```
{  if(i<0||i>G.vexnum||j<0||j>G.vexnum){cout<<"无此顶点!"<<endl;return;}
   if(G.arcs[i][j]!=0&&G.arcs[j][i]!=0)    //有向图可能非对称矩阵,一个判断条件
        cout<<G.vexs[i]<<"--"<<G.vexs[j]<<endl;
   else   cout<<"没有边!"<<endl;
}
main()
{   int  i, j;
    AMGraph G={{"V1","V2","V3","V4","V5"},
       {{0,1,0,1,0},{1,0,1,0,1},{0,1,0,1,1},{1,0,1,0,0},{0,1,1,0,0}},5,6};
    cout<<"输入两个顶点序号查找对应边(从0开始):";cin>>i>>j;Judge(G,i,j);
}
```

例7-2 无向图用邻接矩阵表示,设计一算法,输出该图的所有不重复的边。

借用【例7-1】程序框架,实现代码如下:

```
void Edges(AMGraph G)//输出无向图G邻接矩阵中对应的所有不重复边(a-b和b-a不重复出现)
{   int i,j;
    for(i=0;i<G.vexnum;i++)
        for(j=i;j<G.vexnum;j++)
            if(G.arcs[i][j]!=0)
                cout<<G.vexs[i]<<"--"<<G.vexs[j]<<endl;
}
```

在【例7-1】主程序中调用Edges(*G*)函数,输出无向图*G*邻接矩阵中对应的所有不重复边(即a-b和b-a不重复出现)。

邻接矩阵表示法的优点是:

(1)便于判断两个顶点之间是否有边,即根据$A[i][j]=0$或1来判断。

(2)便于计算各个顶点的度。对于无向图,邻接矩阵第i行元素之和就是顶点v_i的度;对于有向图,第i行元素之和就是顶点v_i的出度,第i列元素之和就是顶点v_i的入度。

邻接矩阵表示法的缺点是:

(1)不便于增加和删除顶点。

(2)不便于统计边的数目,需要扫描邻接矩阵所有元素才能统计完毕,时间复杂度为$O(n^2)$。

(3)空间复杂度高。如果是有向图,n个顶点需要n^2个单元存储边。如果是无向图,因其邻接矩阵是对称的,所以对规模较大的邻接矩阵可以采用压缩存储的方法,仅存储下三角(或上三角)的元素,这样需要$n(n-1)/2$个单元即可。但无论以何种方式存储,邻接矩阵表示法的空间复杂度均为$O(n^2)$,这对于稀疏图而言尤其浪费空间。

7.2.2 邻接表

1. 邻接表表示法

邻接表表示法是借助单链表来反映顶点间的邻接关系。

它的构成思想是将邻接于某个顶点V_i的所有其他顶点都链接在一起构成一个单链表,这个单链表就是顶点V_i的邻接表。n个顶点就要建n个链表。如图7-22所示,类同于树的孩子链表表示法。

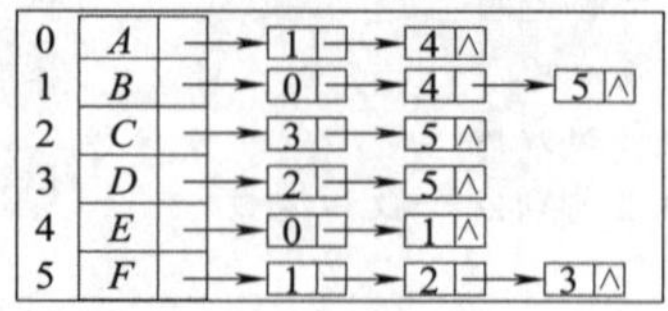

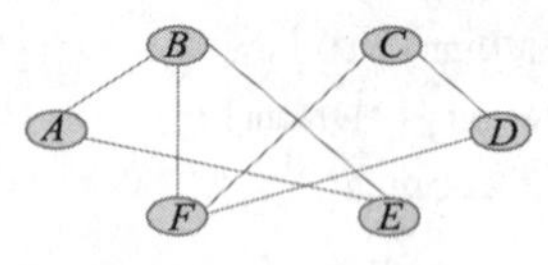

图7-22 无向图的邻接表

对于无向图，第 i 个单链表中的结点表示依赖于顶点 v_i 的边。顶点 v_i 的度为第 i 个链表中的结点数。如图 7-23 所示，对于有向图第 i 个链表的顶点个数只是顶点 v_i 的出度（为始点的弧），其入度是所有链表中其邻接点域的值为 i 的结点的个数。

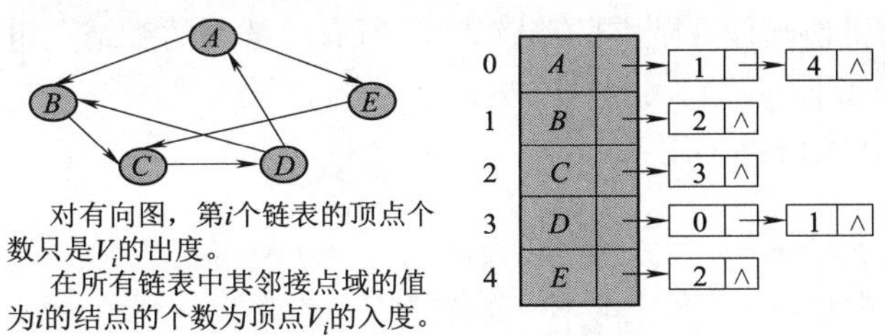

图 7-23 有向图的邻接表

如图 7-24 中 G_2 所示，在邻接表上，无向图中顶点 v_i 的度恰为第 i 个单链表中的结点数。如图 7-24中 G_1 所示，对有向图，第 i 个单链表中的结点个数只是顶点 v_i 的出度。为了求入度，必须遍历整个邻接表，在所有单链表中，其邻接点域的值为 i 的结点的个数是顶点 v_i 的入度，所以求出度容易求入度难。为此，可以建立有向图 G_1 的逆邻接表，如图 7-24（a）G_1 的逆邻接表所示，在逆邻接表中，求入度容易求出度难。

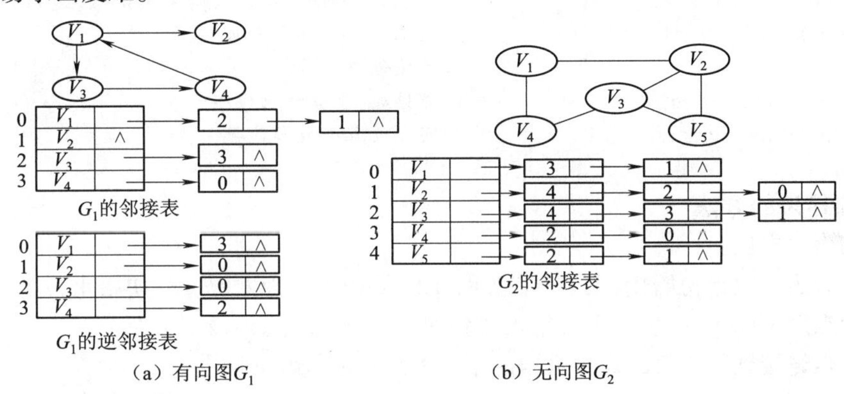

图 7-24 在邻接表上求图的出、入度

2. 邻接表表示法的特点

邻接表表示法的优点是：便于增加和删除顶点，便于统计边的数目，空间效率高，容易寻找顶点的邻接点。

邻接表表示法的缺点是：判断两顶点间是否有边或弧，需搜索两结点对应的单链表，没有邻接矩阵方便。不便于计算有向图各个顶点的度。

邻接表表示法有下述特点：

（1）一个图的邻接表表示法不唯一，这是因为邻接表中各结点的链接次序取决于建立邻接表的算法及边的输入次序。

（2）对无向图，若它有 n 个顶点 e 条边，则其邻接表中需要 $2e+n$ 个结点。其中，$2e$ 个结点构成邻接表，n 个结点构成顶点表。

（3）对有向图，若它有 n 个顶点 e 条边，则其邻接表中需要 $e+n$ 个结点。其中，e 个结点构成邻接表，n 个结点构成顶点表。

（4）对带权的图，其邻接表中的每个结点都要增加一个权值域。

3. 邻接表的类型定义（类同于树的孩子链表表示法）

单链表中每一个表结点包括两个域：邻接点域，用以存放与 v_i 相邻接点的顶点序号；链域，用以

指向同 v_i 邻接的下一个结点。

另外，每一个单链表设一个表头结点，它有两个域，一个用来存放顶点 v_i 的信息；另一个域用来指向邻接表中的第一个结点。

为了便于管理和随机访问任一顶点的单链表，将所有单链表的头结点组织成一个一维数组。

邻接表的类型定义如下：

【结构定义 7-2】邻接表的类型定义。

```
#define  MVNum 100                            //最大顶点数
typedef  int  VerTexType;                     //顶点为数字
typedef  int  ArcType;                        //边的权值为整型
typedef struct ArcNode                        //定义表结点结构，边结点
{    int  adjvex;                             //边所指向的顶点序号，与 vi 相邻接的顶点编号
     int  info;                               //边的权值
     struct ArcNode  *nextarc;                //指向下一条边的指针
}ArcNode;
typedef struct VNode                          //定义表头结点结构
{    VerTexType  data;                        //顶点名称顶点编号
     ArcNode     *firstarc;                   //指向所依附的顶点，指向第一条弧(边)的指针
}VNode, AdjList[MVNum];                       //AdjList 表示邻接表类型
typedef struct                                //定义邻接表结构
{    AdjList  vertices;                       //邻接表，表头结点数组
     int vexnum, arcnum;                      //实际顶点个数和边数
}ALGraph;
```

4. 建立邻接表的方法

建立邻接表的方法：

①将邻接表表头数组初始化：第 i 个表头的 data 域初始化为 i，firstarc 初始化为 NULL；

②读入顶点对 $<i,j>$，产生一个表结点，将 j 放入到该结点 adjvex 域；

③将该结点链接到邻接表的表头数组的第 i 个表头的 firstarc 域上。

(1)建立有向图邻接表的算法如下：

【程序段 7-1】建立有向图的邻接表。

```
void CreateAdjlist(ALGraph *ga)         //建立有向图的邻接表
{    int n,e,i,j,k;                     //定义中间变量
     ArcNode *p;                        //定义表结点变量
     printf("请输入顶点 n 和边数 e:");
     scanf("%d%d",&n,&e);               //1a:读入顶点 n 和边数 e
     ga->vexnum=n;ga->arcnum=e;         //1b:初始化邻接表顶点和弧的个数
     for(i=0;i<n;i++)                   //1c:邻接表表头数组初始化
     { ga->vertices[i].data=i;          //顶点为数字，从 0 开始
       ga->vertices[i].firstarc=NULL;
     }
     for(k=0;k<ga->arcnum;k++)
     { printf("请输入第% d 条边的两顶点:",k);
       scanf("%d,%d",&i,&j);            //2:读入顶点对，产生表结点
       p=(ArcNode * )malloc(sizeof(ArcNode));
       p->adjvex=j;                     //3:链接到邻接表的表头数组上
       p->nextarc=ga->vertices[i].firstarc; //3:往前插入
       ga->vertices[i].firstarc=p;
```

微视频

程序段 7-1
视频讲解

```
        }
}
```

(2)输出图 G 的邻接表中所有的不重复边。

在示例函数 void Edges(AMGraph G)的基础上稍加改动,设计 Edges1()函数,输出用邻接表表示的图 G 的所有边。

【程序段 7-2】在有或无向图 G 的邻接表中输出所有的不重复边。

微视频
程序段 7-2 视频讲解

```
void Edges1(ALGraph *G)//在有或无向图 G 的邻接表中输出所有的不重复边
{    int i,j;
     for(i=0;i<G->vexnum;i++) //从 i=0 开始在邻接表表头结点数组查找所有顶点
     {  ArcNode *p=G->vertices[i].firstarc; //p 指向顶点 vi 的表头链表首结点
        while(p!=NULL)
        { j=p->adjvex; //j 为与 i 相邻的结点编号
          if(j>i)cout<<G->vertices[i].data<<"--"<<G->vertices[j].data<<endl;
          p=p->nextarc;
        }
     }
}
```

(3)建立和输出有向图邻接表的测试程序如下:

【综合练习 7-2】建立和输出有向图邻接表的测试程序。

微视频
综合练习 7-2 视频讲解

```
#include  <iostream>
using namespace  std;
typedef  int  VerTexType;              //顶点为数字
typedef  int  ArcType;                 //边的权值为整型
#define  MVNum 100                     //最大顶点数
插入【结构定义 7-2】ArcNode、VNode、AdjList[MVNum]、ALGraph 结构体
插入【程序段 7-1】CreateAdjlist(ALGraph *ga)函数
插入【程序段 7-2】Edges1(ALGraph*G)函数
void main()
{   ALGraph  *G=(ALGraph*)malloc(sizeof(ALGraph));
    CreateAdjlist(G);                  //建立有向图的邻接表
    Edges1(G);                         //输出图 G 的邻接表中所有的不重复边
}
```

(4)在邻接表图 G 中查找顶点 i、j 对应的边。

在有或无向图 G 的邻接表中,查找顶点 i、j 对应的边。顶点 i、j 从 0 开始计数($0\leqslant(i,j)<n$。

【程序段 7-3】在邻接表图 G 中查找顶点 i、j 对应的边。

微视频
程序段 7-3 视频讲解

```
void Judge1(ALGraph G,int i,int j)//在有或无向图 G 的邻接表中查找 i,j 对应的边
{   if(i<0||i>G.vexnum||j<0||j>G.vexnum )
        {cout<<"无此顶点!"<<endl;  return;  }
    ArcNode  *p=G.vertices[i].firstarc;  //p 指向顶点 vi 的表头链表首结点
    while(p!=NULL&&p->adjvex!=j)p=p->nextarc;
                                      //移动指针,查找与 i 相邻的结点编号 j
    if(p!=NULL)cout<<G.vertices[i].data <<"--"<<G.vertices[j].data<<endl;
    else          cout<<"没有边!"<<endl;
}
```

【程序段 7-4】据图 G 的表头结点数组,由顶点字串名确定其序号值。

```
int LocateVex(ALGraph G,VerTexType u)
//据图 G 的表头结点数组,由顶点字串名确定其序号值
```

微视频

程序段 7-4 视频讲解

```
//若顶点 u 存在,返回顶点 u 的机内序号,否则返回 -1
{ int i;
  for(i=0;i<G.vexnum; ++i)
    if(strcmp(u,G.vertices[i].data)==0)return i;//字符串比较
  return -1;
}
```

(5)建立无向图邻接表的程序实现。

相比有向图邻接表的建立,多生成另一个对称的新的边结点。此外,在输入顶点时支持使用字符串。

【程序段 7-5】创建无向图的邻接表。

微视频

程序段 7-5 视频讲解

```
void CreateG(ALGraph &G)                          //创建无向图的邻接表
{   int i,j,k;
    VerTexType v1,v2;
    ArcNode *p1,*p2;
    cout<<"输入顶点数和边数(空格间隔):";
    cin>>G.vexnum>>G.arcnum;                      //输入总顶点数,总边数
    cout<<"输入顶点名称(空格间隔):";
    for(i=0;i<G.vexnum; ++i)                      //输入顶点,构造表头结点表
    {  cin>>G.vertices[i].data;                   //输入顶点值
       G.vertices[i].firstarc=NULL;               //初始化表头结点,指针域为 NULL
    }
    for(k=0;k<G.arcnum; ++k)                      //输入各边,构造邻接表
    { cout<<"输入第"<<(k+1)<<"条边依附的两个顶点名称(空格分隔):";
      cin>>v1>>v2;                                //输入一条边依附的两个顶点字串名
      i=LocateVex(G, v1);                         //确定字串名 v1 顶点的序号给 i
      j=LocateVex(G, v2);                         //确定字串名 v2 顶点的序号给 j
      p1=new ArcNode;                             //生成一个新的边结点 p1
      p1->adjvex=j;                            //将邻接点序号 j 赋予边结点 p1 的 adjvex 成员
      p1->nextarc=G.vertices[i].firstarc;//用头插入法将新的边结点 p1
      G.vertices[i].firstarc=p1;                  // 插入到顶点 vi 的边表头链表中
      p2=new ArcNode;                             //生成另一个对称的新的边结点 p2
      p2->adjvex=i;                               //将邻接点序号 i 赋予边结点 p2 的 adjvex 成员
      p2->nextarc= G.vertices[j].firstarc;        //用头插入法将新的边结点 p2
      G.vertices[j].firstarc=p2;                  //插入到顶点 vj 的边表头链表中
    }
}
```

(6)建立无向图邻接表综合演示。

【综合练习 7-3】建立无向图邻接表。

微视频

综合练习 7-3 视频讲解

```
#include <iostream>
using namespace std;
#include  <string.h>
#define  MVNum 100                                //最大顶点数
typedef  char VerTexType[10];                     //顶点为字符串
typedef  int  ArcType;                            //边的权值为整型
插入【结构定义 7-2】ArcNode、VNode、AdjList[MVNum]、ALGraph 结构体
插入【程序段 7-2】Edges1(ALGraph *G)函数
插入【程序段 7-3】Judge1(ALGraph G,int i,int j)函数
```

```
插入【程序段 7-4】LocateVex(ALGraph G,VerTexType u)函数
插入【程序段 7-5】CreateG(ALGraph &G)函数 //创建无向图的邻接表
void main()
{  int  i,j;
   ALGraph  *G1 = (ALGraph*)malloc(sizeof(ALGraph));
   CreateG(*G1);  //调用函数,构造邻接表
   Edges1(G1);     //调用函数,输出邻接表
   cout <<"输入两个顶点序号(0,1,…):";cin >>i >>j;
   Judge1(*G1,i,j);//在邻接表图 G 中查找顶点 i、j 对应的边。(i,j) =0,1,2...
}
```

7.2.3　十字链表

十字链表(orthogonal list)是有向图的另一种链式存储结构,仅适用于存储有向图和有向网。该结构可以看成是将有向图的邻接表和逆邻接表结合起来得到的。十字链表法不仅改善了邻接表计算图中顶点入度难的问题,此外用十字链表存储有向图,可以达到高效的存取效果,同时,代码的可读性也会得到提升。

例如,有向图 7-25 的邻接矩阵如图 7-26 所示。

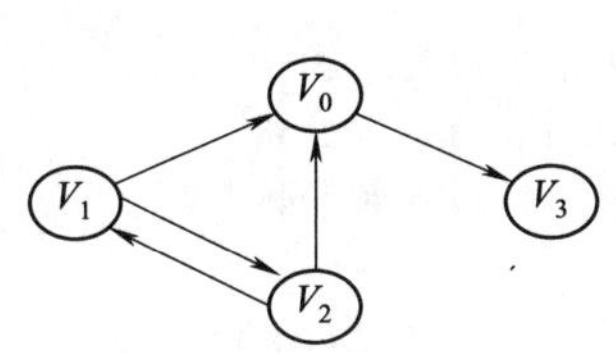

图 7-25　有向图

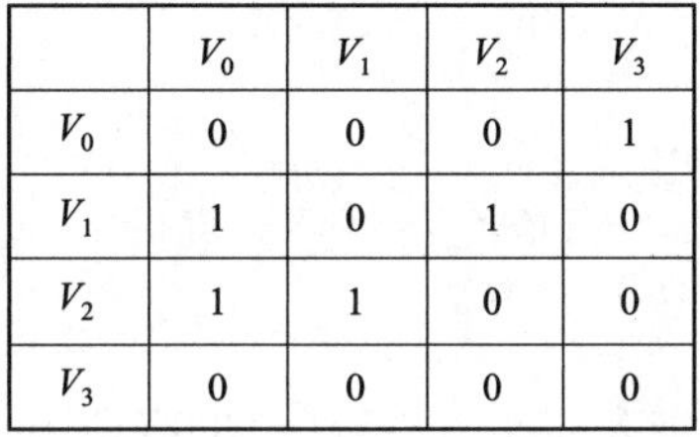

	V_0	V_1	V_2	V_3
V_0	0	0	0	1
V_1	1	0	1	0
V_2	1	1	0	0
V_3	0	0	0	0

图 7-26　邻接矩阵

相比邻接矩阵,邻接表就是直接依次遍历其相邻顶点。所以,把图 7-26 邻接矩阵转变为邻接表的方法如图 7-27 所示。

在邻接表的基础上再添加逆向邻接表,如图 7-28 所示就成了十字链表。

	V_0	V_1	V_2	V_3
V_0	0	0	0	1
V_1	1	0	1	0
V_2	1	1	0	0
V_3	0	0	0	0

图 7-27　邻接矩阵转邻接表

	V_0	V_1	V_2	V_3
V_0	0	0	0	1
V_1	1	0	1	0
V_2	1	1	0	0
V_3	0	0	0	0

图 7-28　十字邻接链表

十字链表存储有向图(网)的方式与邻接表有些相同,都以图(网)中各顶点为首结点建立多条链表,同时将所有链表的首结点存储到同一数组(或链表)中。链表中用于存储顶点首结点的结构如图 7-29 所示。

data	firstin	firstout

图 7-29　十字链表首结点结构示意图

从图中可以看出,首结点由一个数据域和两个指针域组成:firstin 指针用于链接以当前顶点为弧头的其他顶点;firstout 指针用于链接以当前顶点为弧尾的其他顶点;data 用于存储该顶点中的数据。

由此可看出,十字链表实质上就是为每个顶点建立两个链表,分别存储以该顶点为弧头的所有顶点和以该顶点为弧尾的所有顶点。链表内除首结点外的其他表结点(普通结点)结构如图 7-30 所示。

tailvex	headvex	hlink	tlink	info

图 7-30　十字链表内普通结点的结构示意图

从图 7-30 中可以看出，十字链表内普通表结点有 5 部分内容：tailvex 用于存储以首结点为弧尾的顶点位于数组中的位置下标；headvex 用于存储以首结点为弧头的顶点位于数组中的位置下标；hlink 指针用于链接下一个存储以首结点为弧头的顶点的结点；tlink 指针用于链接下一个存储以首结点为弧尾的顶点的结点；info 指针用于存储与该顶点相关的信息，譬如，顶点之间的权值。

有向图十字链表存储结构定义如下：

【结构定义 7-3】有向图十字链表存储结构。

```
#define MAX_VERTEX_NUM 20                       //定义最多顶点个数
typedef struct ArcBox                           //定义链内普通结点结构
{   int tailvex,headvex;                        //弧尾、弧头对应顶点在数组中的位置下标
    struct ArcBox *hlik,*tlink;                 //分别指向弧头相同和弧尾相同的下一个弧
    InfoType *info;                             //存储弧相关信息的指针
}ArcBox;
typedef struct VexNode                          //定义首结点结构
{   VertexType data;                            //顶点的数据域
    ArcBox *firstin,*firstout;                  //指向以该顶点为弧头和弧尾链表的首个结点
}VexNode;
typedef struct                                  //定义十字链表结构
{   VexNode xlist[MAX_VERTEX_NUM];              //存储顶点的一维数组
    int vexnum,arcnum;                          //记录图的顶点数和弧数
}OLGraph;
```

例如，用十字链表存储图 7-31(a)的有向图，其存储状态如图 7-31(b)所示。

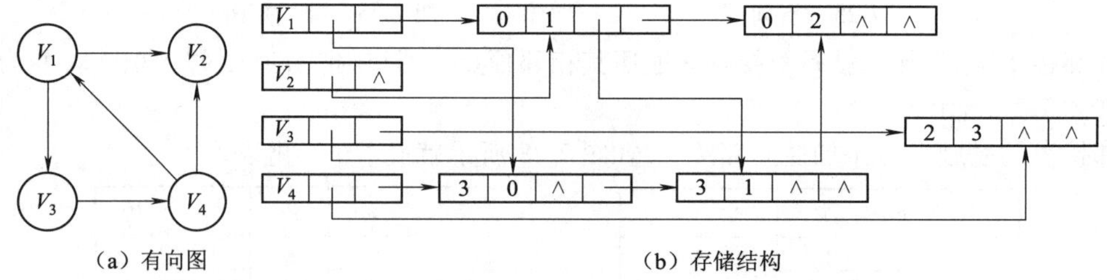

(a) 有向图　　(b) 存储结构

图 7-31　用十字链表存储有向图

图中顶点 V_1，通过构建好的十字链表得知，以该顶点为弧头的顶点只有一个，是存储在数组第 3 个位置的 V_4，因此该顶点的入度为 1。而以该顶点为弧尾的顶点有两个，分别是存储在数组第 1 个位置的 V_2 和第 2 个位置的 V_3，因此该顶点的出度为 2。

对于十字链表内的普通结点，由于表示的都是该顶点的出度或者入度，因此没有先后次序之分。

7.2.4　邻接多重表

邻接多重表(adjacency multilist)是无向图的另一种链式存储结构。在邻接表中，容易求得顶点和边的各种信息，但在邻接表中求两个顶点之间是否存在边而对边执行删除等操作时，需要分别在两个顶点的边表中遍历，效率较低。

邻接多重表和十字链表类似，也是由顶点表和边表组成，每一条边用一个结点表示，其顶点表结点结构和边表结点结构如图 7-32 所示。

邻接多重表顶点结构，data 域存储该顶点的相关信息；firstedge 域指示第一条依附于该顶点的边。

邻接多重表边表结构，i 和 j 为该边依附的两个顶点在图中的位置；ilink 指向下一条依附于顶点 i 的边；jlink 指向下一条依附于顶点 j 的边，info 为指向和边相关的各种信息的指针域。

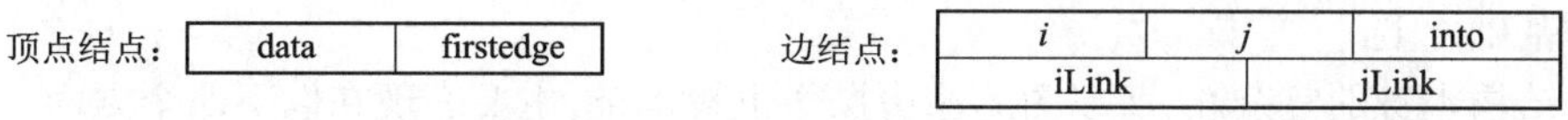

顶点结点：| data | firstedge |

（a）邻接多重表顶点结构

边结点：| i | j | into |
| iLink | jLink |

（b）邻接多重表边表结构

图 7-32　邻接多重表结构

在邻接多重表中，所有依附于同一顶点的边串联在同一链表中，由于每条边依附于两个顶点，因此每个边结点同时链接在两个链表中。对无向图而言，其邻接多重表和邻接表的差别仅在于，同一条边在邻接表中用两个结点表示，而在邻接多重表中只有一个结点。

图 7-33 为无向图的邻接多重表表示法。邻接多重表的各种基本操作的实现和邻接表类似。

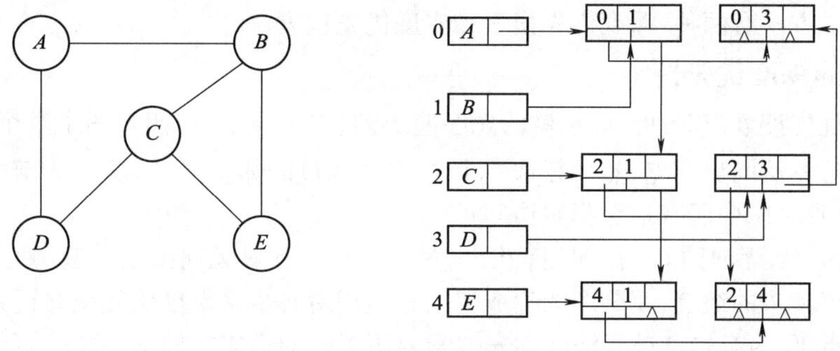

图 7-33　邻接多重表结构示意图

图 7-34 所示为删除顶点 A、B 之间的一条边后的邻接多重表结构示意图。

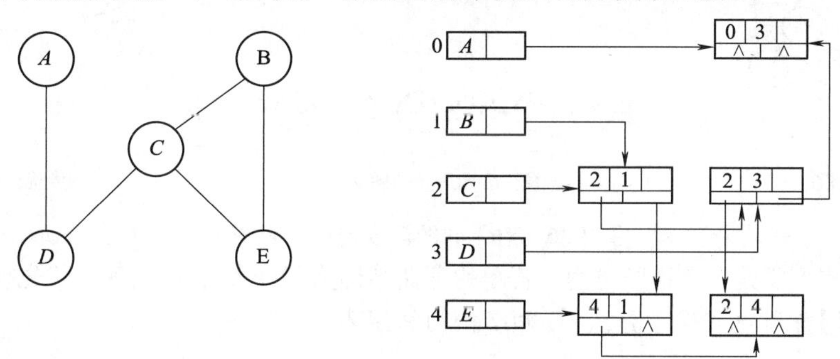

图 7-34　删除 AB 边后的邻接多重表结构示意图

图 7-35 所示为再删除一个顶点 E 后的邻接多重表结构示意图。

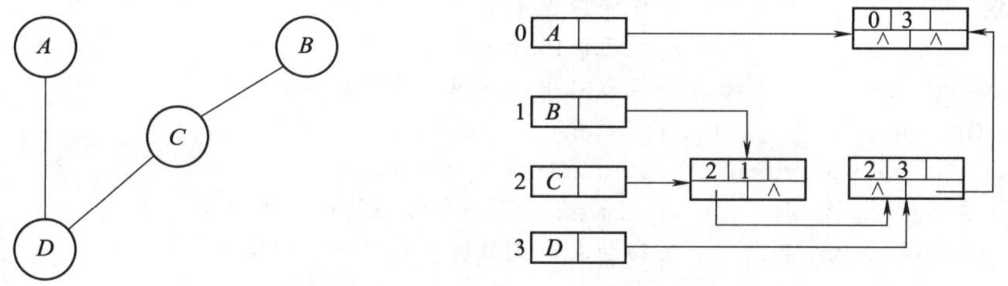

图 7-35　再删除一个顶点 E 后的邻接多重表结构示意图

7.3　图的遍历

从图中某一顶点出发访遍图中其余顶点，且使每一顶点仅被访问一次，这一过程叫作图的遍历。图的遍历操作和树的遍历操作功能相似，是图的一种最基本的操作。图的许多其他操作都是建立在遍历操作的基础之上。

由于图结构本身的复杂性，所以图的遍历操作也较复杂，主要表现在以下四个方面：

(1)在图结构中，没有一个“自然”的首结点，图中任意一个顶点都可作为第一个被访问的结点；

(2)在非连通图中，从一个顶点出发，只能够访问它所在的连通分量上的所有顶点，因此，还需考虑如何选取下一个出发点以访问图中其余的连通分量。

(3)在图结构中，如果有回路存在，那么一个顶点被访问之后，有可能沿回路又回到该顶点。

(4)在图结构中，一个顶点可以和其他多个顶点相连，当这样的顶点访问过后，存在如何选取下一个要访问的顶点问题。

遍历图的基本方法有两种：深度优先搜索和广度优先搜索。

7.3.1 连通图的深度优先搜索

连通图深度优先搜索(DFS)类似于树的先序遍历，基本思想如下：假定图中某个顶点 V_i 为出发点，搜索方法是：首先访问出发点，然后任选一个 V_i 未访问过的邻接点 V_j，以 V_j 为新的出发点继续进行深度优先搜索，直至图中所有顶点都被访问过。

如图 7-36 所示，从无向图 G 的顶点 V_1 出发，深度遍历。在对无向图进行遍历时，遍历过程所经历过的图中的顶点和边的组合，就是图的生成树或者生成森林。由深度优先搜索得到的树为深度优先生成树。以顶点 V_1 为起始点进行深度优先搜索遍历得到的生成树如图 7-36(c)所示。

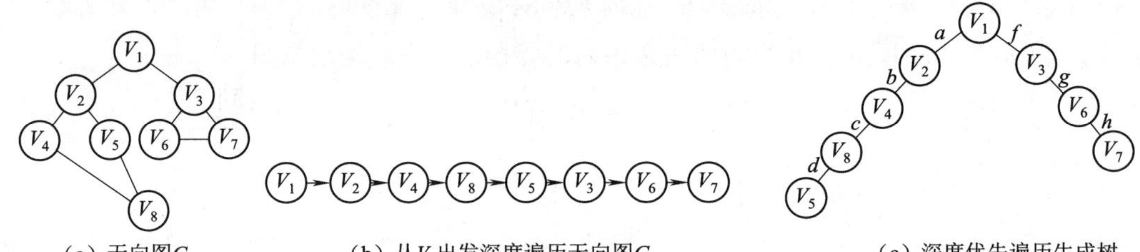

(a) 无向图G　(b) 从V_1出发深度遍历无向图G　(c) 深度优先遍历生成树

图 7-36　对无向图深度遍历示意图

图的深度优先搜索是一个递归过程。若图的存储结构为邻接表，相应的深度优先搜索算法如下：

【程序段 7-6】深度优先搜索算法(存储结构为邻接表)。

微视频 程序段 7-6 视频讲解

```
int vid[MVNum] = {0};
void Dfs(ALGraph G,int v)      //用邻接表深度遍历起点 v,v 为机内序号或数组下标
{   ArcNode *p;
    printf("%d",v);            //访问顶点
    vid[v] =1;                 //置已访问标志
    p = G.vertices[v].firstarc;//找出 G 中 v 的第一个邻接点 w
    while(p! = NULL)           //若 p 存在
    { if(! vid[p -> adjvex])   //且 p 未被访问 Dfs(g,v)
      Dfs(G,p -> adjvex);      //adjvex 是下一条弧(边)的始点编号
      p = p -> nextarc;        //移动表结点单链表到下一个邻接点
    }
}
```

这里，数组变量 vid 为全局变量，在调用 Dfs 前，需将数组 vid 的每个下标变量初始化为 0。

例 7-3　若无向图用邻接表表示，利用 DFS 算法，输出从不同顶点开始遍历的顶点序列。其源程序如下：

```
#include <iostream>
using namespace std;
```

```
typedef  char VerTexType[10];                //顶点为字符串
#define  MVNum 100                           //最大顶点数
typedef  int  ArcType;                       //边的权值为整型
插入【结构定义 7-2】ArcNode、VNode、AdjList[MVNum]、ALGraph 结构体
插入【程序段 7-4】LocateVex(ALGraph G,VerTexType u)函数
插入【程序段 7-5】CreateG(ALGraph &G)函数,创建无向图的邻接表
int vid[MVNum] = {0};
插入【程序段 7-6】Dfs(ALGraph G,int v)函数,用邻接表深度遍历起点 v
void main()
{   ALGraph  *G1 = (ALGraph *)malloc(sizeof(ALGraph));
    CreateG(*G1);                            //调用函数,构造邻接表
    for(int i=0;i<G1->vexnum;i++)            //用邻接表输出从不同顶点开始遍历的顶点序列
    { for(int j=0;j<G1->vexnum;j++)vid[j]=0;
      Dfs(*G1,i);
      printf("\n");
    }
}
```

例7-4 若无向图用邻接矩阵表示,利用 DFS 算法,输出从不同顶点开始遍历的顶点序列。其源程序如下:

```
#include <iostream>
using namespace std;
#define  MVNum 100                           //最大顶点数
typedef  char VerTexType[10];                //顶点为字符串
typedef  int  ArcType;                       //边的权值为整型
typedef struct
{   VerTexType vexs[MVNum];                  //顶点表
    ArcType arcs[MVNum][MVNum];              //邻接矩阵
    int vexnum,arcnum;                       //当前顶点个数和边数
}AMGraph;
int visited[MVNum];                          //访问标志数组,全局数组,初值为 0
void DFS(AMGraph G,int v)   //用邻接矩阵深度遍历起点 v,v 为机内序号或数组下标
{   cout<<G.vexs[v]<<" ";                    //访问顶点 v
    visited[v]=1;                            //数组 visited 相应元素置 1
    for(int w=0;w<G.vexnum;w++)              //扫描邻接矩阵,行号 v,列号 w
      if(G.arcs[v][w]!=0&&!visited[w])       //若存在邻接顶点且未访问
          DFS(G,w);                          //递归调用,w 传递给参数 v,列号作为行号
}
void Tree(AMGraph  G)        //用邻接矩阵,输出从不同顶点开始遍历的顶点序列
{  int  v,k;
   for(v=0;v<G.vexnum;v++)
   {DFS(G,v);cout<<endl;for(k=0;k<G.vexnum;k++)visited[k]=0;}
                                             //遍历后初始化 visited 数组
}
void main()
{  AMGraph G={{"V1","V2","V3","V4","V5"},{{0,1,0,1,0},
              {1,0,1,0,1},{0,1,0,1,1},
              {1,0,1,0,0},{0,1,1,0,0}},5, 6 };
```

```
    Tree(G);    //输出从不同顶点开始遍历的顶点序列
}
```

7.3.2 连通图的广度优先搜索

连通图的广度优先搜索(BFS)类似于树的按层次遍历,基本思想是:从图中某个顶点 V_i 出发,在访问了 V_i 之后依次访问 V_i 的所有邻接点,然后分别从这些邻接点出发按广度优先搜索遍历图的其他顶点,重复这一过程,直至所有顶点都被访问到。

如图 7-37(a)所示,图 7-37(b)是从无向图 G 的顶点 V_1 出发,广度遍历的遍历顺序。广度优先搜索生成的树为广度优先生成树,以顶点 V_1 为起始点进行广度优先搜索遍历得到的树,如图 7-37(c)所示。

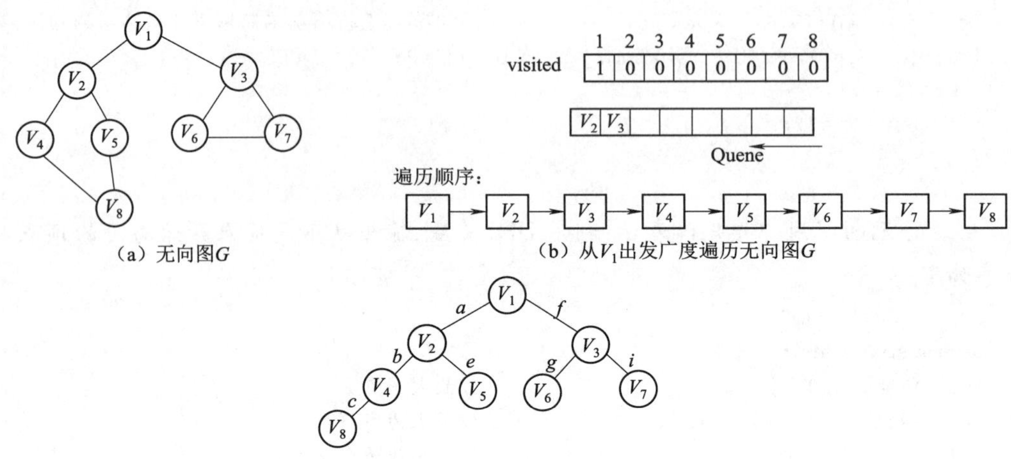

(c) 广度优先遍历生成树

图 7-37 对无向图广度遍历示意图

广度优先搜索邻接点的寻找具有"先进先出"的特征。因此,为了保证结点的这种先后关系,可采用队列来暂存那些刚访问过的顶点。

若图的存储结构为邻接表,相应的广度优先搜索算法如下:

【程序段 7-7】广度优先搜索算法(图的存储结构为邻接表)。

```
int vid[MVNum]={0};
void Bfs(ALGraph G,int v)              //用邻接表广度遍历起点 v,v 为机内序号或数组下标
{    queue<int>Q;                      //初始化队列
     ArcNode *p;
     printf("%d",v);                   //访问 v
     vid[v]=1;                         //置已访问标志
     Q.push(v);                        //被访问过的顶点入队列
     while(!Q.empty())                 //若当前队列非空
     { v=Q.front();
       Q.pop();                        //被访问过的顶点出队列
       p=G.vertices[v].firstarc;       //找出 G 中 v 的第一个邻接点 w
       while(p!=NULL)                  //若结点 w 存在
       {if(!vid[p->adjvex])            //若 w 未被访问
         { printf("%d",p->adjvex);     //访问 w
           vid[p->adjvex]=1;           //置已访问标志
           Q.push(p->adjvex);          //被访问过的顶点入队列
```

程序段 7-7 视频讲解

```
        }//if
        p=p->nextarc;                //w=G 中 v 的下一个邻接点
      }//while
    }//while
}
```

同样,这里的数组变量 vid 非局部量,在调用 Dfs 前,需将数组 vid 的每个下标变量初始化为 0。

例7-5　无向图用邻接表表示,利用 BFS 算法,输出从不同顶点开始遍历的顶点序列。

```
#include <queue>
#include <iostream>
using namespace std;
typedef  char VerTexType[10];        //顶点为字符串
#define  MVNum 100                   //最大顶点数
int vid[MVNum]={0};
插入【结构定义 7-2】ArcNode、VNode、AdjList[MVNum]、ALGraph 结构体
插入【程序段 7-4】LocateVex(ALGraph G,VerTexType u)函数
插入【程序段 7-5】CreateG(ALGraph &G)函数,创建无向图的邻接表
插入【程序段 7-7】Bfs(ALGraph G,int v)函数,用邻接表广度遍历起点 v,v 为机内序号
void Tree1(ALGraph G) //用邻接表,输出从不同顶点开始遍历的顶点序列
{   int  v, k;
    for(v=0;v<G.vexnum;v++)
    { Bfs(G,v);cout<<endl;for(k=0;k<G.vexnum;k++)vid[k]=0;}
                                     //遍历后初始化 visited 数组
}
void main()
{   ALGraph  *G1=(ALGraph *)malloc(sizeof(ALGraph));
    CreateG(*G1);                    //调用函数,构造邻接表
    Bfs(*G1,0);
    Tree1(*G1);
}
```

例7-6　已知图的邻接矩阵如图 7-38 所示,写出从顶点 v_0 出发按深度优先遍历和按广度优先遍历的遍历序列。

	V_0	V_1	V_2	V_3	V_4	V_5	V_6
v_0	0	1	1	1	1	0	1
v_1	1	0	0	1	0	0	1
v_2	1	0	0	0	1	0	0
v_3	1	1	0	0	1	1	0
v_4	1	0	1	1	0	1	0
v_5	0	0	0	1	1	0	1
v_6	1	1	0	0	0	1	0

图 7-38　图的邻接矩阵

深度优先遍历,先访问第 v_0 行,从左至右查找第一个不为 0 的点 v_1;然后转至 v_1 行,从左至右查找第二个未访问过的不为 0 的点 v_3;转至 v_3 所在的行,同理找到 v_4;再转至 v_4 行找到 v_2。v_2 行中不为 0 的点与前面重复,无其他不为 0 的点。剩下的点选 v_5,再从左至右查找 v_5 行中不为 0 的点 v_6。深度优先遍历的特点是遍历与这个点相邻的点。所以,从顶点 v_0 出发按深度优先遍历的结果是:

$v_0 \to v_1 \to v_3 \to v_4 \to v_2 \to v_5 \to v_6$

广度优先遍历,先访问第 v_0 行,从左至右查找所有不为 0 的点 v_1、v_2、v_3、v_4、v_6;然后依次从 v_1、v_2、v_3、v_4、v_6 行中,从左至右查找未访问过的不为 0 的点。v_1、v_2 行中的点都被访问过,当转至 v_3 所在的行时,同理找到 v_5。所以,从顶点 v_0 出发按广度优先遍历的结果是:

$v_0 \to v_1 \to v_2 \to v_3 \to v_4 \to v_6 \to v_5$

例7-7　已知图的邻接表如图 7-39 所示,写出从顶点 v_0 出发按广度优先遍历的遍历序列和按深度优先遍历的遍历序列。

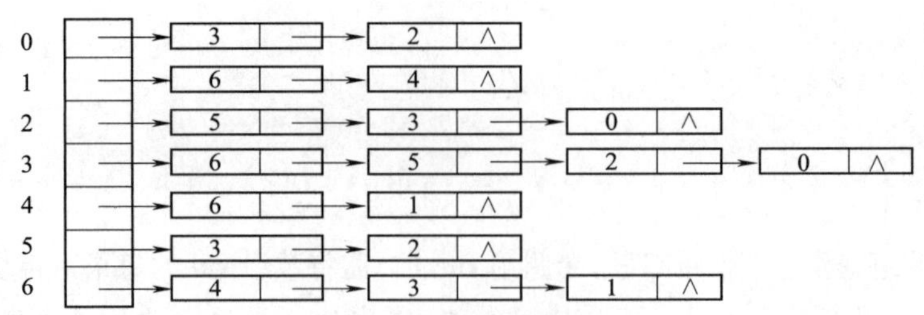

图 7-39 图的邻接表

对图 7-39 邻接表广度优先遍历的过程如图 7-40 所示。

所以，从顶点 v_0 出发按广度优先遍历的结果是：

$v_0 \to v_3 \to v_2 \to v_6 \to v_5 \to v_4 \to v_1$。

对图 7-39 邻接表深度优先遍历的过程如图 7-41 所示。

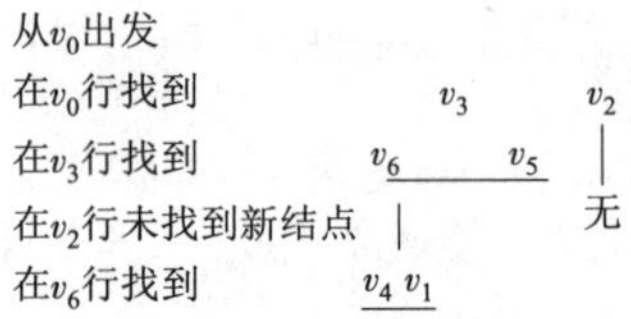

从 v_0 出发
在 v_0 行找到 v_3 v_2
在 v_3 行找到 v_6 v_5
在 v_2 行未找到新结点 无
在 v_6 行找到 v_4 v_1

图 7-40 图的广度遍历过程（按队列先进先出原则）

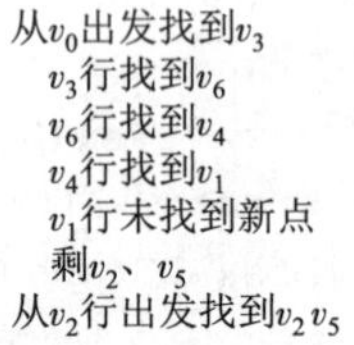

从 v_0 出发找到 v_3
v_3 行找到 v_6
v_6 行找到 v_4
v_4 行找到 v_1
v_1 行未找到新点
剩 v_2、v_5
从 v_2 行出发找到 $v_2 v_5$

图 7-41 图的深度优先遍历过程

所以，从顶点 v_0 出发按深度优先遍历的结果是：

$$v_0 \to v_3 \to v_6 \to v_4 \to v_1 \to v_2 \to v_5$$

对于一些特殊的图，比如只有一个顶点的图，其 BFS 生成树的树高和 DFS 生成树的树高相等。一般的图，根据图的 BFS 生成树和 DFS 树的算法思想，BFS 生成树的树高比 DFS 生成树的树高低。

7.3.3 非连通图的生成森林

非连通图在进行遍历时，实则是对非连通图中每个连通分量分别进行遍历，在遍历过程经过的每个顶点和边，就构成了每个连通分量的生成树。

非连通图中，多个连通分量构成的多个生成树为非连通图的生成森林。

1. 深度优先生成森林

例如，对图 7-42 中的非连通图 7-42(a)采用深度优先搜索算法遍历时，得到的深度优先生成森林如图 7-42(b)所示（不唯一），由三个深度优先生成树构成。

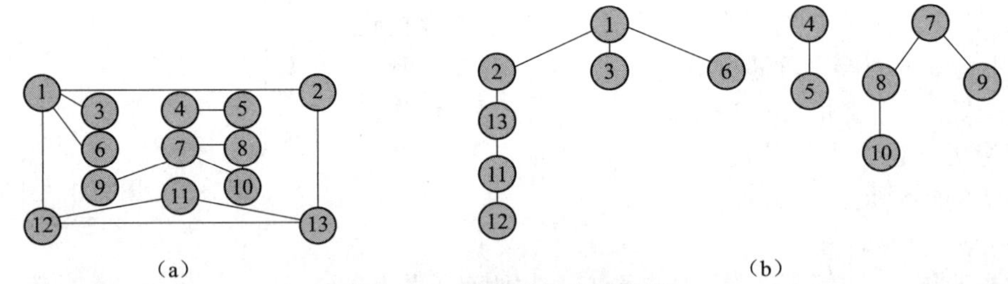

图 7-42 深度优先生成森林

非连通图在遍历生成森林时，可以采用孩子兄弟表示法将森林转化为一整棵二叉树进行存储。图 7-42 中非连通图 7-42(a)构建的深度优先生成森林图 7-42(b)，可使用孩子兄弟表示法表示，如图 7-43 所示。

图 7-43 中，根和根结点的右孩子、右孩子的右孩子各代表一棵深度优先生成树（共计三棵），使用孩子兄弟表示法表示，也就是将三棵树的树根相连，第一棵树的树根作为整棵树的树根。

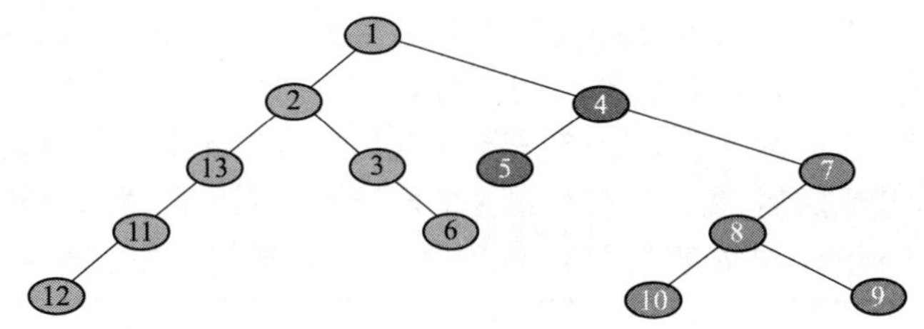

图 7-43　用孩子兄弟表示法表示深度优先生成森林

2. 广度优先生成森林

非连通图采用广度优先搜索算法进行遍历时,经过的顶点以及边的集合为该图的广度优先生成森林。

以图 7-44 中的非连通图 7-44(a)为例,通过广度优先搜索得到的广度优先生成森林图 7-44(b),用孩子兄弟表示法表示,如图 7-44(c)所示。

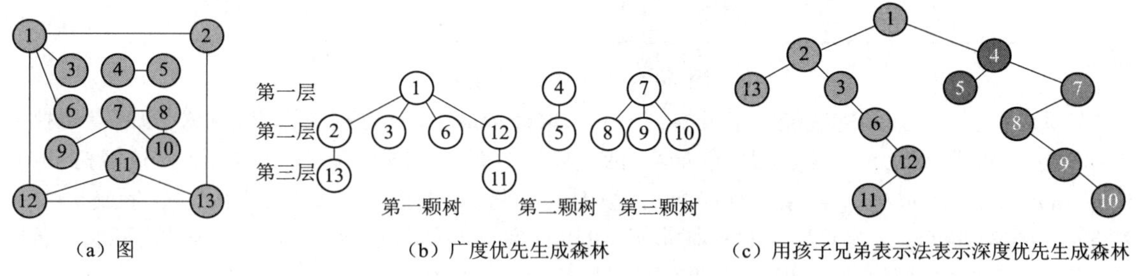

(a) 图　(b) 广度优先生成森林　(c) 用孩子兄弟表示法表示深度优先生成森林

图 7-44　通过广度优先搜索得到广度优先生成森林图

7.4　最小生成树

一棵树的权定义为它所含各边的权数之和。一个图的最小生成树是该图所有生成树中权数最小的生成树。需要注意的是:

(1)最小生成树可能有多个,但边的权值之和总是唯一且最小的。

(2)最小生成树的边数 = 顶点数 - 1。砍掉一条则不连通,增加一条边则会出现回路。

(3)如果一个连通图本身就是一棵树,则其最小生成树就是它本身。

(4)只有连通图才有生成树,非连通图只有生成森林。

假设要在 n 个城市之间建立通信联络网,则连通 n 个城市只需要修建 $n-1$ 条线路[最多可设 $n(n-1)/2$ 条],如何在最节省经费的前提下建立这个通信网?

该问题等价于构造网的一棵最小生成树(顶点:城市,边:线路,权:经济代价),即在 e 条带权的边中选取 $n-1$ 条边(不构成回路),使"权值之和"为最小。

求一个带权连通图的最小生成树问题,著名的算法有:Prim(普里姆)算法和 Kruskal(克鲁斯卡尔)算法。

7.4.1　Prim 算法

Prim 算法的基本思想如下:假设 $G=(V,E)$ 是一个连通无向图,顶点 $V=\{v_1,v_2,...,v_n\}$。U 为 V 中具有最小生成树的顶点集合,初始时 $U=\{v_1\}$,只有一个顶点。T 为具有最小生成树的边的集合,初始时 $T=\{\}$,为空。如果边 (w,v) 具有最小权,且 $w \in U, w \in V-U$,则最小生成树包含边 (w,v)。即把顶点 w 加到 U 中去,边 (w,v) 加入 T 中去,如果 $U=V$,则算法结束,T 即为所求。Prim 算法的时间复杂度为 $O(n^2)$。

即取图中任意一个顶点 v 作为生成树的根，之后往生成树上添加新的顶点 w。在添加的顶点 w 和已经在生成树上的顶点 v 之间必定存在一条边，并且该边的权值在所有连通顶点 v 和 w 之间的边中取值最小。之后继续往生成树上添加顶点，直至生成树上含有 n 个顶点为止（必有 $n-1$ 条边）。

从某一顶点开始构建生成树，每次将代价最小的新顶点纳入生成树，直到所有顶点都纳入为止。用 Prim 算法求最小生成树的具体过程如图 7-45 所示，所得生成树的权值和 $=1+4+2+5+3=15$。

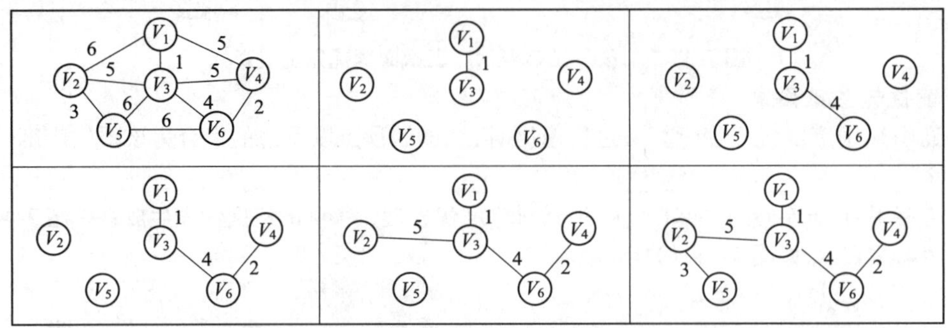

图 7-45　Prim 算法示意图

步骤说明：从 v_1 开始构造最小生成树，首先，选取代价最小的新顶点纳入生成树，即两点间权值最小的路径，可以看到，v_1v_3 两点间权值最小，两点连接。而后，将剩余的顶点纳入 v_1v_3 这棵树上，其中，v_6 和 v_3 最近，选 v_3 与 v_6 连接，形成 $v_1v_3v_6$ 这棵树。而后 v_4 与这条树最近，连接 v_4v_6，形成 $v_1v_3v_6v_4$ 这棵树。再来判断 v_2 与 v_5 谁距离这棵树最近，可以看到 v_2 与树最近，然后 v_2 与 v_3 连接，形成一条新树。最后，v_5 与这条新树连接，即 v_2 与 V_5 之间最近，形成新的树。

一般情况下所添加的顶点应满足下列条件：在生成树的构造过程中，图中 n 个顶点分属两个集合，已落在生成树上的顶点集 U 和尚未落在生成树上的顶点集 $V-U$，则应在所有连通 U 中顶点和 $V-U$中顶点的边中选取权值最小的边。

设置一个辅助数组，记录当前 $V-U$ 集中的每个顶点 v_i，和顶点集 U 中顶点相连接的代价最小的边：

```
struct{
    VertexType  Adjvex;              //U 集中的顶点序号
    VRType      Lowcost;             //边的权值
}closedge[MAX_VERTEX_NUM];
```

如图 7-46 所示，使用 Prim 算法求最小生成树的具体过程如下：

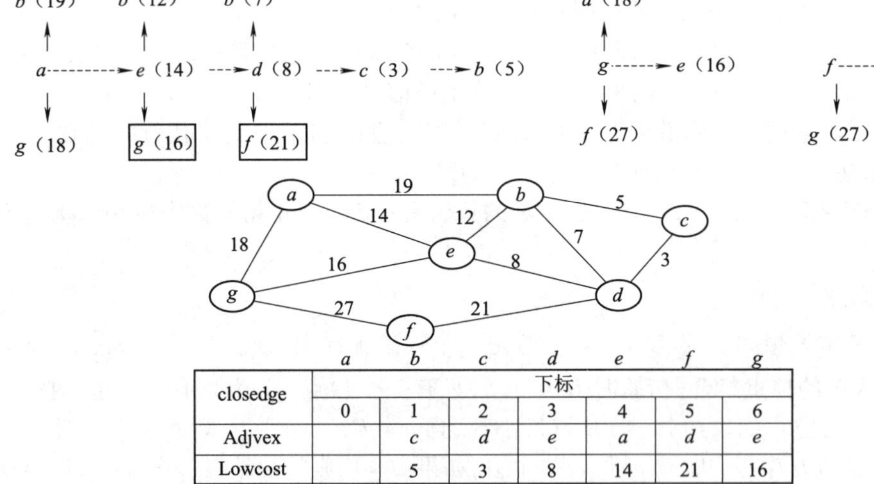

closedge	下标						
	0 (a)	1 (b)	2 (c)	3 (d)	4 (e)	5 (f)	6 (g)
Adjvex		c	d	e	a	d	e
Lowcost		5	3	8	14	21	16

图 7-46　使用 Prim 算法求最小生成树示意图

所得生成树的权值和 = 14 + 8 + 3 + 5 + 16 + 21 = 67。

Prim 算法实现步骤分两部分：

(1)初始化：将起始顶点 v 到 $V-U$ 的 closedge[i]初始化为 v 到其余顶点边的信息，并将 v 并入 U。首先将初始化顶点 v 加入 U 中，对其余的每个顶点 v_i，经 closedge[i]初始化为到 v 的边的信息。

(2)进行 $n-1$ 次循环：先找出当前从 U 到 $V-U$ 的最小权值边，然后将该边在 $V-U$ 的顶点并入 U，然后更新从 U 到 $V-U$ 中顶点的路径。循环 $n-1$ 次，做如下步骤：

①从各组边 closedge 中选出最小边 closedge[k]，输出此边；

②将 k 并入 U 中；

③更新剩余的每组最小边信息 closedge[j]，对于 $V-U$ 中的边，新增加了一条从 k 到 j 的边，如果新边的权值比 closedege[j].lowcost 小，则将 closedege[i].lowcost 更新为新边的权值。

以邻接矩阵为图的存储结构，从顶点 v 从发，实现 Prim 算法的可执行程序如下：

【综合练习 7-4】以邻接矩阵为图的存储结构，实现 Prim 算法。

微视频

综合练习 7-4
视频讲解

```
#include  <iostream>
using namespace  std;
#define INF 65536                    //表示无穷大
typedef  int    vertexType;
typedef  int VRType;
#define  vnum   50                   //顶点个数
typedef struct graph                 //图邻接矩阵类型
{   vertexType  vexs[vnum];          //顶点信息
    int  arcs[vnum][vnum];           //邻接矩阵
    int  vexnum,arcnum;              //顶点数,弧(边)数
}GraphTp;                            //图邻接矩阵类型
void Prim(GraphTp g, int v)
//prim 算法[参数:邻接矩阵,起点(即第一个生成的点,范围内可随便取)]
{  struct
   {  vertexType  Adjvex;            // U 集中的顶点序号
      VRType      Lowcost;           // 边的权值
   }closedge[vnum];
    int i,min,j,k;//初始化 closedge[vnum],即从起点开始设置 closedge[vnum]数组相应的值
    for(i =0;i <g.vexnum; i ++)
             //赋初值,将 closedge 数组赋为第一个结点 v 和 v 到各结点的权重
    {closedge[i].Adjvex =v;closedge[i].Lowcost =g.arcs[v][i];}
    //g.edges[v][i]是结点 v 到 i 的权重
    //* * * * * * * * * * * * * * * * * * * * 开始生成其他的结点* * * * * * * * * * * * * * * * * * *
    for(i =1;i <g.vexnum;i ++)//接下来找剩下的 n -1 个结点(g.vexnum 是图的结点个数)
    {  //找到一个结点,该结点到已选结点中的某一个结点的权值是当前最小的
       min =INF;//每查找一个结点,min 都重新更新为 INF,以便获取当前最小权重的结点
       for(j =0;j <g.vexnum; j ++) //遍历所有结点
       { if(closedge[j].Lowcost! =0&&closedge[j].Lowcost <min)
         //若该结点还未被选且权值小于之前遍历所得到的最小值
       { min =closedge[j].Lowcost;k =j;}
         //更新 min 的值,记录当前最小权重的结点的编号
    }
       //输出被连接点与连接点及它们的权值
           printf("边(% d,% d)权为:% d\n",closedge[k].Adjvex,k,min);
           //* * * * * * * * * * * * * * * * 更新 closedge 数组,以便生成下一个结点* * * * * * * * * * * * * *
```

```
            closedge[k].Lowcost=0;//表明k结点已被选了(作标记)
            //选中一个结点完成连接之后,作数组相应的调整
            for(j=0;j<g.vexnum;j++)//遍历所有结点
            { if(g.arcs[k][j]!=0 && g.arcs[k][j]<closedge[j].Lowcost)
                  { //更新closedge数组
                  closedge[j].Lowcost=g.arcs[k][j];//更新权重,使其当前最小
                  closedge[j].Adjvex=k;//进入到该if语句里,
            //说明刚选的结点k与当前结点j有更小权重,closedge[j].Adjvex的被连接结点修改为k
                  } }     }}
void main()
{    GraphTp G={{1,2,3,4,5},{{0,69,20,INF,INF},{69,0,80,90,10},
                  {20,80,0,40,INF}, {INF,90,40,0,60},{INF,10,INF,60,0}},5,7};
     Prim(G, 1);
}
```

程序执行后,输出生成树的每条边及权值。

程序中,对于判断语句 if(g. arcs[k][j]! =0 && g. arcs[k][j] < closedge[j]. Lowcost)说明如下:

(1) g. edges[k][j]! =0 是指 k! =j,即跳过自身的结点;

(2) g. edges[k][j]是指刚被选的结点 k 到结点 j 的权重,closedge[j]. Lowcost 是指之前遍历的所有结点与 j 结点的最小权重。若 g. edges[k][j] < closedge[j]. Lowcost ,则说明当前刚被选的结点 k 与结点 j 之间存在更小的权重,则需要更新。

此外,运行中为什么只跳过自身的结点(即 k==j),而不跳过所有的已选结点?因为g. edges[k][j] < closedge[j]. Lowcost 条件已包含跳过所有的已选结点,原因是在邻接矩阵中权值为 0 是最小的,即 g. edges[k][j] >=0,而已选结点满足 closedge[j]. Lowcost ==0,则已选结点 j 不满足 g. arcs[k][j] < closedge[j]. Lowcost,则会被跳过。

Prim 算法中有两重 for 循环,所以时间复杂度为 $O(n^2)$,其中 n 为图的顶点个数。

7.4.2 Kruskal 算法

考虑问题的出发点:为使生成树上边的权值之和达到最小,则应使生成树中每一条边的权值尽可能的小。

具体做法:先构造一个只含 n 个顶点的子图 SG,然后从权值最小的边开始,若它的添加不使 SG 中产生回路,则在 SG 上加上这条边,如此重复,直至加上 $n-1$ 条边为止。

用 Kruskal 算法求最小生成树的具体过程如图 7-47 所示,所得生成树的权值和 =1+2+3+4+5=15。

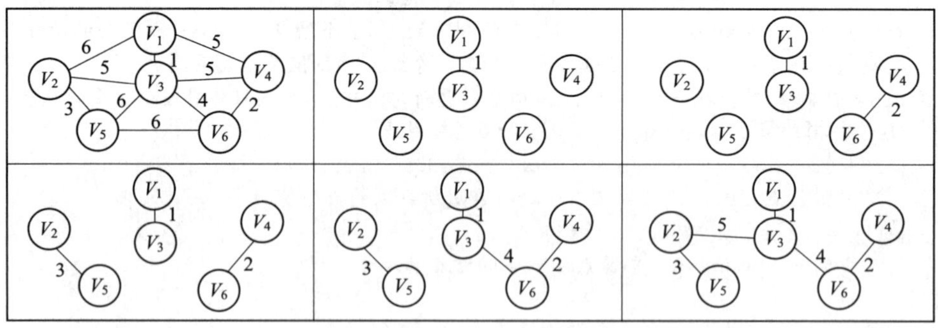

图 7-47 Kruskal 算法示意图

例如,如图7-48所示,使用Kruskal算法求最小生成树的具体过程如下:

cd(3)、cb(5)、bd(7)产生回路丢弃,ed(8)、be(12)产生回路丢弃,ae(14)、eg(16)、ag(18)产生回路丢弃,ab(19)产生回路丢弃,df(21)。

所得生成树的权值和 =3 +5 +8 +14 +16 +21 =67。

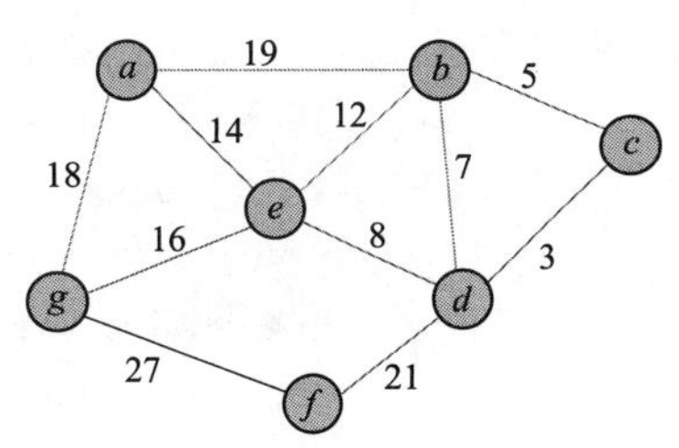

图7-48 使用Kruskal算法求最小生成树示意图

实现Kruskal算法操作步骤如下:

(1)初始化一棵树(用来保存最小生成树,直接输出也行);

(2)将图中所有边复制到一个数组中,将数组排序(递增顺序);

(3) 判断是否形成回路,如果不是,则将小边的两个顶点连接,将两个图合并成一个图;

(4)重复(3)直到Ke[ ]中的边数结束。

以邻接矩阵为图的存储结构,实现Kruskal算法的可执行程序如下:

【综合练习7-5】以邻接矩阵为图的存储结构,实现Kruskal算法。

```
#include <stdio.h>
#define MAXLEAF 100
#define INF 65536
#define EDGENUMBER MAXLEAF* MAXLEAF/2
typedef int vertexType;                    //结点的类型
typedef struct graph                       //图邻接矩阵类型
{   vertexType vexs[MAXLEAF];              //顶点信息
    int arcs[MAXLEAF][MAXLEAF];            //邻接矩阵
    int vexnum,arcnum;                     //顶点数,弧(边)数
}GraphTp;
typedef struct                             //存放边和边所关联的两个结点的结构体
{   int vex1,vex2;                         //vex1小于vex2,分别表示边所在的两个结点的序号
    int w;
}kedge; //存放含权值的边的集合
vertexType kruskal(GraphTp M)              //kruskal算法-邻接矩阵
{   int tag[MAXLEAF];
    kedge Ke[EDGENUMBER];                  //用来存放读取到的所有边
    int i,j;
    vertexType  length=0;
    int n=0;                               //n表示ke[]中的边数
    for(i=0;i<M.vexnum;i++)tag[i]=i;  //初始化tag标签数组
    for (i=0;i<M.vexnum;i++)
        for(j=i+1;j<M.vexnum;j++)
        if(M.arcs[i][j]! =INF)             //导入边表
          {Ke[n].vex1=i;Ke[n].vex2=j;Ke[n++].w=M.arcs[i][j];}
    kedge temp;
    for(i=0;i<n-1;i++)                     //冒泡将边的集合按权值递增排序
    for(j=0;j<n-i-1;j++)
    if(Ke[j].w>Ke[j+1].w){temp=Ke[j+1];Ke[j+1]=Ke[j];Ke[j]=temp;}
    for(i=0;i<n;i++)                       //选择最短边
    {   int first,second;
          first=tag[Ke[i].vex1];//first表示当前边的第一个结点的标记集合
          second=tag[Ke[i].vex2];//second表示当前边的第二个结点的标记集合
          if(first! =second)               //判断是否同属于一个集合,即是否形成回路
```

```
        { length + =Ke[i].w;                //计算最小生成树的总权值
         printf("% d->% d: % d \ n",Ke[i].vex1,Ke[i].vex2,Ke[i].w);
         tag[Ke[i].vex2] = first;          //将该边纳入集合
         for(j =0;j <M.vexnum;j ++)   //两个集合统一编号(这是由于两个不同的集合合并成
         //一个集合,故将与原 tag[Ke[i].vex2]数值相同的集合找出统一编号)
           if(second == tag[j])tag[j] = first;
         }
    }
    return length;
}
int main()
{   GraphTp M = {{1,2,3,4,5},{{0,69,20,INF,INF},{69,0,80,90,10},
              {20,80,0,40,INF},{INF,90,40,0,60},{INF,10,INF,60,0}},5,7};
    int len;
    printf("最小生成树:\n"); len = kruskal(M);
    printf("最小成本:%d",len);
    return 0;
}
```

程序执行后,输出生成树的每条边及权值,给出所得生成树的权值和。

Kruskal 算法,至多对 e 条边各扫描一次,每次选择最小代价的边仅需要 $O(\log_2 e)$ 的时间。因此,Kruskal 算法的时间复杂度为 $O(e\log_2 e)$。

当一个图接近完全图时,则称它为稠密图,相反地,当图含有较少的边数,即 $e << n(n-1)$ 时,则称它为稀疏图。即稀疏图是边很少的图,稠密图是边很多的图。

Prim 算法适合构造一个稠密图 G 的最小生成树。Kruskal 算法适合构造一个稀疏图 G 的最小生成树。

7.5 拓扑排序

7.5.1 AOV 网

一个较大的工程往往被划分成许多子工程,我们把这些子工程称作活动(activity)。在整个工程中,有些子工程(活动)必须在其他有关子工程完成之后才能开始,也就是说,一个子工程的开始是以它的所有前序子工程的结束为先决条件的,但有些子工程没有先决条件,可以安排在任何时间开始。

为了形象地反映出整个工程中各个子工程(活动)之间的先后关系,可用一个有向图来表示,图中的顶点代表活动(子工程),图中的有向边代表活动的先后关系,即有向边的起点的活动是终点活动的前序活动,只有当起点活动完成之后,其终点活动才能进行。通常,我们把这种顶点表示活动、边表示活动间先后关系的有向图称为顶点活动网(activity on vertex network),简称 AOV 网。

例如,假定一个计算机专业的学生必须完成表 7-1 所列出的全部课程。在这里,课程代表活动,学习一门课程就表示进行一项活动,学习每门课程的先决条件是学完它的全部先修课程。如学习《数据结构》课程就必须安排在学完它的两门先修课程《离散数学》和《高级语言程序设计》之后。学习《高等数学》课程则可以随时安排,因为它是基础课程,没有先修课。若用 AOV 网来表示这种课程安排的先后关系,如图 7-49 所示。图中的每个顶点代表一门课程,每条有向边代表起点对应

表 7-1 计算机专业的课程设置及其关系

课程代码	课程名称	先修课程
C_1	高等数学	
C_2	计算机科学导论	
C_3	离散数学	C_1, C_2
C_4	数据结构	C_3, C_5
C_5	高级程序设计语言	C_2
C_6	编译原理	C_5, C_4
C_7	操作系统	C_4, C_9
C_8	普通物理	C_1
C_9	计算机原理	C_8

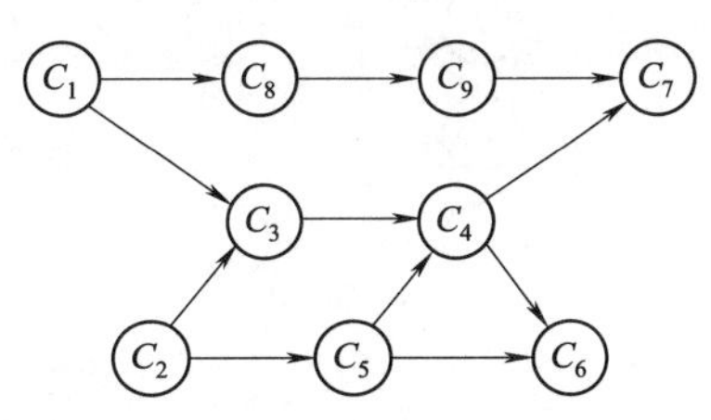

图 7-49 课程之间优先关系的有向图

的课程是终点对应课程的先修课。从图中可以清楚地看出各课程之间的先修和后续的关系。如课程 C_5 的先修课为 C_2，后续课程为 C_4 和 C_6。

一个 AOV 网应该是一个有向无环图，即不应该带有回路，因为若带有回路，则回路上的所有活动都无法进行。图 7-50 是一个具有三个顶点的回路，由 $<A,B>$ 边可得 B 活动必须在 A 活动之后，由 $<B,C>$ 边可得 C 活动必须在 B 活动之后，所以推出 C 活动必然在 A 活动之后，但由 $<C,A>$ 边可得 C 活动必须在 A 活动之前，从而出现矛盾，使每一项活动都无法进行。这种情况若在程序中出现，则称为死锁或死循环，是应该避免的。

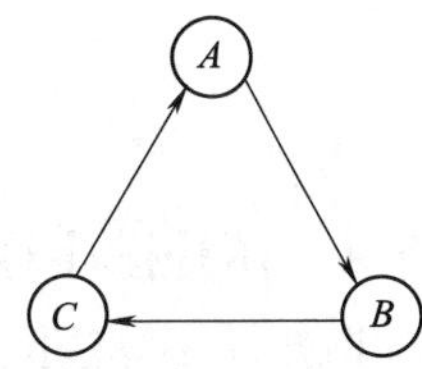

图 7-50 含有回路的有向图

7.5.2 拓扑排序

在 AOV 网中，若不存在回路，则所有活动可排列成一个线性序列，使得每个活动的所有前驱活动都排在该活动的前面，我们把此序列叫作拓扑序列（topological order），由 AOV 网构造拓扑序列的过程叫作拓扑排序（topological sort）。AOV 网的拓扑序列不是唯一的，满足上述定义的任一线性序列都称作它的拓扑序列。

由 AOV 网构造出拓扑序列的实际意义是：如果按照拓扑序列中的顶点次序，在开始每一项活动时，能够保证它的所有前驱活动都已完成，从而使整个工程顺序进行，不会出现冲突的情况。

设 $G=(V,E)$ 是一个具有 n 个顶点的有向图，V 中顶点的序列 $v_1,v_2,\cdots,v_n$ 称为一个拓扑序列，当且仅当该顶点序列满足下列条件：若在有向图 G 中，从顶点 V_i 到 V_j 有一条路径，则在序列中顶点 V_i 必须排在顶点 V_j 之前。找一个有向图的一个拓扑序列的过程称为拓扑排序。

7.5.3 拓扑排序过程

对一个有向无环图（DAG）G 进行拓扑排序，是将 G 中所有顶点排成一个线性序列，使得图中任意一对顶点 u 和 v，若边 $<u,v> \in E(G)$，则 u 在线性序列中出现在 v 之前。通常，这样的线性序列称为满足拓扑次序的序列，简称拓扑序列。有向图拓扑排序算法的基本步骤如下：

（1）从图中选择一个入度为 0 的顶点，输出该顶点；

（2）从图中删除该顶点及其相关联的弧，调整被删弧的弧头结点的入度（入度 -1）；

（3）重复执行（1）、（2）直到所有顶点均被输出，拓扑排序完成或者图中再也没有入度为 0 的顶点（此种情况说明原有向图含有环）。

图 7-51 是拓扑排序算法的演示过程，求得的拓扑序列为：$a\ c\ b\ f\ d\ e$。

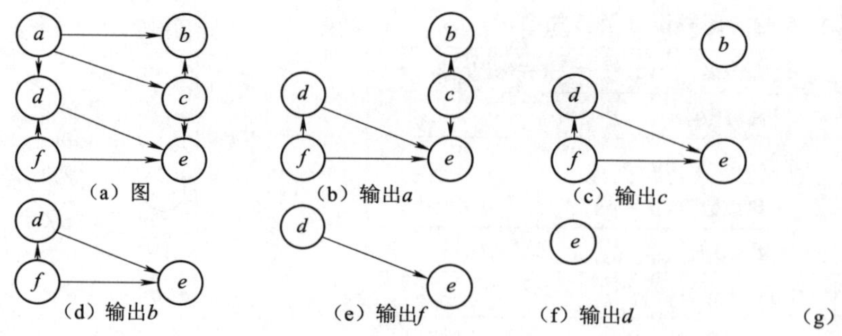

图 7-51　拓扑排序算法演示示意图

如图 7-52 所示有向图,可求得的拓扑序列为:*A B C D* 或 *A C B D*。

如图 7-53 所示有向图,应该有向图中存在一个回路{B,C,D},所以就不能求得它的拓扑有序序列。

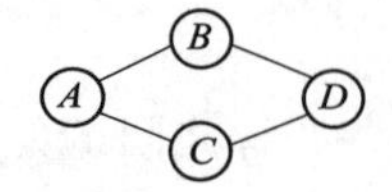

图 7-52　有向图 *G*1

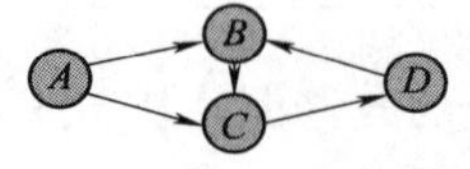

图 7-53　含有回路的有向图 *G*2

7.5.4　拓扑排序算法

拓扑排序算法主要有以下三步:

(1)在有向图中选一个没有前驱的顶点并且输出;

(2)从图中删除该顶点和所有以它为尾的弧,即删除所有与它有关的边;

(3)重复上述两步,直至全部顶点均已输出或者当图中不存在无前驱的顶点为止。

以邻接矩阵为图的存储结构,实现拓扑排序算法的可执行程序如下:

【综合练习 7-6】以邻接矩阵为图的存储结构,实现拓扑排序。

微视频

综合练习 7-6 视频讲解

```
#include <iostream>
using namespace std;
#define N 20
typedef int vertexType;
typedef struct graph                    //图邻接矩阵类型
{   vertexType vexs[N];                 //顶点信息
    int arcs[N][N];                     //邻接矩阵
    int vexnum,arcnum;                  //顶点数,弧(边)数
}GraphTp;
void TPPX(GraphTp G)                    //拓扑排序算法
{   int i,j,k;                          //用于计算度数
    int count = 0;                      //最后用来判断是否所有的顶点输出
    int ID[N];                          //用于存放入度
    for(i=1;i<=G.vexnum;i++)            // 计算入度
    { k=0;
      for(j=1;j<=G.vexnum;j++)
        if(G.arcs[j][i]==1)k++;         //如果顶点 j 到顶点 i 有边,则顶点 i 的入度+1
      ID[i] = k;
    }
      //1.在有向图中选一个没有前驱的顶点并且输出
    cout << "\n\n拓扑序列:";
    while(1)
```

```
{ for(i =1; i < =G.vexnum; i ++)
  { if(ID[i] = = 0)
      { cout << i << " ";            //输出顶点
        count ++;
        //2.从图中删除该顶点和所有以它为尾的弧,即删除所有与它有关的边
    ID[i] = -1;                      //将此顶点入度设为 -1,表示删除
    for(j =1;j < =G.vexnum; j ++)
      if(G.arcs[i][j] = = 1)ID[j] - -;
      //如果顶点 j 与顶点 i 有边,则删除这条边,并且顶点 j 的入度为 -1
    }//if
  }//for
  //3.重复上述两步,直至全部顶点均已输出;或者当图中不存在无前驱的顶点为止
  if(count = =G.vexnum)  break;
  //若 count = =顶点数,表示所有顶点的入度都为 -1,即所有的边均已输出,停止操作
}//while
return;
}
int main()
{   int i,j;
    int a,b;  //定义两个变量,用来输入
    GraphTp M;
    cout <<"请输入顶点数:"; cin > >M.vexnum;
    cout <<"请输入边数:"; cin > >M.arcnum;
    cout <<"请输入边(从 1 开始):" << endl;
    // 初始化矩阵的值全部为 0 表示各个顶点间没有边连接
    for(i =0;i < =N -1;i ++)for(int j =0;j < =N -1;j ++)M.arcs[i][j] =0;
    for(i =1;i < =M.arcnum;i ++){cin > >a > >b;M.arcs[a][b] =1;}
    //表示顶点 a 指向顶点 b 的边,从 1 开始
    cout <<"邻接矩阵如下所示 \ n" << endl;
    for(i =1;i < =M.vexnum; i ++)
    {  for(j =1;j < =M.vexnum; j ++)cout <<M.arcs[i][j];
       cout << endl;
    }
    TPPX(M);
    return 0;
}
```

如果有向图或 AOV 网络中有 n 个顶点 e 条边,在拓扑排序的过程中,搜索入度为零的顶点所需的时间复杂度是 $O(n)$,每个顶点入度减 1 的运算共执行了 e 次。所以总的时间复杂度为 $O(n+e)$。

7.6 最短路径

最短路径问题是图的又一个比较典型的应用问题。例如,某一地区的一个交通网,给定了该网内的 n 个城市以及这些城市之间相通公路的距离,问题是如何在城市 A 和城市 B 之间找一条最近的通路。如果将城市用顶点表示,城市间的公路用边表示,公路的长度作为边的权值,那么,这个问题就可归结为在网中,求点 A 到点 B 的所有路径中,边的权值之和最短的那一条路径。这条路径就称为两点之间的最短路径,路径上的第一个顶点为源点(sourse),最后一个顶点为终点(destination)。在不带权的图中,最短路径是指两点之间经历的边数最少的路径。

如图 7-54 所示，设 V_1 为源点，则从 V_1 出发的路径有（括号里为路径长度）：

V_1 到 V_2 的路径有条：$V_1 \rightarrow V_2(20)$。

V_1 到 V_3 的路径有条：$V_1 \rightarrow V_3(15)$，$V_1 \rightarrow V_2 \rightarrow V_3(55)$。

V_1 到 V_4 的路径有条：$V_1 \rightarrow V_2 \rightarrow V_4(30)$，$V_1 \rightarrow V_3 \rightarrow V_4(45)$，$V_1 \rightarrow V_2 \rightarrow V_3 \rightarrow V_4(85)$。

V_1 到 V_5 的路径有条：$V_1 \rightarrow V_3 \rightarrow V_5(25)$，$V_1 \rightarrow V_2 \rightarrow V_3 \rightarrow V_5(65)$。

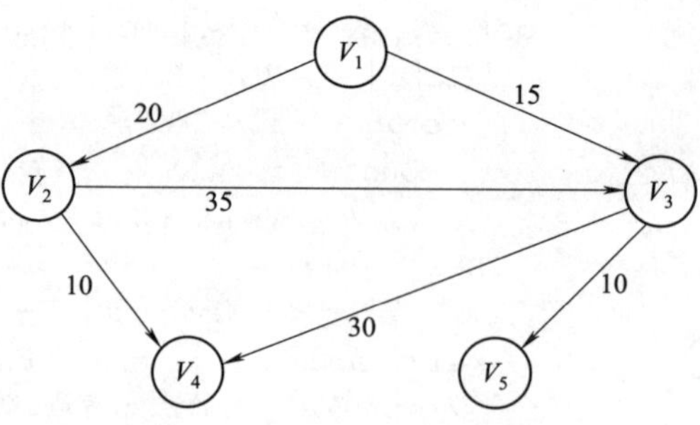

图 7-54　以 V_1 为源点的路径

选出 V_1 到其他各顶点的最短路径，并按路径长度递增顺序排列如下：$V_1 \rightarrow V_3(15)$，$V_1 \rightarrow V_2(20)$，$V_1 \rightarrow V_3 \rightarrow V_5(25)$，$V_1 \rightarrow V_2 \rightarrow V_4(30)$。

从上面的序列中，可以看出一个规律：按路径长度递增顺序生成从源点到其他各顶点的最短路径时，当前正生成的最短路径上除终点外，其他顶点的最短路径已经生成。迪杰斯特拉算法正是根据此规律得到的。

7.6.1　Dijkstra 算法

图 7-55 给出了 Dijkstra 算法求有向图的最短路径过程。

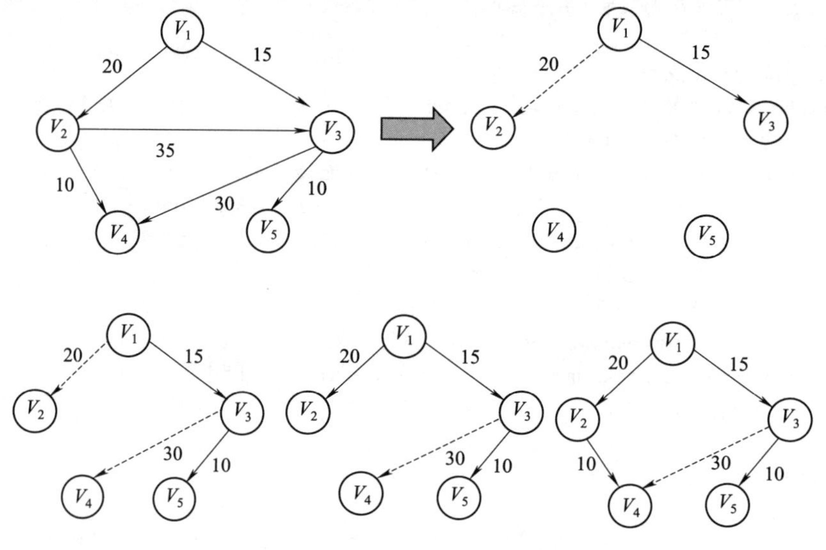

图 7-55　用 Dijkstra 算法求有向图的最短路径示意图

Dijkstra 算法的基本思想：设置两个顶点集 S 和 T，S 中存放已确定最短路径的顶点，T 中存放待确定最短路径的顶点。初始时 S 中仅有一个源点，T 中含除源点外的其余顶点，此时各顶点的当前最短长度为源点到该顶点的弧上的权值。接着选取 T 中当前最短路径长度最小的一个顶点 v 加入 S，然后修改 T 中剩余顶点的当前最短路径长度。修改原则是：当 v 的最短路径长度与 v 到 T 中顶点之间的权值之和小于该顶点的当前最短路径长度时，用前者替换后者。重复以上过程，直到 S 中包含所有顶点。即：

（1）设置两个顶点的集合 T 和 S；

①集合 S 存放已找到最短路径的顶点。

②集合 T 存放未找到最短路径的顶点。

（2）初始状态时，S 只包含源点 v_0；

(3)从 T 中选取某个顶点 v_i(要求 v_i 到 v_0 的路径长度最短）加入到 S 中；

(4) S 中每加入一个顶点 v_i,都要修改顶点 v_0 到 T 中剩余顶点的最短路径长度值。它们的值为原来值与新值的较小者,新值是 v_i 的最短路径长度值加上 v_i 到该顶点的路径长度；

(5)不断重复(3)和(4),直到 S 包含全部顶点。

如图 7-56 所示,还可以这样求：

第一步,利用 Dijkstra 算法的距离表,求出从顶点 A 出发,到其他各个顶点的最短距离；

第二步,继续使用 Dijkstra 算法,求出从顶点 B 出发,到其他各个顶点的最短距离；

第三步,从顶点 C 出发,到各个顶点的最短距离；

第四步,从顶点 D 出发,到各个顶点的最短距离；

就像这样,一直遍历到顶点 G。

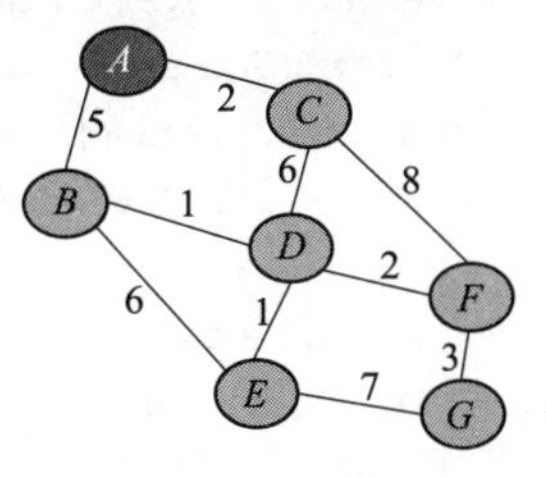

距离表：

B	5
C	2
D	6
E	7
F	8
G	11

图 7-56　从顶点 A 出发到其他各顶点的最短距离

Dijkstra 算法,用于对有权图进行搜索,找出图中两点的最短距离,既不是 DFS 搜索,也不是 BFS 搜索。把 Dijkstra 算法应用于无权图,或者所有边的权都相等的图,Dijkstra 算法等同于 BFS 搜索。使用图的邻接矩阵,实现 Dijkstra 算法的源程序如下：

【综合练习 7-7】使用图的邻接矩阵,实现 Dijkstra 算法。

微视频

综合练习 7-7 视频讲解

```
#include <iostream>
using namespace std;
const int MAX = 0x3f3f3f3f;
#define N 100
typedef int vertexType;
typedef struct graph                          //图邻接矩阵类型
{    vertexType vexs[N];                      //顶点信息
     int arcs[N][N];                          //邻接矩阵
     int vexnum,arcnum;                       //顶点数,弧(边)数
}GraphTp;
int dijkstra(GraphTp G,int z)                 //使用图邻接矩阵的 Dijkstra 算法
{    int i,j,pos = 1,min;
     int dis[N],visit[N];
     memset(visit,0,sizeof(visit));           //初始化为 0,表示开始都没走过
     for(i = 1;i <= G.vexnum; i++) dis[i] = G.arcs[1][i];
     visit[1] = 1;dis[1] = 0;
     int T = G.vexnum - 1;
     while(T--)
     { min = MAX;
       for(j = 1; j <= G.vexnum; j++)
         if(visit[j] == 0&&min > dis[j]){min = dis[j];pos = j;}
       visit[pos] = 1;                        //表示这个点已经走过
       for(j = 1;j <= G.vexnum;j++)
         if(visit[j] == 0&&dis[j] > min + G.arcs[pos][j])//更新 dis 的值
              dis[j] = G.arcs[pos][j] + min;
     }
     return dis[z];
}
int main()
{    int i,a,b,c;
```

```
    GraphTp M;
  //建立图邻接矩阵
    cout<<"输入 n 个点 m 条边:";
    cin>>M.vexnum>>M.arcnum;
    memset(M.arcs,MAX,sizeof(M.arcs));//初始化为 MAX,表示矩阵开始值都为 MAX
    for(i=1; i<=M.arcnum; i++)
    { cout<<"输入 a、b 边(从 1 开始)及权值 c:";  cin>>a>>b>>c;
      if(c<M.arcs[a][b])                          //防止有重边
      M.arcs[a][b]=c;                             //有向图的矩阵建立语句
      //M.arcs[a][b]=M.arcs[b][a]=c;              //无向图的矩阵建立语句
    }
    //输出自起点 1 至各点最短距离
    for(i=2;i<=M.vexnum;i++)
    cout<<"1-->"<<i<<"距离:"<<dijkstra(M,i)<<endl;
    return 0;
  }
```

运行程序在创建矩阵时，顶点从 1 开始计数。运行结果输出自起点 1 至各其他各顶点的最短距离。

程序中使用了三个数组：邻接矩阵中的成员 G.arcs 数组存放的为点边的信息，比如 G.arcs[1][2]=3，表示 1 号点和 2 号点的距离为 3；dis 数组存的为起始点与每个点的最短距离，比如 dis[3]=5，表示起始点与 3 号点最短距离为 5；visit 数组存的为 0 或者 1，1 表示已经走过这个点。

Dijkstra 算法总的时间复杂度是 $O(n^2)$。

7.6.2 Floyd 算法

Dijkstra 算法是处理单源最短路径的有效算法，但它局限于边的权值非负的情况，若图中出现权值为负的边，Dijkstra 算法就会失效，求出的最短路径就可能是错的。这时候，就需要使用其他的算法来求解最短路径，Floyd 算法就是其中最常用的一个。Floyd 算法又称弗洛伊德算法，代码简单，三个 for 循环就可以解决问题，所以它的时间复杂度为 $O(n^3)$，可以求多源最短路径问题。

Floyd 算法的基本思想如下：从任意结点 A 到任意结点 B 的最短路径有两种可能，一是直接从 A 到 B，二是从 A 经过若干个结点 X 到 B。所以，假设 Dis(AB)为结点 A 到结点 B 的最短路径的距离，对于每一个结点 X，检查 Dis(AX)+Dis(XB)<Dis(AB)是否成立，如果成立，证明从 A 到 X 再到 B 的路径比 A 直接到 B 的路径短。设置 Dis(AB)=Dis(AX)+Dis(XB)，这样一来，当遍历完所有结点 X，Dis(AB)中记录的便是 A 到 B 的最短路径的距离。

	1	2	3	4
1	0	2	6	4
2	∞	0	3	∞
3	7	∞	0	1
4	5	∞	12	0

图 7-57　图的邻接矩

已知图的邻接矩阵如图 7-57 所示，如现在只允许经过 1 号顶点，求任意两点之间的最短路程，只需判断 $e[i][1]+e[1][j]$是否比 $e[i][j]$小即可。$e[i][j]$表示的是从 i 号顶点到 j 号顶点之间的路程。$e[i][1]+e[1][j]$表示的是从 i 号顶点先到 1 号顶点，再从 1 号顶点到 j 号顶点的路程之和。其中 i 是 1…n 循环，j 也是 1…n 循环，代码实现如下：

```
for(i=1;i<=n;i++)
  for(j=1; j<=n; j++)
    if(e[i][j]>e[i][1]+e[1][j])e[i][j]=e[i][1]+e[1][j];
```

接下来继续求在只允许经过 1 和 2 号两个顶点的情况下任意两点之间的最短路程。在只允许经过 1 号顶点时任意两点的最短路程的结果下，再判断如果经过 2 号顶点是否可以使得 i 号顶点到 j 号顶点之间的路程变得更短。即判断 $e[i][2]+e[2][j]$是否比 $e[i][j]$小。

代码实现如下：

```
for(i=1;i<=n;i++)//经过1号顶点
  for(j=1;j<=n;j++)
        if(e[i][j]>e[i][1]+e[1][j]) e[i][j]=e[i][1]+e[1][j];
for(i=1;i<=n;i++)//经过2号顶点
    for(j=1;j<=n;j++)
        if(e[i][j]>e[i][2]+e[2][j]) e[i][j]=e[i][2]+e[2][j];
```

最后允许通过所有顶点作为中转，代码如下：

```
for(k=1;k<=n;k++)
  for(i=1;i<=n;i++)
    for(j=1;j<=n;j++)
        if(e[i][j]>e[i][k]+e[k][j])e[i][j]=e[i][k]+e[k][j];
```

这段代码的基本思想就是：最开始只允许经过1号顶点进行中转，接下来只允许经过1和2号顶点进行中转……，允许经过1…n号所有顶点进行中转，求任意两点之间的最短路程。使用图的邻接矩阵，实现Floyd算法的可执行源程序如下：

【综合练习7-8】使用图的邻接矩阵，实现Floyd算法。

微视频

综合练习7-8 视频讲解

```
#include <stdio.h>
#define INF 0x3f3f3f3f
int map[1 000][1 000];
int main()
{ int k,i,j,n,m;
  int a,b,c;
  printf("读入顶点数n和条数m:");
  scanf("%d%d",&n,&m);              //读入n和m,n表示顶点个数,m表示边的条数
  for(i=1;i<=n; i++)                //初始化
    for(j=1;j<=n;j++)
      if(i==j)  map[i][j]=0;
      else  map[i][j]=INF;
  for(i=1;i<=m;i++)                 //读入边
  {  printf("读入第%d边(边顶点从1开始)及权值:",i);
     scanf("%d%d%d",&a,&b,&c);
     map[a][b]=c;                   //这是一个有向图
  }
  for(k=1;k<=n;k++)                 //floyd-warshall算法核心语句
    for(i=1;i<=n;i++)
      for(j=1;j<=n;j++)
        if(map[i][j]>map[i][k]+map[k][j]) map[i][j]=map[i][k]+map[k][j];
  //输出最终的结果,最终二维数组中存的既是两点之间的最短距离
  for(i=1;i<=n;i++)
  {  for(j=i;j<=n;j++)
     { k=map[i][j];
      if(k==INF) k=-1;
      printf("【从%d->%d的距离是:%d】",i,j,k);
     }
       printf("\n");
  }
  return 0;
}
```

运行程序在创建矩阵时,顶点从 1 开始计数。运行结果输出自起点 1 至其他各顶点的最短距离、自起点 2 至后续其他各顶点的最短距离,…,最后一个顶点到最后一个顶点的最短距离(0)。

7.7 关键路径

关键路径通常(但并非总是)是决定项目工期的进度活动序列。它是项目中最长的路径,即使很小浮动也可能直接影响整个项目的最早完成时间。

在项目管理中,关键路径是指网络终端元素的序列,该序列具有最长的总工期并决定了整个项目的最短完成时间。

7.7.1 AOE 网

用顶点表示事件,弧表示活动,弧上的权值表示活动持续时间的有向图为 AOE 网。在建筑学中也称为关键路线。AOE 网常用于估算工程完成时间。如图 7-58 所示是一个网,其中有 9 个事件 $V_1,V_2,\cdots,V_9$;11 项活动 $a_1,a_2,\cdots,a_{11}$。每个事件表示在它之前的活动已经完成,在它之后的活动可以开始。如 V_1 表示整个工程开始,V_9 表示整个工程结束。V_5 表示活动 a_4 和 a_5 已经完成,活动 a_7 和 a_8 可以开始。与每个活动相联系的权表示完成该活动所需的时间。如活动 a_1 需要 6 个时间单位可以完成。

AOE——网是带权的有向无环网
顶点——事件或状态
弧——活动及发生的依次关系
权——活动持续的时间
源点——入度为0的顶点（只有一个）
汇点——出度为0的顶点（只有一个）

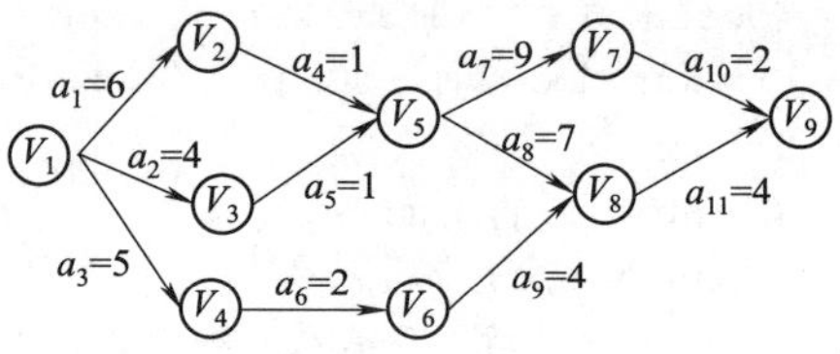

图 7-58 AOE 网

AOE 网具有以下几个性质:

(1)只有在某顶点所代表的事件发生后,从该顶点出发的各有向边所代表的活动才能开始;

(2)只有在进入某一顶点的各有向边所代表的活动都已经结束,该顶点所代表的事件才能发生;

(3)表示实际工程计划的 AOE 网应该是无环的,并且存在唯一的入度为 0 的开始顶点(源点)和唯一的出度为 0 的完成顶点(汇点)。

7.7.2 关键路径

从源点到汇点(从开始顶点到达完成顶点)的路径长度最长的路径叫关键路径。如图 7-59 所示,图中,顶点表示事件,事件发生的两个特征属性是:最早发生时间 Ve(j)和最晚发生时间 $\mathrm{V}_1(j)$。边表示活动,活动能被开始的两个特征属性是:最早开始时间 $e(i)$和最晚开始时间 $l(i)$。权表示活动持续时间。

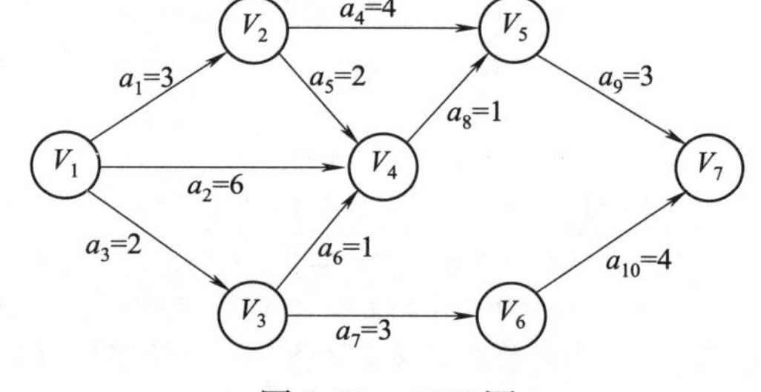

图 7-59 AOE 网

通常用 AOE 网来估算工程完成的时间。在 AOE 网中,计算关键路径就是计算从始点到终点具有最大路径长度(该路径上的各个活动所持续的时间之和)的路径。计算关键路径,只需求出它的四个特征属性,然后取 $e(i)=l(i)$的边即为关键路径上的边(关键路径可能不止一条)。

四个特征属性的含义及计算方法如下:

1. Ve(j)

Ve(j)是指从始点开始到顶点 V_j 的最大路径长度。

计算技巧:

(1)从前向后,取大值:直接前驱结点的 Ve(j) + 到达边(指向顶点的边)的权值,有多个值的取较大者;

(2)首结点 Ve(j)已知为0,图7-59各顶点(事件)的 Ve(j)(从 V_1 开始)见表7-2。

表7-2　各顶点(事件)的 Ve(j)

顶点	V_1	V_2	V_3	V_4	V_5	V_6	V_7
Ve(j)	0	3	2	6	7	5	10

计算顺序 →

2. Vl(j)

Vl(j)表示在不推迟整个工期的前提下,事件 v_j 允许的最晚发生时间。

计算技巧:

(1)从后向前,取小值:直接后继结点的 Vl(j) - 发出边(从顶点发出的边)的权值,有多个值的取较小者;

(2)终结点 Vl(j)已知等于它的 Ve(j)。图7-59各顶点(事件)的 Vl(j)(从 V_7 开始,它的最早、最晚发生时间相同,都为10)见表7-3。

表7-3　各顶点(事件)的 Vl(j)

顶点	V_1	V_2	V_3	V_4	V_5	V_6	V_7
Vl(j)	0	3	3	6	7	6	10

← 计算顺序

3. $e(i)$

若活动 a_i 由弧 $<v_k, v_j>$ 表示,则活动 a_i 的最早开始时间应该等于事件 v_k 的最早发生时间。因而有:$e(i) = Ve(k)$,即:边(活动)的最早开始时间等于它的发出顶点的最早发生时间。图7-59各边(活动)的 $e(i)$ 见表7-4。

表7-4　各边(活动)的 e(i)

边	$a_1(3)$	$a_2(6)$	$a_3(2)$	$a_4(4)$	$a_5(2)$	$a_6(1)$	$a_7(3)$	$a_8(1)$	$a_9(3)$	$a_{10}(4)$
e(i)	0	0	0	3	3	2	2	6	7	5

4. $l(i)$

若活动 a_i 由弧 $<v_k, v_j>$ 表示,则 a_i 的最晚开始时间要保证事件 v_j 的最迟发生时间不拖后。因而有:$l(i)$ = Vl(j) - len $<v_k, v_j>$[为边(活动)到达顶点的最晚发生时间减去边的权值]。图7-59各边(活动)的 l(i)见表7-5。

表7-5　各边(活动)的 $l(i)$

边	$a_1(3)$	$a_2(6)$	$a_3(2)$	$a_4(4)$	$a_5(2)$	$a_6(1)$	$a_7(3)$	$a_8(1)$	$a_9(3)$	$a_{10}(4)$
$l(i)$	0	0	1	3	4	5	3	6	7	6

至此已介绍完了四个特征属性的求法,也求出了图7-59中边的 $e(i)$ 和 $l(i)$。表7-6中,取出 $e(i) = l(i)$ 的边:a_1、a_2、a_4、a_8、a_9 即为关键路径上的边,所以关键路径有两条:a_1、a_4、a_9 和 a_2、a_8、a_9。

表 7-6　求关键路径

顶点	Ve(j)	Vl(j)	边	$e(i)$	$l(i)$
V_1	0	0	$a_1(3)$	0	0
V_2	3	3	$a_2(6)$	0	0
V_3	2	3	$a_3(2)$	0	1
V_4	6	6	$a_4(4)$	3	3
V_5	7	7	$a_5(2)$	3	4
V_6	5	6	$a_6(1)$	2	5
V_7	10	10	$a_7(3)$	2	3
			$a_8(1)$	6	6
	从前向后推,取较大值	从后向前推,取较小值	$a_9(3)$	7	7
			$a_{10}(4)$	5	6

总结:求关键路径,只需理解顶点(事件)和边(活动)各自的两个特征属性以及求法即可:

(1)先根据首结点的 Ve(j) =0 由前向后计算各顶点的最早发生时间;

(2)再根据终结点的 Vl(j)等于它的 Ve(j),由后向前依次求解各顶点的最晚发生时间;

(3)根据边的 $e(i)$等于它的发出顶点的 Ve(j),计算各边的最早开始时间(最早开始,对应最早发生);

(4)根据边的 $l(i)$等于它的到达顶点的 Vl(j)减去边的权值,计算各边的最晚开始时间(最晚开始,对应最晚发生)。

使用图的邻接表,求关键路径算法的可执行源程序如下:

【综合练习 7-9】使用图的邻接表,求关键路径。

```
#include < stack >
#include < iostream >
using namespace std;
#define  MVNum 100                    //最大顶点数
typedef  int  VerTexType;             //顶点为数字
typedef struct ArcNode                //定义表结点结构,边结点
{   int  adjvex;                      //边所指向的顶点序号,与 vi 相邻接的顶点编号
    int  info;                        //边的权值,即活动的权重
    struct ArcNode *nextarc;          //指向下一条边的指针
}ArcNode;
typedef struct VNode                  //顶点结点的声明
{  VerTexType  data;                  //顶点名称顶点编号
   int  in;                           //记录入度
   ArcNode *firstarc;                 //指向所依附的顶点,指向第一条弧(边)的指针
}VNode, AdjList[MVNum];               //AdjList 表示邻接表类型
typedef struct                        //定义邻接表结构
{  AdjList  vertices;                 //邻接表,表头结点数组-顶点信息
   int vexnum, arcnum;                //图的实际顶点个数和边数
}ALGraph,*pALGraph;
int *etv,*ltv;                        //事件最早和最晚发生时间
stack < int > s2;    //用于存储拓扑序列的栈,在最后推事件最晚时间时用
int TopologicalSort(ALGraph g)        //拓扑排序计算出事件最早的发生时间
```

```
{  int i;                              //临时变量
   int count = 0;                      //记录总共读取有多少顶点,用于判断是否有环路
   stack < int > s1;                   //临时栈
   etv = new int[MVNum];               //为事件最早发生时间分配空间
   for(i = 0;i < MVNum;i ++ )etv[i] = 0;//初始化事件最早发生时间为 0
   for(i = 0;i < g.vexnum;i ++ )
   { if(g.vertices[i].in == 0)
     {  s1.push(i);  //第一个入度为 0 的顶点入栈,栈中下标为 0 的位置不使用
        count ++ ;                     //读取数目加 1
     }
   }
   ArcNode *e;                         //边表结点
   while(! s1.empty())                 //当 Stack 栈不为空时
   {//Stack 栈中的顶点出栈,进入 Stack2,并开始读取这个顶点连接的顶点,使它们的入度减 1
    s2.push(s1.top());s1.pop();
    e = g.vertices[s2.top()].firstarc;
    for(;e! = NULL;e = e -> nextarc)    //将与入度为 0 的顶点相连的顶点的入度减 1
    { if(etv[s2.top()] + e -> info > etv[e -> adjvex])//计算事件最早发生时间,取最大值
           etv[e -> adjvex]  = etv[s2.top()] + e -> info;
           if( -- g.vertices[e -> adjvex].in == 0)
           {s1.push(e -> adjvex);count ++ ;}//如果入度为 0,则进栈
     }
   }
   if(count == g.vexnum)return 1;       //最后判断是否有环路
   else return 0;
}
void CriticalPath(ALGraph g)//计算关键路径,从汇点出发倒推回事件最晚发生时间
{  int i;//临时变量
   TopologicalSort(g);                 //先进行拓扑排序
   ltv = new int[MVNum];               //为事件最晚发生时间分配空间
   for(i = 0;i < g.vexnum;i ++ )        //初始化事件最晚发生时间为最终所需的时间
               ltv[i] = etv[g.vexnum - 1];
   int getTop;                         //获取栈顶元素——栈中的 0 号下标不用
   ArcNode *e;                         //边表元素
   while(! s2.empty())
   {  getTop = s2.top();s2.pop();// Stack2[top2 -- ];//出栈
      for(e = g.vertices[getTop].firstarc;e!  = NULL;e = e -> nextarc)
          //计算事件最晚发生时间,从汇点出发倒推每个事件的最晚发生时间
      if(ltv[e -> adjvex] - e -> info < ltv[getTop])ltv[getTop] = ltv[e -> adjvex] - e -> info;
   }
//打印关键路径
   int ete,lte;//活动最早和最晚发生时间
   for(i = 0;i < g.vexnum - 1;i = e -> adjvex)//g.vexnum - 1 已经为最后一个点
   {  for(e = g.vertices[i].firstarc;e! = NULL;e = e -> nextarc)
        { ete = etv[i];//活动最早发生时间与弧头顶点的最早发生时间相同
          //活动最迟发生时间等于弧尾顶点的最晚发生时间减去边的权重
          lte = ltv[e -> adjvex] - e -> info;
          static int count;
          //若活动最早发生时间与活动最晚发生时间相等,说明是关键路径中的一部分
```

```
            if(ete == lte)
            { cout.width(3);cout.fill('0');
                cout << ++count << ":" <<g.vertices[i].data << " -> ";
                cout <<g.vertices[e->adjvex].data << endl;//打印
                break;
    }  }  }}
int main()
{   ArcNode t[] = {{2,4,&t[1]},{1,3,0},{4,6,&t[3]},{3,5,0},{5,7,&t[5]},
                 {3,8,0},{4,3,0}, {7,4,&t[8]},{6,9,0},{7,6,0},{9,2,0},{8,5,0},{9,
                 3,0}};
    ALGraph GL = {{{0,0,&t[0]},{1,1,&t[2]},{2,1,&t[4]},{3,2,&t[6]},{4,2,&t[7]},
            {5,1,&t[9]},{6,1,&t[10]},{7,2,&t[11]},{8,1,&t[12]},{9,2,0}},10,13};
    //以上构建了一个 AOE 网,作为测试数据
    CriticalPath(GL);
    return 0;
}
```

小　结

图是一种复杂的非线性数据结构,具有广泛的应用背景。图的存储方式有两大类,以边集合方式表示的为邻接矩阵,以链接方式表示的包括邻接表、十字链表和邻接多重表。邻接矩阵借助二维数组来表示元素之间的关系,实现起来较为简单;邻接表、十字链表和邻接多重表都属于链式存储结构。其中,邻接矩阵和邻接表是两种常用的存储结构,二者区别见表 7-7。

表 7-7　邻接矩阵和邻接表的比较

项目		邻接矩阵		邻接表	
		无向图	有向图	无向图	有向图
空间		邻接矩阵对称,可压缩至 $n(n-1)/2$ 个单元	邻接矩阵不对称,存储 n^2 个单元	存储 $n+2e$ 个单元	存储 $n+e$ 个单元
时间	求某个顶点 v_i 的度	查找邻接矩阵中序号 i 对应的一行, $O(n)$	求出度:查找矩阵的一行,$O(n)$; 求入度:查找矩阵的一列,$O(n)$	查找 v_i 的边表,最坏情况 $O(n)$	求出度:查找 v_i 的边表,最坏情况 $O(n)$;求入度:按顶点表顺序查找所有边表,$O(n+e)$
	求边的数目	查找邻接矩阵,$O(n^2)$		按顶点表顺序查找所有边表,$O(n+2e)$	按顶点表顺序查找所有边表,$O(n+e)$
	判定边(v_i,j_i)是否存在	直接检查邻接矩阵 $\boldsymbol{A}[i][j]$ 元素的值,$O(1)$		查找 v_i 的边表,最坏情况 $O(n)$	

图的遍历算法是实现图的其他运算的基础,图的遍历方法有两种,深度优先搜索遍历类似于树的先序遍历,借助于栈结构来实现(递归);广度优先搜索遍历类似于树的层次遍历,借助于队列结构来实现。两种遍历方法的不同之处仅仅在于对顶点访问的顺序不同,所以时间复杂度相同。当用邻接矩阵存储时,时间复杂度为均 $O(n^2)$,用邻接表存储时,时间复杂度均为 $O(n+e)$。

图的很多应用与现实生活密切相关。

(1)求最小生成树问题有两种算法:Prim 算法,时间复杂度是 $O(n^2)$,适合顶点数目较少而边较多的稠密图;Kruskal 算法,时间复杂度是 $O(e\log_2 e)$,适合边数目较少而顶点较多的稀疏图。

(2)单源最短路径问题使用 Dijkstra 算法,求从某个源点到其余各顶点的最短路径,求解过程是

按路径长度递增的次序产生最短路径,时间复杂度是 $O(n^2)$;全源最短路径问题使用 Floyd 算法,求每一对顶点之间的最短路径,时间复杂度是 $O(n^3)$。

(3)拓扑排序基于以顶点表示活动的网,即 AOV 网。对于不存在环的有向图,图中所有顶点一定能够排成一个线性序列,即拓扑序列,拓扑序列是不唯一的。用邻接表表示图,拓扑排序的时间复杂度为 $O(n+e)$。

(4)关键路径算法基于用边表示活动的网,即 AOE 网。关键路径上的活动叫作关键活动,这些活动是影响工程进度的关键。关键路径是不唯一的,关键路径算法的时间复杂度为 $O(n+e)$。

练　习

一、填空题

1. 任何一个带权的无向连通图的最小生成树有(　　)棵或(　　)棵。

2. 用邻接表表示图进行广度优先遍历时,通常借助(　　)来实现算法,进行深度优先遍历通常借助(　　)来实现算法。

3. 图的深度优先遍历类似于二叉树的(　　)遍历,广度优先遍历类似于二叉树的(　　)遍历。

4. 已知一个图用邻接矩阵表示,计算第 i 个结点的入度的方法是计算第(　　)列非零元素个数之和。

5. 若无向连通图满足 n 个顶点有(　　)条边,则该图是树。

6. 在一个无向图中,所有顶点的度数之和等于边数的(　　)倍;在一个有向图中,所有顶点的度数之和等于边数的(　　)倍。

7. 一个无向连通图有 10 个顶点,最多边数是(　　),最少边数是(　　)。

8. 一个无向连通图,共有 28 条边,该图至少有(　　)个顶点;一个无向非连通图,共有 28 条边,该图至少有(　　)个顶点。

9. 一个无向图有 10 条边,邻接矩阵的非零元素个数为(　　);一个有向图有 10 条边,邻接矩阵的非零元素个数为(　　)。

10. 一个无向图有 10 条边,邻接表中的边表结点个数为(　　);一个有向图有 10 条边,邻接表中的边表结点个数为(　　)。

11. 一个无向连通图有 n 个顶点,邻接矩阵中的零元素个数至少为(　　),零元素个数最多为(　　)。

12. 一个无向连通图有 n 个顶点,邻接表中的边表结点个数至少为(　　),边表结点个数最多为(　　)。

13. 用邻接矩阵存储连通图,深度优先遍历的时间复杂度为 $O($　　$)$;用邻接表存储连通图,深度优先遍历的时间复杂度为 $O($　　$)$。

14. 用邻接矩阵存储连通图,广度优先遍历的时间复杂度为 $O($　　$)$;用邻接表存储连通图,广度优先遍历的时间复杂度为 $O($　　$)$。

二、单项选择题

1. 对于一个具有 n 个顶点的无向图,若采用邻接矩阵表示,则该矩阵的大小是(　　)。

A. n　　B. $(n-1)^2$　　C. $n-1$　　D. n^2

2. n 个结点的完全有向图含有边的数目为(　　)。

A. n^2　　B. $n(n+1)$　　C. $n/2$　　D. $n(n-1)$

3. 以下说法正确的是(　　)。

A. 连通分量是无向图中的极小连通子图

B. 强连通分量是有向图中的极大强连通子图

C. 在一个有向图的拓扑序列中，若顶点 a 在顶点 b 之前，则图中必有一条弧 $<a,b>$

D. 对有向图 G，如果从任一顶点出发进行一次深度优先或广度优先搜索能访问到每个顶点，则该图一定是完全图

4. 下列有关图的说法中正确的是(　　)。

A. 在图结构中，顶点不可以没有任何前驱和后继

B. 具有 n 个顶点的无向图最多有 $n(n-1)$ 条边，最少有 $n-1$ 条边

C. 在无向图中，边的条数是结点度数之和

D. 在有向图中，各顶点的入度之和等于各顶点的出度之和

5. 判断有向图是否存在回路，除了可以利用拓扑排序方法外，还可以利用的是(　　)。

A. 求关键路径的方法　　B. 求最短路径的迪杰斯特拉方法

C. 深度优先遍历算法　　D. 广度优先遍历算法

6. 图的简单路径要求不重复的是(　　)。

A. 权值　　B. 顶点　　C. 边　　D. 边和顶点

7. 在有 n 个顶点的有向图中，每个顶点的度最大可达(　　)。

A. $n-1$　　B. n　　C. $2n-2$　　D. $2n$

8. 一条简单路径的路径长度是指路径上的(　　)。

A. 顶点数　　B. 边数

C. 边权值之和　　D. 边数加顶点数

9. 图的 BFS 生成树的树高比 DFS 生成树的树高(　　)。

A. 小　　B. 相等　　C. 小或相等　　D. 大或相等

10. 设有一个无向图 $G=(V,E)$ 和 $G'=(V',E')$，如果 G' 为 G 的生成树，则下面错误的说法是(　　)。

A. G' 为 G 的子图　　B. G' 为 G 的连通分量

C. G' 为 G 的极小连通子图且 $V'=V$　　D. G' 是 G 的一个无环子图

11. 如图 7-60 所示，该图的拓扑有序序列的个数是(　　)。

A. 1　　B. 2　　C. 3　　D. 4

12. 使用 Dijkstra 算法求图 7-61 中从顶点 1 到其余各顶点的最短路径，将当前找到的从顶点 1 到顶点 2、3、4、5 的最短路径长度保存在数组 dist 中，求出第二条最短路径后，dist 中的内容更新为(　　)。

A. 26,3,14,6　　B. 25,3,14,6

C. 21,3,14,6　　D. 15,3,14,6

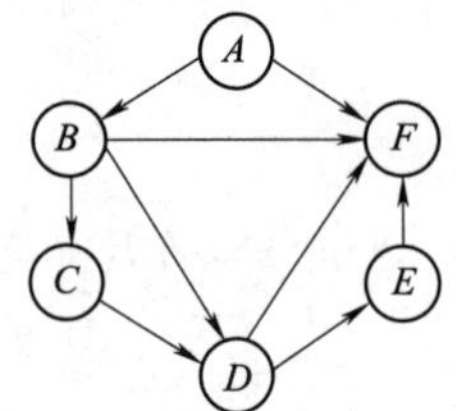

图 7-60　求拓扑有序序列

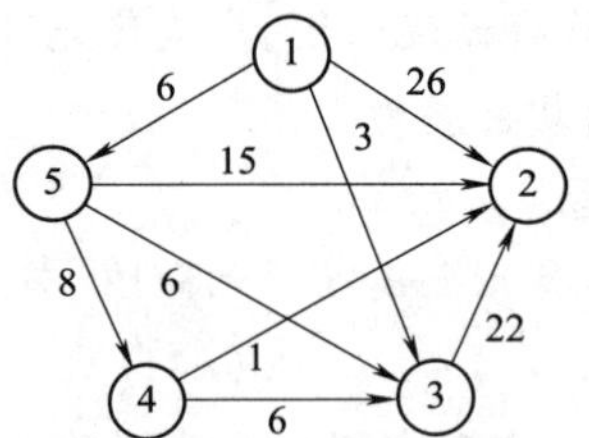

图 7-61　求最短路径

13. 如图 7-62 所示,不是图的拓扑排序的是(　　)。

A. 152364

B. 512634

C. 51264

D. 521634

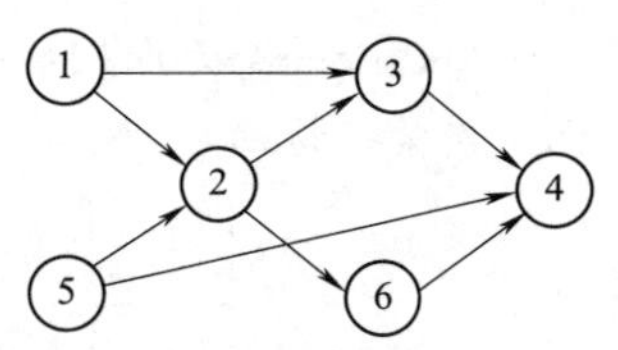

图 7-62　求拓扑排序

14. 修改递归方式实现的图的深度优先搜索算法,将输出(访问)顶点信息的语句移到退出递归前(即执行输出语句后立刻退出递归)。采用修改后的算法遍历有向无环图 G, 若输出结果中包含 G 中的全顶点,则输出的顶点序列是 G 的(　　)。

A. 拓扑有序序列　　B. 逆拓扑有序序列

C. 广度优先搜索序列　　D. 深度优先搜索序列

15. 已知无向图 G 如图 7-63 所示,使用 Kruskal 算法求图 G 的最小生成树,加到最小生成树中的边依次是(　　)。

A. (b,f),(b,d),(a,e),(c,e),(b,e)

B. (b,f),(b,d),(b,e),(a,e),(c,e)

C. (a,e),(b,e),(c,e),(b,d),(b,f)

D. (a,e),(c,e),(c,e),(b,f),(b, d)

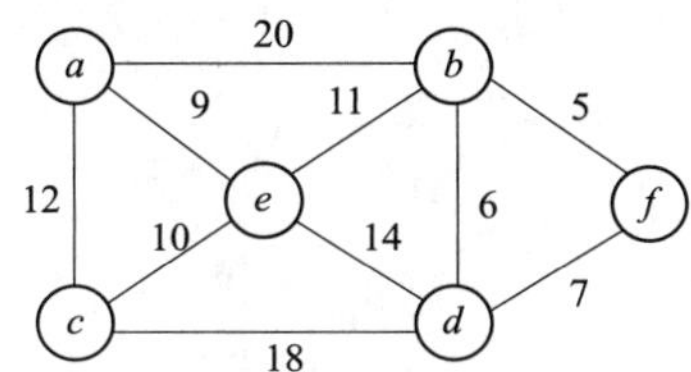

图 7-63　求最小生成树

16. 若使用 AOE 网估算工程进度,则下列叙述中正确的是(　　)。

A. 关键路径是从源点到汇点边数最多的一条路径

B. 关键路径是从源点到汇点路径长度最长的路径

C. 增加任一关键活动的时间不会延长工程的工期

D. 缩短任一关键活动的时间将会缩短工程的工期

三、综合练习题

1. 证明对有向图的顶点适当编号,可使其邻接矩阵为下三角形且主对角线为全零的充要条件是该图是无环图。

2. 对于一个有向图,不用拓扑排序,如何判断图中是否存在环?

3. 图的邻接矩阵如图 7-64 所示,写出从顶点 V_1 和 V_5 开始的深度遍历序列和广度遍历序列(顶点名称之间用空格间隔)。

	V1	V2	V3	V4	V5	V6
V1	0	1	1	0	0	0
V2	1	0	0	1	1	0
V3	1	0	0	0	1	0
V4	0	1	0	0	1	1
V5	0	1	1	1	0	1
V6	0	0	0	1	1	0

图 7-64　邻接矩阵

4. 已知一个无向图的邻接表如图7-65所示，写出以v_1为出发点，对图进行广度优先搜索和深度优先搜索的访问序列。

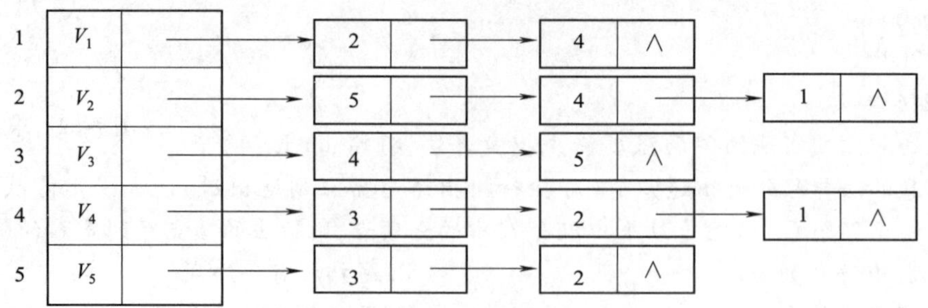

图7-65　无向图邻接表

5. 按顺序输入顶点对：(1,2)，(1,6)，(2,6)，(1,4)，(6,4)，(1,3)(3,4)，(6,5)，(4,5)，(1,5)，(3,5)，用头插法建立相应的邻接表，并写出在该邻接表上，从顶点v_2出发遍历得到的DFS和BFS序列。

6. 图7-66表示一个地区的交通网，顶点表示城市，边表示连接城市间的公路，边上的权表示修建公路花费的代价。

怎样选择能够沟通每个城市且总造价最省的$n-1$条公路，画出所有可能的方案。

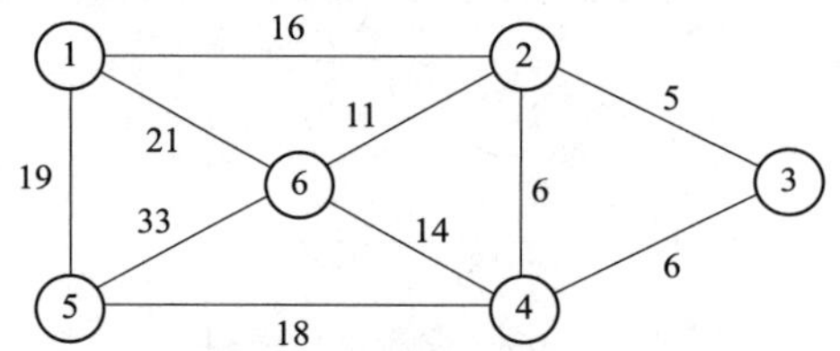

图7-66　地区的交通网

7. 一个连通图采用邻接表作为存储结构，设计一个算法，实现从顶点v出发的深度优先遍历的非递归过程。

8. 设计一个算法，求图G中距离顶点v的最短路径长度最大的一个顶点，设v可达其余各个顶点。

9. 基于图的深度优先搜索策略写一算法，判别以邻接表方式存储的有向图中是否存在由顶点v_i到顶点v_j的路径($i \neq j$)。

10. 采用邻接表存储结构，编写一个算法，判别无向图中任意给定的两个顶点之间是否存在一条长度为k的简单路径。

第 8 章
查找

学习目标

- 了解集合的基本概念；
- 理解查找表的定义、分类和各查找方法的特点；
- 掌握顺序查找和二分查找的思想和算法；
- 理解二叉排序树的概念和有关运算的实现方法；
- 掌握哈希表、哈希函数的构造方法、以及处理冲突的方法；
- 掌握哈希存储和哈希查找的基本思想及有关方法、算法。

数据结构课程中的集合是四类基本逻辑结构之一。 查找表是一种以集合为逻辑结构的常见的数据结构，其基本特点是以查找运算为核心。 因此，如何高效率地实现查找运算是本章的核心问题。

8.1　查找的基本概念

由同一类型的数据元素(或记录)构成的集合称为查找表。表 8-1 为学生录取登记表。

表 8-1　学生录取登记表

学　　号	姓　　名	性　　别	入学总分	录取专业
…	…	…	…	…
20010983	张丽	女	538	计算机
20010984	李阳	男	530	计算机
20010985	王梅	女	545	计算机
…	…	…	…	…
20010998	张丽	女	558	计算机
…	…	…	…	…

对查找表进行的操作主要有：

(1)查找某个特定的数据元素是否存在；

(2)检索某个特定数据元素的属性;

(3)在查找表中插入一个数据元素;

(4)在查找表中删除一个数据元素。

(5)在查找表中修改一个数据元素。

在查找过程中仅查找某个特定元素是否存在或它的属性,称为静态查找。在查找过程中对查找表进行插入、删除或修改元素的操作,称为动态查找。

对数据元素(或记录)中某个数据项的值,用它可以标识数据元素(或记录)的称为关键字。可以唯一地标识一个记录的关键字称为主关键字,如表 8-1 中的“学号”。可以标识若干个记录的关键字称为次关键字,如表 8-1 中的“姓名”,其中张丽就有两位。

在查找表中确定是否存在一个数据元素的关键字等于给定值的操作,称为查找(也称为检索)。若表中存在这样一个数据元素(或记录),则查找成功;否则,查找失败。若整个查找过程全部在内存进行,则称为内查找。若在查找过程中还需要访问外存,则称为外查找。

在查找运算中,需要对比关键字的次数称为查找长度。平均查找长度(average search length, ASL)是所有查找过程中进行关键字的比较次数的平均值。

查找算法的效率,主要是看要查找的值与关键字的比较次数,通常用平均查找长度来衡量。由于 ASL 的数量级反应查找算法时间复杂度,对一个含 n 个数据元素的表,查找成功的平均查找长度为

$$\mathrm{ASL} = \sum_{i=1}^{n} P_i C_i$$

式中,P_i 为找到表中第 i 个数据元素的概率,且有:

$$\sum_{i=1}^{n} P_i = 1 \qquad (P_1 + P_2 + \cdots + P_n = 1)$$

C_i 为找到第 i 个数据元素所需进行的比较次数。所以,不同的查找方法有不同的 C_i。

8.2 静态查找表

静态查找表是数据元素的线性表,可以是基于数组的顺序存储或者链表存储。顺序存储结构定义为

【结构定义 8-1】定义静态查找表。

```
typedef  struct                            //定义数据元素
{  KeyType key;                            //关键字域
   // ...                                  //其他域
}ElemType;                                 //类型名称
typedef  struct                            //定义静态查找表
{  ElemType  *elem ;                       //表的基址
   int length;                             //表的长度
}STable;                                   //静态查找表类型名
```

8.2.1 顺序查找

顺序查找又称线性查找,是最基本的查找方法之一。顺序查找既适用于顺序表,也适用于链表。

1. 基本思想

从表的一端开始,顺序扫描线性表,依次按给定值 kx 与关键字(Key)进行比较,若相等,则查找成功,并给出数据元素在表中的位置;若整个表查找完毕,仍未找到与 kx 相同的关键字,则查找失败,给出失败信息。

2. 算法实现

现以顺序存储为例,数据元素从下标为 1 的数组单元开始存放,0 号单元留作监测哨,用来存放待找的值 kx。可执行源程序如下:

【综合练习 8-1】顺序查找。

微视频

综合练习 8-1 视频讲解

```
#include <iostream>
using namespace std;
#define  MAXLEN 100
typedef  int  KeyType;                      //记录的类型描述
typedef  struct                             //定义数据元素
{  KeyType key;                             //关键字域
}ElemType;                                  //类型名称
typedef  struct                             //定义静态查找表
{    ElemType  *elem ;                      //表的基址,单元 elem[0]闲置不用
     int length;                            //表的长度
}STable;                                    //静态查找表类型名
void SeqSearch(STable ST)                   //顺序查找
{    int i;
     printf ("\ n建立整数的顺序表(以回车为间隔,以 -1 结束):\ n");
     for(i =1;i <=MAXLEN;i ++)              //1. 建立顺序表
     { cin> >ST.elem[i].key;                //scanf("% d",&ST.elem[i].key);
       if(ST.elem[i].key==-1)break;
     }
     printf ("请输入要查找的数据:");          //2.输入要查数据到监测哨
     cin> >ST.elem[0].key;                  //scanf("% d",&ST.elem[0].key);
     i--;                                   //去除输入的 -1
     while(ST.elem[i].key! =ST.elem[0].key)i--;//3.从后往前查找
     if(i==0)printf ("没有找到\ n");          //4.显查找结果
     else printf ("已找到,在第% d的位置上\ n",i);
}
void main()
{    ElemType P[MAXLEN+1];
     STable ST={P,MAXLEN};                  //设置查找表的初值
     SeqSearch(ST);
}
```

监测哨的作用:

(1)省去判定循环中下标越界的条件,从而节约比较时间;

(2)保存查找值的副本,查找时若遇到它,则表示查找不成功。这样在从后向前查找失败时,不必判定查找表是否检测完,从而达到算法统一。

3. 顺序查找性能分析

顺序查找 n 个记录,查找成功的最多比较次数是 n,最少比较次数是 1。对一个含 n 个数据元素的表,查找成功时:

$$ASL = \sum_{i=1}^{n} P_i C_i$$

就上述算法而言,P_i 为查找概率,C_i 为比较次数。对于 n 个数据元素的表,给定值 kx 与表中第 i 个元素关键字相等,即定位第 i 个记录时,需进行 $n-i+1$ 次关键字比较,即 $C_i = n-i+1$。则查找成功时,顺序查找的平均查找长度为

$$\text{ASL} = \sum_{i=1}^{n}[P_i \cdot (n-i+1)]$$

设每个数据元素的查找概率相等，即 $P_i = 1/n$，则等概率情况下顺序查找的平均查找长度为

$$\text{ASL} = \sum_{i=1}^{n}\left[\frac{1}{n} \cdot (n-i+1)\right] = \frac{n+1}{2}$$

查找不成功时，关键字的比较次数总是 $n+1$ 次。

算法中的基本工作就是关键字的比较，因此，查找长度的量级就是查找算法的时间复杂度，为 $O(n)$。

顺序查找缺点是当 n 很大时，平均查找长度较大，效率低。优点是对表中数据元素的存储没有要求。另外，对于线性链表，只能进行顺序查找。

8.2.2 二分查找

二分查找也叫折半查找，是一种效率较高的查找方法，但前提是表中元素必须按关键字有序（按关键字递增或递减）排列，且以顺序方式存储。

1. 二分查找的基本思路

在有序表中，取中间元素作为比较对象，若给定值与中间元素的关键字相等，则查找成功；若给定值小于中间元素的关键字，则在中间元素的左半区继续查找；若给定值大于中间元素的关键字，则在中间元素的右半区继续查找。不断重复上述查找过程，直到查找成功，或所查找的区域无数据元素，查找失败。

2. 查找的步骤（kx 为查找值）

(1) low = 1; high = length; //设置初始区间

(2) 当 low > high 时，返回查找失败信息 //表空，查找失败

(3) low≤high, mid = (low + high)/2; //取中点

①若 kx < elem[mid].key, high = mid - 1; 转(2) //查找在左半区进行

②若 kx > elem[mid].key, low = mid + 1; 转(2) //查找在右半区进行

③若 kx == elem[mid].key，返回数据元素在表中位置 //查找成功

3. 排序举例

例 8-1 *有序表：5,14,18,21,23,29,31,35,38,42,46,49,52。在表中查找值为 14 和 22 的数据元素。*

(1) 查找关键字为 14 的过程如图 8-1 所示。

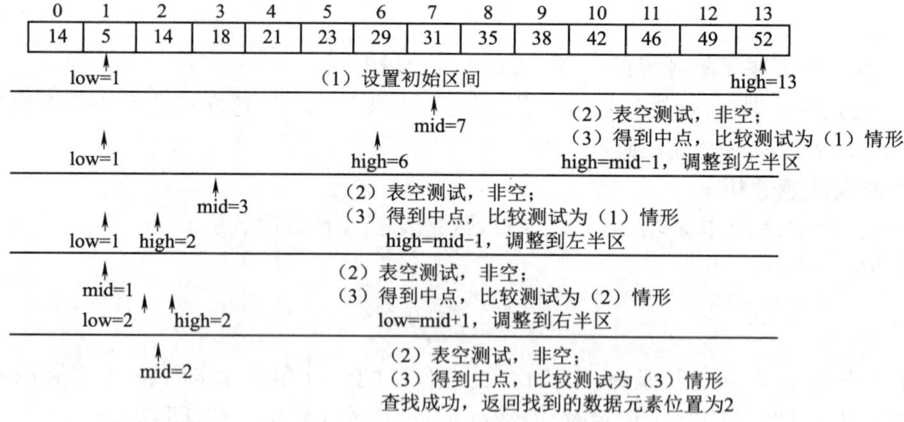

图 8-1 在有序表折半查找 14 示意图

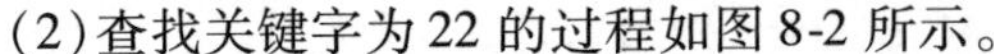

(2)查找关键字为 22 的过程如图 8-2 所示。

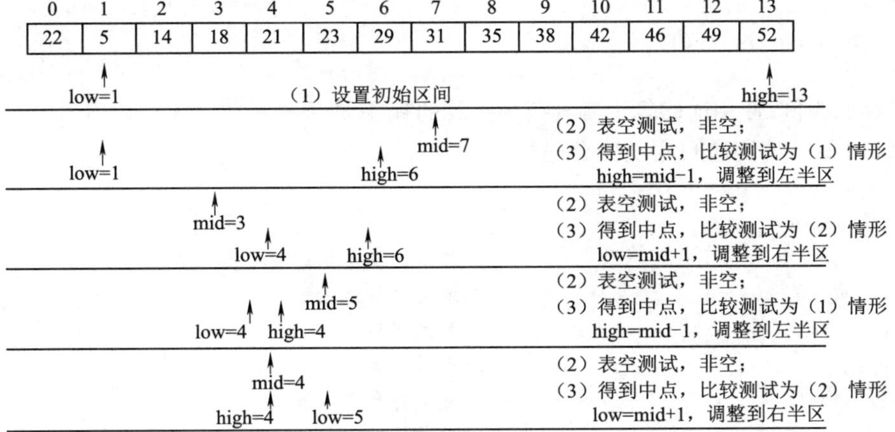

图 8-2　在有序表折半查找 22 示意图

4. 算法实现

现以顺序存储为例,数据元素从下标为 1 的数组单元开始存放,0 号单元用来存放待查找的值 key。可执行源程序如下:

【综合练习 8-2】二分查找(非递归)。

微视频
综合练习 8-2
视频讲解

```
#include <iostream>
using namespace std;
typedef  int  KeyType;                  //记录的类型描述
typedef  struct                         //定义数据元素
{  KeyType key;                         //关键字域
}ElemType;                              //类型名称
typedef  struct                         //定义静态查找表
{  ElemType  * elem ;                   //表的基址,单元 elem [0]闲置不用
   int  length;                         //表的长度
}STable;                                //静态查找表类型名
void BinSearch(STable ST)               // 二分查找
{    int low,mid,high,m;
     printf("请输入要查找的数据:");       //1. 输入要查找的数据到 k
     cin> >ST.elem[0].key;//scanf("% d",&R[0]);
     low=1;high=ST.length;m=0;          //2. 实施折半查找,m 统计比较次数
     while(low<=high)
     {  mid=(low+high)/2;m++;
        if(ST.elem[mid].key>ST.elem[0].key) high=mid-1;
        else if(ST.elem[mid].key<ST.elem[0].key)low=mid+1;
           else break;                  //找到,退出查找
     }
     if(low>high)printf("没有找到,共进行% d次比较。\ n",m);//3.显示查找结果
     else{ printf("要找的数据% d在第% d的位置上。\ n",ST.elem[0].key,mid);
           printf("共进行% d次比较。\ n",m);
           }
}
void main()
```

```
{    ElemType P[12] = {{0},5,16,20,27,30,36,44,55,60,67,71};//设置初值
     STable  ST = {P,11};                                  //设置查找表的初值
     BinSearch(ST);
}
```

以顺序存储为例，使用递归算法实现折半查找的程序如下：

【综合练习 8-3】使用递归实现折半查找。

微视频 综合练习 8-3 视频讲解

```
#include <iostream>
using namespace std;
typedef  int  KeyType;                    //记录的类型描述
typedef  struct                           //定义数据元素
{  KeyType key;                           //关键字域
}ElemType;                                //类型名称
typedef  struct                           //定义静态查找表
{  ElemType  * elem ;                     //表的基址,单元 elem [0]闲置不用
   int length;                            //表的长度
}STable;                                  //静态查找表类型名
KeyType BinSearch(ElemType R[],int low,int high)//R[0]存放查找关键字
{    int mid;
     if(low <= high)
     {  mid = (low + high)/2;
        if(R[0].key == R[mid].key)     return mid;
        else if(R[0].key < R[mid].key)  return BinSearch(R,low,mid - 1);
              else return BinSearch(R,mid + 1,high);
     }
     return  0;
}
void main()
{    ElemType P[12] = {0,5,16,20,27,30,36,44,55,60,67,71};//设置初值
     STable  ST = {P,11};                          //设置查找表的初值
     cout << "输入要查找的关键字:";cin > > P[0].key;
     KeyType  r = BinSearch(P,1,11);
     if(r)  cout << "查找成功,记录编号:" << r << endl;
     else cout << "查找失败!" << endl;
}
```

5. 二分查找性能分析

从二分查找的过程看，每次查找都是以表的中点为比较对象，并以中点将表分割为两个子表，对定位到的子表继续作同样的操作。所以，对表中每个数据元素的查找过程，可用二叉树来描述，称这个描述查找过程的二叉树为判定树。仍以例 8－1 给的有序表为例，从图 8-3 判定树可以看到，查找

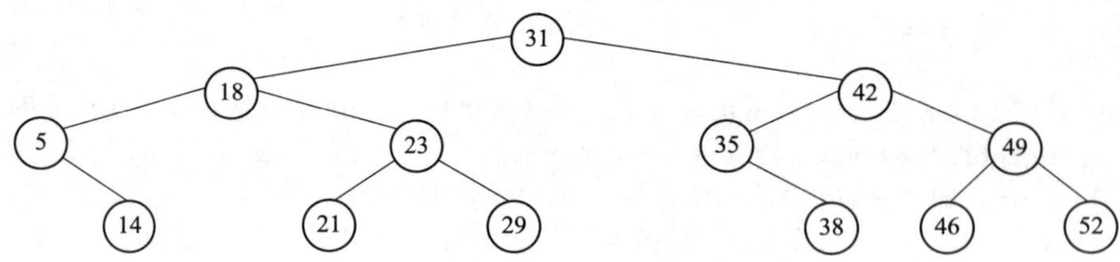

图 8-3　描述二分查找过程的判定树

第一层的根结点 31,一次比较即可找到;查找第二层的结点 18 和 42,二次比较即可找到;查找第三层的结点 5、23、35、49,三次比较即可找到;查找第四层的结点 14,21、29、38、46、52,四次比较即可找到。

如果当前 low 和 high 之间有奇数个元素,则 mid 分隔后,左右两部分元素个数相等。如果当前 low 和 high 之间有偶数个元素,则 mid 分隔后,左半部分比右半部分少一个元素。折半查找的判定树中,若 mid = (low + high)/2,向下取整,则对于任何一个结点,必有:右子树结点数 - 左子树结点数 =0 或 1。向上取整,则对于任何一个结点,必有:左子树结点数 - 右子树结点数 =0 或 1。

查找表中任一元素的过程,即是判定树中从根到该元素结点路径上各结点关键字的比较次数,也即该元素结点在树中的层次数。对于 n 个结点的判定树,树高为 k,则有 $2^{k-1}-1<n\leqslant 2^k-1$,即 $k-1<\log_2(n+1)\leqslant k$,所以 $k=\log_2(n+1)$。因此,二分查找在查找成功时,所进行的关键字比较次数至多为 $\log_2(n+1)$ 或(floor($\log_2 n$) +1),即检索每个元素的平均比较次数小于对应判定树的高度(设高度大于等于 2)。二分查找在查找失败时所需比较的关键字个数不超过判定树的深度,在最坏情况下查找成功的比较次数也不超过判定树的深度。

现以树高为 k 的满二叉树($n=2^k-1$)为例。假设表中每个元素的查找是等概率的,即 $P_i=1/n$,若树的层次(高度)为 i,计有 2^i-1 个结点。二分查找的平均查找长度为:

$$\text{ASL} = \sum_{i=1}^{n} P_i C_i = \frac{1}{n}(1\times 2^n + 2\times 2^i + \cdots + k\times 2^{k-1})$$

$$= \frac{n+1}{n}\log_2(n+1) - 1 \approx \log_2(n+1) - 1$$

所以,二分查找的时间复杂度为 $O(\log_2 n)$。

二分查找的优点是效率高。

二分查找的缺点是:

(1)必须按关键字排序,有时排序也很费时;

(2)只适用顺序存储结构,所以进行插入、删除操作必须移动大量的结点。

二分查找适用于那种一经建立就很少改动,而又经常需要查找的线性表。对于那些经常需要改动的线性表,可以采用链表存储结构,进行顺序查找。

例8-2 有序关键字序列如下,回答下面的问题。

下标	1	2	3	4	5	6	7	8	9	10	11
取值	10	15	20	25	30	35	40	45	50	55	60

(1)折半查找关键字 10,比较的关键字序列是:

开始 low =1、high =11,由 mid = (low + high)/2 依次得:mid = (1 +11)/2 =6[key:35];

因 10 <35,故 high = mid - 1 =6 - 1 =5,mid = (1 +5)/2 =3[key:20];

因 10 <20,故 high = mid - 1 =3 - 1 =2,mid = (1 +2)/2 =1[key:10],找到。

比较的关键字序列依次是:35,20,10。

(2)折半查找关键字 60,比较的关键字序列是:

开始 low =1、high =11,由 mid = (low + high)/2 依次得:mid = (1 +11)/2 =6[key:35];

因 60 >35,故 low = mid +1 =6 +1 =7,mid = (7 +11)/2 =9[key:50];

因 60 >50,故 low = mid +1 =9 +1 =10,mid = (10 +11)/2 =10[key:55];

因 60 >55,故 low = mid +1 =10 +1 =11,mid = (11 +11)/2 =11[key:60],找到。

比较的关键字序列是:35,50,55,60。

(3)折半查找成功时,最多查找次数是:

由 foor($\log_2 n$) +1 得 foor($\log_2 11$) +1 =3 +1 =4。

8.2.3 分块查找

1. 基本思想

将具有 n 个元素的主表分成 m 个块(也称为子表),每块内的元素可以无序,但要求块与块之间必须有序,并建立索引表。索引表包括两个字段:关键字字段(存放对应块中的最大关键字值)和指针字段(存放指向对应块的首地址)。查找方法如下:

(1)在索引表中检测关键字字段,以确定待找值 kx 所处的分块 (可用二分查找)位置;

(2)根据索引表指示的首地址,在该块内进行顺序查找。

例如,设关键字集合为:90,43,14,30,78,8,62,49,35,71,22,80,18,52,85,按关键字值 30,62,90 分为三块建立的查找表及其索引表如图 8-4 所示。

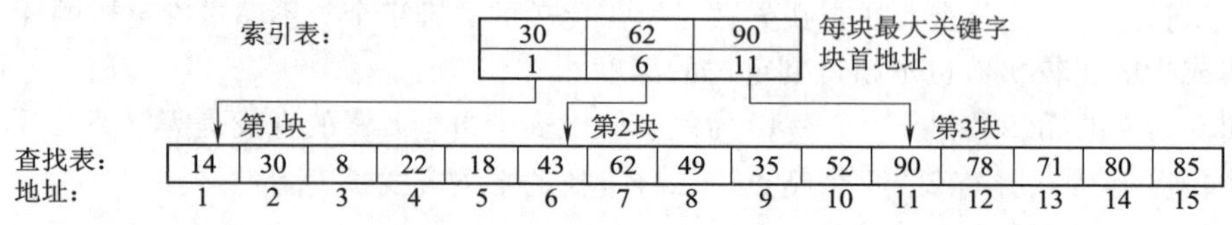

图 8-4　分块查找示例

2. 分块查找性能分析

分块查找由索引表查找和子表查找两步完成。设 n 个数据元素的查找表分为 m 个子表,且每个子表均为 t 个元素,则 $t = n/m$。这样,采用顺序查找分块查找的平均查找长度为:

$$ASL = ASL_{常引表} + ASL_{子表} = \frac{1}{2}(m+1) + \frac{1}{2}\left(\frac{n}{m}+1\right) = \frac{1}{2}\left(m+\frac{n}{m}\right)+1$$

可见,平均查找长度不仅和表的总长度 n 有关,而且和所分的子表个数 m 有关。对于表长 n 确定的情况下,m 取$\sqrt{n}$时,$ASL=\sqrt{n}+1$ 达到最小值。

上式 $=\frac{1}{2}(m+t)+1=(n/t)/2+t/2+1=(t^2+2t+n)/2t$,由此求得 $t=\sqrt{n}$,$ASL=\sqrt{n}+1$。

若对索引表进行折半查找,则其 $ASL=\log_2(m+1)+(t+1)/2$。

8.3 动态查找表

8.3.1 二叉排序树

1. 二叉排序树定义

二叉排序树或者是一棵空树,或者是具有下列性质的二叉树:

(1)若左子树不空,则左子树上所有结点的值均小于根结点的值;

(2)若右子树不空,则右子树上所有结点的值均大于根结点的值;

(3)左右子树也都是二叉排序树。

如图 8-5 所示即为一棵二叉排序树。从上述的定义可知:对二叉排序树进行中序遍历,便可得到一个按关键字有序的序列:12,21,28,33,43,46,55,61,77,98。

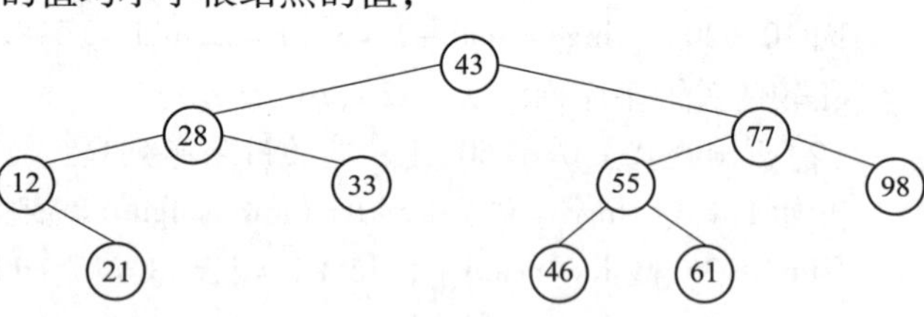

图 8-5　二叉排序树示例

2. 二叉排序树的插入

1）插入原则

若二叉排序树为空，则插入结点为新的根结点。否则：

①插入结点小于根结点，在左子树上查找；插入结点大于根结点，在右子树上查找，直至某个结点的左、右子树空为止。

②插入结点小于该结点，作为该结点的左孩子，否则作为该结点的右孩子。

2）二叉排序树的构造过程

例如，记录的关键字序列为：33，50，42，18，39，9，77，44，2，11，24，则构造一棵二叉排序树的过程如图8-6所示。

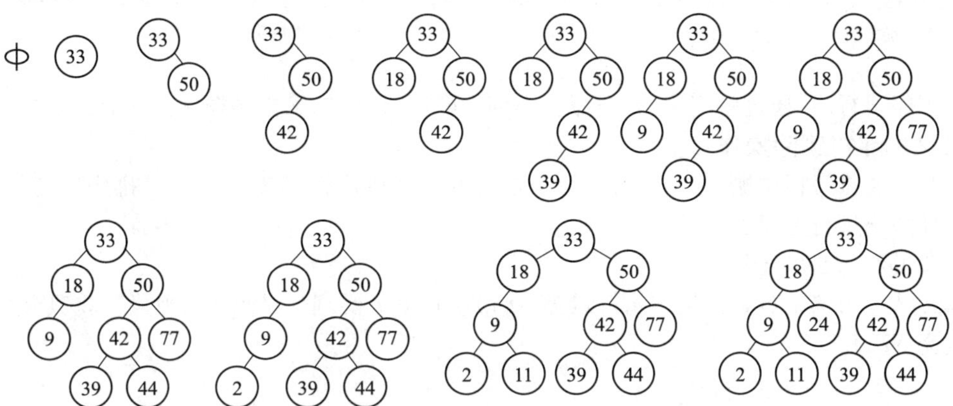

图8-6 从空树开始建立二叉排序树的过程

开始二叉排序树为空，第一个关键字33插入结点为新的根结点；第二个关键字50因大于根结点33，插入到根结点的右子树；第三个关键字42因大于根结点33，所以往根结点的右子树找，因小于50，所以，插入到结点50的左子树上。按此方法不断插入，直到所有关键字全部插入二叉排序树中。

一个无序序列可以通过构造二叉排序树而成为一个有序序列。

每次插入新结点都是二叉排序树上新的叶子结点，不必移动其他结点，仅需改动某个结点指针，由空变为非空即可。

3）生成二叉排序树的算法

以二叉链表作为二叉排序树的存储结构，则生成二叉排序树的算法程序描述如下：

【综合练习8-4】以二叉链表作存储结构生成二叉排序树。

微视频 综合练习8-4视频讲解

```
#include <iostream>
using namespace std;
#define  N  11
typedef  int  KeyType;
typedef struct BSTNode                        //二叉链表
{  KeyType data;                              //结点数据域
   BSTNode *lchild,*rchild;                   //左右孩子指针
}BSTNode,*BSTree;
void InsertBST(BSTree &T, KeyType key)        //二叉排序树的插入
//如果二叉排序树T中不存在关键字key,则插入
{   if(! T)                                   //找到插入位置
    { BSTree S = new BSTNode;                 //生成新结点*S
      S -> data = key;                        //置新结点*S的数据域
      S -> lchild = S -> rchild = NULL;       //新结点*S作为叶子结点
```

```
        T=S;                                          //把新结点*S链接到插入位置
    }
    else if(key<T->data) InsertBST(T->lchild, key);    //将*S插入左子树
        else if(key>T->data) InsertBST(T->rchild, key);//将*S插入右子树
}
void  ShowBST(BSTree T)                               //中序遍历二叉排序树
{ if(T! =NULL){ShowBST(T->lchild);cout<<T->data<<" ";ShowBST(T->rchild);}}
void main()
{   BSTree  T=NULL;
    KeyType i=0,key[N]={53,17,78,9,45,70,96,23,60,75,88};
    for(i=0;i<N;i++)InsertBST(T,key[i]);      //连续插入结点,创建二叉排序树
    ShowBST(T);cout<<endl;                      //输出结果
}
```

以上程序运行后,通过中序遍历,按照从小到大顺序,输出二叉排序树中的所有结点。

3. 二叉排序树删除操作

若要在二叉排序树中删除一个结点,删除之后的二叉排序树仍要保持二叉排序树的特性,这就需要从三种情况进行考虑:

1)删除的结点是叶子结点

将其父结点与该结点相连接的指针设为NULL。图8-7要删除结点11,则只需将其父结点9的右指针设为NULL。

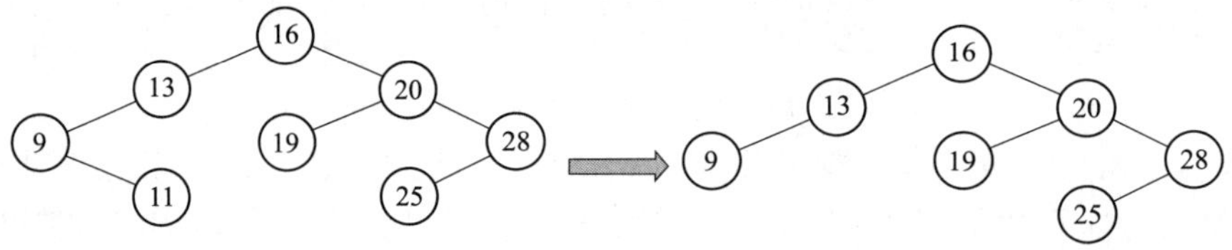

图8-7　删除叶子结点

2)删除的结点只有一棵子树

将被删除结点的子树向上提升,用子树的根结点取代被删除结点。图8-8要删除结点9,则结点11取代结点9。

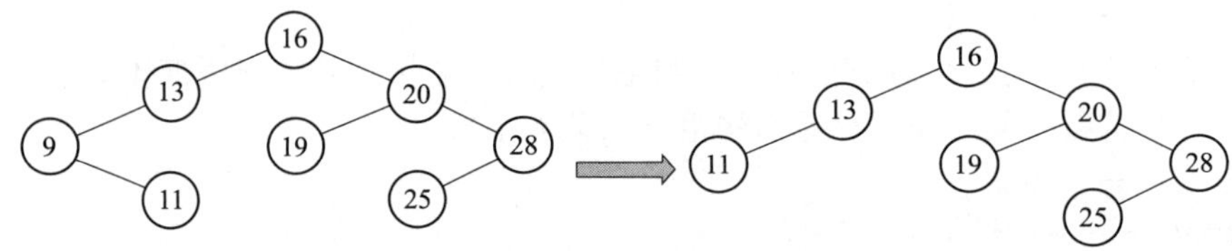

图8-8　删除的结点只有一棵子树

3)删除的结点有两棵子树

①中序直接前驱法。

将被删除结点的中序遍历的直接前驱结点取代被删除结点。图8-9要删除结点20,则要将中序直接前驱结点19取代结点20。

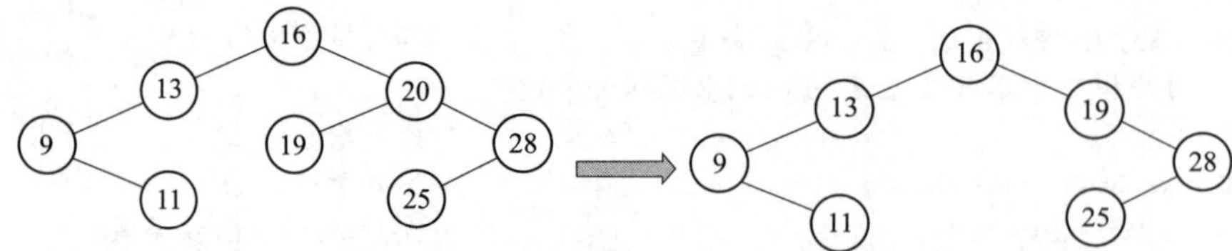

图8-9　中序直接前驱法删除结点有两棵子树的情况

②中序直接后继法。

将被删除结点的中序遍历的直接后继结点取代被删除结点。图 8-10 要删除结点 20,则要将中序直接后继结点 25 取代结点 20。

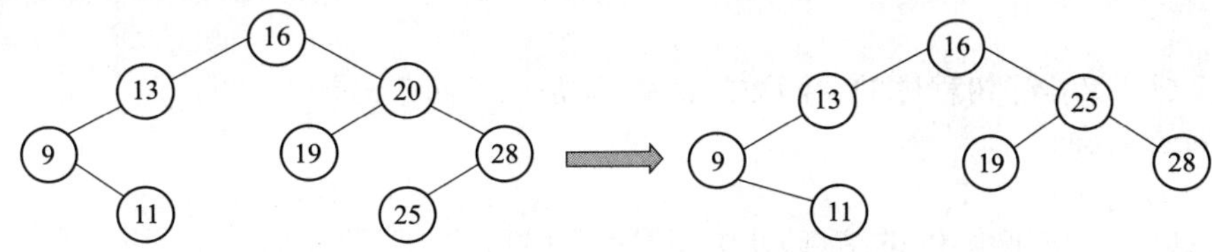

图 8-10 中序直接后继法删除结点有两棵子树的情况

4)在二叉排序树中删除结点的算法

以二叉链表作为二叉排序树的存储结构,则在二叉排序树上删除结点的算法如下:

【程序段 8-1】以二叉链表作存储结构在二叉排序树上删除结点。

微视频 程序段 8-1 视频讲解

```
int DelBstNode(BSTree t,KeyType k)          //在二叉排序树中删除结点
//t:二叉排序树的根结点,k:要删除的结点的内容
{   BSTree p,q,s,f;
    p=t;q=NULL;
    while(p! =NULL)                          //查找要删除的内容为 k 的结点
    { if(p->data==k) break;
      q=p;
      if(p->data<k)p=p->rchild;
      else        p=p->lchild;
    }
    if(p==NULL){printf("\ n没有找到该结点\ n");return 0;}
    if(p->lchild==NULL)                      //p 所指结点的左子树为空
    {  if (q==NULL) t=p->rchild;             //p 所指结点是原二叉排序树的根
       else if(q->lchild==p) q->lchild=p->rchild;//p 所指结点是* q 的左孩子
           else  q->rchild=p->rchild; //将 p 所指右子树链接到* q 的右指针域上
       free(p);                              //释放被删结点
    }
    else     //p 所指结点有左子树时,则按删除方法进行
    {   f=p; s=p->lchild;
        while(s->rchild! =NULL){f=s;s=s->rchild;}  //在 pL 中查找最右下结点
        if(f==p) f->lchild=s->lchild;//将 s 所指结点的左子树链接到* f 上
        else f->rchild=s->lchild;
        p->data=s->data;                     //将 s 所指结点的值赋给* p
        free(s);                             //释放被删结点
    }
    return  1;
}
```

程序中要删除的结点由 p 指出,双亲结点由 q 指出,则二叉排序树中结点的删除可分以下三种情况考虑:

①若 p 指向叶子结点,则直接将该结点删除。

②若 p 所指结点只有左子树 pL 或只有右子树 pR,此时只要使 pL 或 pR 成为 q 所指结点的左子树或右子树即可。

③若 p 所指结点的左子树 pL 和右子树 pR 均非空,则需要将 pL 和 pR 链接到合适的位置上,并且保持二叉排序树的特点,即应使中序遍历该二叉树所得序列的相对位置不变。具体做法有两种:

令 pL 直接链接到 q 的左(或右)孩子链域上,pR 链接到 p 结点中序前驱结点 s 上(s 是 pL 最右下的结点);

以 p 结点的直接中序前驱或后继替代 p 所指结点,然后再从原二叉排序树中删去该直接前驱或后继。

在前述生成二叉排序树程序的主函数的最后,添加以下两条语句:

```
DelBstNode(T,88);
ShowBST(T);
```

即可测试删除关键字为 88 的结点,并中序遍历删除后的二叉排序树。

4. 二叉排序树查找过程

从其定义可见,二叉排序树的查找过程为:

(1)若查找树为空,查找失败。

(2)查找树非空,将给定值 kx 与查找树的根结点关键字比较。

(3)若相等,查找成功,结束查找过程,否则:

①当 kx 小于根结点关键字,查找将在以左子树为根的子树上继续进行,转(1);

②当 kx 大于根结点关键字,查找将在以右子树为根的子树上继续进行,转(1)。

以二叉链表作为二叉排序树的存储结构,则查找过程算法程序描述如下:

【程序段 8-2】以二叉链表作存储结构在二叉排序树上查找关键字。

```
void SearchBST(BSTNode *T,KeyType Key)
{    BSTNode *p=T;
     while(p)
     { if(Key==p->data){printf("找到! \ n");return; }
        p=(Key<p->data)? p->lchild:p->rchild;
     }
     printf("没有找到\ n");
}
```

微视频

程序段 8-2
视频讲解

5. 二叉排序树的查找分析

在二叉排序树上查找其关键字等于给定值结点的过程,恰是走了一条从根结点到该结点的路程的过程。含有 n 个结点的二叉排序树是不唯一的,如何来进行查找分析呢?

如图 8-11 所示的两棵二叉排序树中的结点的值都相同,但(a)的深度为 3,(b)的深度为 6。其等概率平均查找长度分别为:

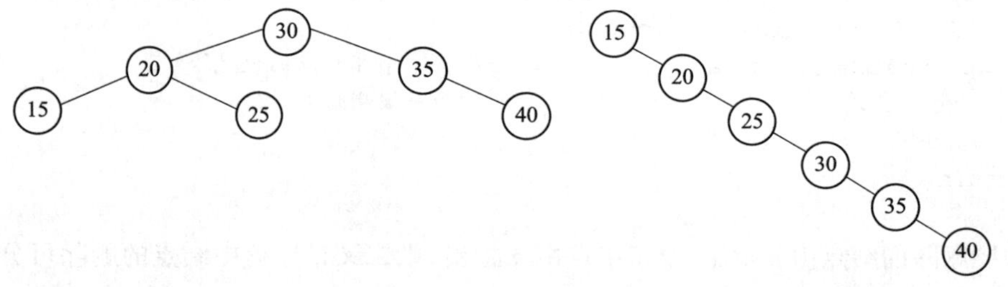

(a) 深度为3的二叉排序树　　(b) 深度为6的二叉排序树

图 8-11　二叉排序树查找分析

$ASL(a)=(1\times1+2\times2+3\times3)/6=14/6$

$ASL(b)=(1\times1+2\times1+3\times1+4\times1+5\times1+6\times1)/6=21/6$

由此可见:在二叉排序树上进行查找的平均查找长度和二叉树的形态有关。

在最坏情况下，二叉排序树是通过一个有序表的 n 个结点依次插入生成的，此时所得的二叉排序树蜕化为一颗深度为 n 的单支树，它的平均查找长度和单链表的顺序查找相同，也是 $(n+1)/2$。在最好情况下，二叉排序树在生成过程中，树的形态比较均匀，其最终得到的是一棵形态与二分查找的判定树相似的二叉排序树，如图 8-11(a)所示。

对均匀的二叉排序树进行插入或删除结点后，应对其进行调整，使其依然保持均匀。

8.3.2　平衡二叉树

1. 什么是平衡二叉树

平衡二叉树(AVL 树)或者是一棵空树，或者是具有下列性质的二叉排序树：

(1)它的左子树和右子树高度之差的绝对值不超过 1；

(2)它的左子树和右子树都是平衡二叉树。

图 8-12 给出了两棵二叉排序树，每个结点旁边所注数字是以该结点为根的树中，左子树与右子树高度之差，这个数字称为结点的平衡因子。由平衡二叉树定义，所有结点的平衡因子只能取 -1，0，1 三个值之一。若二叉排序树中其平衡因子的绝对值大于 1，这棵树就不是平衡二叉树。图 8-12 (a)则不是平衡二叉树，图 8-12 (b)则是一棵平衡二叉树。

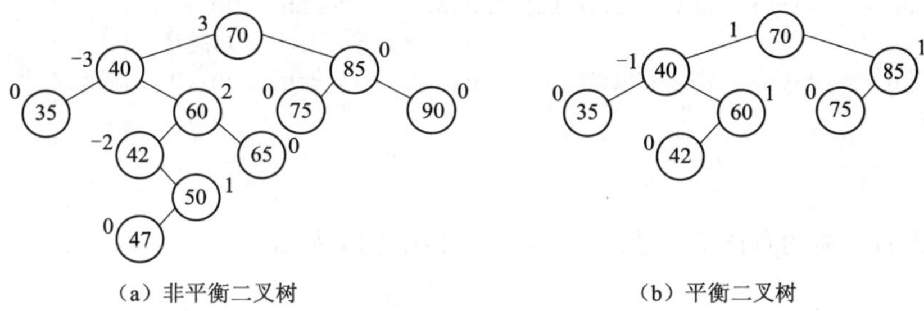

图 8-12　平衡二叉树与非平衡二叉树

在平衡二叉树上插入或删除结点后，可能使树失去平衡，如果需要则可以对失去平衡的树进行平衡化调整。

2. 构造平衡二叉树的方法

二叉排序树转成平衡树失去平衡后进行调整的四种情况：

1)LL 型

插入位置为左子树的左结点。进行向右旋转，如图 8-13 所示。

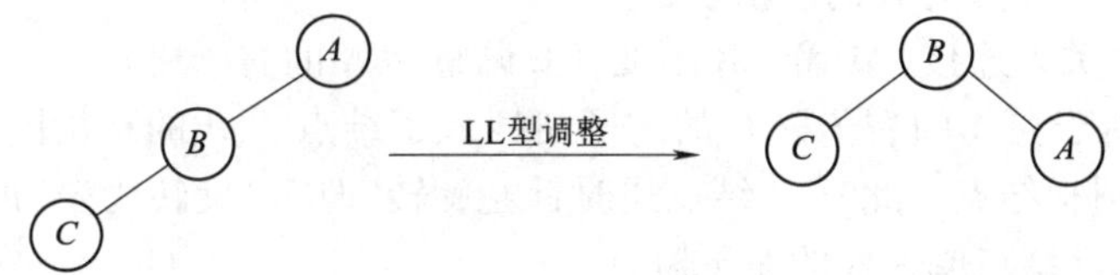

图 8-13　LL 型调整——插入位置为左子树的左结点

这种情况调整如下：

(1)将 A 的左孩子 B 提升为新的根结点；

(2)将原来的根结点 A 降为 B 的右孩子；

(3)各子树按大小关系连接(BL 和 AR 不变，BR 调整为 A 的左子树)。

如图 8-14 所示，由于在 A 的左孩子 B 的左子树上插入结点 F，使 A 的平衡因子由 1 变为 2，成为不平衡的最小二叉树根结点。此时 A 结点顺时针右旋转，旋转过程中遵循“旋转优先”的规则，A 结

点替换 D 结点成为 B 结点的右子树，D 结点成为 A 结点的左孩子。

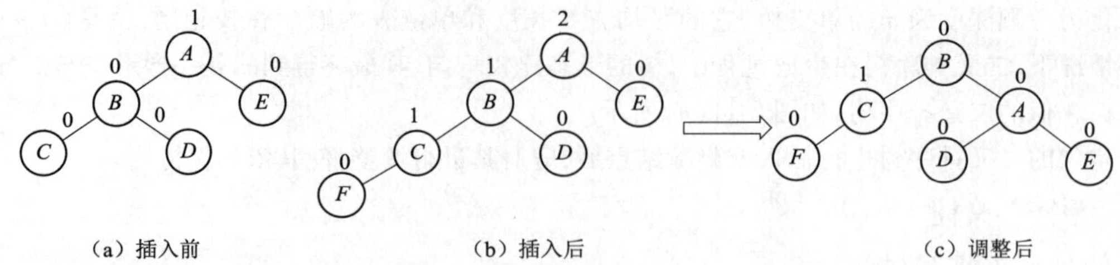

图 8-14　LL 型调整（插入 F 结点）示意图

实现程序如下：

【程序段 8-3】LL 型调整程序（插入位置为左子树的左结点）。

```
P_BS TNode *ll_rotate(P_BSTNode *y) //LL 型:插入位置为左子树的左结点
//P_BSTNode 结构比 BSTNode 多了一个表示高度的成员项 height
{ P_BSTNode *x = y -> lchild;
  y -> lchild = x -> rchild;
  x -> rchild = y;
  y -> height = max(height(y -> lchild), height(y -> rchild)) +1;
                                        //height()求结点高度
  x -> height = max(height(x -> lchild), height(x -> rchild)) +1;//max 最大值
  return x;
}
```

微视频

程序段 8-3 视频讲解

2) RR 型

插入位置为右子树的右孩子。进行向左旋转，如图 8-15 所示。

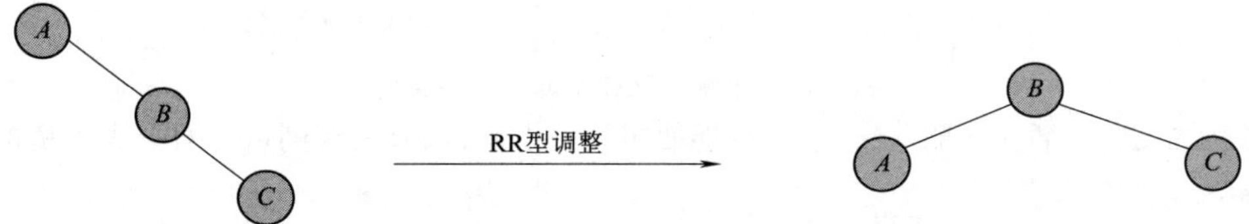

图 8-15　RR 型调整——插入位置为右子树的右孩子

这种情况调整如下：

(1) 将 A 的右孩子 B 提升为新的根结点；

(2) 将原来的根结点 A 降为 B 的左孩子；

(3) 各子树按大小关系连接（AL 和 CR 不变，CL 调整为 A 的右子树）。

如图 8-16 所示，由于在 A 的右子树 C 的右子树插入了结点 F，A 的平衡因子由 -1 变为 -2，成为不平衡的最小二叉树根结点。此时，A 结点逆时针左旋转，遵循"旋转优先"的规则，A 结点替换 D 结点成为 C 的左子树，D 结点成为 A 的右子树。

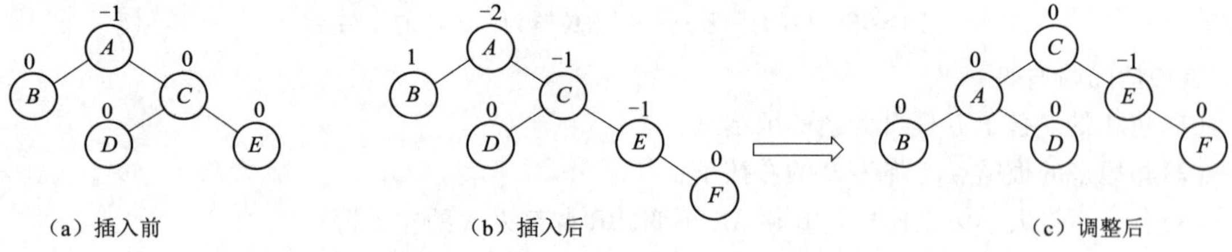

图 8-16　*RR* 型调整（插入 *F* 结点）示意图

实现程序如下：

【程序段 8-4】RR 型调整（插入位置为右子树的右孩子）。

```
P_BSTNode *rr_rotate(P_BSTNode *y)//RR 型:插入位置为右子树的右孩子
//P_BSTNode 结构比 BSTNode 多了一个表示高度的成员项 height
{   P_BSTNode *x = y -> rchild;
    y -> rchild = x -> lchild;
    x -> lchild = y;
    y -> height = max(height(y -> lchild), height(y -> rchild)) +1;
    x -> height = max(x -> lchild -> height, x -> rchild -> height) +1;
    return x;
}
```

3）LR 型

插入位置为左子树的右孩子。由于在 A 的左孩子 B 的右子树上插入结点 F，使 A 的平衡因子由 1 增至 2 而失去平衡。故需进行两次旋转操作（先逆时针，后顺时针）。即先将 A 结点的左孩子 B 的右子树的根结点 D 向左上旋转提升到 B 结点的位置，然后再把该 D 结点向右上旋转提升到 A 结点的位置。即先使之成为 LL 型，再按 LL 型处理，如图 8-17 所示。

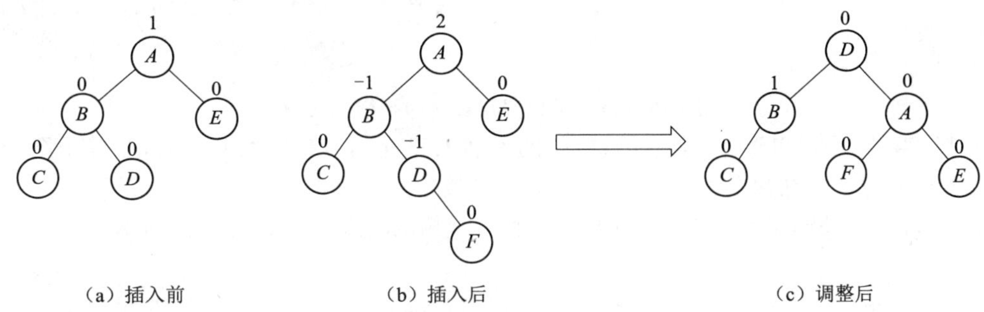

图 8-17　LR 型调整示意图

实现程序如下：

【程序段 8-5】LR 型调整（插入位置为左子树的右孩子）。

```
P_BSTNode *lr_rotate(P_BSTNode *y)//LR 型:插入位置为左子树的右孩子
{    P_BSTNode *x = y -> lchild;
     y -> lchild = rr_rotate(x);
     return ll_rotate(y);
}
```

4）RL 型

插入位置为右子树的左孩子。由于在 A 的右孩子 C 的左子树上插入结点 F，使 A 的平衡因子由 −1 减至 −2 而失去平衡。故需进行两次旋转操作（先顺时针，后逆时针），即先将 A 结点的右孩子 C 的左子树的根结点 D 向右上旋转提升到 C 结点的位置，然后再把该 D 结点向左上旋转提升到 A 结点的位置。即先使之成为 RR 型，再按 RR 型处理，如图 8-18 所示。

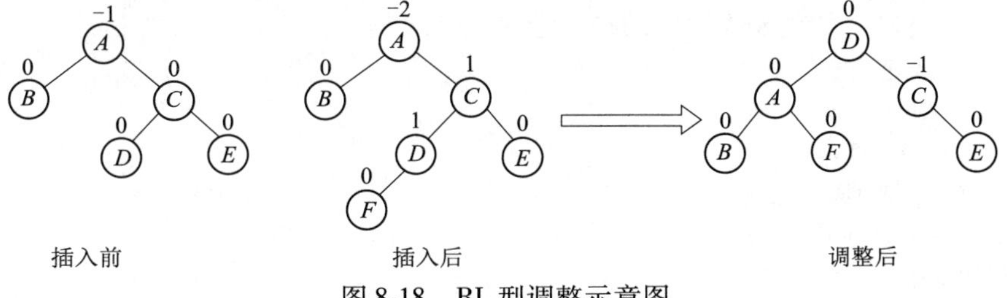

图 8-18　RL 型调整示意图

实现程序如下：

【程序段 8-6】RL 型调整（插入位置为右子树的左孩子）。

```
P_BSTNode *rl_rotate(P_BSTNode *y)RL 型:插入位置为右子树的左孩子
{ P_BSTNode *x = y -> rchild;
  y -> rchild = ll_rotate(x);
  return rr_rotate(y);
}
```

微视频

程序段 8-6 视频讲解

3. 实现构造平衡二叉树

例如，设关键字序列为：13，24，37，90，53，将二叉排序树转换为平衡二叉树的转换过程如图 8-19 所示。

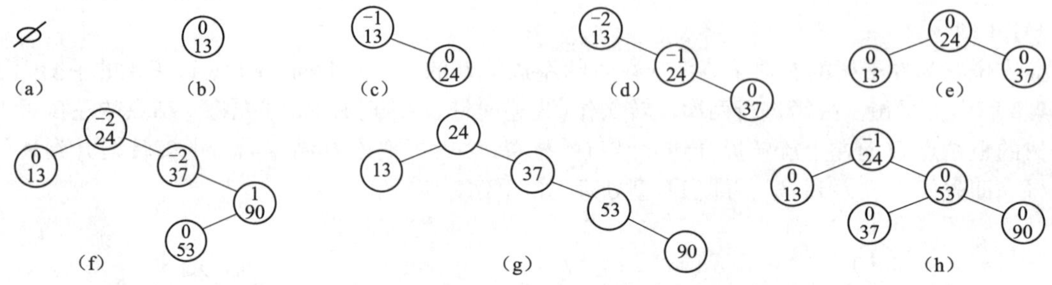

图 8-19　将二叉排序树转换为平衡二叉树

图中 13，24，37 采用 RR 型调整。子图（f）的 37，90，53 也可直接采用 RL 型调整成子图（h）。构造平衡二叉树的方法是在插入过程中，采用平衡旋转技术。

例如，依次插入关键字 5，4，2，8，6，9 构建平衡二叉树的转换过程如图 8-20 所示。

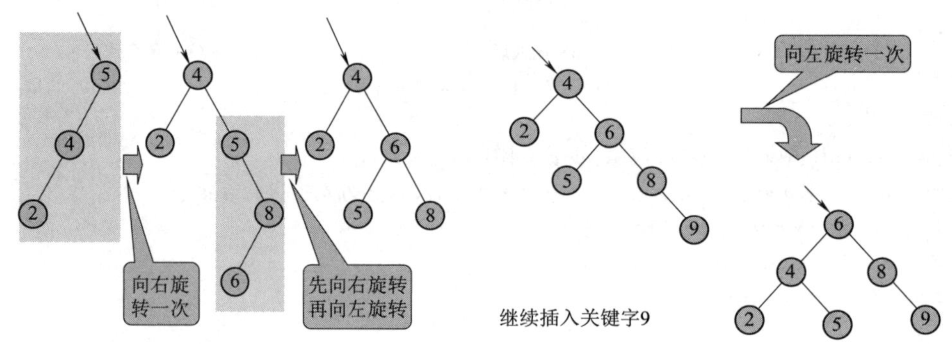

图 8-20　将关键字 5，4，2，8，6，9 构建平衡二叉树

图 8-20 中：5，4，2 采用 LL 型调整；5，8，6 采用 RL 型调整；增加 9 后，采用 RR 型调整。

以下程序通过对每一结点的依次插入逐步构造平衡二叉树。程序中选取的一组数据分别为 2，1，0，3，4，5，6，9，8，7 等 10 个结点，构造后的平衡二叉树通过中序遍历，依次从低到高输出各结点的关键字。

【综合练习 8-5】以二叉链表为存储结构构造平衡二叉树。

```
#include <stdio.h>
#include <stdlib.h>
typedef  int  KeyType;
typedef struct BSTNode                                  //二叉链表
{   KeyType data;                                       //结点数据域
    BSTNode *lchild,*rchild;                            //左右孩子指针
```

微视频

综合练习 8-5 视频讲解

```
}BSTNode,*BSTree;
typedef struct P_BSTNode                                //二叉链表
{   KeyType data;                                       //结点数据域
    int     height;                                     //高度
    P_BSTNode *lchild,*rchild;                          //左右孩子指针
}P_BSTNode;
int height(P_BSTNode *N)                                //求结点高度
{ if(N==NULL) return 0;
  return N->height;
}
int max(int a, int b){ return (a>b)? a:b;}              //求最大值
P_BSTNode *newNode(int key)                             //构造一个新结点 key
{   P_BSTNode *node=(P_BSTNode*)malloc(sizeof(P_BSTNode));
    node->data=key;
    node->lchild=NULL;
    node->rchild=NULL;
    node->height=1;
    return(node);
}
此处插入【程序段 8-3】*ll_rotate(P_BSTNode *y)          //LL 型:插入位置为左子树的左结点
此处插入【程序段 8-4】*rr_rotate(P_BSTNode *y)          //RR 型:插入位置为右子树的右孩子
int getBalance(P_BSTNode*  N)
{   if (N==NULL) return 0;
    return height(N->lchild) -height(N->rchild);
}
P_BSTNode*  insert(P_BSTNode*  node, int key)           //在平衡二叉树插入一个结点
{   if(node==NULL) return newNode(key);
    if(key<node->data) node->lchild=insert(node->lchild, key);
    else if(key>node->data) node->rchild=insert(node->rchild, key);
         else  return node;
    node->height=1+max(height(node->lchild), height(node->rchild));
    int balance=getBalance(node);
    if(balance>1 && key<node->lchild->data)             //LL 型
        return ll_rotate(node);
    if(balance< -1 && key>node->rchild->data)           //RR 型
        return rr_rotate(node);
    if(balance>1 && key>node->lchild->data)             //LR 型
    {  node->lchild=rr_rotate(node->lchild);
       return ll_rotate(node);
    }
    if(balance< -1 && key<node->rchild->data)           //RL 型
    { node->rchild=ll_rotate(node->rchild);
      return rr_rotate(node);
    }
    return node;
}
void ShowBST(P_BSTNode * T)                             //中序遍历二叉排序树
{ if(T! =NULL){ShowBST(T->lchild);printf("% d ",T->data);ShowBST(T->rchild);}}
int main()
```

```
{   P_BSTNode *root = NULL;
    root = insert(root, 2); root = insert(root, 1); root = insert(root, 0);
    root = insert(root, 3); root = insert(root, 4);
    root = insert(root, 5); root = insert(root, 6); root = insert(root, 9);
    root = insert(root, 8); root = insert(root, 7);
    printf("中序遍历:");
    ShowBST(root);
    return 0;
}
```

8.4 B－树和 B＋树

B－树，即 B 树。B 树的原英文名称为 B－tree，B 的意思为平衡。不要把 B 树和二叉树混淆，B 树可以有两个以上的子结点，是一种自平衡树数据结构。B 树非常适合读取和写入相对较大的数据块（如硬盘）的存储系统，它通常用于数据库和文件系统。

B 树的出现是为弥合不同存储级别之间访问速度上的巨大差异，实现高效的 I/O。平衡二叉树的查找效率非常高，并可以通过降低树的深度来提高查找的效率。当数据量非常大时，会导致二叉查找树结构由于树的深度过大而造成磁盘 I/O 读写过于频繁，进而导致查询效率低下。另外，数据量过大也会导致内存空间不够容纳平衡二叉树所有结点的情况。B 树是解决这个问题的很好的数据结构。

8.4.1 B－树定义

B 树是一种平衡的多路查找树，一棵 m 阶的 B 树，或者为空树，或为满足下列特性的 m 叉树：

（1）树中每个结点至多有 m 棵子树（注：m 指的是树的阶）；

（2）若根结点不是叶子结点，则至少有两棵子树（注：根结点至少有两个孩子）；

（3）除根结点之外的所有非叶子结点至少有 $m/2$ 棵子树（$m/2$ 为向上取整，如 2.5 则取 3）；

（4）所有的非叶子结点中包含以下信息数据：

$$(n, A_0, K_1, A_1, K_2, A_2, \cdots, K_n, A_n)$$

式中，$K_i(i=1,2,\cdots,n)$ 为关键码，且 $K_i < K_{i+1}$（注：k_i 是真实数据，存放在线性表当中，且从左至右升序排列）。

A_i 为指向子树根结点的指针（$i=0,1,\cdots,n$），且指针 A_{i-1} 所指子树中所有结点的关键码均小于 K_i（$i=1,2,\cdots,n$），A_n 所指子树中所有结点的关键码均大于 K_n（注：每个 k_i 数据两旁各安放了一个指针，即 A_{i-1} 和 A_i，左边的子树数据统统小于 k_i，右边子树的数据统统大于 k_i。指针数量比数据数量多 1）。

n 为关键码的个数（$m/2-1 \leqslant n \leqslant m-1$）。

（5）所有的叶子结点都出现在同一层次上，即所有叶子结点具有相同的深度，等于树的高度，并且不带信息（可以看作是外部结点或查找失败的结点，实际上这些结点不存在，指向这些结点的指针为空）。

可以看出：每个结点最多有 $m-1$ 个关键字。根结点最少可以只有 1 个关键字。非根结点至少有 $m/2-1$ 个关键字。每个结点中的关键字都按照从小到大的顺序排列，每个关键字的左子树中的所有关键字都小于它，而右子树中的所有关键字都大于它。所有叶子结点都位于同一层，或者说根结点到每个叶子结点的长度都相同。

每个结点都存有索引和数据。所以，根结点的关键字数量范围：$1 \leqslant k \leqslant m-1$，非根结点的关键字数量范围：$m/2-1 \leqslant k \leqslant m-1$。

描述一棵 B 树时需要指定它的阶数,阶数表示了一个结点最多有多少个孩子结点,一般用字母 m 表示阶数。比如一个 5 阶的 B 树,根结点数量范围:$1 \leqslant k \leqslant 4$,非根结点数量范围:$2 \leqslant k \leqslant 4$。

B 树的度就是 B 树的高度,即 B 树的层数。图 8-21 有三层,高度为 3。

对于关键字为 n,高度为 h,阶数为 m 的 B 树,最小高度为 $\log_m n+1$。

计算验证:

最小高度,让每个结点尽可能满,关键字为 $m-1$ 个,m 个分支,则:

$$n \leqslant (m-1)(1+m+m^2+m^3+\cdots+m^{(h-1)})$$

最大高度:$h \leqslant \log_{(\mathrm{ceil}(m/2))}(n+1)/2+1$ (ceil(m/2)为 m/2 向上取整)

如图 8-21 所示,所有结点中结点[13,16,19]拥有的子结点数目最多,有四个子结点(灰色结点),所以图 8-21 为 4 阶 B 树。

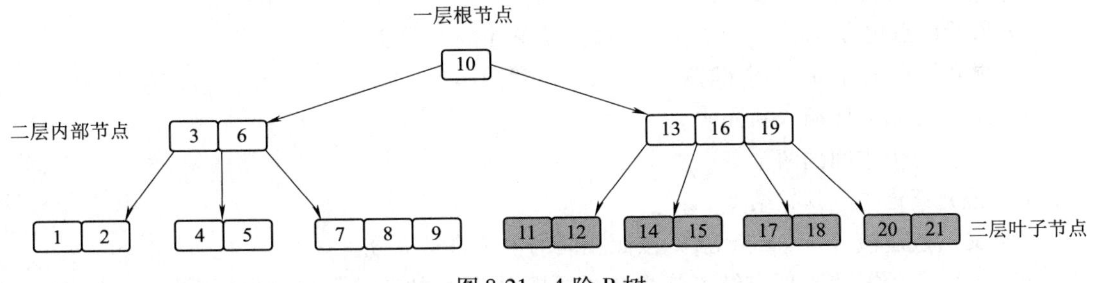

图 8-21 4 阶 B 树

结点[10]为根结点。如果根结点不是树中唯一结点,则至少有两个子结点。

结点[13,16,19]、[3,6]都为内部结点。内部结点是除叶子结点和根结点之外的所有结点,每个内部结点都有父结点和子结点。

最后一层结点[1,2]、[7,8,9]、[11,12]等都为叶子结点,叶子结点没有子结点。

8.4.2 对 B - 树的操作

1. 查找(搜索)

在 B 树上进行查找和二叉树的查找很相似,二叉树是每个结点上有一个关键字和两个分支。B 树上每个结点有 K 个关键字和 $K+1$ 个分支。二叉树的查找只考虑向左还是向右走,而 B 树中需要由多个分支决定。

B 树的查找分两步,首先查找结点,由于 B 树通常是在磁盘上存储,所以这步需要进行磁盘 I/O 操作。第二步是在结点内查找关键字,当找到某个结点后将该结点读入内存中,然后通过顺序或者折半查找来查找关键字。若没有找到关键字,则需要判断大小来找到合适的分支继续查找。

例如,在图 8-22 所示 B 树中搜索数据项 49。其搜索过程如下:

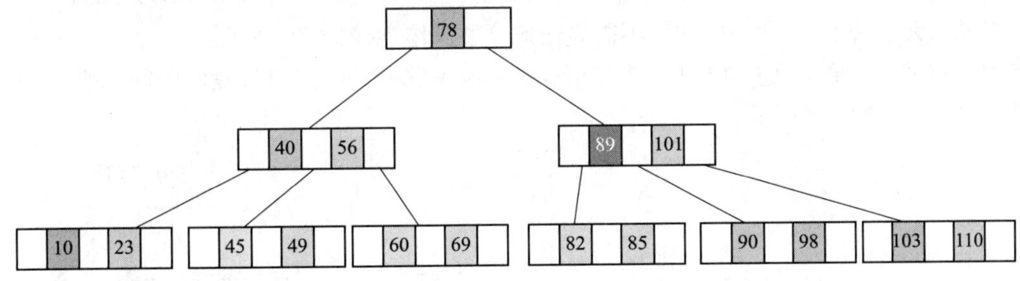

图 8-22 三阶 B 树

(1)将数据项 49 与根结点 78 进行比较。因为 49 < 78,因此,移动到其左子树。

(2)在左子树，因 40 < 49 < 56，遍历 40 的右子树或 56 的左子树。

(3)在新的结点，因 49 > 45，向右移动比较，直到找到 49 匹配成功。

在 B 树中搜索取决于树的高度。搜索算法需要 $O(\log_2 n)$ 时间来搜索 B 树中的任何元素。

由于 B 树相对于二叉树来说“矮胖”了许多，所以它所涉及的 I/O 操作也相对少了许多。根据上面的分析，其在查找数据的时候并没有减少比较次数。但是在比较数据的时候是在内存中进行的，所以相对来说时间上会更加迅速，几乎可以忽略。

而相同数量的 key 在 B 树中生成的结点要远远少于二叉树中的结点，相差的结点数量就等同于在磁盘少操作 I/O 的次数。这样到达一定数量后，性能的差异就显现出来了。

2. 插入

针对 m 阶高度 h 的 B 树，插入一个元素时，需要遵循以下算法：

(1)遍历 B 树以找到可插入结点的适当叶结点。

(2)如果叶结点包含少于 $m-1$ 个键，则按递增顺序插入元素。

(3)如果叶结点包含 $m-1$ 个键，则按照以下步骤操作：

①按元素的递增顺序插入新元素。

②将结点拆分为中间的两个结点。

③将中值元素推送到其父结点。

④如果父结点还包含 $m-1$ 个键，则按照相同的步骤将其拆分。

(4)重复上面动作，直到所有结点符合 B 树的规则；最坏的情况一直分裂到根结点，生成新的根结点，高度增加 1；

接下来以 5 阶 B 树为例，详细讲解插入的动作；

对于 5 阶 B 树：

2≤根结点子结点个数≤5　　3≤内结点子结点个数≤5

1≤根结点元素个数≤4　　2≤非根结点元素个数≤4

图 8-23 根结点插入元素[8]后变为图 8-24，此时根结点元素个数为 5，不符合 1≤根结点元素个数≤4，进行分裂（真实情况是先分裂，然后插入元素，以下不再赘述），取结点中间元素[7]加入到父结点，左右分裂为 2 个结点，如图 8-25 所示。

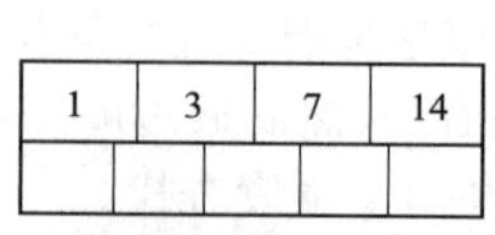

图 8-23　根结点

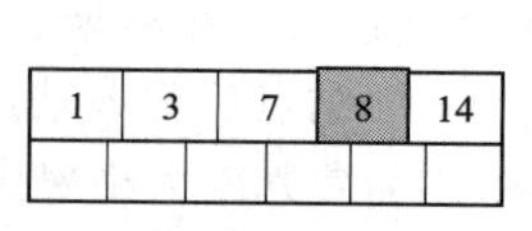

图 8-24　插入[8]

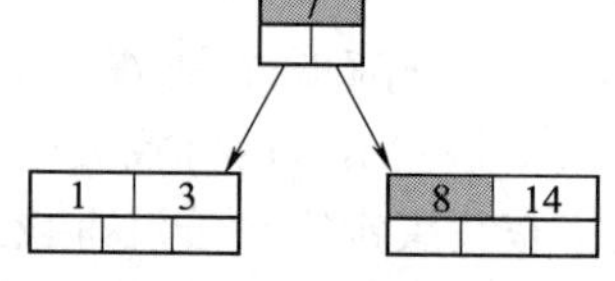

图 8-25　左右分裂为 2 个结点

接着插入元素[5]，[11]，[17]时，不需要任何分裂操作，如图 8-26 所示。

如图 8-27 所示，插入元素[13]后，结点元素超出最大数量，进行分裂，提取中间元素[13]，插入到父结点当中，如图 8-28 所示。

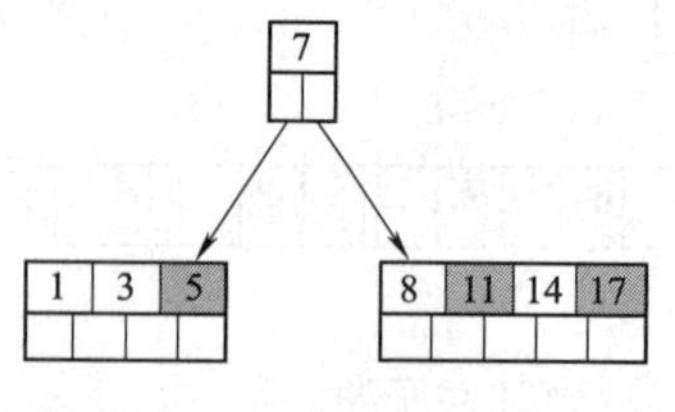

图 8-26　插入[5]，[11]，[17]

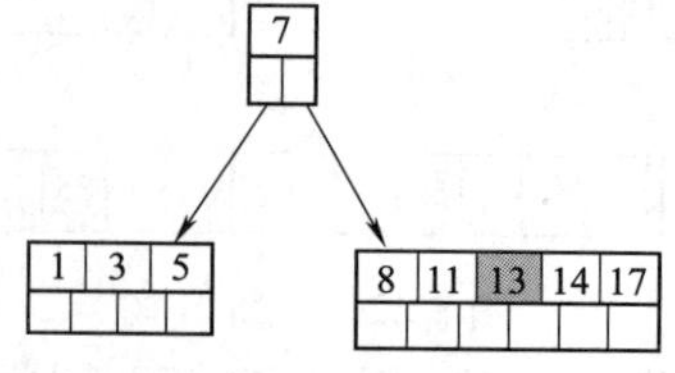

图 8-27　插入[13]

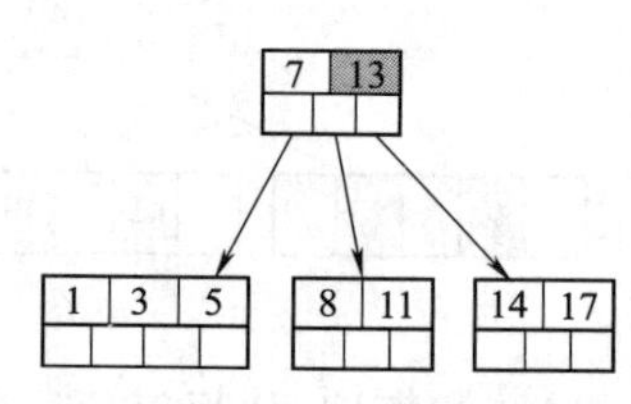

图 8-28　插入[13]进行分裂

接着插入元素[6],[12],[20],[23]时,不需要任何分裂操作,如图 8-29 所示。

如图 8-30 所示,插入[26]时,最右的叶子结点空间满了,需要进行分裂操作,中间元素[20]上移到父结点中。通过上移中间元素,树最终还是保持平衡,分裂结果的结点各存在 2 个关键字元素。

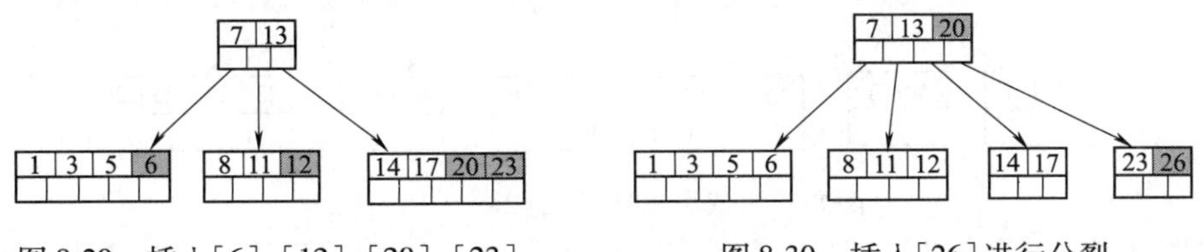

图 8-29　插入[6],[12],[20],[23]　　图 8-30　插入[26]进行分裂

插入[4]时,导致最左边的叶子结点被分裂,[4]恰好也是中间元素,上移到父结点中,然后元素[16],[18],[24],[25]陆续插入,不需要任何分裂操作,如图 8-31 所示。

最后,当插入[19]时,含有[14,16,17,18]的结点需要分裂,把中间元素[17]上移到父结点中,但是父结点中空间已经满了,所以也要进行分裂,将父结点中的中间元素[13]上移形成新的根结点,如图 8-32 所示。

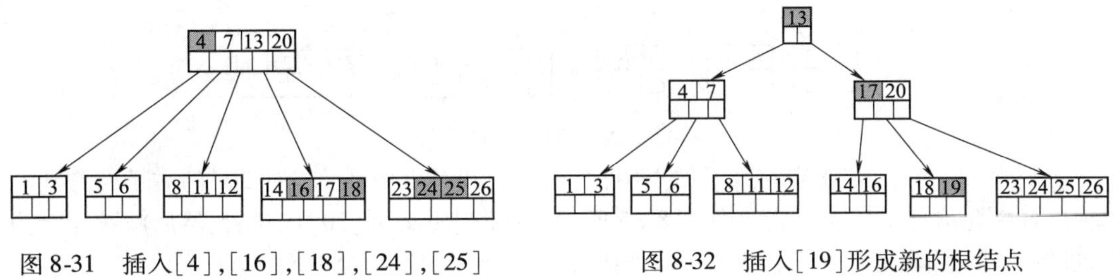

图 8-31　插入[4],[16],[18],[24],[25]　　图 8-32　插入[19]形成新的根结点

3. 删除

首先查找 B 树中需删除的元素,如果该元素在 B 树中存在,则将该元素在其结点中进行删除;删除该元素后,首先判断该元素是否有左右孩子结点,如果有,则上移孩子结点中的某相近元素("左孩子最右边的结点"或"右孩子最左边的结点")到父结点中,然后是移动之后的情况;如果没有,直接删除。

某结点中元素数目小于 $m/2-1$($m/2$ 向上取整),则需要看其某相邻兄弟结点是否丰满;如果丰满(结点中元素个数大于 $m/2-1$),则向父结点借一个元素来满足条件;如果其相邻兄弟都不丰满,即其结点数目等于 $m/2-1$,则该结点与其相邻的某一兄弟结点进行"合并"成一个结点。

进行删除操作必须清楚 m 级 B 树:

(1)一个结点最多可以有 m 个子结点。

(2)一个结点最多可以包含 $m-1$ 个键。

(3)一个结点至少应有 $m/2$ 个子结点。

(4)结点(根结点除外)至少应包含 $m/2-1$ 个键。

还以 5 阶 B 树为例进行删除操作时,元素个数小于 $2(m/2-1)$就合并,大于 $4(m-1)$就分裂。如图 8-33 所示,依次删除[8],[20],[18],[5]。

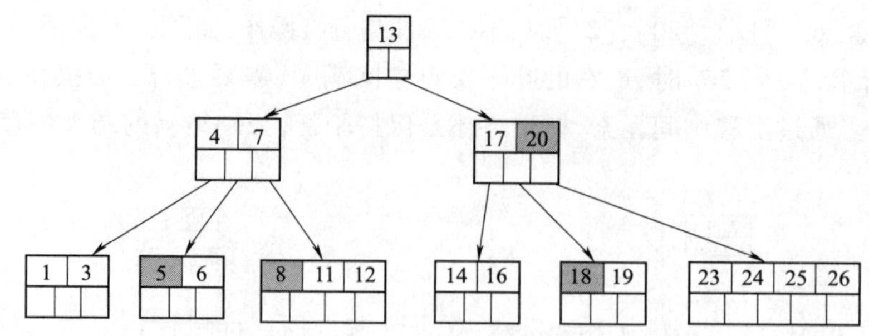

图 8-33　依次删除[8]，[20]，[18]，[5]

（1）删除元素[8]。首先查找[8]，[8]在一个叶子结点中，删除后该叶子结点后元素个数为 2，符合 B 树规则。如图 8-34 所示，操作很简单，只需要移动[11]至原来[8]的位置，移动[12]至[11]的位置（也就是结点中被删除元素后面的元素依次向前移动）即可。

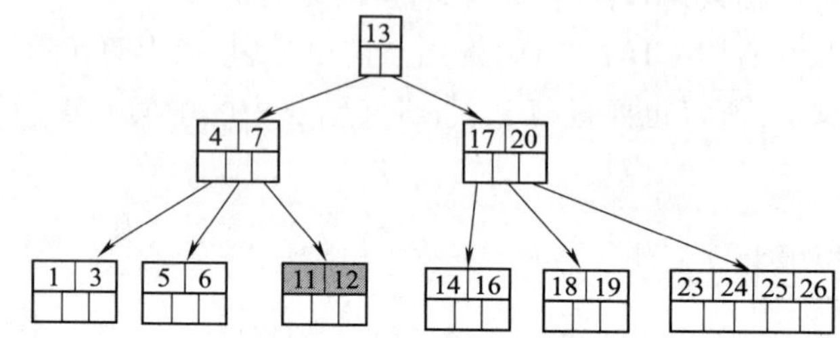

图 8-34　删除元素[8]

（2）删除[20]。[20]没有在叶子结点中，而是在中间结点中找到，在[20]的右子树查找它的继承者[23]（字母升序的下个元素），如图 8-35 所示，将[23]上移到[20]的位置，然后将孩子结点中的[23]进行删除，删除后该孩子结点中元素个数大于 2，故无须进行合并操作。

（3）删除[18]。[18]在叶子结点中，但是该结点中元素数目为 2，删除导致只有 1 个元素，小于最小元素数目 2，而由前面知道：如果其某个相邻兄弟结点中比较丰满（元素个数大于 5/2 - 1 = 2），则可以向父结点借一个元素，然后将最丰满的相邻兄弟结点中最后或最前一个元素上移到父结点中。如图 8-36 所示，在这个实例中，右相邻兄弟结点中比较丰满（3 个元素大于 2），所以先向父结点借一个元素[23]下移到该叶子结点中，代替原来[19]的位置，[19]前移；然后将相邻右兄弟结点中的[24]上移到父结点中，最后在相邻右兄弟结点中删除[24]，后面元素前移。

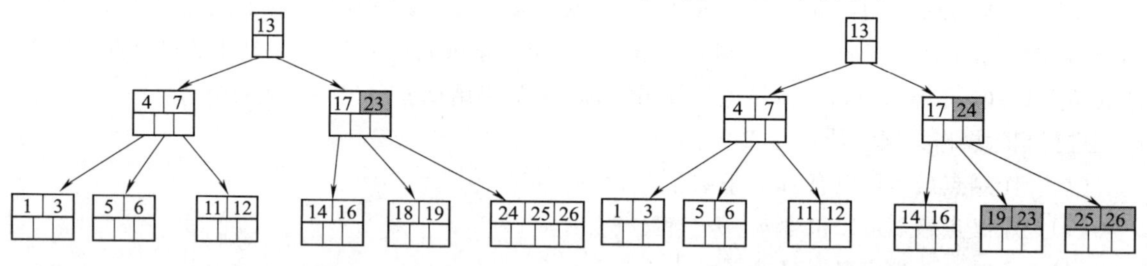

图 8-35　删除元素[20]

图 8-36　删除元素[18]

（4）删除[5]。删除后会导致很多问题，因为[5]所在的结点数目刚好满足最小元素个数（5/2 - 1 = 2），而相邻的兄弟结点也是同样的情况，删除一个元素都不能满足条件，所以需要该结点与某相邻兄弟结点进行合并操作。首先移动父结点中的元素（该元素在两个需要合并的两个结点元素之间）下移到其子结点中，然后将这两个结点进行合并成一个结点。如图 8-37 所示，在该实例中，首先将父结点中的元素[4]下移到已经删除[5]而只有[6]的结点中，然后将含有[4]和[6]的结点和含有[1]和[3]的相邻兄弟结点进行合并成一个结点。

如图8-37所示,合并后结点的父结点只包含一个元素[7],没达标(因为非根结点包括叶子结点的元素 K 必须满足于 $2 \leqslant K \leqslant 4$,而此处的 $K=1$),这是不能够接受的。如果这个问题结点的相邻兄弟比较丰满,则可以向父结点借一个元素。而此时兄弟结点元素刚好为2,刚刚满足,只能进行合并,而根结点中的唯一元素[13]下移到子结点,如图8-38所示,这样,树的高度减少一层。

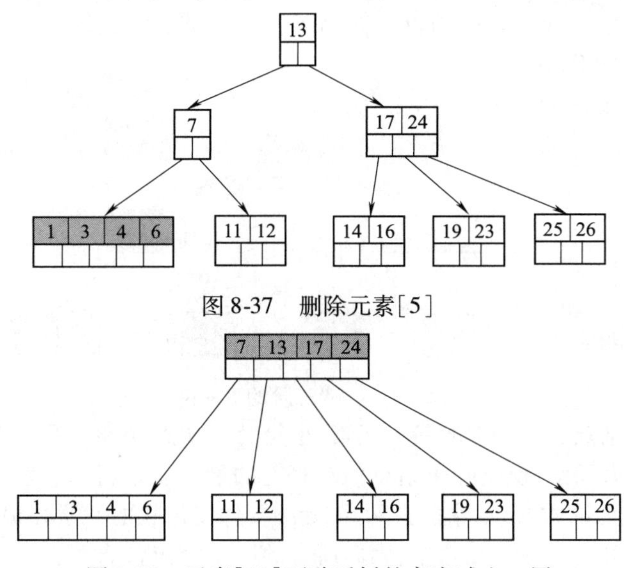

图8-37　删除元素[5]

图8-38　元素[13]下移后树的高度减少一层

8.4.3 B+树

B+树是B树的一种变体,也属于平衡多路查找树,大体结构与B树相同,包含根结点、内部结点和叶子结点。多用于数据库和操作系统的文件系统中,由于B+树内部结点不保存数据,所以能在内存中存放更多索引,增加缓存命中率。另外因为叶子结点相连,遍历操作很方便,而且数据也具有顺序性,便于区间查找。

1. B+树的特征

一个 m 阶的B+树和 m 阶的B树的差异在于:

(1) k 个子树的中间结点包含有 k 个元素(B树中是 $k-1$ 个元素),每个元素不保存数据,只用来索引,所有数据都保存在叶子结点;

(2)所有的叶子结点中包含了全部关键字的信息,及指向含有这些关键字记录的指针,且叶子结点本身依关键字的大小自小而大的顺序链接(而B树的叶子结点并没有包括全部需要查找的信息);

(3)所有的非终端结点可以看成是索引部分,结点中仅含有其子树根结点中最大(或最小)关键字(而B树的非终端结点也包含需要查找的有效信息)。

一个 m 阶的B+树具有如下特征:

(1)B+树可以定义一个 m 值作为预定范围,即 m 路(阶)B+树。

(2)根结点可能是叶子结点,也可能是包含两个或两个以上子结点的结点。

(3)内部结点如果拥有 k 个关键字则有 $k+1$ 个子结点。

(4)非叶子结点不保存数据,只保存关键字用作索引,所有数据都保存在叶子结点中。

(5)非叶子结点有若干子树指针,如果非叶子结点关键字为 $k_1, k_2, \cdots, k_n$,其中 $n=m-1$,那么第一个子树关键字判断条件为小于 k_1,第二个为大于等于 k_1 而小于 k_2,依此类推,最后一个为大于等

于 k_n，总共可以划分出 m 个区间，即可以有 m 个分支。

(6)所有叶子结点通过指针链相连，且叶子结点本身按关键字的大小从小到大顺序排列。

(7)自然插入而不进行删除操作时，叶子结点项的个数范围为[floor($m/2$)，$m-1$]，内部结点项的个数范围为[ceil($m/2$) -1，$m-1$]。

(8)通常 B+树有两个头指针，一个指向根结点，一个指向关键字最小的叶子结点。

(9)在进行删除操作时，涉及索引结点填充因子和叶子结点填充因子，一般可设叶子结点和索引结点的填充因子都不少于50%。

如图 8-39 所示的一棵三阶的 B+树中：

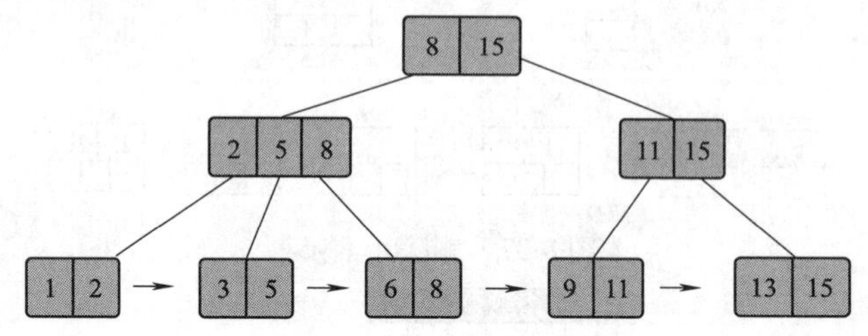

图 8-39　一棵三阶的 B+树

根结点元素 8 是子结点[2,5,8] 的最大元素，也是叶子结点[6,8] 的最大元素；根结点元素 15 是子结点[11,15] 的最大元素，也是叶子结点[13,15] 的最大元素；根结点的最大元素也就是整个 B+树的最大元素，以后无论插入、删除多少元素，始终要保持最大的元素在根结点当中。

由于父结点的元素都出现在子结点中，因此所有的叶子结点包含了全部元素信息，并且每一个叶子结点都带有指向下一个结点的指针，形成了一个有序链表。

2. B+树比 B 树更适合数据库索引

(1)B+树的磁盘读写代价更低。B+树的内部结点并没有存放指向关键字具体信息的指针。因此其内部结点相对 B 树更小。如果把所有同一内部结点的关键字存放在同一盘块中，那么盘块所能容纳的关键字数量也就越多，一次性读入内存中需要查找的关键字也就越多。相对来说 I/O 读写次数也就降低了。

(2)B+树查询效率更加稳定。由于非终结点并不是最终指向文件内容的结点，而只是叶子结点中关键字的索引。所以任何关键字的查找必须走一条从根结点到叶子结点的路。所有关键字查询的路径长度相同，导致每一个数据的查询效率相当。

(3)B+树便于范围查询(范围查找是数据库的常态)。B 树在提高了 I/O 性能的同时并没有解决元素遍历的效率低下问题。B+树只需要去遍历叶子结点就可以实现整棵树的遍历。而且在数据库中基于范围的查询是非常频繁的，而 B 树不支持这样的操作或者说效率太低。

在 B+树上进行随机查找、插入和删除的过程基本上与 B 树类似。

8.5 哈 希 表

8.5.1 哈希表与哈希方法

以上讨论的查找方法，由于数据元素的存储位置与关键字之间不存在确定的关系，因此，查找时需要进行一系列对关键字的查找比较，即“查找算法”是建立在比较的基础上的，查找效率由比较一次缩小的查找范围决定。理想的情况是依据关键字直接得到其对应的数据元素位置，即要求关键字与数据元素间存在一一对应关系，通过这个关系，能很快地由关键字得到对应的数据元素位置。

譬如，11 个元素的关键字分别为：{18,27,1,20,22,6,10,13,41,15,25}。选取关键字与元素位置间的函数为：f(key) = key mod 11。

通过这个函数对11个元素建立查找表见表8-2。

表8-2 关键字与函数的对应关系

0	1	2	3	4	5	6	7	8	9	10
22	1	13	25	15	27	6	18	41	20	10

查找时，对给定值kx依然通过这个函数计算出地址，再将kx与该地址单元中元素的关键字比较，若相等，查找成功。

哈希表与哈希方法：选取某个函数，依该函数按关键字计算元素的存储位置，并按此存放；查找时，由同一个函数对给定值kx计算地址，将kx与地址单元中元素关键字进行比较，确定查找是否成功，这就是哈希方法。哈希方法中使用的转换函数称为哈希函数。按这个思想构造的表称为哈希表。

对于n个数据元素的集合，总能找到关键字与存放地址一一对应的函数。若最大关键字为m，可以分配m个数据元素存放单元，选取函数f(key) = key即可，但这样会造成存储空间的浪费，甚至不可能分配这么大的存储空间。

通常关键字的集合比哈希地址集合大得多，因而经过哈希函数变换后，可能将不同的关键字映射到同一个哈希地址上，这种现象称为冲突，映射到同一哈希地址上的关键字称为同义词。可以说，冲突不可能避免，只能尽可能减少。所以，哈希方法需要解决以下两个问题：

(1)构造好的哈希函数：①所选函数尽可能简单，以便提高转换速度。②所选函数对关键字计算出的地址，应在哈希地址集中，大致均匀分布，以减少空间的浪费。

(2)制定解决冲突的方案。

8.5.2 哈希函数的构造方法

1. 直接定址法

$$\text{Hash}(key) = a \times key + b \quad (a、b\text{为常数})$$

即取关键字的某个线性函数值为哈希地址。这类函数是一一对应函数，不会产生冲突，但要求地址集合与关键字集合大小相同，因此，对于较大的关键字集合不适用。

譬如，关键字集合为{20，30，50，60，80，90}，选取哈希函数为：Hash(key) = key/10，则存放见表8-3。

表8-3 关键字存放地址

0	1	2	3	4	5	6	7	8	9
		20	30		50	60		80	90

2. 除留余数法

$$\text{Hash}(key) = key \bmod p \quad (p\text{是一个整数})$$

即取关键字除以p的余数作为哈希地址。使用除留余数法，选取合适的p很重要，若哈希表表长为m，则要求$p \leq m$，且接近m或等于m。p一般选取质数，见表8-2。

3. 平方取中法

对关键字平方后，按哈希表大小，取中间的若干位作为哈希地址。

譬如，若存储区域可存100个记录，关键字 = 4731，则4 731 × 4 731 = 22 382 361，取中间两位82作为地址。

若存储区域可存10 000个记录，关键字 = 14 625，则14 625 × 14 625 = 213 890 625，取中间四位

8 906作为地址。

4. 分段叠加法

将关键字拆分成位数相等的几部分，其中最后一部分的位数可以不同；然后，将这几部分相加，舍弃最高进位后的结果就是该关键字的哈希地址。分段叠加法又可以分成边界叠加法和移位叠加法两种，移位叠加是将分割后的每部分低位对齐相加，边界叠加是将奇数段正序偶数段逆序然后相加。

关键字位数很多，而且关键字中每一位上数字分布大致均匀时，可以采用叠加法得到哈希地址。

例如，根据国际标准图书编号（ISBN）建立一个哈希表。如一个国际标准图书编号 0－442－20586－4 的哈希地址为

使用移位叠加 5864＋4220＋04＝1 0088，故 H(0－442－20586－4)＝0088（将分割后的每一部分的最低位对齐）。

使用边界叠加法叠加 5864＋0224＋04＝6092，故 H(0－442－20586－4)＝6092（从一端向另一端沿分割界来回叠加）。

5. 数字分析法

假设已经知道哈希表中所有的关键字值，而且关键字值都是数字，则可以取关键字值的若干位数字组成哈希地址，这种方法叫作数字分析法。

例如，有 1 000 个记录，关键字为 10 位十进制整数，如哈希表长度为 2 000。假设经过分析，各关键字中从高往低数第 3、5 和 7 位的取值分布近似随机，则可取关键字中的第 3、5 和 7 位为哈希地址。

例如，H(3778597189)＝757，H(9166372560)＝632。

6. 伪随机数法

选择一个伪随机函数，取关键字的随机函数值为它的哈希地址，即 H(key)＝random(key)，其中 random 为伪随机函数。通常，当关键字长度不等时采用此法构造哈希函数较恰当。

8.5.3 处理冲突的方法

1. 开放定址法

所谓开放定址法，即是由关键字得到的哈希地址一旦产生了冲突，也就是说，该地址已经存放了数据元素，就去寻找下一个空的哈希地址，只要哈希表足够大，空的哈希地址总能找到，并将数据元素存入。

1）线性探测法

$$H_i = (\text{Hash}(\text{key}) + i) \bmod m \quad (0 \leqslant i < m \quad i = 0, 1, 2, 3, \cdots, m-1)$$

式中，Hash(key)为哈希函数；m 为哈希表长度。

譬如，关键字集为{47，7，29，11，16，92，22，8，3}，哈希表表长为 11，选取哈希函数 Hash(key)＝key mod 11。用线性探测法处理冲突，建表见表 8-4。

表 8-4 用线性探测法处理冲突的哈希表

0	1	2	3	4	5	6	7	8	9	10
11	22		47	92	16	3	7	29	8	
	△					▲		△	△	

表 8-4 中 47、7、11、16、92 均是由哈希函数得到的没有冲突的哈希地址而直接存入。

Hash(29)＝7，哈希地址上冲突，需寻找下一个空的哈希地址。由 $H_1 = (\text{Hash}(29) + 1) \bmod 11 = 8$，哈希地址 8 为空，将 29 存入。另外，22、8 同样在哈希地址上有冲突，也是由函数 H_1 找到空的哈希地址的。

而 Hash(3)=3,哈希地址上冲突,由:

H_1 =(Hash(3)+1) mod 11=4 仍然冲突;

H_2 =(Hash(3)+2) mod 11=5 仍然冲突;

H_3 =(Hash(3)+3) mod 11=6 找到空的哈希地址,存入。

例8-3 哈希表的地址范围为 0~10,哈希函数 H(key)=key%11。用线性探测法处理冲突,关键字序列为{11,12,13,15,16,17,18,19,22,26}。

①填写表 8-5 表格,用线性探测法处理冲突,按给定关键字序列构造哈希表。

表 8-5 用线性探测法按给定关键字序列构造哈希表

	0	1	2	3	4	5	6	7	8	9	10
关键字	11	12	13	22	15	16	17	18	19	26	
比较次数	1	1	1	4	1	1	1	1	1	6	

②查找关键字 26 成功,比较次数是 6。

26% 11=4,从第 4 个位置(关键字 15)依次向下查找比较了 6 次,到 9(关键字 26)找到。

③查找关键字 22 成功,比较次数是 4。

22% 11=0,从第 0 个位置(关键字 11)依次向下查找比较了 4 次,到 3(关键字 22)找到。

④查找关键字 20 失败,比较次数是 2。

20% 11=9,从第 9 个位置(关键字 26)依次向下查找比较了 2 次,至表尾未找到。

⑤查找关键字 33 失败,比较次数是 11。

33% 11=0,从第 0 个位置(关键字 11)依次向下查找比较了 11 次,至表尾未找到。

⑥平均查找长度 ASL 是:n 次查找次数之和/n =(1+1+1+4+1+1+1+1+1+6)/10=18/10=1.8。

线性探测法可能使第 i 个哈希地址的同义词存入第 $i+1$ 个哈希地址,这样本应存入第 $i+1$ 个哈希地址的元素变成了第 $i+2$ 个哈希地址的同义词,……,因此,可能出现很多元素在相邻的哈希地址上"堆积"起来,大大降低了查找效率。为此,可采用二次探测法,或双哈希函数探测法,以改善"堆积"问题。

2)二次探测法(平方探测法)

$$H_i = (\text{Hash}(\text{key}) \pm i) \bmod m$$

式中:Hash(key)为哈希函数;m 为哈希表长度,m 要求是某个 $4k+3$ 的质数(k 是整数);i 为增量序列,0,1,-1,2,-2,…,q,$-q$,且 $q \leq (m-1)$。

仍以数据集{47,7,29,11,16,92,22,8,3}和哈希函数(Hash(key)=key mod 11)为例,用二次探测法处理冲突,建表见表 8-6。

表 8-6 二次探测法处理冲突的哈希表

0	1	2	3	4	5	6	7	8	9	10
11	22	3	47	92	16		7	29	8	
	△	▲						△	△	

对关键字寻找空的哈希地址,只有"3"这个关键字与表 8-4 不同。

Hash(3)=3,哈希地址上冲突,由:

H_1 =(Hash(3)+1) mod 11=4,仍然冲突;

H_2 =(Hash(3)-1) mod 11=2,找到空的哈希地址,存入。

3）双哈希函数探测法

$$H_i=(\text{Hash}(\text{key})+i\times\text{ReHash}(\text{key}))\ \text{mod}\ m\quad (i=0,1,2,\cdots,m-1)$$

式中，Hash(key)、ReHash(key)是两个哈希函数；m 为哈希表长度。

双哈希函数探测法，先用第一个函数 Hash(key)对关键字计算哈希地址，一旦产生地址冲突，再用第二个函数 ReHash(key)确定移动的步长因子。最后，通过步长因子序列由探测函数寻找空的哈希地址。

比如，Hash(key) = a 时产生地址冲突，就计算 ReHash(key) = b，则探测的地址序列为

$$H_1=(a+b)\ \text{mod}\ m, H_2=(a+2b)\ \text{mod}\ m,\cdots,H_{m-1}=(a+(m-1)b)\ \text{mod}\ m$$

2. 拉链法

设哈希函数得到的哈希地址域在区间[0,$m-1$]上，以每个哈希地址作为一个指针，指向一个链，即分配指针数组 ElemType * eptr[m]；建立 m 个空链表，由哈希函数对关键字转换后，映射到同一哈希地址 i 的同义词均加入到 * eptr[i]指向的链表中。

譬如，关键字序列为：47,7,29,22,27,92,33,8,3,50,37,78,10。哈希函数为：Hash(key) = key mod 11。

用拉链法处理冲突，建表如图 8-40 所示，在用拉链法处理冲突建表时，向链表中插入元素均在表头进行。

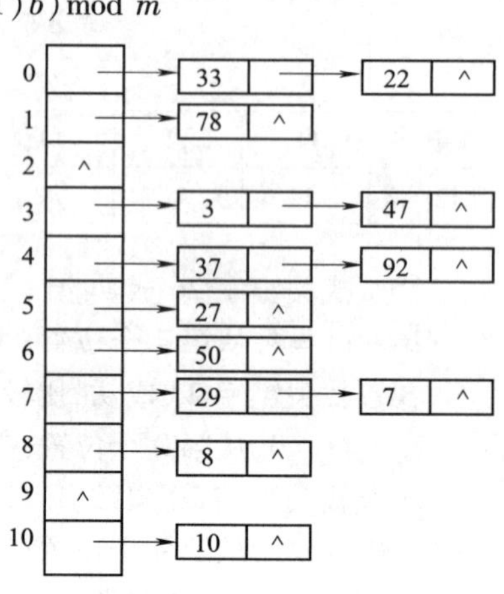

图 8-40 拉链法处理冲突时的哈希表

3. 建立一个公共溢出区

设哈希函数产生的哈希地址集为[0,$m-1$]，则分配两个表：

①一个基本表 ElemType base_tbl[m]；每个单元只能存放一个元素。

②一个溢出表 ElemType over_tbl[k]。

只要关键字对应的哈希地址在基本表上产生冲突，则所有这样的元素一律存入溢出表中。查找时，对给定值 kx 通过哈希函数计算出哈希地址 i，先与基本表的 base_tbl[i]单元比较，若相等，查找成功；否则，再到溢出表中进行查找。

小　　结

查找是数据处理中经常使用的一种操作。查找表是一个集合，为了提高查找效率，将查找表组织成不同的数据结构，主要包括：线性表、树表和散列表。

查找可分为静态查找和动态查找。在查找过程中仅查找某个特定元素是否存在或它的属性的，称为静态查找；在查找过程中对查找表进行插入元素或删除元素操作的，称为动态查找。

线性表的查找，主要包括顺序查找、折半查找（二分查找）、分块查找，其区别见表 8-7。

表 8-7 顺序查找、折半查找、分块查找比较

项目	查找方法		
	顺序查找	折半查找	分块查找
时间复杂度	$O(n)$	$O(\log_2 n)$	与确定所在块的查找方法有关
ASL(n 为总记录的个数，m 为子表，等概率)	$(n+1)/2$	$\log_2(n+1)-1$	$ASL_{索引表}+ASL_{子表}=1/2(m+n/m)+1$

<续上表>

项目	查找方法		
	顺序查找	折半查找	分块查找
特点	算法简单,对表结构无任何要求,但查找效率较低	对表结构要求较高,查找效率较高	对表结构有一定要求,查找效率介于折半查找和顺序查找之间
适用情况	任何结构的线性表,不经常进行插入和删除	有序的顺序表,不经常进行插入和删除	块间有序、块内无序的顺序表,经常进行插入和删除

树表的结构主要包括二叉排序树、平衡二叉树、B－树和B＋树。二叉排序树的查找过程与折半查找的过程类似,区别见表8-8。

表8-8 二叉排序树与折半查找方法比较

项目	查找方法	
	折半查找	二叉排序树的查找
查找时间复杂度	$O(\log_2 n)$	$O(\log_2 n)$
特点	数据结构采用有序的顺序表,进行插入和删除操作需移动大量元素	数据结构采用树的二叉链表表示,进行插入和删除操作无须移动元素,只需修改指针
适用情况	不经常进行插入和删除的静态查找表	经常进行插入和删除的动态查找表

二叉排序树在形态均匀时性能最好,而当其形态为单支树时其查找性能蜕化为与顺序查找相同,因此,二叉排序树最好是平衡二叉树。平衡二叉树的平衡调整方法就是确保二叉排序树在任何情况下的深度均为$O(\log_2 n)$,平衡调整方法有LL型、RR型、LR型和RL型四种。

B－树是一种平衡的多叉查找树,是一种在外存文件系统中常用的动态索引技术。为了确保B－树的定义,在B－树中插入一个关键字,可能产生结点的“分裂”;而删除一个关键字,可能产生结点的“合并”。

B＋树是B－树的变形,更适合做文件系统的索引。在B＋树上进行随机查找、插入和删除的过程基本上与在B－树上进行类似,但具体实现细节又有所区别。

散列表的查找也属线性结构,但它的查找和线性表的查找有着本质的区别。它不是以关键字比较为基础进行查找的,而是通过散列函数把记录的关键字和它在表中的位置建立起对应关系,并在存储记录发生冲突时采用专门的处理冲突的方法。故,散列查找法主要研究两方面的问题:如何构造散列函数,以及如何处理冲突。

①构造散列函数的方法很多,除留余数法是最常用的构造散列函数的方法。它不仅可以对关键字直接取模,也可在叠加、平方取中等运算之后取模。

②处理冲突的方法通常分为两大类,即开放地址法和链地址法,二者之间的差别类似于顺序表和单链表的差别,见表8-9。

表8-9 开放地址法和链地址法比较

	处理方法	
	开放地址法	拉链法(链地址法)
空间	无指针域,存储效率较高	附加指针域,存储效率较低

<续上表>

		处理方法	
		开放地址法	拉链法
时间	查找	有二次聚集现象，查找效率较低	无二次聚集现象，查找效率较高
	插入、删除	不易实现	易于实现
适用情况		表的大小固定，适于表长无变化的情况	结点动态生成，适于表长经常变化的情况

练　习

一、填空题

1. 折半查找要求线性表必须采用（　　）存储结构，而且表中元素按关键字（　　）排列。

2. 线性有序表（$a_1,a_2,a_3,\cdots,a_{256}$）从小到大排列，对一个给定的值 k，用二分法检索表中与 k 相等的元素，在查找不成功的情况下，最多需要检索（　　）次。设有 100 个结点，用二分法查找时，最大比较次数是（　　）。

3. 假设在有序线性表 $a[1...20]$ 上进行折半查找，则比较一次查找成功的结点数为 1；比较两次查找成功的结点数为 2；比较四次查找成功的结点数为 8；则比较五次查找成功的结点数为（　　）。平均查找长度为（　　）。

4. 折半查找有序表（4,6,12,20,28,38,50,70,88,100），若查找表中元素 20，它将依次与表中元素 28,（　　）,（　　）,20 比较大小。

5. 阅读折半查找算法，写出输出结果。

```
int  BinSearch(STable ST,  int key)
{  int  low=1, mid, high=ST.length;
   while(low<=high)
   { mid=(low+high)/2;
     cout<<ST.elem[mid].key<<"  ";
     if(key== ST.elem[mid].key)      return  mid;           //查找成功
     else if (key<ST.elem[mid].key)  high=mid-1;            //左边查找
             else low=mid+1;                                //右边查找
   }
   return  0;                                               //查找失败
}
void main()
{   ElemType P[12]={{0},21,22,23,24,25,26,27,28,29,30,31};//设置初值
    STable  ST={P,11};                                      //设置查找表的初值
    BinSearch(ST,31);BinSearch(ST,22);BinSearch(ST,35);
}
```

（1）折半查找关键字 31 成功，输出结果是（　　）。

（2）折半查找关键字 22 成功，输出结果是（　　）。

（3）折半查找关键字 35 失败，输出结果是（　　）。

6. 阅读程序，按照给定顺序构造二叉排序树，写出算法的输出结果。

```
void  SearchBST(BSTree T,  int key)
{   BSTree  p=T;
    while(p)
```

```
    {   cout << p -> data << "  ";
        if(key == p -> data)     return;
        if(key < p -> data)     p = p -> lchild;
        else p = p -> rchild;
    }
}
void main()
{    BSTree  T = NULL;
     int i = 0,key[10] = {50,25,15,30,10,65,60,70,55,75};
     for(i = 0;i < 10;i ++) InsertBST(T,key[i]);//连续插入结点,创建二叉排序树
     SearchBST(T,10);SearchBST(T,55);SearchBST(T,90);cout << endl;
}
```

(1)查找关键字10成功,输出结果是(　　)。

(2)查找关键字55成功,输出结果是(　　)。

(3)查找关键字90失败,输出结果是(　　)。

7. 如果要求一个线性表既能较快地查找,又能适应动态变化的要求,最好采用(　　)查找法。由于块内元素排列是(　　)的,故插入和删除比较容易,无须进行大量移动。

8. 在平衡二叉树中插入一个结点后造成了不平衡,设最低的不平衡结点为A,并已知A的左孩子的平衡因子为0,右孩子的平衡因子为1,则应作(　　)型调整以使其平衡。

9. (　　)方法是从未排序序列中依次取出元素与已排序序列中的元素作比较,将其放入已排序序列的正确位置上。

10. m阶B-树的根结点至多有(　　)棵子树,所有叶子都在(　　)层次上,非叶结点至少有(　　)(m为偶数)或(　　)(m为奇数)棵子树。

11. 在各种查找方法中,平均查找长度与结点个数n无关的查找方法是(　　)。

12. 散列法存储的基本思想是由(　　)的值决定数据的存储地址。

二、单项选择题

1. 要进行线性查找,则线性表(A);要进行二分查找,则线性表(B);要进行散列查找,则线性表(C)。某顺序存储的表格,其中有90 000个元素,已按关键项的值的上升顺序排列。现假定对各个元素进行查找的概率是相同的,并且各个元素的关键项的值皆不相同。当用顺序查找法查找时,平均比较次数约(D),最大比较次数为(E)。

A~C答案选项:①必须以顺序方式存储　②必须以链表方式存储

③必须以散列方式存储　④既可以以顺序方式,也可以以链表方式存储

⑤必须以顺序方式存储且数据元素已按值递增或递减的次序排好

⑥必须以链表方式存储且数据元素已按值递增或递减的次序排好

D~E答案选项:①25 000　②30 000　③45 000　④90 000

2. 数据结构反映了数据元素之间的结构关系。链表是一种(A),它对于数据元素的插入和删除(B)。通常查找线性表数据元素的方法有(C)和(D)两种方法,其中(C)是一种只适合于顺序存储结构但(E)的方法;而(D)是一种对顺序和链式存储结构均适用的方法。

A答案选项:①顺序存储线性表　②非顺序存储非线性表

③顺序存储非线性表　④非顺序存储线性表

B答案选项:①不需要移动结点,不需改变结点指针

②不需要移动结点,只需改变结点指针

③只需移动结点,不需改变结点指针

④既需移动结点,又需改变结点指针

C,D 答案选项:①顺序查找　②分块查找　③条件查找　④二分法查找

E 答案选项:①效率较低的线性查找　②效率较低的非线性查找

③效率较高的非线性查找　④效率较高的线性查找

3. 在二叉排序树中,每个结点的关键码值(A),(B)一棵二叉排序,即可得到排序序列。同一个结点集合,可用不同的二叉排序树表示,人们把平均检索长度最短的二叉排序树称作最佳二叉排序,最佳二叉排序树在结构上的特点是(C)。

A 答案选项:①比左子树所有结点的关键码值大,比右子树所有结点的关键码值小

②比左子树所有结点的关键码值小,比右子树所有结点的关键码值大

③比左右子树的所有结点的关键码值都大

④与左子树所有结点的关键码值和右子树所有结点的关键码值无必然的大小关系

B 答案选项:①前序遍历　②中序(对称)遍历　③后序遍历　④层次遍历

C 答案选项:① 除最下二层可以不满外,其余都是充满的

②除最下一层可以不满外,其余都是充满的

③每个结点的左右子树的高度之差的绝对值不大于 1

④最下层的叶子必须在最左边

4. 对 22 个记录的有序表作折半查找,当查找失败时,至少需要比较(　　)次关键字。

A. 3　B. 4　C. 5　D. 6

5. 折半查找与二叉排序树的时间性能(　　)。

A. 相同　B. 完全不同

C. 有时不相同　D. 数量级都是 $O(\log_2 n)$

6. 折半查找有序表(4,6,10,12,20,30,50,70,88,100)。若查找表中元素 58,则它将依次与表中(　　)比较大小,查找结果是失败。

A. 20,70,30,50　B. 30,88,70,50　C. 20,50　D. 30,88,50

7. 设顺序存储的某线性表共有 23 个元素,按分块查找的要求等分为 3 块。若对索引表进行查找和在块内进行查找都采用顺序查找法,则在等概率的情况下,分块查找不成功的平均查找长度为(　　)。

A. 21　B. 23　C. 41　D. 46

8. 静态查找表与动态查找表二者的根本差别在于(　　)。

A. 它们的逻辑结构不一样　B. 施加在其上的操作不同

C. 所包含的数据元素的类型不一样　D. 存储实现不一样

9. 分别以下列序列构造二叉排序树,与用其他三个序列所构造的结果不同的是(　　)。

A. (100,80,90,60,120,110,130)　B. (100,120,110,130,80,60,90)

C. (100,60,80,90,120,110,130)　D. (100,80,60,90,120,130,110)

10. 设哈希表长为 14,哈希函数是 $H(\text{key}) = \text{key}\% 11$,表中已有数据的关键字为 15,38,61,84 共四个,现要将关键字为 49 的元素加到表中,用二次探测法解决冲突,则放入的位置是(　　)。

A. 8　B. 3　C. 5　D. 9

11. 采用线性探测法处理冲突,可能要探测多个位置,在查找成功的情况下,所探测的这些位置上的关键字(　　)。

A. 不一定都是同义词　B. 一定都是同义词

C. 一定都不是同义词　D. 都相同

12. m 阶 B－树的每个分支结点中最多包含(　　)个关键字值。

A. $\lceil m/2 \rceil$　　B. $m-1$　　C. m　　D. $m+1$

13. 下面关于 m 阶 B 树的说法中,完全正确的是(　　)。①每个结点至少有两棵非空子树。②树中每个结点至多有 $m-1$ 个关键字。③所有叶子在同一层上。④当插入一个数据项引起 B 树结点分裂后,树长高一层。

A. ①,②,③　　B. ②,③　　C. ②,③,④　　D. ③

三、综合练习题

1. 在线性链表中采用顺序查找方法查找与给定值 x 匹配的结点时,使用了一个循环从前向后沿着链表进行比对,循环条件为(p! = NULL&&p -> data! = x),它用"与"(&&)连接了两个条件表达式。在此表达式中的两个条件是否可以互换?

2. 假定对有序表(3,4,5,7,24,30,42,54,63,72,87,95)进行折半查找,试回答下列问题:

(1)画出描述折半查找过程的判定树。

(2)若查找元素 54,需依次与哪些元素比较?

(3)假定每个元素的查找概率相等,求查找成功时的平均查找长度。

3. 已知一个长度为 12 的表如下:(Jan, Feb, Mar, Apr, May, June, July, Aug, Sep, Oct, Nov, Dec)

(1)试按表中元素的顺序依次插入一棵初始为空的二叉排序树,画出插入完成之后的二叉排序树,并求其在等概率的情况下查找成功的平均查找长度。

(2)若对表中元素先进行排序构成有序表,求在等概率的情况下,对此有序表进行折半查找,查找成功的平均查找长度。

(3)按表中元素顺序构造一棵平衡二叉排序树,并求其在等概率的情况下查找成功的平均查找长度。

4. 设计一个算法,求出指定结点在给定二叉排序树中的层次。

5. 利用二叉树遍历的思想编写一个判断二叉树是否是平衡二叉树的算法。

6. 设计一个算法,求出给定二叉排序树中最小和最大的关键字。

7. 设计一个算法,从大到小输出二叉排序树中所有值不小于 k 的关键字。

8. 一个长度为 $L(L \geqslant 1)$ 的升序序列 S,处在第 $\lceil L/2 \rceil$ 个位置的数称为 S 的中位数。例如,若序列 $S_1=(11,13,15,17,19)$,则 S_1 的中位数为 15。若又有一个升序序列 $S_2=(2,4,6,8,10)$,两个序列的中位数定义为它们所有元素的升序序列的中位数,则 S_1 和 S_2 的中位数为 11。现有两个等长的用单链表存储的升序序列 A 和 B,设计一个算法,找出两个序列 A 和 B 的中位数。

9. 编写用二分查找法确定记录所在块的分块查找算法。

10. 设哈希表的地址范围为 0～17,哈希函数为:$H(\text{key})=\text{key}\%16$。用线性探测法处理冲突,输入关键字序列:(10,24,32,17,31,30,46,47,40,63,49),构造哈希表,试回答下列问题:

(1)画出哈希表的示意图;

(2)若查找关键字 63,需要依次与哪些关键字进行比较?

(3)若查找关键字 60,需要依次与哪些关键字比较?

(4)假定每个关键字的查找概率相等,求查找成功时的平均查找长度。

11. 设有一组关键字(9,01,23,14,55,20,84,27),采用哈希函数:$H(\text{key})=\text{key}\ \%\ 7$,表长为 10,用开放地址法的二次探测法处理冲突。要求:对该关键字序列构造哈希表,并计算查找成功的平均查找长度。

第9章 排序

学习目标

- 理解排序的定义及内部排序与外部排序的概念;
- 掌握插入排序的基本思想、基本步骤和算法;
- 掌握交换排序的基本思想和具体做法,读懂快速排序的算法;
- 熟悉选择排序的基本思想和实现方法;
- 了解堆的定义、表示及堆的调整和“筛选”过程,掌握建堆方法。
- 了解和领会归并排序、基数排序的基本思想和方法。

在很多实际问题中，排序是一种常用的运算，而且对这种运算有较高的要求，由此而发展出各种巧妙的排序方法和技术。

9.1 概 述

将数据元素(或记录)的任意序列,重新排列成一个按关键字有序(递增或递减)的序列的过程称为排序。排序过程中有两种基本操作:

(1)比较两个关键字值的大小。

(2)根据比较结果,移动记录的位置。

对关键字排序的三个原则是:

(1)关键字值为数值型,则按键值的大小为依据。

(2)关键字值为 ASCII 码,则按键值的 ASCII 码值编排顺序为依据。

(3)关键字值为汉字字符串类型,则大多以汉字拼音的字典次序为依据。

若对任意的数据元素序列,使用某个排序方法,对它按关键字进行排序,若对原先具有相同键值元素间的位置关系,排序前与排序后保持一致,称此排序方法是稳定的;反之,则称为不稳定的。

例如:对数据键值 5,3,8,$\underline{3}$,6,$\underline{6}$,排序。

若排序后的序列为 3,$\underline{3}$,5,6,$\underline{6}$,8,其相同键值的元素位置依旧是 3 在$\underline{3}$ 前,6 在$\underline{6}$ 前,与排序前保持一致,则表示这种排序法是稳定的。

若排序后的序列为:$\underline{3}$,3,5,$\underline{6}$,6,8,则表示这种排序法是不稳定的。

待排序记录有以下三种存储方式:

(1)待排序记录存放在地址连续的一组存储单元上。类似于线性表的顺序存储结构。

(2)待排序记录存放在静态链表中。记录之间的次序关系由指针指示,排序不需要移动记录。

(3)待排序记录存放在一组地址连续的存储单元,同时另设一个指示各个记录存储位置的地址向量,在排序过程中不移动记录本身,而移动地址向量中这些记录的“地址”,在排序结束后,再按照地址向量中的值调整记录的存储位置。

整个排序过程都在内存进行的排序称为内排序。待排序的数据元素量大,以致内存一次不能容纳全部记录,在排序过程中需要对外存进行访问的排序称为外排序。

9.2 插入排序

9.2.1 直接插入排序

1. 基本思想

直接插入排序是一种最简单的排序方法,它的基本操作是将一个记录插到已排序好的有序表中,从而得到一个新的记录数增1的有序表。

2. 排序方法

例如,输入元素序列为:39,28,55,80,75,6,17,45,28,按从小到大的序列排序。

第一个取39,作第一个假设有序的记录。第二个取28,由于28<39,排在39前面。此后,每取一个记录就与有序表最后一个关键字比较,若大于或等于最后一个关键字,则插入在其后;若小于最后一个关键字,则把取来的记录再与前一个关键字比较……,依此类推,其过程如图9-1所示。

初始关键字: i=1	(39)	[28	55	80	75	6	17	45	28]
i=2, 取出28	(28	39)	[55	80	75	6	17	45	28]
i=3, 取出55	(28	39	55)	[80	75	6	17	45	28]
i=4, 取出80	(28	39	55	80)	[75	6	17	45	28]
i=5, 取出75	(28	39	55	75	80)	[6	17	45	28]
i=6, 取出6	(6	28	39	55	75	80)	[17	45	28]
i=7, 取出17	(6	17	28	39	55	75	80)	[45	28]
i=8, 取出45	(6	17	28	39	45	55	75	80)	[28]
i=9, 取出28	(6	17	28	28	39	45	55	75	80)
监视哨r[0]									

图9-1 直接插入排序过程

排序以后,相同关键字元素的28和28与排序前的位置保持一致,即28仍然在28之前,所以直接插入排序方法是稳定的。

3. 算法实现

【综合练习9-1】直接插入排序。

```
#include <iostream>
using namespace std;
#define MAXLEN  10
typedef int     KeyType;
void Insertsort(KeyType R[],int L)
//直接插入排序——数据序列存储在一维数组R[1..L]中
{ int i,j;//i,j临时变量
```

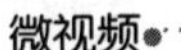

综合练习9-1
视频讲解

```
    for(i=2;i<=L;i++)          //0.依次插入R[2],R[3],…,r[n]到有序表r[1],...
    { if(R[i]<R[i-1])                 //1-a.若R[i]小于前一元素,找位置插入,否则R[i]为插入位
      { R[0]=R[i];                    //1.1 置监视哨
        j=i-1;                        //1.2 j是最后一个元素位置,自后向前移动
        while(R[0]<R[j])              //1.3 在查找R[i]位置的过程中依次由后向前移位
          {R[j+1]=R[j];j--;}          //当R[0]>=R[j]查找到插入位置
        R[j+1]=R[0];                  //1.4 插入R[i]
      }                               //1-b.若R[i]大于等于前一元素,R[i]为插入位
    }//0.for
}
main()
{   KeyType R[MAXLEN+1]={{0},59,2,85,-65,15,0,-76,-27,49,10};//R[0]闲置
    Insertsort(R,MAXLEN);
    for(int i=1;i<=MAXLEN;i++)cout<<R[i]<<"  "; //输出结果
    cout<<endl;
}
```

监视哨(哨兵)$R[0]$的作用:

(1)在进入确定插入位置的循环之前,保存了插入值$R[i]$的副本,避免因记录的移动而丢失$R[i]$中的内容。

(2)使内循环总能够结束,以免循环过程中数组下标越界。

4. 效率分析

空间效率:仅用了一个辅助单元$R[0]$,空间复杂度为$O(1)$。

时间效率:向有序表中逐个插入记录的操作,进行了$n-1$趟,每趟操作分为比较关键码和移动记录,而比较的次数和移动记录的次数取决于待排序列按关键码的初始排列。

(1)最好的情况(关键字在记录序列中顺序有序):

①"比较"的次数:$\sum_{i=2}^{n} 1 = n-1$。

②"移动"的次数:0。

(2)最坏的情况(关键字在记录序列中逆序有序):

①"比较"的次数:$\sum_{i=2}^{n} i = n(n-1)/2$。

②"移动"的次数:$\sum_{i=2}^{n} (i+1) = \frac{(n+4)(n-1)}{2}$。

所以,直接插入排序时间复杂度最好情况是$O(n)$,最坏情况是$O(n^2)$。直接插入排序最适合待排序关键字基本有序的序列,其排序的时间复杂度为$O(n^2)$。

9.2.2 二分插入排序

1. 基本思想

直接插入算法虽然简单,但当记录数量n很大时,则比较次数将大大增加,对于有序表(限于顺序存储结构),为了减少关键字的比较次数,可采用二分插入排序。

二分插入排序的基本思想是:用二分查找法在有序表中找到正确的插入位置,然后移动记录,空出插入位置,再进行插入。

2. 排序方法

例如,若有8个记录已顺序排序,插入新的关键字653,如图9-2所示。

(1)mid=(low+high)/2=(1+8)/2=4,取关键字653与序列中间位置①的关键字比较,653>275,low=mid+1=5,在后半区继续查找;

1	2	3	4	5	6	7	8
60	87	170	275	503	512	897	908
low=1			①↑		②↑	③↑	high=8

图 9-2　二分插入排序

(2) mid = (low + high)/2 = (5 + 8)/2 = 6，再与后半区中间位置②的关键字比较，653 > 512，low = mid + 1 = 7，再继续在后半区找；

(3) mid = (low + high)/2 = (7 + 8)/2 = 7，再与后半区中间位置③的关键字比较，653 < 897，high = mid − 1 = 6，往前半区查找；

(4) low = 7，high = 6，high 小于 low。经四次比较，找到插入位置③。数据从位置③依次后移后，在空出的位置③插入 653。

二分插入排序辅助空间和直接插入相同，为 1，所以空间复杂度为 $O(1)$。从时间上比较，二分插入仅减少了比较次数，而记录的移动次数不变，所以时间复杂度仍为 $O(n^2)$。

二分插入排序是稳定的排序方法(因为当 a[mid] == a[0]时，在 mid 右边插入新元素，保证稳定性)。

3. 算法实现

【综合练习 9-2】二分插入排序。

```
#include <stdio.h>
int BS(int a[],int k,int low,int high)//在 a[low...high]范围查找关键字 k 的插入位置
//low 查找下界,high 查找上界,k 查找关键字
{ if(high <= low)return((k > a[high])? (high +1):high);
  //k 只有大于或小于 a[high]
  //当 high <= low 结束,若高端最后一个数据小于等于 k 返 high +1,大于返 high
  int mid = (low + high)/2;
  if(k == a[mid])return mid +1;             //找到后从 mid +1 作起始值
  if(k > a[mid])return BS(a,k,mid +1,high);  //在高区找
  else          return BS(a,k,low,mid -1);//在低区找
}
void insertSort(int a[],int n) //对数组 a[1...n]中的数据二分插入排序,n 表长度
{ int i,j,loc;
  for(i =2;i <=n; ++i)
  { j = i -1;a[0] = a[i];                  //j 高端元素位置。从 a[1]始依次赋予查找值 a[0]
    loc = BS(a,a[0],1,j);                  //在数组 a 的 1...j 范围找 a[0]的插入位置 loc
    while(j > =loc){a[j +1] = a[j];j - -;} //从后至 loc 间后移 1 位
    a[j +1] = a[0];                        //插入 a[i]
  }
}
int main()
{ int a[] = {000,37,23,0,17,12,72,31,46,100,88,54};//a[0]为监控哨
  int n = sizeof(a)/sizeof(a[0]) -1;       //计算数组 a 的元素数 n =48/4 -1
  insertSort(a,n);
  printf("排序结果:\ n");for(int i =1;i <=n;i ++)printf("% d ",a[i]);
}
```

9.2.3　希尔排序

希尔排序(Shell's sort)又称"缩小增量排序"，它也是一种插入排序的方法，但在时间上较前两种排序方法有较大的改进。

1. 基本思想

先将整个待排序记录序列分割成若干子序列，分别进行直接插入排序，待整个序列中的记录

"基本有序时"，再对全体记录进行一次直接插入排序。

特点：子序列不是简单的逐段分割，而是将相隔某个"增量"的记录组成一个子序列，所以关键字较小的记录不是一步一步地前移，而是跳跃式前移，从而使得在进行最后一趟增量为 1 的插入排序时，序列已基本有序，只要做少量比较和移动即可完成排序，时间复杂度较低。

2. 排序方法

例如，待排序列为：21，25，49，25 * ，16，08。设增量分别取 3、2、1，则排序过程如下：

第一趟排序过程如图 9-3（a）所示，第二趟排序过程如图 9-3（b）所示，第三趟排序过程如图 9-3（c）所示。

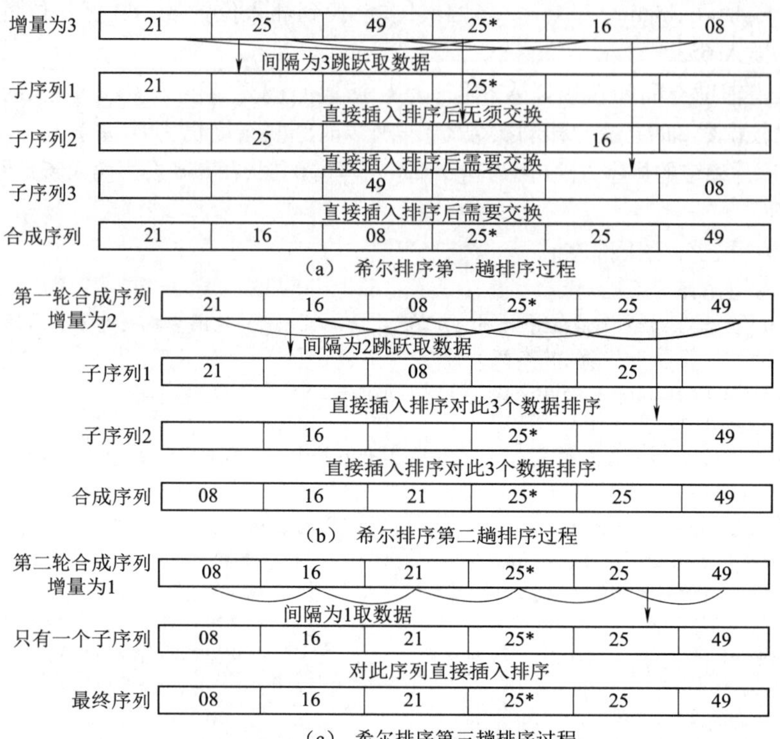

图 9-3　希尔排序过程

再例，待排序列为：40，30，60，80，70，10，20，40，50，05。设增量分别取 5、3、1，则排序过程如图 9-4所示。

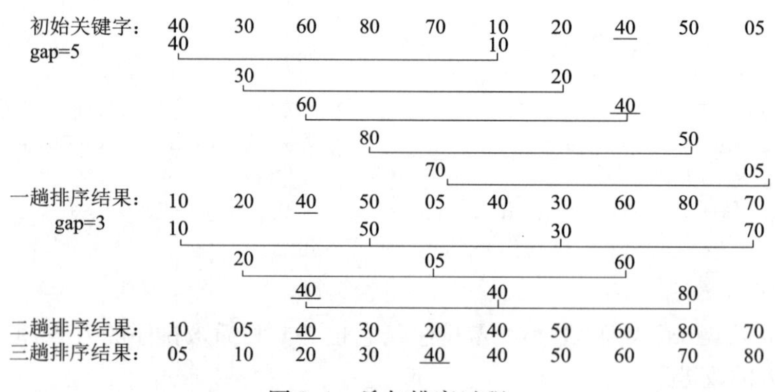

图 9-4　希尔排序过程

3. 算法实现

实现图 9-3 的程序代码如下。第一趟取 inc 的方法是:inc/3(向下取整)+1。将整个数据序列划分为间隔为 3 的 3 个子序列,然后对每一个子序列执行直接插入排序,相当于对整个序列执行了部分排序调整。

【综合练习 9-3】希尔排序。

```
#include <stdio.h>
void shell_sort(int nb[],int n)   //对 nb[0..n-1]数组内元素希尔排序,n 为数组元素数
{  int inc=n,i,j,t=0;              //1.初始化划分增量 inc=n,t 为
   do{inc=inc/3+1;                 //2.增量依次:3,2,1,每次减小增量,直到 inc=1
      for(i=inc;i<n;++i)           //3.对 inc 个子序列,同步进行直接插入排序
      { if(nb[i-inc]>nb[i])        //3.1 若 nb[i]小于本序列最后元素,往前查找其插入位
        {t=nb[i]; j=i-inc;         //3.21 t 暂存插入元素 nb[i] ,j 为本序列前一元素位置
           do{ nb[j+inc]=nb[j];//3.22 从 nb[j]由后往前依次移动元素,寻找插入位置
               j=j-inc;            //3.23 j 依次递减 inc 值,由后往前移动
           }while(j>=0&&nb[j]>t);//3.3 当 nb[j]<=t 或 j<0 结束移动
           nb[j+inc]=t;            //3.4 插入元素
        }//if
      }//for
   }while(inc>1);
}
int main()
{  int a[]={21,25,49,25,16,8};
   int n=sizeof(a)/sizeof(a[0]),i;
   //计算元素数 n,若 a[0]为 4 字节,sizeof(a)=6* 4=24 字节
   shell_sort(a,n);
   printf("排序结果: \n");
   for(i=0;i<n;i++)printf("% d ",a[i]);
   return 0;
}
```

微视频 综合练习 9-3 视频讲解

4. 效率分析

希尔排序的空间复杂度为 $O(1)$。希尔排序的时间复杂度是根据选中的增量 d 有关的,在最优的情况下(元素已经排序好顺序),时间复杂度为 $O(n)$。在最差的情况下,时间复杂度为 $O(n^2)$。平均时间复杂度为 $O(n^{1.3})$。希尔排序是不稳定的排序方法。

9.3 交换排序

9.3.1 冒泡排序

1. 基本思想

冒泡法也称沉底法,每相邻两个记录关键字比较大小,大的记录往下沉(也可以小的往上浮)。每一遍把最后一个下沉的位置记下,下一遍只需检查比较到此为止;到所有记录都不发生下沉(或上浮)时,整个过程结束(每交换一次,记录减少一个反序数)。

2. 排序方法

例如,一个数组存有 83,16,9,96,27,75,42,69,34 等 9 个值。开始时 83 与 16 互相比较,因 83 > 16,所以两元素互换;然后 83 > 9,83 与 9 互换;接着 83 < 96,所以不变;然后互换的元素有(96:27),(96:75),(96:42),(96:69),(96:34)。所以在第一趟排序结束时找到最大的值 96,把它放在最下

面的位置，过程见表 9-1。

表 9-1　第一趟冒泡排序（表格中粗体字表示正在比较或比较后移动的结果）

比较次数	第一次	第二次	第三次	第四次	第五次	第六次	第七次	第八次	第九次
1	**83**	16	16	16	16	16	16	16	16
2	**16**	**83**	9	9	9	9	9	9	9
3	9	**9**	**83**	83	83	83	83	83	83
4	96	96	**96**	**96**	27	27	27	27	27
5	27	27	27	**27**	**96**	75	75	75	75
6	75	75	75	75	**75**	**96**	42	42	42
7	42	42	42	42	42	**42**	**96**	69	69
8	69	69	69	69	69	69	**69**	**96**	34
9	34	34	34	34	34	34	34	**34**	**96**

重复每一趟排序都会将最大的一个元素放在工作区域的最低位置，且每趟排序的工作区域都比前一趟排序少一个元素，如此重复直至没有互换产生停止，见表 9-2。

表 9-2　冒泡排序

数值	Pass1	Pass2	Pass3	Pass4	Pass5
83	16	9	9	9	9
16	9	16	16	16	16
9	83	27	27	27	27
96	27	75	42	42	34
27	75	42	69	34	42
75	42	69	34	69	69
42	69	34	75	75	75
69	34	83	83	83	83
34	96	96	96	96	96

3. 算法实现

微视频

综合练习 9-4
视频讲解

【综合练习 9-4】冒泡排序。

```
#include <stdio.h>
void b_sort(int a[],int len)              //冒泡排序数组 a[0...len-1]
{ int i,j,x,B=1;                          //0.B 下沉状态控制字,B=1 为有下沉
  for(i=0;(i<len-1)&&B;i++)              //1.外层循环控制趟数,总趟数为 len-1
  { B=0;                                  //1.1 若本趟排序无交换则 B=0
      for(j=0;j<len-1-i;j++)             //1.2 内层循环为当前 i 趟数所需比较的次数
         if(a[j]>a[j+1]){x=a[j];a[j]=a[j+1];a[j+1]=x;B=1;}
//1.3 根据判断交换数据
  }
}
int main()
{ int a[]={21,25,49,25,16,8};
  int n=sizeof(a)/sizeof(a[0]);//计算元素数 n,若 a[0]为 4 字节,sizeof(a)=6* 4=24 字节
```

```
    b_sort(a,n);
    printf("排序结果: \ n");for(int i =0;i <n;i ++)printf("% d ",a[i]);
}
```

4. 效率分析

空间效率:仅用了一个辅助单元,空间复杂度为 $O(1)$。

最好的情况(关键字在记录序列中顺序有序):只需进行一趟冒泡。“比较”次数:$n-1$。“移动”次数:0。所以最好情况时的时间复杂度:$O(n)$。

最坏情况(关键字在记录序列中逆序有序):需进行 $n-1$ 趟冒泡。

总比较次数 = $\sum_{j=2}^{n}(j-1) = \frac{1}{2}n(n-1)$。

总移动次数 = $\sum_{j=2}^{n}3(j-1) = \frac{3}{2}n(n-1)$。

所以最坏的情况时间复杂度为 $O(n^2)$。冒泡排序的时间复杂度是 $O(n^2)$。冒泡排序是稳定排序。

9.3.2 快速排序

1. 基本思想

就排序时间而言,快速排序被认为是一种最好的内部排序方法。通过一趟快速排序将待排序的记录组分割成独立的两部分,其中前一部分记录的关键字均比枢轴记录的关键字小;后一部分记录的关键字均比枢轴记录的关键字大,枢轴记录得到了它在整个序列中的最终位置并被存放好,这个过程称为一趟快速排序。

第二趟再分别对被分割成两部分的子序列进行快速排序,这两部分子序列中的枢轴记录也得到了最终在序列中的位置而被存放好,并且它们又分别分割出独立的两个子序列……。显然,这是一个递归的过程,不断进行下去,直到每个待排序的子序列中只有一个记录时为止,整个排序过程结束。快速排序是对冒泡排序的一种改进。

通常是以序列中第一个记录的关键字值作为枢轴记录。

2. 排序方法

设待排序列的下界和上界分别为 low 和 high,$R[low]$是枢轴记录,一趟快速排序的具体过程如下:

(1)首先将 $R[low]$中的记录保存到 pivot 变量中,用两个整型变量 i、j 分别指向 low 和 high 所在位置上的记录;

(2)先从 j 所指的记录起自右向左逐一将关键字和 pivot 进行比较,当找到第 1 个关键字小于 pivot 的记录时,将此记录复制到 i 所指的位置上去;

(3)然后从 $i=i+1$ 所指的记录起自左向右逐一将关键字和 pivot 进行比较,当找到第 1 个关键字大于 pivot 的记录时,将该记录复制到 j 所指的位置上去;

(4)接着再从 $j=j-1$ 所指的记录重复以上的(2)、(3)两步,直到 $i==j$ 为止,此时将 pivot 中的记录放回到 i(或 j)的位置上,一趟快速排序完成。

例如,对数据序列:70,75,69,32,88,18,16,58 进行快速排序。

第一趟快速排序过程如图 9-5 所示:

(1)首先将 $R[1]$中的记录 70 保存到 pivot 变量中,i、j 分别指向 low(=1)位的记录 70 和 high(=8)位的记录 58;

(2)先从 j 所指的记录 58 起自右向左逐一和 pivot(70)进行比较,当找到第 1 个关键字 58 小于 pivot 的记录 70 时,将此记录复制到 i(=1)所指的位置上去;

(3)然后从 $i=i+1$(=2)所指的记录 75 起自左向右逐一和 pivot(70)进行比较,当找到第 1 个关键字 75 大于 pivot 的记录时,将该记录复制到 j(=8)所指的位置上去;

(4)接着再从 $j=j-1(=7)$ 所指的记录 16 重复以上的(2)、(3)两步，直到 $i==j=6$ 为止，此时将 pivot 中的记录 70 放回到 i（或 j）的位置上，一趟快速排序完成。

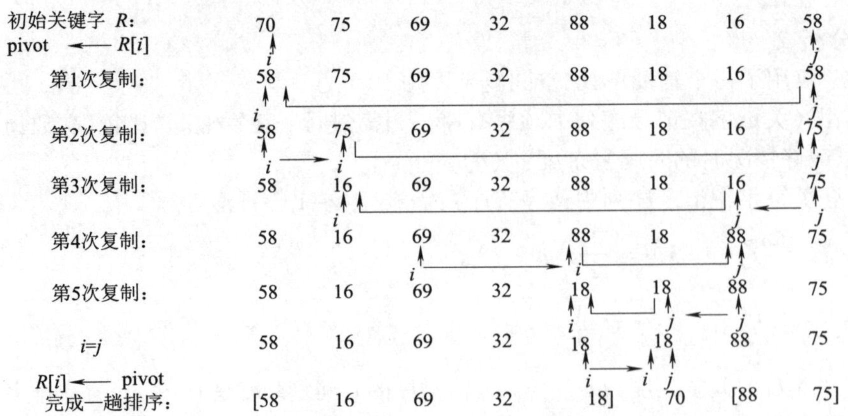

图 9-5 第一趟快速排序

第一趟以后递归进行的快速排序过程如图 9-6 所示，每一次递归排序方法同第一趟排序。

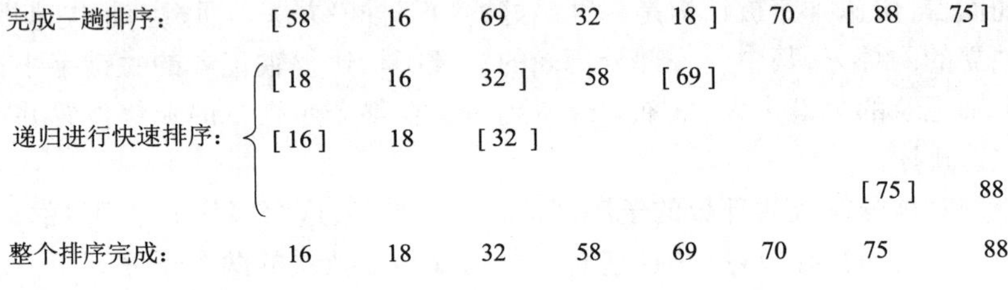

图 9-6 递归进行快速排序

3. 算法实现

【综合练习 9-5】快速排序。

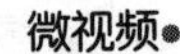

综合练习 9-5
视频讲解

```
#include <stdio.h>
void swap(int *a,int *b)                   //交换 a、b 两个数的值
{ int temp; temp = *a; *a = *b; *b = temp; }
void quicksort(int a[],int low,int high) //对数组 a[low...high]快速排序
{ int i,j;
  if(low < high)
  { i = low + 1; //1.1 将 a[low]作为基准数,因此 i 从 a[low +1]开始与基准数比较
    j = high;  //1.1a[high]是数组的最后一位 j
    while(i < j)
    { if(a[i] > a[low])       //2.1 如果比较的数组元素大于基准数,则交换位置
      { swap(&a[i],&a[j]);                 //2.11 交换两个数
        j --;                  //2.12 将数组指针 j 向前移一位,继续与基准数比较
      }else i ++;              //2.2 将数组指针 i 向后移一位,继续与基准数比较
    }
  /* 跳出 while 循环后,i == j。
此时数组被分割成两个部分:a[low +1] ~ a[i -1] < a[low] > a[i +1] ~ a[high]
再将 a[i]与 a[low]进行比较,决定 a[i]的位置。
最后将 a[i]与 a[low]交换,进行两个分割部分的排序!依此类推,直到最后 i == j 不满足条件就退出!
  */
    if(a[i] >= a[low]){i --;j --;}       //3.必须取">=",否则有相同的值时,会出现错误!
    swap(&a[low],&a[i]);                 //4.交换 a[i]与 a[low]
```

```
    quicksort(a,low,i-1);                //5.1 向下递归快速排序
    quicksort(a,j+1,high);               //5.2 向上递归快速排序
  }
}
void display(int a[],int maxlen)//显示数组 a 的元素内容,maxlen 数组元素个数
{  int i;for(i=0;i<maxlen;i++)printf("% -3d",a[i]);printf("\n");}
#define BUF_SIZE 10
int main()// 主函数
{  int n;
   int array[BUF_SIZE]={12,85,25,16,34,23,49,95,17,61};
   int maxlen=BUF_SIZE;
   printf("排序前的数组:\n");display(array,maxlen);
   quicksort(array,0,maxlen-1);          //快速排序
   printf("排序后的数组\n");display(array,maxlen);
}
```

4. 效率分析

空间效率：快速排序是递归的，每层递归调用时的指针和参数均要用栈来存放，递归调用层次数与上述二叉树的深度一致。因而，存储开销在理想情况下为 $O(\log_2 n)$，即树的高度；在最坏情况下，即二叉树是一个单链，为 $O(n)$。

时间效率：在 n 个记录的待排序列中，一次划分需要约 n 次关键码比较，时效为 $O(n)$，若设 $T(n)$ 为对 n 个记录的待排序列进行快速排序所需时间：

理想情况下：每次划分，正好将其分成两个等长的子序列，则时间复杂度为 $O(n\log_2 n)$。

最坏情况下：快速排序每次划分，只得到一个子序列，这时快速排序蜕化为冒泡排序的过程，其时间复杂度最差，为 $O(n^2)$。

快速排序的平均时间为 $T(n)=k\times n\times\log_2 n$，其中 n 为待排序序列中记录的个数，k 为某个常数。经验表明，在同数量级的排序方法中，快速排序的常数因子 k 最小。快速排序通常被认为在同数量级[$O(n\log_2 n)$]的排序方法中平均性能最好的。快速排序的平均时间复杂度为 $O(n\log_2 n)$。快速排序是一个不稳定的排序方法。

9.4　选择排序

选择排序主要是从待排序列中选取一个关键字值最小的记录，把它与第一个记录交换存储位置，使之有序。然后在余下的无序的记录中，再选出关键字最小的记录与无序区中的第一个记录交换位置，又使之成为有序。依此类推，直至完成整个排序。

9.4.1　简单选择排序

1. 基本思想

(1)初始状态：整个数组 r 划分成两个部分，即有序区(初始为空)和无序区。

(2)基本操作：从无序中选择关键字值最小的记录，将其与无序区的第一个记录交换(实质是添加到有序区尾部)。

从初态(有序区为空)开始，重复步骤(2)，直到终态(无序区为空)。

2. 排序方法

例如，对数据序列：53，36，48，<u>36</u>，60，7，18，41 进行简单选择排序。

如图 9-7 所示，初始状态，整个数组划分成两个部分，即用小括号括起来的有序区和用中括号括

起来的无序区。然后从无序中选择关键字值最小的记录7，将其与无序区的第一个记录53交换（实质是添加到有序区尾部）。接着，再从无序中选择关键字值最小的记录18，将其与无序区的第一个记录36交换。如此反复，直到无序区为空结束。

```
初始关键字序列：[53   36   48   36   60   7    18   41]
第一次排序结果：(7)  [36   48   36   60   53   18   41]
第二次排序结果：(7   18)  [48   36   60   53   36   41]
第三次排序结果：(7   18   36)  [48   60   53   36   41]
第四次排序结果：(7   18   36   36)  [60   53   48   41]
第五次排序结果：(7   18   36   36   41)  [53   48   60]
第六次排序结果：(7   18   36   36   41   48)  [53   60]
第七次排序结果：(7   18   36   36   41   48   53)  [60]
最后结果：       7   18   36   36   41   48   53   60
```

图 9-7　简单选择排序过程

再例，见表9-3，根据关键字的初始序列，给出了简单选择排序的前三趟执行过程。

表 9-3　简单选择排序的前三趟执行过程

初始序列	23	21	25	13	31	18	39
第1趟排序结果	**13**	21	25	**23**	31	18	39
第2趟排序结果	13	**18**	25	23	31	**21**	39
第3趟排序结果	13	18	**21**	23	31	**25**	39

3. 算法实现

【综合练习9-6】简单选择排序。

```
#include <stdio.h>
#define N 8
void sort(int a[],int n)//简单选择排序,n为数组a的元素个数,a[0...n-1]
{ for(int i=0;i<n-1;i++)          //1.行n-1轮选择
  { int min_index=i;              //2.初始第i小的数位置min_index=i
    for(int j=i+1;j<n;j++)        //2.1找出第i小的数所在的位置min_index
      if(a[j]<a[min_index]) min_index=j;
    if(i!=min_index) //3.将第i小的数,放在第i个位置;如果刚好,就不用交换
      {int t=a[i];a[i]=a[min_index];a[min_index]=t;} //3.1小则交换
  }
}
int main()
{ int num[N]={89,38,11,78,96,44,19,25};
  sort(num,N);
  for(int i=0;i<N;i++)printf("%d  ",num[i]);printf("\n");//输出排序结果
  return 0;
}
```

4. 效率分析

简单选择排序比较次数与关键字初始排序无关。

找第一个最小记录需进行 $n-1$ 次比较，找第二个最小记录需要比较 $n-2$ 次，找第 i 个最小记录需要进行 $n-i$ 次比较，总的比较次数为

$$(n-1)+(n-2)+\cdots+(n-i)+\cdots+2+1=n(n-1)/2$$

时间复杂度为 $O(n^2)$，空间复杂度为 $O(1)$。移动记录的次数，最小值为0，最大值为 $3(n-1)$。

简单选择排序是稳定的排序方法，但以上示例表现出的现象是不稳定的，改变“交换记录”策略，可以写出不产生“不稳定现象”的选择排序算法。

9.4.2 树形选择排序

树形选择排序参照锦标赛的思想进行。比赛开始，将 n 个参赛选手看成完全二叉树（或满二叉树）的叶结点，共有 $2n-1$（n 为偶数）或 $2n$（n 为奇数）个结点。首先，两两进行比赛（在树中是兄弟的进行，否则轮空，直接进入下一轮），胜出的兄弟间再两两进行比较，直到产生第一名。接下来，将第一名所在的叶结点看成最差的，并从该结点开始，沿该结点到根的路径上，依次进行各分支结点子女间的比较，胜出的就是第二名。因为和他比赛的均是刚刚输给第一名的选手。如此，继续进行下去，直到所有选手的名次排定。

例如，有16个选手参加的比赛，其成绩如图9-8所示各叶结点的值。

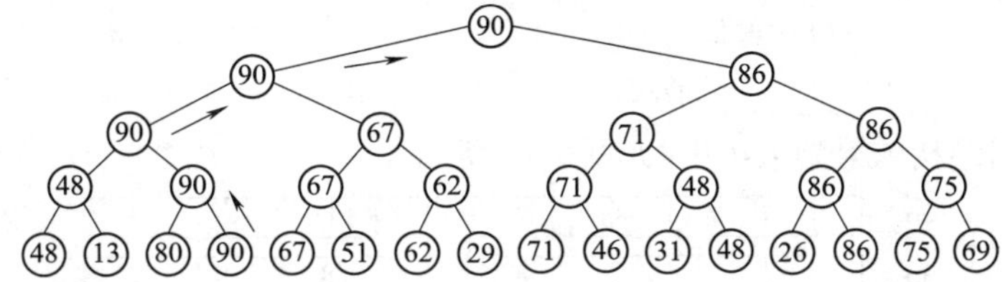

图9-8 选手成绩的二叉树

在图9-8中，从叶结点开始的兄弟间两两比赛，胜者上升到父结点；胜者兄弟间再两两比赛，直到根结点，产生第一名90。比较次数为 $n-1$。

在图9-9中，将第一名的叶结点置为最差（设为0），与其兄弟比赛，胜者上升到父结点，胜者兄弟间再比赛，直到根结点，产生第二名86。比较次数为4，即 $\log_2 n$ 次。其后各结点的名次均是这样产生的，所以，对于 n 个参赛选手来说，即对 n 个记录进行树形选择排序。时间复杂度为 $O(n\log_2 n)$。

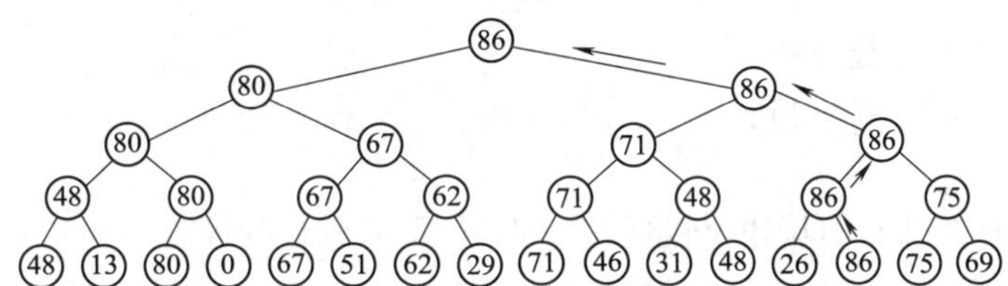

图9-9 兄弟间两两比赛后的二叉树

该方法占用空间较多，除了需输出排序结果的 n 个单元外，还需要 $n-1$ 个辅助单元。

9.4.3 堆排序

堆排序法是利用堆树来进行排序的方法，堆树是一种特殊的二叉树，其具备以下特征：

(1)是一棵完全二叉树。

(2)每一个结点的值均大(小)于或等于它的两个子结点的值。

(3)树根的值是堆树中最大的或最小的。

如图9-10所示，图(a)是堆树，图(b)则不是。

每个结点的值都大于或者等于它的左右子结点的值的称为大顶堆，如图9-11(a)所示。

每个结点的值都小于或者等于它的左右子结点的值的称为小顶堆，如图9-11(b)所示。

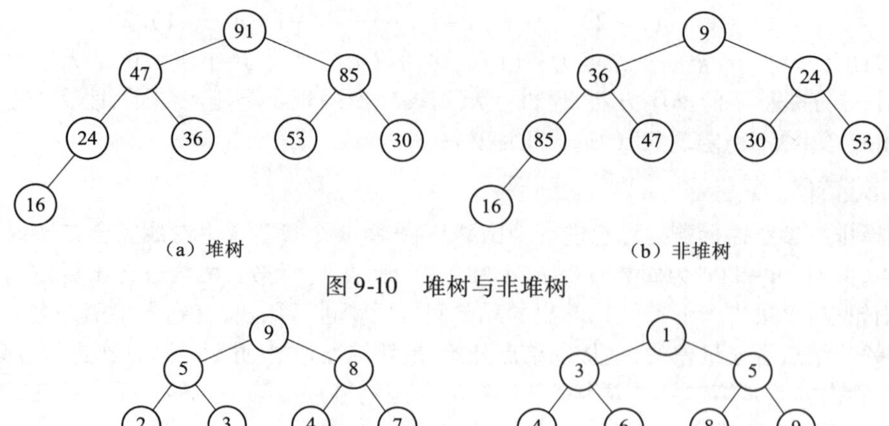

(a) 堆树　　(b) 非堆树

图 9-10　堆树与非堆树

(a) 大顶堆　　(b) 小顶堆

图 9-11　大顶堆小顶堆

如果把这种逻辑结构映射到数组中,如图 9-12 所示。

arr	9	5	8	2	3	4	7	1
arr	1	3	5	4	6	8	9	7

图 9-12　把大顶堆、小顶堆影射到数组

这个数组 arr 逻辑上就是一个堆。从这里可以得出以下性质:

对于大顶堆:$arr[i] \geqslant arr[2i]$ && $arr[i] \geqslant arr[2i+1]$　$(i=1,2,\cdots,n/2)$

对于小顶堆:$arr[i] \leqslant arr[2i]$ && $arr[i] \leqslant arr[2i+1]$　$(i=1,2,\cdots,n/2)$

1. 基本思想

根据大顶堆的性质,堆排序的基本思想是:

(1)把用数组存储的待排序数据,转换成一棵完全二叉树。

(2)将完全二叉树转换成堆树。

(3)有了堆树后,就很容易得到一个有序的序列。

2. 建堆方法

例如,输入数据序列为:80,13,6,88,27,75,42,69,对其进行堆排序。

1)转换完全二叉树

位置(i)	1	2	3	4	5	6	7	8
一维数组中的数据	80	13	6	88	27	75	42	69

对于任一位置,若父结点的位置为 i,则它的两个子结点分别位于 $2i$ 和 $2i+1$。所以可根据数组中的数据位置,画出图 9-13 所示的完全二叉树。

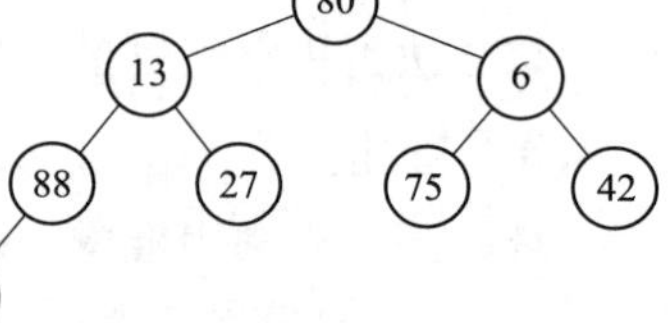

图 9-13　完全二叉树

2)建堆过程

建堆是一个从下往上进行"筛选"的过程。

①从数组中间开始调整(即自下而上,自右至左)。

②找出此父结点的两个子结点的较大者,再与父结点比较,若父结点小,则交换。(然后以交换后的子结点作为新的父结点,重复此步骤直到没有子结点)

③每次调整,检查交换后的子结点,使交换后的子结点也是一棵堆树。

④把步骤②中原来的父结点的位置往前推一个位置，作为新的父结点。重复步骤②，直到树根为止。

整个过程如图 9-14 所示。图 9-14(a)结点 69 与父结点 88 比较，$69 < 88$ 不变。图 9-14(b)然后对最右下分支的结点 75 与结点 42 比较，选出较大者 75 再与父结点 6 比较，父结点小，6 与 75 交换，结点 75 成为该分支新的父结点；图 9-14(c)接着对该层左分支结点 27 与结点 88 比较，选出较大者 88 后与父结点 13 比较，父结点小，13 与 88 交换，结点 88 成为该分支新的父结点。图 9-14(d)调整后，检查交换后的子结点 13 小于其子树结点 69，进行调整，使交换后的子树也是一棵堆树(13 与 69 交换)。图 9-14(e)最后继续对第二层分支结点 75 与结点 88 比较，选出较大者 88 后与父结点 80 比较，父结点小，80 与 88 交换，结点 88 成为新的根结点，排序完成。

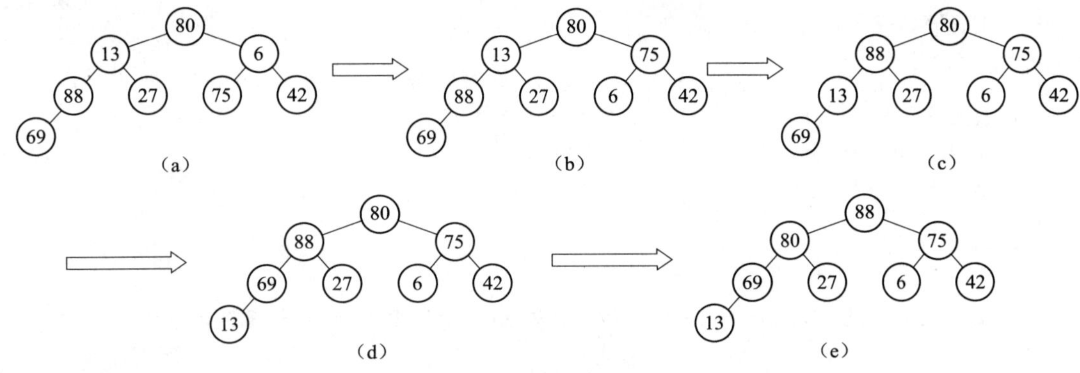

图 9-14　堆树建立过程

3)堆调整(筛选)

实现堆排序要解决的一个问题：即输出堆顶元素后，怎样调整剩余 $n-1$ 个元素，使其按关键码成为一个新堆。

调整方法：设有 m 个元素的堆，输出堆顶元素后，剩下 $m-1$ 个元素。将堆底元素送入堆顶，堆被破坏，其原因仅是根结点不满足堆的性质。

将根结点与左、右孩子中较大的进行交换。若与左孩子交换，则左子树堆被破坏，且仅左子树的根结点不满足堆的性质；若与右孩子交换，则右子树堆被破坏，且仅右子树的根结点不满足堆的性质。

继续对不满足堆性质的子树进行上述交换操作，直到叶子结点，堆被建成，称这个自根结点到叶子结点的调整过程为筛选，其过程如图 9-15 所示。

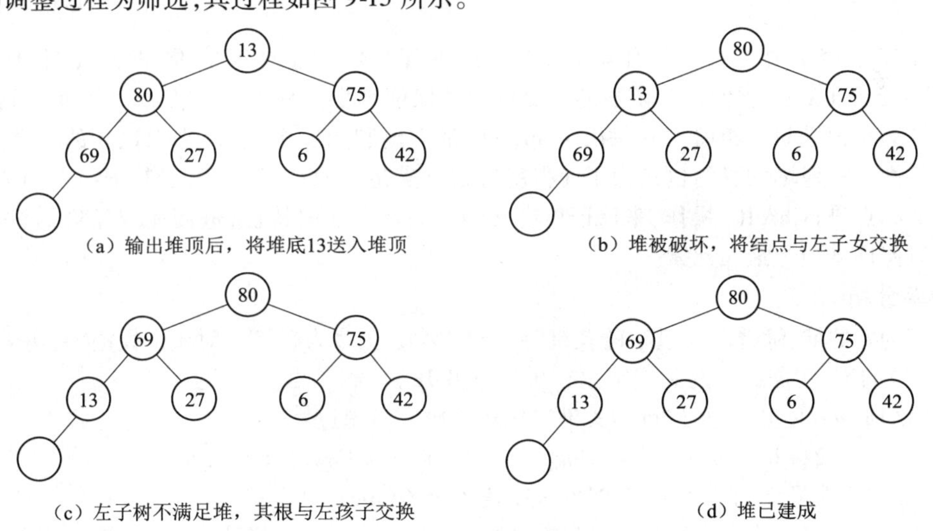

图 9-15　堆调整(筛选)

继续相同步骤，最后只剩下树根，完成整个堆排序过程。

3. 算法实现

【综合练习 9-7】堆排序。

微视频

综合练习 9-7
视频讲解

```
#include <iostream>
void swap(int *a,int *b)                //交换两个数的值
{ int temp; temp=*a;*a=*b;*b=temp;}
void HAd(int data[],int length,int k)
//对第 k 个结点为根的子树筛选,使其成为大顶堆
{ int tmp=data[k];
  int i=2*k+1;
  while(i<length)
  { if(i+1<length && data[i]>data[i+1]) ++i;//选取最小的结点位置
    if(tmp<data[i])break;               //不用交换
    data[k]=data[i];                    //交换值
    k=i;i=2* k+1;                       //继续查找
  }
  data[k]=tmp;
}
void HSort(int data[],int length)  //对数组 data[]堆排序,length 数组元素数
{ int i;
  if(data==NULL||length<=0)return;
  for(i=length/2-1;i>=0;i--)HAd(data,length,i); //从第二层开始建堆
  for(i=length-1;i>=0;i--)
  { swap(&data[0],&data[i]); HAd(data,i,0);}    //从顶点开始建堆,忽略最后一个
}
void main(void)
{ int data[]={49,38,65,97,76,13,7,46};
  int length=8;
  HSort(data, length);
  for(int i=0;i<length;i++) printf("% d ",data[i] );
  printf("\ n");
}
```

在堆排序中最重要的一个操作就是 hAd( )，不管是建堆还是维护堆，都需要时时刻刻进行 hAd( )，那什么是 hAd( )呢？这个函数的主要作用是保证堆中的任意父结点都大于其子结点（这里特指大顶堆。小顶堆与之相反），在每次 swap( )后都需要利用这个函数，来保证新的堆顶元素也满足这样的特性。在建堆的目的也是为了使得所有结点满足：任意父结点大于其子结点的值，所以需要对所有父结点进行 hAd( )操作，来保证所有父结点满足上面的特性，进而完成建堆的过程。建堆之后就可以保证堆顶为最大元素。

4. 效率分析

对深度为 k 的堆，筛选所需进行的关键字比较的次数至多为 $2^{(k-1)}$；对 n 个关键字，建成深度为 h ($=\log_2 n+1$)的堆，所需进行的关键字比较次数至多 $4n$。

调整“堆顶” $n-1$ 次，总共进行的关键字比较的次数不超过：

$$2(\lfloor \log_2(n-1) \rfloor + \lfloor \log_2(n-2) \rfloor + \cdots + \log_2 2) < 2n(\lfloor \log_2 n \rfloor)$$

因此，堆排序在最坏的情况下，其时间复杂度也为 $O(n\log_2 n)$。

因仅需一个记录大小供交换用的辅助存储空间，所以空间复杂度为 $O(1)$。堆排序是不稳定排序，只能用于顺序存储结构，不能用于链式结构。

9.5 归并排序

归并排序是将两个或两个以上的有序子表合并成一个新的有序表。

1. 基本思想

(1)将 n 个记录的待排序序列看成是有 n 个长度都为 1 的有序子表组成。

(2)将两两相邻的子表归并为一个有序子表。

(3)重复上述步骤,直至归并为一个长度为 n 的有序表。

2. 排序方法

例如,设初始关键字序列为:49 38 65 97 76 13 27 20。

执行归并排序的过程如图 9-16 所示。初始,将 8 个记录的待排序序列看成是 8 个长度都为 1 的有序子表;第一趟归并将两两相邻子表归并为一个个含两个元素的有序子表[38,49],[65,97]……第二趟归并将含两个元素的两两相邻的子表归并为一个个含四个元素的有序子表[38,49,65,97],[13,20,27,76]。第三趟归并之后八个关键字序列排序完成。

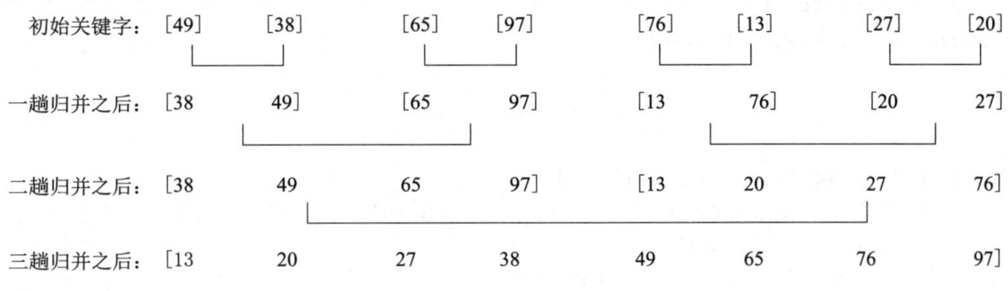

图 9-16 归并排序过程

3. 算法实现

归并排序其算法思想是将待排序序列分为两部分,依次对分得的两个部分再次使用归并排序,之后再对其进行合并。仅从算法思想上了解归并排序会觉得很抽象,下面对序列 $A[0],A[1],\cdots,A[n-1]$ 进行升序排列,操作步骤如下:

(1)将所要进行的排序序列分为左右两个部分,如果要进行排序的序列的起始元素下标为 first,最后一个元素的下标为 last,那么左右两部分之间的临界点下标 mid = (first + last)/2,这两部分分别是 A[first...mid]和 A[mid+1...last]。

(2)将上面所分得的两部分序列继续按照步骤(1)继续进行划分,直到划分的区间长度为 1。

(3)将划分结束后的序列进行归并排序,排序方法为对所分的 n 个子序列进行两两合并,得到 $n/2$ 或 $n/2+l$ 个含有两个元素的子序列,再对得到的子序列进行合并,直至得到一个长度为 n 的有序序列为止。代码实现如下:

【综合练习 9-8】归并排序。

```
#include <stdio.h>
#include <stdlib.h>
#define N 7
void merge(int arr[],int low,int mid,int high)
//将 low 至 high 间的数据排序后存到 arr 数组
{  int i,k,l_low=low,l_high=mid,r_low=mid+1,r_high=high;
   int *tmp=(int *)malloc((high-low+1)*sizeof(int));
//申请空间,使其大小从 low 至 high
   for(k=0;l_low<=l_high && r_low<=r_high;k++)
```

```
    { if(arr[l_low] <=arr[r_low]) tmp[k] =arr[l_low ++];//比较两个指针所指向的元素
      else                        tmp[k] =arr[r_low ++];
    }
  if(l_low <=l_high) //若第一个序列有剩余,直接复制出来粘到合并序列尾
    for(i =l_low;i <=l_high;i ++)tmp[k ++] =arr[i];
  if(r_low <=r_high) //若第二个序列有剩余,直接复制出来粘到合并序列尾
    for(i =r_low;i <=r_high;i ++)tmp[k ++] =arr[i];
  for(i =0;i <high - low +1;i ++)arr[low +i] =tmp[i];
  free(tmp);
}
void m_sort(int arr[],unsigned int first,unsigned int last)
//对所要进行排序的序列进行分解
{ int mid =0;
  if(first <last)
  { mid = (first +last)/2;              //注意防止溢出
    m_sort(arr,first,mid);
    m_sort(arr,mid +1,last);
    merge(arr,first,mid,last);
  }
}
int main()
{ int i,a[N] ={32,12,56,78,76,45,36};
  printf("排序前 \ n");for(i =0;i <N;i ++)printf("% d \ t",a[i]);
  m_sort(a,0,N -1);  // 排序
  printf("\ n 排序后 \ n");for(i =0;i <N;i ++)printf("% d \ t",a[i]);printf("\ n");
}
```

4. 效率分析

对 n 个元素的序列,执行二路归并算法,则必须做 $\log_2 n$ 趟归并,每一趟归并的时间复杂度是 $O(n)$,所以二路归并的时间复杂度为 $O(n\log_2 n)$。

两路归并排序需要和待排序序列一样多的辅助空间,其空间复杂度为 $O(n)$。归并排序也是一种稳定性的排序。

9.6 基数排序

9.6.1 桶排序

桶排序(bucket sort)的原理很简单,它是将数组分到有限数量的桶子里。

假设待排序的数组 a 中共有 N 个整数,并且已知数组 a 中数据的范围[0,MAX]。在桶排序时,创建容量为 MAX 的桶数组 r,并将桶数组元素都初始化为 0;将容量为 MAX 的桶数组中的每一个单元都看作一个“桶”。在排序时,逐个遍历数组 a,将数组 a 的值作为“桶数组 r”的下标。当 a 中数据被读取时,就将桶的值加 1。例如,读取到数组 $a[3]=5$,则将 $r[5]$的值 +1。

假设 $a[\,]=\{8,2,3,4,3,6,6,3,9\}$,数据的范围[0,9],MAX =9。此时,将数组 a 的所有数据都放到存放数据 0 ~9 的相应桶中,如图 9-17 所示。

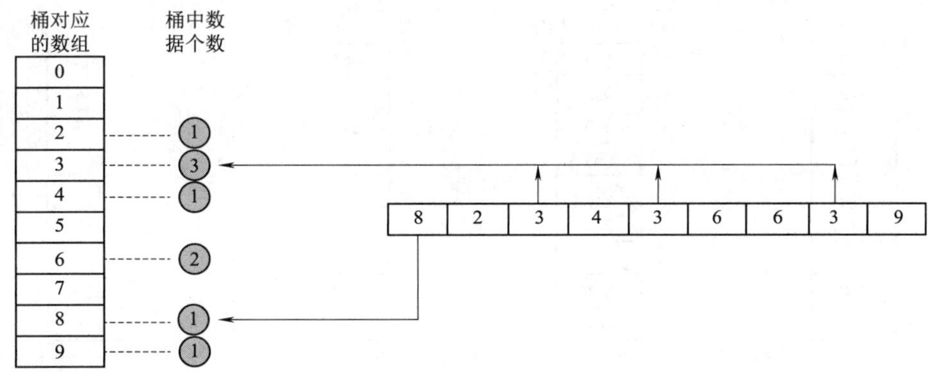

图 9-17　桶排序

在将数据放到桶中之后,再通过一定的算法,将桶中的数据依次提出来,并转换成有序数组,就得到想要的结果了。

桶排序的程序实现如下:

【综合练习 9-9】桶排序。

```
#include <iostream>
using namespace std;
void bucketSort(int a[],int n,int max)
//桶排序:a[0...n-1]待排序数组, n 数组 a 的长度,max 数组 a 中的最大元素值
{ int i,j;
  int * bs = (int *)malloc(sizeof(int)* (max +1));
  for(i =0;i <=max;i ++)bs[i] =0;           //0.将 bs 中的所有数据都初始化为 0
  for(i =0;i <n;i ++)bs[a[i]] ++;           //1.计数
  for(i =0,j =0;i <=max;i ++)while((bs[i] - -) >0)a[j ++] =i;//2.桶排序
}
int main()
{ int a[] ={8,2,3,4,3,6,6,9};               //数组 a 中的最大元素值为 9
  int N =sizeof(a)/sizeof(int);             //数组 a 的长度
  bucketSort(a,N,9);
  for(int i =0;i <N;i ++)printf("% d ",a[i]);
}
```

9.6.2　基数排序

基数排序(radix sort)是桶排序的扩展,它的基本思想是:将整数按位数切割成不同的数字,然后按每个位数分别比较。

具体做法是:将所有待比较数值统一为同样的数位长度,数位较短的数前面补零。然后,从最低位开始,依次进行一次排序。这样从最低位排序一直到最高位排序完成以后, 数列就变成一个有序序列。

例如,对数组{53,542,3, 63,14,214,154,748,616}进行基数排序,示意图如图 9-18 所示。

图 9-18 中,首先将所有待比较的数值统一为统一位数长度,接着从最低位开始,依次进行排序。

(1)按照个位数进行排序。

(2)按照十位数进行排序。

(3)按照百位数进行排序。

排序后,数列就变成了一个有序序列。

基数排序程序实现方法如下:

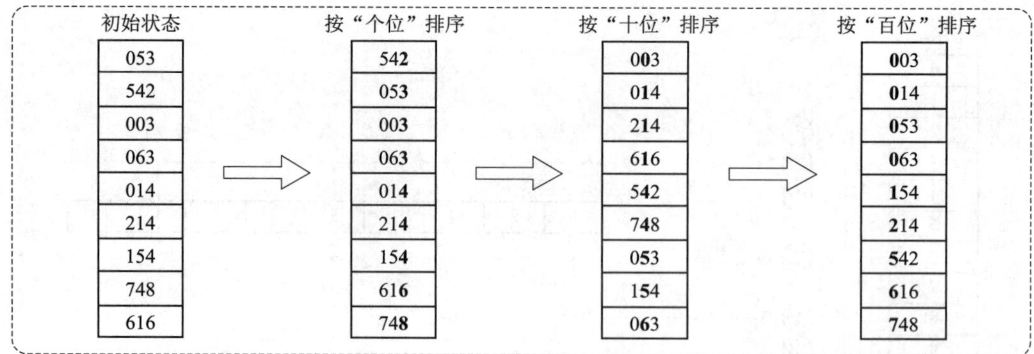

图 9-18　基数排序

【综合练习 9-10】基数排序。

微视频

综合练习 9-10 视频讲解

```
#include <iostream>
using namespace std;
#define LENGTH(array) ((sizeof(array))/(sizeof(array[0]))) //数组长度
int get_max(int a[],int n) //获取数组 a[0...n-1]中最大值,n 数组长度
{ int i,max=a[0];
  for(i=1;i<n;i++)if(a[i]>max)max=a[i];
  return max;
}
void count_sort(int a[],int n,int exp)          //对数组按照"某个位数"进行排序(桶排序)
//对数组 a[0...n-1]按该指数 exp 进行排序。n 数组长度,exp 指数
{ int *p=(int *)malloc(sizeof(int)*n);           //存储"被排序数据"的临时数组
  int i,b[10]={0};                               //将数据出现的次数存储在 b[]中
  for(i=0;i<n;i++)b[(a[i]/exp)%10]++;
  //把 a[i]/exp 的个位放 b[i]。exp=1,exp*=10
  //目的是让更改后的 b[i]的值,是该数据在 p[]中的位置
  for(i=1;i<10;i++)b[i]+=b[i-1];                 //将数据存储到临时数组 p[]中
  for(i=n-1;i>=0;i--){p[b[(a[i]/exp)%10]-1]=a[i];b[(a[i]/exp)%10]--;}
  for(i=0;i<n;i++)a[i]=p[i];                     //将排序好的数据赋值给 a[]
}
void r_sort(int a[],int n)                       //基数排序,a 为数组,n 为数组长度
{ int exp;       //指数。当对数组按各位进行排序时,exp=1;按十位进行排序时,exp=10;...
  int max=get_max(a,n);                          //数组 a 中的最大值
            //从个位开始,对数组 a 按"指数"进行排序
  for(exp=1;max/exp>0;exp*=10) count_sort(a,n,exp);
}
void main()
{ int i;
  int a[]={53,3,542,748,14,214,154,63,616},
  int len=LENGTH(a);
  printf("排序前:");for(i=0;i<len;i++)printf("%d ",a[i]); printf("\n");
  r_sort(a,len);
  printf("排序后:");for(i=0;i<len;i++)printf("%d ", a[i]);printf("\n");
}
```

程序中函数 count_sort(int a[],int n,int exp)对数组按照“某个位数”进行排序(桶排序)。即对数组 a[0...n-1]按指数 exp 进行排序。

例如,对于数组 a = {50,3,542,745,214,154,63,616}:

当 exp = 1 表示按照"个位"对数组 a 进行排序;

当 exp = 10 表示按照"十位"对数组 a 进行排序;

当 exp = 100 表示按照"百位"对数组 a 进行排序。

基数排序是对传统桶排序的扩展,速度很快。这种排序算法的时间复杂度为 $O(d(n+k))$,其中 n 表示待排序列的规模,d 表示待排序列的最大位数,k 表示每一位数的范围。这个算法适用于位数不多,待排序列最大位数不是特别大,每一位数的范围不大的情况下(当然对于数字排序,每一位的范围都是[0,9])。

基数排序是经典的以空间换时间的方式,占用内存很大,当对海量数据排序时,容易造成内存溢出。基数排序是一种稳定的内部排序算法。

9.6.3 链式基数排序

所谓链式基数排序,就是实现基数排序时,为减少所需的辅助存储空间,采用链表作存储结构,即链式基数排序。而基数排序也叫作多关键字排序,基数排序是一种借助"多关键字排序"的思想来实现"单关键字排序"的内部排序算法。

将单关键字排序转成多关键字排序,具体为,在排序过程中,将关键字拆分成若干项,然后把每一项作为一个"关键字"。对于整数或字符串型的关键字,可将其拆分为单个数字或单个字母。例如,当单关键字"123",从低位到高位可拆成关键字 "3""2""1"。

1. 链式基数排序思路(默认从小到大)

基本思想:从最低位的关键字开始,按关键字的不同值将序列中的数据分配到不同的队列中;然后按关键字从小到大(升序)收集起来,此时完成一趟分配—收集。重复分配—收集,直到最高位分配—收集完成,则序列有序。

2. 排序方法

例如,一个最大三位数的无序序列如图 9-19 所示。

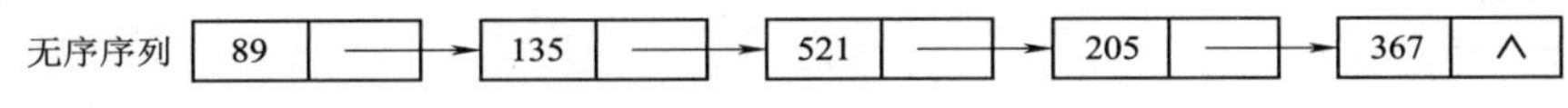

图 9-19 无序序列

如图 9-20 所示,将无序序列按个位进行分配收集:

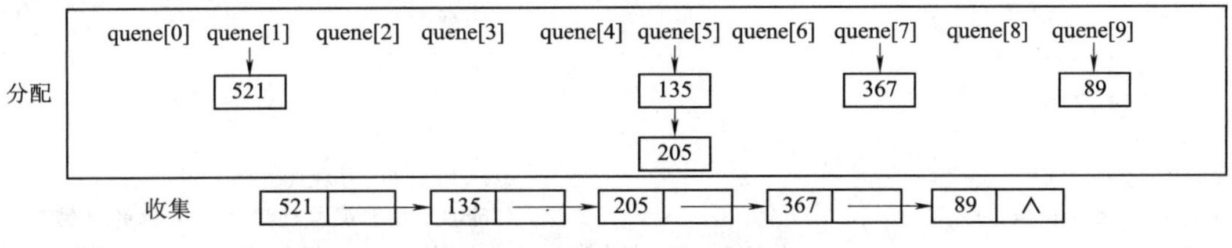

图 9-20 按个位进行分配收集

如图 9-21 所示,将个位收集到的序列再按十位进行分配收集:

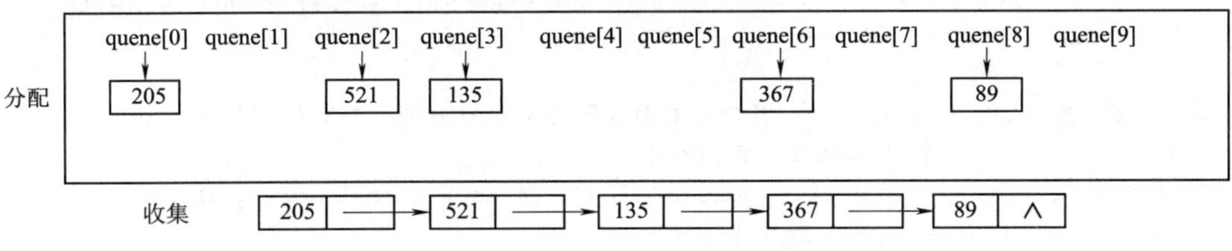

图 9-21 按十位进行分配收集

如图 9-22 所示，将十位收集到的序列再按百位进行分配收集：

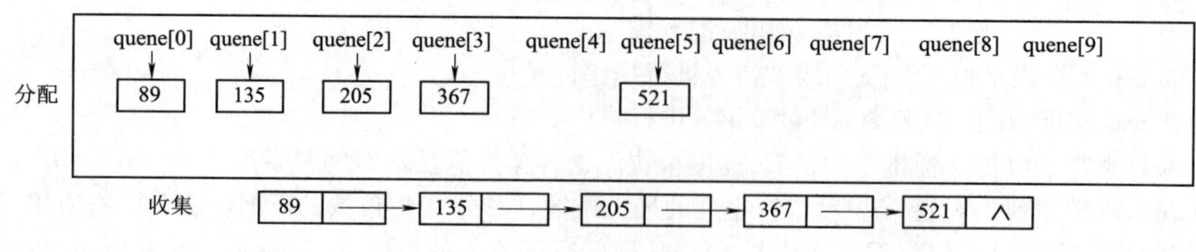

图 9-22　按百位进行分配收集

图 9-23 为分配收集完成后的序列：

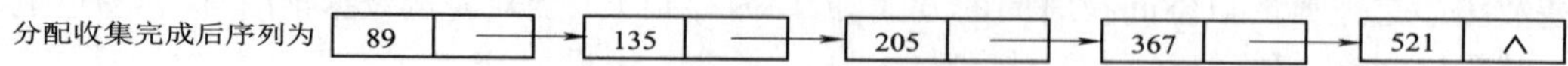

图 9-23　分配收集完成后的序列

开始排序，将序列中的数据元素按个位进行分配，并将该数据元素存入相应队列；重复以上操作，直到序列所有数据元素均按个位存入相应队列。按照队列先后顺序，将每个队列中的元素连在一起构成新队列。将新队列仿照以上操作进行分配（依次按十、百位分配）、收集，重复以上操作，直到序列中数据元素的最高位分配、收集完成。

3. 程序实现

（1）以静态链表存储待排记录，并令表头指针指向第一个记录；

（2）“分配”时，按当前“关键字位”所取值，将记录分配到不同的“链队列”中，每个队列中记录的“关键字位”相同；

（3）“收集”时，按当前关键字位取值，从小到大将各队列首尾相连成一个链表；

（4）对每个关键字位均重复（2）和（3）两步。

【综合练习 9-11】链式基数排序。

微视频

综合练习 9-11 视频讲解

```
#include <iostream>
using namespace std;
typedef struct Node                                  //结点
{  int data;
   struct Node*  next;
}Node;
typedef struct Queue                                 //队列
{  Node*  front;
   Node*  rear;
}Queue;
Queue QQ[10];                                        //队列数组,存放 10 个队列
int division = 1;                                    //除数,用于获取数据元素某位的关键字
void initQueue(Queue*  que)//将队列初始化为带头结点的链队,que 指向链队的指针
{  Node *p = (Node *)malloc(sizeof(Node));
   if(p! =NULL){ p->data =NULL;p->next =NULL; (*que).front =p;(*que).rear =p;}
   else printf("node apply error!  \ n");
}
void push(Queue*  que, int e)//将数据元素从队尾入队,que 指向链队的指针,e 数据元素
{  Node *p = (Node *)malloc(sizeof(Node));
   if(p! = NULL){p->data =e;p->next =NULL;(*que).rear->next =p;(*que).rear =p;}
   else printf("node apply error!  \ n");
}
void clear(Queue*  que)                              //把队列清空,que 指向队列的指针
```

```
{   (*que).front->next=NULL; (*que).rear=(*que).front; }
int maxBit(Queue*  que)//返回数据元素最大位数,que 指向无序序列的指针
{  Node *p=(*que).front->next;
   int maxData=p->data;
   while(p!  =NULL)
   { if(maxData<p->data) maxData=p->data;
   p=p->next;
   }
   int b=0;while(maxData>0){maxData/=10;b++;}return b;   //b 最大位数
}
int getKey(Node*  q)//获取数据元素某位上的关键字,q 指向结点的指针
{ int k=((*q).data/division)% 10;return k;}    //k 关键字
void distributeRadix(Queue*  que)//对序列进行分配,que 指向链队的指针
{  for (int i=0; i<10; i++) initQueue(&QQ[i]);//初始化十个带头结点的队列
   Node *p=(*que).front->next;
   while(p!  =NULL)
   {  int k=getKey(p);
   QQ[k].rear->next=p;QQ[k].rear=p;
   p=p->next;QQ[k].rear->next=NULL;
   }
   clear(que);//清空队列
}
void collectRadix(Queue*  que)//对分配好的队列进行收集,que 指向链队的指针
{  int index=0;//标记第一个非空队列位置,默认 0
   for(index=0; index<10; index++)
       if(&QQ[index].front->next->data!=NULL)break;
   Node *p=QQ[index].front->next;              //将第一个非空队列加入链队中
   while(p!=NULL)
   {(*que).rear->next=p; (*que).rear=p; p=p->next; (*que).rear->next=NULL;}
   for(index++; index<10;index++)//继续寻找剩下的非空队列并添加到 que 链队中
   {  Node *q=QQ[index].front->next;
      while(q!=NULL)
   {(*que).rear->next=q; (*que).rear=q;q=q->next; (*que).rear->next=NULL;}
   }
   for(int i=0;i<10;i++)clear(&QQ[i]);        //清空 10 个队列
   division*=10;                               //除数,用于获取数据元素某位的关键字
}
void radix(Queue*  que)                        //基数排序,que 指向链队的指针
{  int b=maxBit(que);                          //数据元素最大位数
   for(int i=0;i<b;i++){distributeRadix(que);collectRadix(que);}
}
void print(Queue*  que)                        //打印序列,que 指向链表的指针
{  Node *p=(*que).front->next;
   while(p!=NULL){printf("% d \ t",p->data);p=p->next;}printf("\ n");
}
int main()
{     Queue que;
      initQueue(&que);
      int arr[]={39, 135, 521, 204, 367, 45, 259, 723, 412, 68};
```

```
    int len = sizeof(arr)/sizeof(int);
    for(int i = 0;i < len; i ++)push(&que, arr[i]);
    printf("排序前序列：\ n");print(&que);radix(&que);
    printf("排序后序列：\ n");print(&que);
    return 0;
}
```

分配的时间复杂度为 $O(n)$，收集的时间复杂度为 $O(r)$，分配和收集共需要 d 趟，所以基数排序的时间复杂度为 $O(d(n+r))$。基数排序的空间复杂度为 $O(rd+n)$。基数排序的效率和初始序列是否有序没有关联。

小　结

排序是将数据的任意序列，重新排列成一个按关键字有序的序列。整个排序过程全部在内存进行的排序称为内排序，直接插入排序、希尔排序、冒泡排序、快速排序、简单选择排序、堆排序一般适合内排序。归并排序既适合内排序，也适合外排序。外部排序的数据量很大，一次不能容纳全部的排序记录，在排序过程中需要访问外存。

若对任意的数据元素序列，使用某个排序方法，对它按关键字进行排序，若相同关键字元素间的位置关系，排序前与排序后保持一致，称此排序方法是稳定的；反之，则称为不稳定的。直接插入排序、冒泡排序、归并排序、简单选择排序（交换记录不稳定）是稳定的排序方法；而希尔排序、快速排序、堆排序是不稳定的排序方法。

直接插入排序、冒泡排序、简单选择排序是简单型的排序，其时间复杂度都为 $O(n^2)$，空间复杂度为 $O(1)$。堆排序、快速排序和归并排序是改进型的排序方法，其时间复杂度均为 $O(n\log_2 n)$，空间复杂度分别为：$O(1)$、$O(\log_2 n)$、$O(n)$。

希尔排序又称为缩小增量排序，也是插入类排序的方法，但在时间上有较大的改进。其时间复杂度约为 $O(n^{1.3})$，空间复杂度为 $O(1)$。

以下就常用的排序法，用表 9-4 予以总结。

表 9-4　各种常用的排序算法

类别	排序方法	时间复杂度			空间复杂度	稳定性
		平均情况	最好情况	最坏情况	辅助存储	
插入排序	直接插入	$O(n^2)$	$O(n)$	$O(n^2)$	$O(1)$	稳定
	希尔排序	$O(n^{1.5})$	$O(n)$	$O(n^2)$	$O(1)$	不稳定
选择排序	直接选择	$O(n^2)$	$O(n^2)$	$O(n^2)$	$O(1)$	不稳定
	堆排序	$O(n\log_2 n)$	$O(n\log_2 n)$	$O(n\log_2 n)$	$O(1)$	不稳定
交换排序	冒泡排序	$O(n^2)$	$O(n)$	$O(n^2)$	$O(1)$	稳定
	快速排序	$O(n\log_2 n)$	$O(n\log_2 n)$	$O(n^2)$	$O(n\log_2 n)$	不稳定
归并排序		$O(n\log_2 n)$	$O(n\log_2 n)$	$O(n\log_2 n)$	$O(1)$	稳定
基数排序		$O(d(r+n))$	$O(d(n+rd))$	$O(d(r+n))$	$O(rd+n)$	稳定

注：基数排序的复杂度中，r 代表关键字的基数，d 代表长度，n 代表关键字的个数

从时间复杂度的平均情况来看，直接插入排序、折半插入排序、冒泡排序和简单选择排序的速度较慢。从算法实现的角度来看，速度较慢的算法实现过程比较简单，而速度较快的算法实现过程相

对较为复杂。在使用时需根据不同情况适当选用，一般综合考虑以下因素：

(1)待排序的记录个数；

(2)记录本身的大小；

(3)关键字的结构及初始状态；

(4)对排序稳定性的要求；

(5)存储结构。

排序方法选取规则：

(1)当待排序的记录个数 n 较小时，可选用简单的排序方法。而当关键字基本有序时，可选用直接插入排序或冒泡排序，排序速度很快。

(2)对于元素多的，可选用时间复杂度为 $O(n\log_2 n)$ 的算法。当 n 较大时，选用的原则是：

①当关键字分布随机，对稳定性不做要求时，可采用快速排序；

②当关键字基本有序，对稳定性不做要求时，可采用堆排序；

③当关键字基本有序，内存允许且要求排序稳定时，可采用归并排序。

(3)可以将简单的排序方法和先进的排序方法结合使用。例如，当 n 较大时，可以先将待排序序列划分成若干子序列分别进行直接插入排序，再利用归并排序将有序子序列合并成一个完整的有序序列。或者，在快速排序中，当划分子区间的长度小于某值时，可以转而调用直接插入排序算法。

(4)基数排序的时间复杂度也可写成 $O(dn)$。因此，它最适用于 n 值很大而关键字较小的序列。若关键字也很大，而序列中大多数记录的“最高位关键字”均不同，则亦可先按“最高位关键字”不同将序列分成若干“小”的子序列，而后进行直接插入排序。但基数排序对使用条件有严格的要求，需要知道各级关键字的主次关系和各级关键字的取值范围，即只适用于像整数和字符这类有明显结构特征的关键字，当关键字的取值范围为无穷集合时，则无法使用基数排序。

(5)评估一个排序法的好坏，除了用排序的时间复杂度及空间复杂度外，尚需考虑稳定度、最坏状况和程序的编写难易程度。例如，冒泡排序法，虽然效率不高，但却常常被使用，因为好写易懂。而归并排序法需要大量的额外空间，快速排序法虽然很快，但在某些时候效率却与插入排序法差不多。

练　习

一、填空题

1. 对 n 个记录的表，希尔排序在最优的情况下，时间复杂度为 O(　　)；在最差的情况下，时间复杂度为 O(　　)；平均时间复杂度为 O(　　)；空间复杂度为 O(　　)。

2. 设用希尔排序对数组{98,36,-9,0,47,23,1,8,10,7}进行排序，给出的步长（也称增量序列）依次是4、2、1，则排序需(　　)趟，第一趟结束后，数组中数据的排列次序为(　　)。

3. 对于 n 个记录的集合进行冒泡排序，在最坏的情况下所需要的时间是 O(　　)。若对其进行快速排序，在最坏的情况下所需要的时间是 O(　　)。

4. 对 n 个记录的表 $r[1...n]$ 进行简单选择排序，所需进行的关键字间的比较次数为(　　)。

5. 对 n 个记录的表，理想情况下快速排序的时间复杂度为 O(　　)，空间复杂度为 O(　　)；最坏情况下，快速排序的时间复杂度为 O(　　)，空间复杂度为 O(　　)。

6. 对 n 个元素的序列，执行二路归并算法，则必须做(　　)趟归并，所以二路归并的时间复杂度为 O(　　)，空间复杂度为 O(　　)。

7. 在对一组记录(54,38,96,23,15,72,60,45,83)进行直接插入排序时，当把第 7 个记录60 插

入到有序表时，为寻找插入位置至少需比较(　　)次。(可约定为，从后向前比较)

8. 在插入和选择排序中，若初始数据基本正序，则选用(　　)排序，若初始数据基本反序则选用(　　)排序。

9. 在堆排序和快速排序中，若初始记录接近正序或反序，则选用(　　)排序。若初始记录基本无序，则最好选用(　　)排序。

10. 在直接插入排序、希尔排序、直接选择排序、堆排序、快速排序和基数排序中，需要内存量最大的是(　　)。

11. 堆排序是一种(　　)排序，其实质上是一棵(　　)二叉树结点的层次序列。对含有 n 个元素的序列进行排序时，堆排序的时间复杂度是 O(　　)，空间复杂度为 O(　　)。

对于大顶堆：arr[i](　　)arr[$2i$]&&arr[i](　　)arr[$2i+1$]　($i=1,2,\cdots,n/2$)

对于小顶堆：arr[i](　　)arr[$2i$]&&arr[i](　　)arr[$2i+1$]　($i=1,2,\cdots,n/2$)

12. 在堆排序、快速排序和归并排序中，若只从存储空间考虑，则应首先选取(　　)排序方法，其次选取(　　)排序方法，最后选取(　　)排序方法；若只从排序结果的稳定性考虑，则应选取(　　)排序方法；若只从平均情况下最快情况考虑，则应选取(　　)排序方法；若只从最坏情况下最快并且要节省内存考虑，则应选取(　　)排序方法。

13. 设要将序列(Q,H,C,Y,P,A,M,S,R,D,F,X)中的关键码按字母升序重新排列，则冒泡排序一趟扫描的结果是(　　)；初始步长为 4 的希尔排序一趟的结果是(　　)；二路归并排序一趟扫描的结果是(　　)；快速排序一趟扫描的结果是(　　)；堆排序初始建堆的结果是(　　)。

二、单项选择题

1. 下面给出的四种排序方法中，排序过程中的比较次数与排序方法无关的是(　　)。

A. 选择排序法　　B. 插入排序法　　C. 快速排序法　　D. 堆积排序法

2. 对序列{15,9,7,8,20,-1,4}进行排序，进行一趟后数据的排列变为{4,9,-1,8,20,7,15}，则采用的是(　　)排序。

A. 选择　　B. 快速　　C. 希尔　　D. 冒泡

3. 对序列{15,9,7,8,20,-1,4,}用希尔排序方法排序，经一趟后序列变为{15,-1,4,8,20,9,7}，则该次采用的增量值是(　　)。

A. 1　　B. 4　　C. 3　　D. 2

4. 若一组记录的排序码为{46,79,56,38,40,84}，则利用快速排序的方法，以第一个记录为基准得到的一次划分结果为(　　)。

A. 38,40,46,56,79,84　　B. 40,38,46,79,56,84

C. 40,38,46,56,79,84　　D. 40,38,46,84,56,79

5. 一组输入的排序码为{46,79,56,38,40,84}，则利用堆排序的方法建立的初始堆为(　　)。

A. 79,46,56,38,40,84　　B. 84,79,56,38,40,46

C. 84,79,56,46,40,38　　D. 84,56,79,40,46,38

6. 下列关键字序列中，(　　)是堆。

A. 16,72,31,23,94,53　　B. 94,23,31,72,16,53

C. 16,53,23,94,31,72　　D. 16,23,53,31,94,72

7. 对 n 个记录的文件进行堆排序，最坏情况下的执行时间是(　　)。

A. $O(\log_2 n)$　　B. $O(n)$　　C. $O(n\log_2 n)$　　D. $O(n^2)$

8. 堆是一种(　　)排序。

A. 插入　　B. 选择　　C. 交换　　D. 归并

9. 堆的形状是一棵(　　)。

A. 二叉排序树　B. 满二叉树　C. 完全二叉树　D. 平衡二叉树

10. 若一组记录的排序码为{46,79,56,38,40,84},则利用堆排序的方法建立的初始堆为(　　)。

A. 79,46,56,38,40,84　B. 84,79,56,38,40,46

C. 84,79,56,46,40,38　D. 84,56,79,40,46,38

11. 下述几种排序方法中,要求内存最大的是(　　)。

A. 希尔排序　B. 快速排序　C. 归并排序　D. 堆排序

12. 下述几种排序方法中,(　　)是稳定的排序方法。

A. 希尔排序　B. 快速排序　C. 归并排序　D. 堆排序

13. 数据表中有10 000个元素,如果仅要求求出其中最大的10个元素,则采用(　　)算法最节省时间。

A. 冒泡排序　B. 快速排序　C. 简单选择排序　D. 堆排序

14. 下列排序算法中,(　　)不能保证每趟排序至少能将一个元素放到其最终的位置上。

A. 希尔排序　B. 快速排序　C. 冒泡排序　D. 堆排序

15. 对大部分元素已有序的数组进行排序时,直接插入排序比简单选择排序效率更高,其原因是(　　)。

Ⅰ直接插入排序过程中元素之间的比较次数更少。

Ⅱ直接插入排序过程中所需要的辅助空间更少。

Ⅲ直接插入排序过程中元素的移动次数更少。

A. 仅Ⅰ　B. 仅Ⅱ　C. 仅Ⅰ、Ⅱ　D. Ⅰ、Ⅱ和Ⅲ

16. 将关键字6,9,1,5,8,4,7依次插入到初始为空的大顶堆H中,得到的H是(　　)。

A. 9,8,7,6,5,4,1　B. 9,8,7,5,6,1,4

C. 9,8,7,5,6,4,1　D. 9,6,7,5,8,4,1

17. 选择一个排序算法时,除算法的时空效率,下列因素中,还需要考虑的是(　　)。

Ⅱ数据的规模　Ⅱ数据的存储方式　Ⅲ算法的稳定性　Ⅳ数据的初始状态

A. 仅Ⅲ　B. 仅Ⅰ、Ⅱ　C. 仅Ⅱ、Ⅲ、Ⅳ　D. Ⅰ、Ⅱ、Ⅲ、Ⅳ

18. 排序过程中,对尚未确定最终位置的所有元素进行一遍处理称为一"趟"。下列序列中,不可能是快速排序第二趟结果的是(　　)。

A. 5,2,16,12,28,60,32,72　B. 2,16,5,28,12,60,32,72

C. 2,12,16,5,28,32,72,60　D. 5,2,12,28,16,32,72,60

19. 如果将所有中国人按照生日(不考虑年份,只考虑月、日)来排序,使用下列排序算法中的(　　)算法最快。

A. 归并排序　B. 希尔排序　C. 快速排序　D. 基数排序

20. 设数组 $S[\ ]=\{93, 946,372,9,146,151,301,485,236,327,43,892)$,采用最低位优先(LSD)基数排序将 S 排列成升序序列。第1趟分配、收集后,元素372之前、之后紧邻的元素分别是(　　)。

A. 43,892　B. 236,301　C. 301,892　D. 485,301

三、综合练习题

1. 插入排序算法中,监视哨 $R[0]$ 的作用有哪些?

2. 设要求从大到小排序,在什么情况下冒泡排序算法关键字交换的次数最大?

3. 有以下程序：

```
void cmpCountSort(int a[],int b[],int n)
{ int i,j,* count;
   count = (int * )malloc(sizeof(int)* n); //C ++语言:count = new int [n];
   for(i =0;i <n;i ++)count[i] =0;
   for(i =0;i <n -1;i ++)
     for(j =i + 1;j <n;j ++)
       if(a[i] <a[j])count[j] ++;
       else count[i] ++;
   for(i =0;i <n;i ++)free(count) ;//C ++语言:delete count;
}
```

请回答下列问题：

(1)若 int a[ ] = {25, -10,25,10,11,19} ,b[6],则调用 cmpCountSort(a,b,6)后数组 b 中的内容是什么？

(2)若数组 a 中含有 n 个元素，则算法执行过程中，元素之间的比较次数是多少？

(3)该算法是稳定的吗？若是请阐述理由；否则，修改为稳定的排序算法。

4. 设待排序的关键字序列为{12,2,16,30,28,10,16 * ,20,6,18} ,分别写出使用以下排序方法，每趟排序结束后关键字序列的状态。

(1)直接插入排序　　(2)折半插入排序　　(3)希尔排序(增量选取 5,3,1)

(4)冒泡排序　　(5)快速排序　　(6)简单选择排序

(7)堆排序　　(8)二路归并排序

5. 已知函数格式如下：

```
int Partition(int R[],int l,int h)//l 低端,h 高端
{   int i =l; j =h ; R[0] =R[i]; x =R[i];
                 …
   R[i] =R[0];return i;
}
```

在“…”添加程序段，完成一趟快速排序算法。

6. 已知函数格式如下：

```
void  process(int A[n]){low =0;high =n -1; … }
```

在“…”添加程序段，实现对 n 个关键字取整数值的记录序列进行整理，以使所有关键字为负值的记录排在关键字为非负值的记录之前，要求：

(1)采用顺序存储结构，至多使用一个记录的辅助存储空间；

(2)算法的时间复杂度为 $O(n)$。

7. 奇偶交换排序。已知函数格式如下：

```
OddEvenSort(int Vector[],int n){ }
```

它的第一趟对序列中的所有奇数项 i 扫描，第二趟对序列中的所有偶数项 i 扫描。若 $A[i] > A[i+1]$，则交换位置。第三趟对所有的奇数项扫描，第四趟对所有的偶数项扫描……，如此反复，直到整个序列全部排好序为止。